KB093780

AVR과 PIC 기반의

마이크로컨트롤러 제어

전춘기 · 차태호 · 서종완 · 송대건 공저

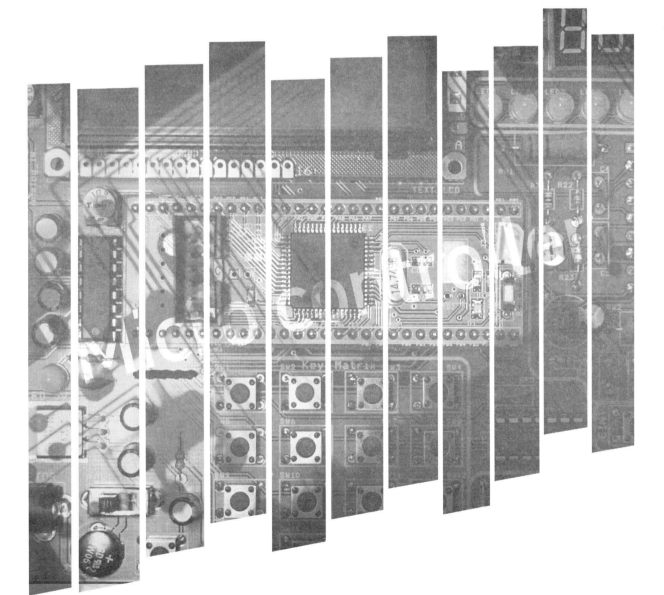

웅보출판사
www.woongbo.co.kr

머리말

1970년대 초 마이크로프로세서가 등장한 이래 마이크로프로세서의 제조 기술은 많은 발전을 거듭하였고 특히 산업사회가 발전함에 따라 수요 또한 증가하여 가격, 용도, 기능 등을 고려한 여러 종류의 마이크로프로세서 및 Controller가 개발되어 산업 현장에서 활용되고 있다.

이번에 출간하고자 하는 본서의 가장 큰 특징은 산업현장에서 가장 많이 사용하는 Atmel사의 AVR과 Microchips사에서 개발한 PIC Device를 필요에 따라 실습을 통하여 기술을 습득할 수 있도록 하였다는 점이다. 그동안 강의와 실습을 하면서 느낀 점은 마이크로프로세서나 마이크로 컨트롤러 중에서 어느 하나만 이해를 하고 있으면 다른 메이커의 프로세서를 이해하는데 큰 어려움이 없는데도 배우거나 다루어보지 않은 마이크로컨트롤러는 쉽게 접근하지 않는다는 것이다. 이번에 이 책을 출간하게 된 배경은 앞에서 언급한대로 현재 산업현장에서 사용하고 있는 마이크로컨트롤러 중에서 시장 점유율이 가장 높은 마이크로컨트롤러 2종을 선정하여 필요에 따라 선택하여 사용할 수 있도록 하고자함이다.

이 책은 AVR 시리즈 중에서 ATmega128을 PIC 시리즈 중에서 16F874를 선택하였는데 이 디바이스들은 하버드 구조를 갖는 RISC 타입의 고성능 8비트 마이크로컨트롤러로 CPU, Memory, I/O의 마이컴 기능뿐 아니라 산업현장에서 제어용으로 많이 이용되는 특수기능들이 내장되어 있어 제어장치를 개발하기가 용이하고 소규모로 제작할 수 있어 개발자나 사용자에게 많은 장점이 있다 하겠다. 이 디바이스를 선택한 또 다른 이유는 ATmega128은 활용할 수 있는 자료가 풍부하여 개발하는데 큰 어려움이 없고 가장 널리 사용되고 있다는 점이고, 16F874는 프로젝트를 수행하면서 이 칩을 사용한 결과 어느 다른 회사 제품보다 악조건에서 더 좋은 신뢰 도를 나타내었고 기능 또한 제어용으로 부족함이 없었기 때문이다.

여기에서 마이크로컨트롤러의 동작 상태를 이해할 수 있도록 하기 위하여 AVR과 PIC의 공통 회로를 설계하고 이를 학생이나 엔지니어가 직접 실습보드를 제작하고 프로그램을 코딩할 수 있 도록 함으로써 마이크로컨트롤러의 하드웨어 및 소프트웨어 기술을 습득할 수 있도록 하였다.

이 Microcontroller는 Microprocessor, Memory, I/O 마이크로컴퓨터의 구성 요소뿐 아니라 산업 현장에서 많이 사용되는 특수 기능의 모듈이 내장되어 있다. 이 디바이스에 내장되어 있는 주요 모듈에는 모터나 광량을 제어할 수 있는 PWM(Pulse Width Modulation), RS232나 RS485 등의 통신을 할 수 있는 USART(Universal Synchonous Asynchronous Receiver Transmitter), 시간을 제어할 수 있는 Timer, 외부에서 입력되는 펄스나 이벤트를 체크할 수 있는 Counter, Analog 신호를 Digital 신호로 변환시켜 주는 ADC, IC 간의 통신을 할 수 있는 I^2C(Inter-Integrated Circuit)와 SPI(Serial Peripheral Interface) 등 여러 기능의 모듈들이 내장되어 있어 외부에 별도의 회로나 장치를 부착하지 않아도 Compact하게 Controller를 설계 할 수 있다는 것이 또 다른 장점이라 하겠다.

그리고 이 디바이스의 또 다른 특징으로는 유지·보수할 수 있는 기능이 내장되어 있다는 점이 다. 무한루프 등 프로그램의 버그를 Detect할 수 있는 WDT(Watch Dog Timer), 프로그램을 보호할 수 있는 코드 프로텍션 기능, 전원 소비를 줄이는 Sleep 모드 지원, 어떤 원인에 의해 이 디바이스가 Reset되었는지 등을 Check할 수 있는 기능 등 특수 기능이 내장되어 있어 프로그램을 개발하거나 유지·보수하는데 편리하게 설계되어 있다는 점이다.

본서는 이러한 내용을 이론과 실습을 통하여 이해할 수 있도록 작성하였으며 본서를 통하여 이러한 내용을 이해한다면 산업 현장에서 제어장치나 제품을 개발하는 데 많은 도움이 될 것으로 판단된다.

본서는 ATmega128과 16F874 디바이스를 확실하게 이해할 수 있도록 하기 위하여 각 기능별로 이론과 실습을 할 수 있도록 작성하였다. 현장에서 많이 이용되는 기능들을 각 기능별로 동작 상태를 이해할 수 있도록 회로도를 설계하여 삽입함으로써 필요시 약간의 수정만 하면 그대로 현장에서 활용이 가능할 것으로 생각된다.

본서의 주요 내용을 살펴보면,

Chapter 1 임베디드 시스템과 컴퓨터 구조
Chapter 2 AVR과 PIC Microcontroller의 구조와 특징
Chapter 3 AVR과 PIC의 개발 환경 설정 및 실습장치의 회로 구성
Chapter 4 C 언어를 이용하여 프로그램을 개발할 수 있도록 C 언어의 대한 설명
Chapter 5 ATmega128과 PIC16F874A의 기본 동작을 이해할 수 있는 시스템 설정
Chapter 6 I/O 포트를 이용하여 입출력하는 방법에 대해 이론과 실습을 할 수 있도록 구성
Chapter 7 USART의 구성 및 동작 초기화 사용 방법 및 실습
Chapter 8 Timer와 PWM의 사용 방법 및 실습
Chapter 9 ADC의 이용 방법 및 이론에 대한 실습
Chapter 10 ATmega128과 PIC16F874의 인터럽트를 이해하고 사용 방법에 대해 설명
Chapter 11 DC 및 Stepper 모터의 구조 및 제어 실습
Appendix A ATmega128과 PIC16F874의 부트로더 설정
Appendix B 범용 보드를 활용한 ATmega128과 PIC16F874의 실습
Appendix C 회로도 및 부품 명세서

등이 수록되어 있다.

이 책의 내용을 이해하면 마이크로컨트롤러는 자유자재로 쓸 수 있는 기술을 습득할 수 있도록 하고자 노력하였으나 본서의 수정을 마치고 머리말을 쓰면서 생각해보니 좀 더 많은 예제와 더 쉬운 표현으로 집필할 수도 있었을 것 같은 아쉬움도 남는다.

본서를 사용하는 모든 분들에게 많은 도움과 배움의 기회가 되기를 바라는 심정으로 이 글을 쓰면서 아울러 이 책을 출간할 수 있도록 도움을 주신 웅보출판사 임직원 여러분에게도 감사 말씀을 드린다.

본서에 포함된 응용 프로그램 및 소스 코드는 웅보출판사 홈페이지(http://www.woongbo. co.kr)에서 다운로드 받을 수 있다.

저자 씀

Contents

1장 임베디드 시스템과 컴퓨터 구조

2장 AVR과 PIC microcontroller

3장 개발 환경 설정 및 실습 장치의 구성

4장 C 프로그래밍 언어

5장 시스템 설정

6장 GPIO(General Purpose Input Output)

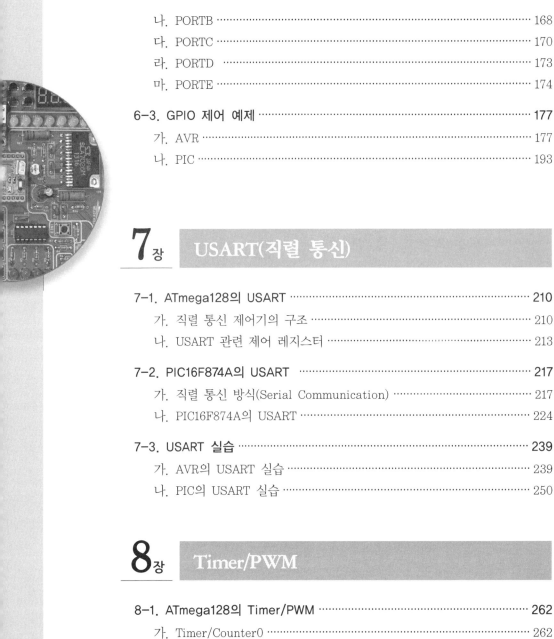

7장 USART(직렬 통신)

8장 Timer/PWM

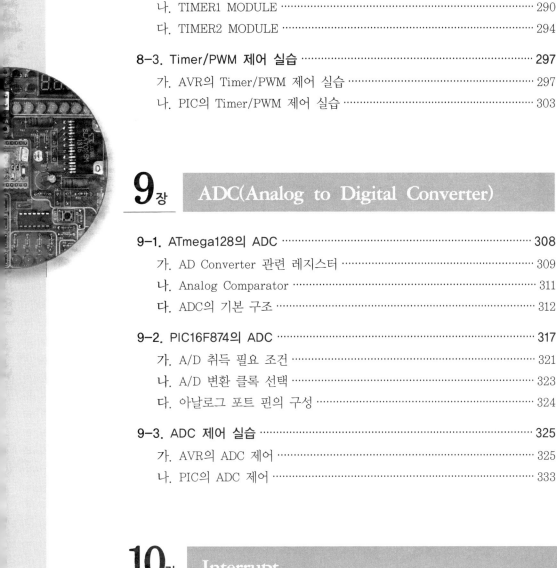

9장 ADC(Analog to Digital Converter)

10장 Interrupt

11장 모터의 구조와 제어

임베디드 시스템과
컴퓨터 구조

이 장에서는 임베디드 시스템에 대해 살펴보고
임베디드 시스템을 구성하는 핵심 소자인 프로세서
의 구조 및 특성에 대해 설명한다.

임베디드 시스템(Embedded System)이란 제품 내부에 컴퓨터 시스템(Computer System)이 내장된 것을 의미한다. 전자 제품에는 헤어드라이어와 같이 단순히 스위치의 ON/OFF로 동작을 켜고 끄는 것이 있는 반면, 에어컨디셔너나 냉장고와 같이 제어용 IC와 이를 구동하는 S/W(software)를 가진 것이 있다. 이러한 제품들을 구분하기 위한 개념으로 컴퓨터와 같이 중앙 처리 장치(CPU-Central Processing Unit)와 프로그램을 내장한 장치를 임베디드 시스템이라고 부른다.

임베디드 시스템은 독자적인 처리 체계를 가지는 프로세서(processor)를 내장하여 스스로 동작하는 시스템이라 부를 수 있으며, 한마디로 "Computer inside a product"라고 정의할 수 있다. 임베디드 시스템은 입력이 주어지면 정해진 S/W와 H/W의 동작에 의해 그 결과를 출력한다.

임베디드 시스템은 일반적으로 범용 PC와 동일한 하드웨어, 소프트웨어 구조를 가진다. 다만 제품에 내장되어 동작하고 있으므로 해당하는 제품의 제어에 필요한 최소한의 하드웨어와 소프트웨어만을 사용하는 것이 다르다. 범용 PC는 고성능의 CPU와 운영체제 및 다양한 응용 프로그램으로 사용자의 필요에 따라 문서 편집, 동영상 재생, 웹 검색, 게임 등의 여러 기능을 수행할 수 있으나 임베디드 시스템은 그 구성은 비슷하지만 제품에서 요구하는 하나 또는 소수의 기능을 수행하는데 충분한 성능의 프로세서와 소규모의 메모리로 구성되며 프로그램은 제품의 기능에 필요한 부분만 구현된다. 또한 임베디드 시스템은 제품 내부에 포함되어 겉으로는 컴퓨터와 메모리, 입·출력 장치 및 제어에 사용되는 프로그램이 존재한다는 것을 알 수 없다.

가. 임베디드 시스템의 구성

임베디드 시스템은 범용 PC와 동일하게 중앙 처리 장치, 메모리, 입·출력 장치, 네트워크 인터페이스 장치 등의 하드웨어를 가지고 있으며 이들을 제어하기 위한 운영체제, 디바이스 드라이버 및 응용 소프트웨어로 구성된다. 이들 구성은 제품의 규모와 필요에 따라 포함되지 않는 것도 있다. [그림 1-1]은 임베디드 시스템을 구성하는 하드웨어와 소프트웨어 각각의 구성 요소를 보인다.

[그림 1-1] 임베디드 시스템의 구성

임베디드 시스템은 일반적으로 범용 PC와 유사한 구조를 가지나 제품에 필요한 기능만을 사용하여 최저의 비용으로 원하는 기능을 수행할 수 있도록 구성한다. 대량으로 생산되는 전자 제품의 경우 생산 가격이 매우 민감한 요소이므로 [그림 1-1]의 기능 요소들 중에서 제품에 불필요한 부분은 제품의 구성에 사용되지 않는다. 세탁기, 냉장고, 에어컨디셔너 등 대부분의 전자 제품에 필요한 기능을 구현하기 위해서는 8-bit의 프로세서와 최대 16㎒ ~ 20㎒ 정도의 낮은 동작 주파수면 충분하며 마이크로프로세서에 입·출력 장치와 메모리를 하나의 칩으로 구현한 마이크로컨트롤러를 사용하는 것이 전력 소모, 임베디드 시스템의 크기 등에서 유리하다. 또한 임베디드 시스템은 제품의 기능을 담당하고 있으므로 적절히 동작하지 아니하면 해당 제품이 쓸모없어 지는 상황이 발생하므로 높은 신뢰성을 가져야 한다. 개발된 후 매우 오랜 시간이 지난 마이크로컨트롤러라도 현재까지 제품에 사용되는 이유이다.

임베디드 시스템의 주요 구성 요소인 프로세서는 일반적으로 마이크로프로세서(Microprocessor) 또는 마이크로컨트롤러(Microcontroller)라는 이름으로 불린다. 컴퓨터 발달 과정에서 초기 컴퓨터들은 엄청난 크기로 만들어졌고 전자 공학의 발달에 따

[그림 1-2] Intel 4-bit processor

라 집적 회로의 등장과 함께 소형화되었으나 1980년대에도 서버 컴퓨터의 크기는 옷장 하나 이상의 크기였으나 1971년 Intel사에서 4-bit 프로세서를 집적 회로에 구현하여 만들었으므로 그 크기를 기존의 컴퓨터와 비교하기 위해 Micro라는 단어를 processor에 붙여 사용하였다. [그림 1-2]는 1971년 Intel에서 개발한 4-bit 프로세서의 모습이다.

마이크로프로세서는 일반적인 CPU와 마찬가지로 산술·논리 연산 장치와 레지스터, 제어 장치로 구성된다. 따라서 마이크로프로세서를 활용하여 시스템을 구성하기 위해서는 별도의 메모리, 입·출력 장치 등을 별도의 회로 소자로 구현해야 한다.

반도체 제조 기술이 발달하면서 마이크로프로세서에 메모리와 입·출력 장치, 통신 장치, Timer, PWM(Pulse Width Modulation), ADC(Analog to Digital Converter) 등의 소자를 하나의 칩에 구현할 수 있게 되었고 이를 마이크로컨트롤러(Micro-Controller)라고 부른다.

컴퓨터는 명령어 처리 방식에 따라 CISC(Complex Instruction Set Computer)와 RISC(Reduced Instruction Set Computer)로 구분된다. 컴퓨터 발달의 초기에는 지금과 같은 프로그램을 S/W 방식으로 지정하지 않고 선 연결을 변경하여 회로 결선을 바꾸는 방식으로 진행되었으나 1945년도에 von Neumann에 의해 프로그램 내장 방식의 컴퓨터가 제안되었다. 이후 컴퓨터에 필요한 명령은 하나하나 프로세서의 동작 명령으로 구현되었으며 복잡한 기능에 대해서도 하나의 명령으로 만들어져 구현되었다. 이러한 구조의 컴퓨터를 CISC라고 부른다. 그러나 컴퓨터에 내장된 명령의 수는 증가하였으나 실제 프로그램에서 사용되는 명령의 사용 빈도는 90% 이상의 프로그램에서 단지 10%의 프로세서에 구현된 명령어만을 사용하게 되므로 굳이 사용빈도가 낮은 명령으로 인해 프로세서를 복잡한 회로로 구현할 필요 없이 사용 빈도가 높은 명령만으로 프로세서를 구현한 것이 RISC 프로세서이다.

RISC 구조의 컴퓨터에서는 단순한 명령어들만 구현되어 있으므로 복잡한 기능은 단순한 명령어들의 조합으로 수행한다. 따라서 대부분의 단순한 명령으로 처리되는 경우 동작 속도가 빠르고 파이프라인을 사용할 수 있으며 고속의 동작이 가능하지만 낮은 빈도로 나타나는 복잡한 명령의 경우 단순한 명령어를 조합하여 수행하므로 처리 시간이 길어지는 단점을 가진다. 그러나 CISC 구조에 비해 고속, 저전력 동작이 가능하므로 RISC 구조의 프로세서가 주로 사용된다. 최근 휴대용 멀티미디어 기기에 주로 사용되는 ARM(Advanced RISC Machine) 프로세서가 RISC 구조를 가지는 대표적인 프로세서 중 하나이다.

임베디드 시스템의 제어기는 주로 하나의 칩에 프로세서와 메모리 및 입·출력, 네트워크 등의 주변 장치가 내장된 마이크로컨트롤러(Microcontroller, MCU)를 주로 사용한다. 마이크로컨트롤러는 저가의 완구에서 고가의 스마트 패드와 같은 기기 또는 산업용 로봇 등에 이르기까지 다양한 분야에 걸쳐 사용되며 각각의 제품들마다 응용 분야에 적합한 구성을 가진다. 특히 하나의 IC에 프로세서와 메모리 및 주변 장치가 구현되어 있으므로 전체 시스템의 크기와 무게를 감소할 수 있으며 동시에 소비 전력을 낮추어 배터리와 전원 회로 등을 간소화할 수 있는 장점을 가진다. 또한 시스템의 구성에 사용되는 부품이 줄어들고 검증된 회로 구성이 칩 내에 구현되어 있으므로 신뢰성의 향상과 고장률의 감소를 기대할 수 있다. 다만 마이크로컨트롤러는 제조회사에 따라 서로 다른 개발 환경을 가지므로 순수한 source code 수준의 호환성만 유지되고 그 외의 다른 사항에 대해서는 제조 회사를 변경할 경우 모두 새로 구성하는 단점을 가진다. 마이크로컨트롤러는 버스 폭에 따라 4-bit, 8-bit, 16-bit, 32-bit 등으로 나뉘며 프로세서의 구조에 따라 CISC 또는 RISC로 나뉜다. 실제 사용에서는 버스 폭과 제조 회사에 따라 구분하여 사용하는 것이 일반적이다.

임베디드 시스템에 사용되는 제어 장치들 중에서 특정한 용도에 적용되는 DSP (Digital Signal Processor)가 있으며 이는 디지털 신호의 처리에 특화되어 연산 명령을 동시에 두 개 이상을 실행하거나 correlation, convolution 등의 연산을 수행하는 데 최적화되어 있다. DSP는 32-bit의 버스 폭을 가지는 것이 대부분이며 TI(Texas Instrument), AD(Analog Device)의 제조사가 대표적이다.

나. 임베디드 시스템의 특징

임베디드 시스템은 가전제품의 제어뿐만 아니라 각종 산업용 장치에도 사용되므로 높은 수준의 신뢰성이 필요하며 실시간 동작 시스템으로 구현될 필요가 있다. 실시간 시스템(Real Time System)이라는 것은 무조건 빠른 동작을 의미하는 것이 아니고 주어진 대상에 따라 반응 시간의 최댓값에 제약을 가지는 것을 의미한다. 시스템의 응답 지연의 최댓값을 100us로 규정할 경우 100us 미만으로 시스템이 반응할 경우 그 시간은 1us, 10us, 99us 모두 시스템의 동작에 영향을 주지 않고 정상적으로 움직이지만 제한 값인 100us에서 1ns라도 초과할 경우 그 시스템은 전혀 쓸모없는 장치가 되는 것을 실시간 시스템이라고 부른다. 즉, 입력이 주어지면 정해진 제한 시간 안에 출력을 발생해야 한다.

실시간 시스템은 제한 시간 이내에 발생하는 응답이면 항상 효용성이 100%가 되지만 제한 시간을 초과할 경우 아무리 정확한 출력이라도 효용성은 0%가 된다. [그림 1-3]은 Hard Real Time System과 Soft Real Time System의 제한 시간과 시스템의 응답에 따른 효용성을 보인다.

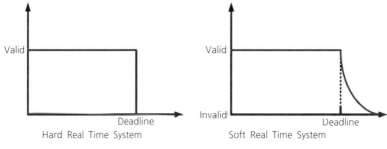

[그림 1-3] Real Time System의 제한 시간과 응답에 따른 효용성

실시간 시스템은 Hard Real Time System과 Soft Real Time System으로 구분되며 Hard Real Time System은 제한 시간에서 미세한 시간이라도 이를 초과할 경우 그 응답은 모두 무효가 되며 Soft Real Time System은 제한 시간을 초과하면 출력의 효용성은 급감하지만 일정 시간 이내에서는 어느 정도 활용할 수 있는 장치를 뜻한다. 일반적으로 군사용, 항공·우주 시스템에 사용되는 전자 제어 장치는 Hard Real Time System의 특성을 가지며, 가전제품이나 일반 생활용 제품의 경우 Soft Real Time System의 특성을 가진다.

배터리를 전원으로 사용하는 휴대용 기기의 증가와 저에너지 소모에 대해 관심이 늘어나면서 임베디드 시스템에도 소비 전력을 줄이기 위해 다양한 모드의 구동 방식을 적용하고 전력 소모가 극히 낮은 프로세서를 사용한다. 특히 멀티미디어를 지원하는 휴대용 기기에 대해 임베디드 시스템이 적용될 경우 제한된 배터리 전원을 사용하므로 전력 소모는 중요한 이슈가 된다.

임베디드 시스템은 일반적으로 가정 내에서 사용되는 가전제품과 달리 산업용, 군사용 또는 옥외 전광판이나 교통 안내 시스템에 적용되므로 동작 중 온도 변화의 범위가 매우 크다. 실외에 설치된 경우 계절에 따른 온·습도의 변화에 그대로 노출되므로 일반 가전제품과 달리 보다 넓은 동작 범위를 가지는 프로세서와 주변 소자를 사용한다. 특히 항공, 우주, 군사용의 경우에는 극한 환경에서 동작할 수 있어야 한다.

앞에서도 설명한 것과 같이 임베디드 시스템은 특정한 하나의 작업에 최적화 되어 있으므로 이 동작을 정상적으로 수행하지 못할 경우 제품 또는 임베디드 장치를 포함한 전체 시스템이 잘못된 동작을 하거나 멈추는 경우가 발생하므로 범용 PC 장치에 비해 더 높은 동작 신뢰성과 극한 환경에서도 동작할 수 있어야 한다.

다. 임베디드 시스템의 소프트웨어

임베디드 시스템에 사용되는 소프트웨어는 크게 시스템 소프트웨어와 응용 소프트웨어로 구분된다. 응용 소프트웨어는 실제 필요한 기능을 수행하는 것으로 임베디드 시스템이 적용되어 동작할 서비스를 제공하는 소프트웨어다. 임베디드 시스템의 규모에 따라 응용 소프트웨어만으로 구성되는 경우도 있다. 시스템 소프트웨어는 운영체제와 응용 소프트웨어에서 주변 장치를 사용할 수 있도록 지원하는 디바이스 드라이버(Device Driver)로 나뉜다. 운영체제는 Windows CE, Linux, VxWorks 등이 있으며 시스템의 프로세서의 활용, 메모리 등 하드웨어를 관리하고 응용프로그램에게 시스템을 사용할 수 있는 효율적이고 안전한 인터페이스를 제공하는 소프트웨어를 의미한다. 임베디드 시스템의 소프트웨어는 [그림 1-4]와 같이 구분된다.

[그림 1-4] 임베디드 시스템의 소프트웨어 구성

임베디드 시스템은 초기에는 응용 소프트웨어로 동작이 가능했으나 임베디드 시스템의 규모가 커지고 기능이 다양화 되면서 응용 소프트웨어로만 구성하여 순차적인 프로그램이 어렵기 되었다. 특히 멀티태스킹, 네트워킹, GUI 및 멀티미디어 데이터의 재생 등의 기능이 필요해지면서 각각에 해당되는 주변 장치를 응용 프로그램에서 직접 제어하고 동작시키기 위해서는 구현할 사양이 많고, 프로그램이 복잡하게 되어 임베디드 시스템 각각의 응용 사례에 따라 이러한 부분을 하나하나 구현하기에는 많은 시간과 개발 인력이 필요해졌다. 따라서 운영체제와 디바이스 드라이버를 활용하여 이미 폭넓게 사용된 기능에 대해 구현된 프로그램을 기반으로 각각의 제품 응용에 대한 응용 프로그램만 작성하는 것이 보다 일반적인 접근 방법이 되었다.

임베디드 시스템은 기본적으로 실시간 시스템(Real Time System)의 특성을 가지므로 사용되는 운영체제 또한 실시간 특성을 지원한다. 대표적인 상용 운영체제 중 실시간 특성을 지원하는 것은 VxWorks로 화성 탐사선에 적용되어 안정적으로 동작하는 실례를 보임으로 신뢰성 측면에서도 우수한 운영체제로 평가된다. 반면 실시간 동작을 필요로 하지 않는 경우 별도의 비용을 지불하지 않으면서 사용할 수 있는 공개 운영체제로 Linux가 있다. Linux는 커널과 시스템 서비스에 일부 실시간 동작을 지원하는 기능이 부가된 것이 있으나 안정성 측면에서는 완벽한 수준은 아니다. 대부분의 운영체제는 가상 메모리를 지원하고 있으므로 프로세서에 가상 메모리 관리자를 지원하는 MMU(Memory Management Unit)가 있어야 동작시킬 수 있는 세약 사항이 있다. 다만, 일부 운영체제들 중 uC/OS 또는 uC/Linux는 MMU가 없는 시스템에서도 동작할 수 있다.

라. 임베디드 시스템 개발 절차

임베디드 시스템을 개발하는 과정은 크게 시스템의 목적과 기능을 결정하는 사양 선정 단계에서 시스템의 전체 구성도를 작성하고 각각의 블록별로 목적과 기능을 정의하고 그 적합성을 평가한다.

사양이 결정되면 구현할 수 있도록 하드웨어를 선정하며 주어진 목적을 달성하는 데 최적인 주제어기를 선정한다. 이때 주제어기로 사용될 마이크로프로세서, 마이크로컨트롤러의 특성과 제조회사의 지원 요소, 개발 편의성, 가격 등을 고려하며 주변장치의 경우 메모리와 입·출력 및 외부 인터페이스에 필요한 소자를 선정한다. 각각의 소자는 제조 회사의 공개적인 기술 지원과 제품의 특성, 생산 수량 등에 따라 별도의 지원이 있으므로 이를 확인하여 해당 제품의 개발·구현을 빠른 시간에 끝낼 수 있는 것으로 결정한다.

선정된 하드웨어 소자들에 대해 상호 연결 관계를 회로 도면(Schematic diagram)으로 구성하며 각각의 논리적인 연결 관계를 명시한다. 일반적으로 하드웨어 소자의 제조사에서 제공하는 datasheet 또는 application note 등을 참고하여 구성하며 소자들 사이의 물리적인 연결 관계를 설계하는 PCB design에 필요한 net list를 생성한다.

PCB(Printed Circuit Board) design에서는 회로도면으로부터 소자들 사이의 논리적인 연결 관계를 net list로 넘겨받아 이를 물리적인 소자의 실물 크기와 상호 연결을 설계한다. 일반적으로 Artwork이라 부르며 배선의 폭, 배선 사이의 간격 등에 대해 규정한다. 설계 프로그램으로는 PADS Power PCB, P-CAD, PCB Editor 등을 사용한다.

제작된 PCB에 부품을 실장 조립하고 동작을 확인한 후 소프트웨어를 개발하여 최종 완성된 임베디드 시스템으로 구현한다.

임베디드 시스템의 경우 일반적으로 모니터와 키보드를 가지고 있지 않으며 소스 코드를 컴파일하여 실행 가능한 파일을 얻는 것이 쉽지 않기 때문에 범용 PC의 모니터와 키보드, 마우스 등을 활용하여 소스 코드의 편집과 컴파일을 수행하여 해당하는 임베디드 시스템에서 동작하는 실행 프로그램을 생성한다. 생성된 실행 프로그램은 임베디드 시스템으로 이동되어 동작을 검증하며 동작에 문제가 발생한 경우 PC에서는 수정 작업과 컴파일을 수행한다. 이와 같이 프로그램을 개발하는 환경과 실제 동작하는 환경이 서로 다른 경우 프로그램을 작성, 실행 코드를 얻는 과정을 Cross Compile이라 부르며, 이러한 환경을 교차개발환경이라 부른다. 범용 PC에서 얻은 실행 파일을 임베디드 시스템으로 이동하기 위해 사용되는 장치에는 JTAG 장치가 가장 일반적이며 임베디드 시스템과 연결하여 동작을 검증하는 DEBUG 장치로 활용할 수 있다.

1-2. 컴퓨터의 구조

프로세서(Processor)라는 단어는 컴퓨터에서 명령을 해석하고 수행하는 CPU(Central Processing Unit)와 마이크로컴퓨터에 사용되는 Microprocessor, 그래픽 렌더링 전용으로 사용되는 CPU(Graphics Processing Unit), 디지털 신호 처리 전용으로 사용되는 특수한 마이크로프로세서의 하나인 DSP(Digital Signal Processor), 음성 신호 처리에 사용되는 Audio Processor 등 다양한 대상을 지칭하지만 여기서는 편의상 CPU, Microprocessor의 의미로 한정하여 프로세서라 부르기로 한다.

프로세서는 컴퓨터 시스템의 근간을 이루는 핵심 부품으로 컴퓨터 주변 장치는 프로세서를 중심으로 위치해 있으며, 프로세서의 명령을 받아 동작한다. 프로세서는 데이터를 기억 장치로부터 읽어 산술 및 논리 연산 등을 통한 주변 장치로의 데이터 전송 및 제어를 수행하는 역할을 담당하므로 소프트웨어 개발자는 프로세서를 이용하여 컴퓨터의 내부 장치에 접근하여 주변 장치를 제어하고 데이터 처리를 하게 된다. 프로세서의 종류마다 고유의 특징을 가지고 있기 때문에 컴퓨터의 내부 장치에 접근하고 이용하는 방식이 각각 다르다.

[그림 1-5]는 프로세서의 기본 구성을 보인 것으로 프로세서는 기본적으로 명령어

및 데이터를 기억할 수 있는 레지스터와 논리 및 산술 연산을 담당하는 ALU 그리고 주변 장치를 제어하기 위한 제어 장치로 구성된다.

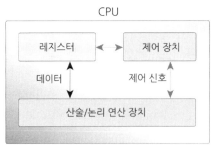

[그림 1-5] 프로세서의 기본 구성

가. 레지스터(Register)

레지스터는 데이터를 일시적으로 보관하는 기억 장치로서 프로세서 내부에 위치하고 있어 매우 빠른 속도로 동작한다. 대부분의 경우 프로세서의 동작 속도와 동일한 속도로 읽거나 쓸 수 있는 메모리 소자로 구성된다. 프로세서는 일반적으로 범용 레지스터, 제어 레지스터, 상태 레지스터 등 세 종류의 레지스터를 가지고 있다. 소프트웨어는 이 세 가지 레지스터의 값을 조작하여 프로세서의 모든 기능을 제어할 수 있다. 레지스터는 소프트웨어적인 관점에서 프로세서를 제어하기 위한 창구 중에 하나이며 프로세서의 종류마다 레지스터의 구조와 역할이 각각 다르므로 소프트웨어 프로그래머는 프로세서를 사용할 때 가장 먼저 프로세서의 각 레지스터의 구조와 역할을 파악한다.

나. 산술 및 논리 연산 장치(ALU : Arithmetic Logic Unit)

산술 연산이란 덧셈, 뺄셈과 같은 사칙 연산을 의미하며, 논리 연산이란 논리합(OR) 및 논리곱(AND)과 같은 연산이다. 산술·논리 연산 장치는 레지스터에 저장된 값을 사용하여 제어 장치에서 지시하는 연산을 수행하고 그 결과를 다시 레지스터에 저장한다. 산술·논리 연산 장치는 데이터에 대한 가공이 수행되는 부분으로 프로세서의 동작 속도에 결정적인 역할을 한다. 대부분의 프로세서는 덧셈, 뺄셈 등의 간단한 연산이나 곱셈을 직접 수행하도록 집적 회로가 구성되나 일부 프로세서의 경우 나눗셈을 연산 장치에서 수행할 수 있는 기능을 가진다. 프로세서의 Data 버스 크기에 따라 한 번에 연산 가능한 최대 bit 수가 결정된다.

다. 제어 장치(Control Unit)

제어 장치는 소프트웨어에서 프로세서에 지시한 명령을 해석하고 해당 명령이 실행될 수 있도록 프로세서를 제어한다. 제어 장치는 소프트웨어에 기록된 제어 명령을 해석하여 프로세서가 제어 명령대로 동작할 수 있도록 내부 데이터의 흐름을 제어한다. 제어 장치는 산술·논리 연산 장치에서 수행할 연산의 제어 및 레지스터 사이의 데이터의 이동, 외부 메모리로 데이터의 기록 또는 읽는 과정을 제어한다.

기계어로 구성된 프로그램은 명령 레지스터에 저장되어 제어 장치에서 명령어 해독기에 의해 산술·논리 연산 장치의 연산 명령을 제어하고 레지스터 사이의 데이터의 이동·교환 또는 연산 결과의 저장 및 외부 메모리에 기록된 데이터를 레지스터로 이동하거나 레지스터에 기록된 데이터를 외부 메모리에 저장하는 등 자료 이동·교환 및 산술·논리 연산을 제어한다. 파이프라인을 사용하는 구조의 프로세서에서는 다음에 실행할 명령을 메모리로부터 파이프라인에 미리 읽어 저장하여 현재 실행중인 명령이 끝남과 동시에 다음 명령을 바로 실행할 수 있도록 구성된다. RISC 구조의 컴퓨터는 명령어의 길이가 고정되어 있으며 일반적으로 프로세서의 버스 폭과 일치한다.

라. 프로세서의 종류 및 특징

프로세서의 종류를 구분하는 방식은 프로세서를 제어하는 명령의 종류에 따른 구분 방식과 프로세서에 제조사에 따른 구분 방식이 있다. 프로세서를 제어하는 명령에 따른 구분 방식은 대표적으로 RISC 방식과 CISC 방식의 프로세서로 나누어진다. 〈표 1-1〉은 명령어 구분 방식에 따른 각 프로세서의 종류별 특징을 정리한 것이다.

〈표 1-12〉 각 프로세서의 종류별 특징

구 분	CISC	RISC
역사	1960년대	1970년대
명령어	복잡	단순
하위 호환성	좋음	나쁨
프로그램 길이	짧다	길다
레지스터 개수	적음	많음
파이프라인 구현	불리	용이
가격	높음	낮음
성능	낮음	높음
계열	X86 계열 프로세서	ARM, MIPS, PPC 계열

1) CISC(Complex Instruction Set Computer) 프로세서

컴퓨터의 핵심 부품이라고 할 수 있는 프로세서는 제어하는 명령의 사용 방식에 따라 CISC 방식과 RISC 방식으로 나뉜다. 일반적으로 개인용 컴퓨터에 많이 사용되는 CISC 방식은 연산에 처리되는 복잡한 명령들을 수백 개 이상 가진다. 예를 들면 2의 10제곱을 계산할 경우 CISC 방식의 프로세서는 2의 10제곱을 계산하는 명령을 가지고 있어 하나의 제어 명령으로 결과 값을 얻을 수다. 이와 같이 프로세서에서 복잡한 명령도 하나의 명령어로 제공하므로 프로그램 코드 크기를 줄일 수 있다. 메모리의 용량이 작은 상황에서는 작은 크기의 코드로 다양한 기능을 구현할 수 있는 CISC 구조가 더 효율적인 구현 방식으로 평가되었다.

또한 범용 PC에 CISC 방식의 프로그램을 사용하고 있는 가장 큰 이유는 하위 호환성 때문이다. CISC 프로세서는 명령어의 길이가 가변적이며 새로 추가되는 복잡한 기능과 더 많은 비트를 사용하여 한 번에 연산을 수행하는 명령에 대해서 새로운 명령으로 추가하고 기존 명령어는 그대로 유지하므로 과거 8비트 또는 16비트 프로세서에서 수행할 수 있는 명령어도 현재의 64비트 프로세서에서 수행할 수 있다.

CISC 프로세서는 발전을 계속함에 따라 명령어 개수가 계속 증가하게 되며, 증가한 명령어를 처리할 수 있는 제어 장치의 구조가 매우 복잡해진다. 따라서 복잡한 명령어를 처리할 수 있으며 고속으로 작동되는 프로세서를 만들기가 매우 어렵고 제조비용 또한 상승한다. 그리고 64비트 명령어 이외에 8비트 및 16비트 길이의 명령어를 지원할 수 있는 하위 호환성을 자랑하는 CISC 프로세서의 장점을 가능하게 해주는 가변적인 길이의 명령어 처리를 지원하는 특징은 CPU의 성능을 증대시킬 수 있는 파이프라인 방식의 구현이 어렵다.

2) RISC(Reduced Instruction Set Computer) 프로세서

CISC 방식의 프로세서는 많은 명령어들을 내장하고 있지만 실제로 소프트웨어 구현에 주로 사용되는 명령어는 그 중 10% 이하라는 통계적 결과를 바탕으로 RISC 방식 프로세서가 고안된다. 사용 빈도가 가장 높은 10%의 명령으로 프로세서를 구현하면 보다 적은 수의 트랜지스터로 프로세서를 구현할 수 있고, 칩의 크기를 줄일 수 있어 생산 가격을 낮출 수 있다. RISC 방식의 프로세서는 명령어 수를 줄여 제어 장치를 보다 단순한 구조로 구현하고 프로세서의 내부 캐시, 슈퍼스칼라, 파이프라인, 비 순차 명령 실행, 레지스터 개수 증가 등으로 프로세서의 근본적인 목적인 데이터 처리 기능 부분을 크게 향상시킬 수 있어 CISC 방식에 비해 높은 처리 속도를 제공한다.

그러나 RISC 방식의 프로세서는 명령어 길이가 고정적이기 때문에 파이프라인 구성의 용이함으로 인한 속도의 향상이라는 장점이 있지만 CISC 프로세서와 달리 미리 지정된 비트 길이의 고정적 명령어 길이만 처리할 수 있다. 따라서 32비트로 설계된 RISC 프로세서는 8비트 및 16비트 코드로 작성된 과거 프로그램들을 실행하지 못하므로 하위 호환성이 매우 나쁘다. 예를 들어 2의 10제곱을 계산할 경우 프로세서에서 제공하는 하나의 명령으로 계산이 가능한 CISC 방식의 프로세서에 비해 명령어가 단순한 RISC 방식의 프로세서는 여러 명령을 복합적으로 사용하여 동일한 결과 값을 얻어내야 하기 때문에 프로그램의 코드가 길어진다.

대부분의 경우 단순한 명령어만으로 프로그램의 구현이 가능하므로 극히 일부 복잡한 명령어를 단순한 명령어의 조합으로 구현하는 경우를 제외하면 일반적으로는 CISC 방식에 비해 성능은 우수하다. 다만, 범용 PC와 같이 기존 제품군과 호환성을 유지할 필요가 있는 경우에는 CISC 방식을 사용한다.

3) RISC + CISC 방식

범용 PC에 주로 사용되는 x86 계열의 프로세서들은 CISC 방식을 사용하므로 비슷한 성능의 RISC 프로세서 보다 사용되는 트랜지스터의 수가 많고, 회로가 복잡해진다. 트랜지스터 수가 많아지면 반도체 설계 면적이 커지고 일정한 크기의 반도체 원판에서 생산할 수 있는 IC의 수량이 적어지므로 제조 단가가 높아진다. x86 계열의 프로세서의 경우 CISC 방식의 전통적인 x86 구조를 유지하여 하위 호환성을 확보함과 동시에 RISC 구조를 일부 채용하여 성능을 향상한다. RISC의 경우 복잡한 구조의 명령은 존재하지 아니하므로 x86 계열의 호환성을 가지는 상위 프로세서는 부족한 명령어를 보충하기 위해 MMX(MultiMedia eXtension)와 SSE(Streaming SIMD Extensions) 등 분야별로 특화된 명령을 사용한다.

스마트 기기와 휴대용 멀티미디어 기기에 다수 사용되는 ARM(Advanced RISC Machine) 프로세서의 경우 이름에서 알 수 있듯이 RISC 구조를 기반으로 다양한 명령 모드를 제공하고 있다. ARM 프로세서의 경우 32-bit의 ARM 명령 구조와 16-bit의 Thumb 또는 Thumb2 모드 및 JAVA Byte code를 실행할 수 있는 Jazelle 모드 등을 제공한다.

마. von Neumann Architecture vs. Harvard Architecture

컴퓨터의 구조에서 항상 언급되는 대표적인 구조는 von Neumann에 의해 제안된 프로그램 내장 방식의 컴퓨터와 명령어와 데이터를 다루는 버스 구조와 이를 개선하여 제안된 Harvard Architecture이다. 전자식 컴퓨터가 개발된 초기에는 회로 결선을 변경하여 동작을 제어하는 기계적 프로그램을 사용하였으며 프로그램을 변경할 경우 다시 배선하여 구현했다. von Neumann은 컴퓨터의 프로그램을 메모리에 내장하여 순차적으로 처리하는 구조를 제안했으며 이는 현재 사용되는 프로세서의 근간이 되는 구조이다.

현재 사용되는 범용 컴퓨터의 CPU는 대부분 von Neumann이 제안한 방식을 기본으로 사용하되 단점으로 지적된 사항에 대해 개선된 구조를 가진다. [그림 1-6]에서 보는 것과 같이 프로세서의 핵심이 되는 산술·논리 연산 장치와 레지스터, 제어장치로 구성된 구조를 제안하였으며 이는 메모리에 저장된 프로그램과 데이터에 대해 제어 장치와 산술·논리 연산 장치로 읽고 쓰는 방식과 산술·논리 연산 장치의 출력 결과에 대해 입·출력 장치로의 읽고 쓰는 구조에 대한 내용이다.

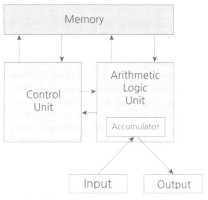

[그림 1-6] von Neumann 구조

von Neumann 구조는 초기 컴퓨터에 대해 구현 가능한 최선의 구조로 메모리에 기록된 데이터에 접근하기 위해 주소와 데이터 두 개의 버스를 사용한다. 제어 명령에 해당하는 프로그램 코드와 연산에 사용되는 데이터는 모두 동일한 메모리 공간에 저장되고 하나의 주소 버스와 데이터 버스를 사용하여 프로세서 내부로 읽어오거나 프로세서에서 출력된 결과를 기록하는 구조이다. 하나의 메모리 공간에 단일 버스를 사용하여 자료에 접근하도록 구성하였으므로 "NOT [A]"라는 명령을 실행할 경우 명령에 해당하는 NOT의 기계어 코드를 메모리에서 읽은 후 A가 지정한 공간에 기록된 데이터를 가져온다. 이 경우 von Neumann 구조는 하나의 주소와 데이터 버스를 사용하여 순차적으로 명령어에 대해 읽고 해석한 후 A가 지정한 공간에서 데이터를 가져오는 최소 2cycle 이상의 프로세서 동작 시간이 필요하다. 이를 버스의 병목현상이라 부른다. 즉, [그림 1-7]과 같이 하나의 버스를 명령어와 데이터에서 공유하고 있으므로 명령어를 읽을 때 데이터를 읽거나 쓸 수 없고 반대로 데이터를 읽는 순간에는 명령어를 읽을 수 없기 때문에 버스에 병목 현상이 발생할 수 있다. 그러나 비교적 구조가 간단하기 때문에 설계가 쉽다.

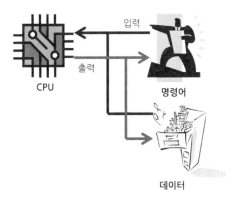

[그림 1-7] von Neumann 버스 구조

von Neumann 구조의 경우 하나의 주소, 데이터 버스를 사용하여 버스의 병목 현상이 프로세서의 속도를 향상시키는 제한 사항이 되므로 이를 두 개로 분리하여 각각 별도의 버스를 사용한 구조로 변형한 것을 Harvard Architecture라 한다.

[그림 1-8]과 같이 프로세서 내부에 두 개의 버스가 존재하여 각각 명령어와 데이터를 처리하는데 사용되며 명령어와 동시에 데이터를 읽어올 수 있으므로 이론상으로는 von Neumann 구조에 비해 동일한 속도에서 2배의 속도를 낼 수 있다. 따라서 명령어를 읽을 때 데이터를 읽거나 쓸 수 있어 처리 속도에서는 유리하지만, 구조가 복잡하여 설계가 어렵다는 단점이 있다.

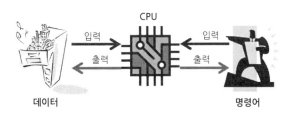

[그림 1-8] Harvard Architecture

Harvard architecture는 프로그램과 데이터에 대해 각각 주소, 데이터를 지정하는 버스가 분리되어있으며, von Neumann 구조는 하나의 버스에 프로그램과 데이터를 사용하는 구조를 가진다.

Harvard architecture는 프로그램 메모리에 대해 주소와 프로그램 코드를 읽어올 프로그램 데이터 버스와 자료가 저장된 메모리의 주소와 데이터를 가져올 데이터 버스가 각각 존재해야 하므로 각각 주소, 데이터의 쌍으로 2개의 버스 쌍이 존재해야 한다. 이 경우 외부 메모리의 연결에 사용되는 핀의 수가 증가하므로 IC의 내부에서는 프로그램과 데이터에 대해 각각의 쌍으로 구성된 별개의 버스를 사용하되 IC 외부에 연결하는 메모리에 대해서는 프로그램과 데이터에 사용되는 주소 버스를 MUX(Multiplex)하고, 각각의 데이터 버스도 MUX하여 구현한 것을 modified harvard architecture라고 부른다.

바. PC, SP 레지스터의 동작

범용 PC의 구조에 대해서는 일반적으로 알려진 것과 같이 프로세서가 사용하는 임시 작업 공간으로 RAM이라는 메모리를 사용한다. 하드디스크에 저장된 데이터를 읽어 RAM에 기록한 후 RAM에 있는 데이터를 처리한다. 마찬가지로 microprocessor나 microcontroller와 같은 소자에서도 그 내부에 임시로 데이터를 저장하는 작업 공간을 가지고 있으며 이를 register라고 부른다. Microcontroller나 일반적으로 사용되는 범용 processor와 같은 소자는 주변 장치를 제외한 핵심 부분은 ALU(Arithmetic logic unit)와 제어 장치 및 register들로 구성된다.

[그림 1-9]는 zilog사에서 개발한 Z80이라는 8-bit microprocessor의 구성도로서 입·출력 장치나 기타 주변 장치가 전혀 없는 processor에 관련된 부분으로만 구성되어 내부 구조의 설명에 가장 적당한 그림이다. [그림 1-9]에서 보듯이 microprocessor 또는 microcontroller 등의 핵심 부분은 연산을 담당하는 ALU와 RAM과 같은 외부 메모리로부터 데이터를 읽어 임시 저장하고 ALU의 연산 결과를 임시로 저장하는 register와 프로그램 코드를 해석하여 ALU와 register 장치들을 제어하는 제어부로 구성된다.

Microcontroller 등과 같은 제어 소자의 register에서 IX, IY register는 프로그램 메모리로부터 실행 코드를 읽어오는 index를 생성하는데 사용되며, 이들 register에서 가장 핵심적인 부분은 PC(Program Counter), SP(Stack Pointer) register이다. 이 외에는 데이터를 저장하기 위한 임시 저장 공간으로 사용되며 microcontroller들의 구조에 따라 전형적인 Intel의 8086 계열의 경우 AX, BX, CX, DX와 같은 적은 수의 범용 register를 가지고 있거나, Atmel사의 ATmega128과 같이 32개의 범용 register를 가지고 있다.

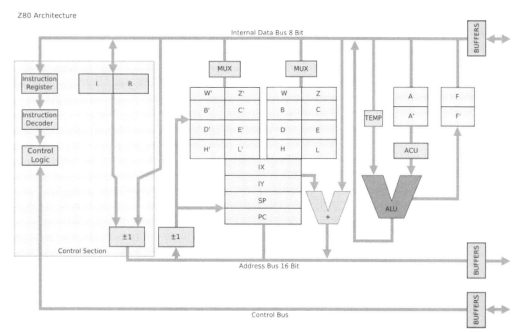

Z80 Architecture

출처 : http://en.wikipedia.org/wiki/Image:Z80_arch.svg

[그림 1-9] Z80의 내부 구성도

1) PC(program counter) register

PC(program counter) register는 다음에 실행될 명령어가 저장된 공간의 주소를 가리키고 있다. Microcontroller에 따라 reset이 되거나 전원이 공급되었을 때 시작하는 주소 공간이 정의되어 있으며, 이 값을 "reset vector"라고 부른다. ATmega128의 경우 0x0000번지가 reset vector로 정의되어 있으며 MCU가 reset되거나 전원이 공급되면 PC register의 값이 0x0000으로 되어 reset vector를 가리키게 된다. PC register의 값은 microcontroller가 사용하는 명령어의 크기에 따라 증가되는 값의 단위가 다르게 되며 2-Byte(16-bit) 명령어 코드의 크기를 가지는 ATmega128의 경우 0x0000, 0x0002 등으로 2의 단위로 증가하며, 4-Byte(32-bit)의 명령어 코드의 크기를 가지는 ARM processor는 4의 단위로 증가한다. 일반적으로 PC register는 순차적으로 증가하며 branch 명령어와 같은 분기 명령에 의해 그 값이 변한다. C 언어를 사용하여 프로그램을 작성하는 경우 startup code에서 초기화를 수행한 이후 main

으로 시작하는 함수를 호출하도록 PC register의 값이 변경된다.

C 언어로 작성된 프로그램에서 main 함수에 기술된 순서대로 코드가 실행되며 PC register에는 기록된 코드가 순차적으로 실행되도록 그 값이 증가되며 함수 호출과 같은 부분에서는 해당 함수가 있는 위치로 분기할 수 있도록 PC register의 값이 변경되고, 함수의 실행이 종료된 이후에는 함수를 호출한 부분의 다음 코드가 실행되도록 한다. 이 과정에서 PC register의 값이 함수를 가리키는 값으로 변경되기 전에 stack 영역에 임시로 저장 후 함수의 실행이 종료되면 stack 영역에 저장된 값을 PC register에 기록하여 함수를 호출한 부분의 다음 코드가 실행되도록 한다. C 언어에서는 강제로 분기하는 명령어를 사용하여 PC register의 값을 강제로 변경할 수 있으며, 아래와 같이 강제로 reset vector로 분기하여 프로그램에서 소프트웨어적으로 reset이 되도록 한다.

```
void reset(void)
{
        asm("JMP   0x0000");
}
```

[그림 1-10]의 C 프로그램은 각각 a, b 변수에 값을 할당하고 이 두 변수의 값을 c 변수에 더해 넣은 후 printf 함수를 사용하여 출력하는 코드이며, 각각의 순서에 따라 실행되는 코드의 실행 순서를 [그림 1-11]에 표시하였다.

```
{    // 함수의 시작
    ......
    a = 10;
    b = 5;
    c = a + b;
    printf("a = %d, b = %d, a + b = %d \n", a, b, c)
    a = 8;
    b = 10;
    c = a + b;
    printf("a = %d, b = %d, a + b = %d \n", a, b, c)
    ......
}
```

[그림 1-10] PC register의 설명을 위한 예제 코드

순서	ADDRESS	CODE
0	0x103E	{ // 함수의 시작 주소
1	0x1040	a = 10;
2	0x1042	b = 5;
3	0x1044	c = a + b;
4	0x1046	printf("a = %d, b = %d, a + b = %d \n", a, b, c)
5	0x1048	a = 8;
6	0x104A	b = 10;
7	0x104C	c = a + b;
8	0x104E	printf("a = %d, b = %d, a + b = %d \n", a, b, c)
		......
	0x4000	printf 함수의 위치

[그림 1-11] 예제 코드의 실행 순서

C 프로그램의 경우 프로그램을 기술한 순서대로 위에서부터 아래로 순서대로 각각의 명령이 실행되며 [그림 1-10]과 같이 작성된 프로그램은 위에서부터 순서대로 프로그램 메모리의 주소 공간이 할당되며 이들은 각각 [그림 1-11]과 같이 각 명령어에 프로그램의 주소가 할당된다. 이 경우 PC register의 내용은 다음에 실행될 명령어가 저장되며 0x103E에 위치한 함수가 실행되면 그 순간 PC register에는 다음에 실행될 명령어인 "a = 10;"이 할당된 주소 0x1040의 주소가 기록된다. 이와 같이 순서대로 PC register의 값은 순서대로 증가하며 증가되는 값은 MCU의 명령 code의 크기에 따라 다르며 ATmega128과 같이 16-bit의 code 크기를 가지는 경우 2-Byte (16-bit) 단위로 증가한다.

PC register는 다음에 실행될 명령어의 주소를 가지고 있으며 [그림 1-11]에서와 같이 순서대로 프로그램이 실행되는 과정에서 함수를 호출하는 경우 PC register에 저장된 값은 임시로 stack memory에 저장되고 PC register의 값은 함수가 위치한 곳의 주소로 변경된다.

[그림 1-12]와 같이 프로그램이 실행되는 각 단계에 대해서 PC register의 값은 다음에 실행될 명령어가 저장된 공간의 주소를 가지는데, 함수의 호출이나 분기문과 같은 명령문을 만나면 PC register의 값은 다음에 실행될 명령어가 저장된 곳의 주소는 임시 저장 영역인 STACK에 보관되고, PC register의 값은 호출하는 함수의 주소 값으로 변경된다.

순서	현재 실행 코드의 주소	PC register의 내용		STACK 메모리 내용 1		STACK 메모리 내용 2	
0	0x103E	0x1040					
1	0x1040	0x1042					
2	0x1042	0x1044					
3	0x1044	0x1046					
4	0x1046	0x1048		15	변수 c의 값	18	변수 c의 값
		0x4000		5	변수 b의 값	10	변수 b의 값
5	0x4000	0x1048		10	변수 a의 값	8	변수 a의 값
6	0x1048	0x104A					
7	0x104A	0x104C		"출력될 문자열"		"출력될 문자열"	
8	0x104C	0x104E					
		0x4000		0x1048		0x104E	
9	0x4000	0x104E					

[그림 1-12] 프로그램의 실행과 PC register의 변경

C 언어의 경우 함수의 호출에서 매개 변수는 STACK 영역을 통해 함수에 그 값이 복사되어 전달되므로 [그림 1-12]와 같이 먼저 PC register에 저장된 값이 STACK 영역에 저장되고, 함수의 매개 변수가 차례대로 STACK에 저장된다. 그리고 함수가 실행되면 STACK 영역에 저장된 매개 변수를 꺼내어 사용하여 매개 변수로 저장된 값을 사용하며 함수의 실행이 종료되면 마지막 남은 실행될 명령어의 주소가 다시 PC register에 복구되며 이 값에 따라 함수의 실행이 끝난 후 그 다음 명령이 실행된다. [그림 1-12]의 STACK 메모리 내용 1은 첫 번째 함수 호출에서의 STACK 메모리의 내용이며, 두 번째 함수 호출에서는 처음에 저장된 STACK의 내용에 두 번째의 내용이 덮어씌워지면서 STACK 메모리 내용 2로 갱신된다.

STACK 메모리의 시작 공간을 알려주는 register에는 STACK pointer register가 있다.

2) STACK pointer register

SP(stack pointer) register는 STACK이라는 임시 저장 공간으로 활용되는 메모리 공간을 가리키고 있는 register로서 다음과 같이 STACK 메모리의 현재 데이터가 저장될 곳의 주소를 가리키는 역할을 한다.

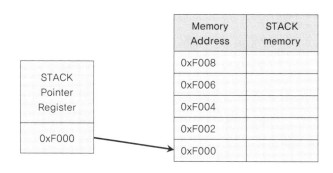

Memory Address	STACK memory
0xF008	
0xF006	
0xF004	
0xF002	
0xF000	

앞의 [그림 1-12]와 같이 함수를 호출하는 경우 PC register의 내용이 STACK memory에 저장되며 이 경우에는 SP register의 내용은 다음 주소를 가리키도록 변경된다.

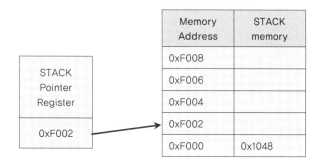

Memory Address	STACK memory
0xF008	
0xF006	
0xF004	
0xF002	
0xF000	0x1048

이와 같은 방식으로 STACK memory 영역에 저장되는 값이 발생할 때 마다 SP register의 값은 프로그램 code 메모리의 크기만큼 순차적으로 증가한다. [그림 1-12]에 보이듯이 C 언어에서는 STACK memory 공간을 PC register의 저장뿐만 아니라 함수를 호출할 때 매개 변수의 값을 저장하여 전달하는 용도로 사용된다. STACK 메모리는 microcontroller의 RAM과 같은 데이터를 저장하는 공간에 할당되며 정해진 STACK 메모리 공간을 넘어서는 STACK overflow가 발생하지 않도록 주의한다. STACK overflow가 발생하면 STACK이 데이터를 저장하는 공간인 RAM과 동일한 메모리 공간을 사용하고 있으므로 저장된 데이터가 훼손되거나 STACK의 값에 손상이 발생하여 PC에 저장된 값에 문제를 일으켜 비정상적인 동작을 한다.

특히 C 프로그램을 사용하는 경우 STACK memory는 PC register의 값 또는 함수를 호출할 때 매개 변수를 저장하며, 함수가 호출되면 저장되었던 매개 변수는 호출된 함수 내에서 읽어가며 이 경우에는 SP register의 내용은 code 메모리 크기만큼 감소하며 매개 변수의 값이 저장되었던 영역에 다른 데이터를 덮어 쓸 수 있도록 하고 있다. 그러나 함수가 호출되면서 매개 변수는 읽어가므로 STACK memory에 저장되었던 매개 변수가 저장된 공간은 다시 사용 가능한 영역으로 복귀되지만, 함수를 호출한 부분에서 함수 호출 이후 다음에 실행될 코드의 주소를 저장하고 있던 PC register의 값을 보관하고 있는 부분은 함수의 실행이 완전히 종료된 이후 PC register의 값을 복구하면서 사용 가능한 영역이 되지만, 일반적으로 수치 처리에서 factorial을 계산할 때 주로 사용하는 recursive function과 같은 함수를 구현하여 사용하는 경우에는 범용 PC에서의 프로그램과는 달리 제한된 메모리 공간을 사용하는 microcontroller에서는 STACK memory와 프로그램에서 사용하는 data memory가 겹치는 현상이 발생하여 프로그램이 비정상적으로 동작할 수 있으므로 주의해야 한다.

AVR과
PIC microcontroller

2-1. AVR microcontroller
2-2. PIC microcontroller

이 장에서는 RISC 구조의 microcontroller 중 대표
적인 Atmel사의 AVR core를 사용한 ATmega128과
Microchip사의 PIC core를 사용한 PIC16F874를 중
심으로 구조와 특징에 대해 살펴본다.

AVR은 Atmel사가 개발한 RISC microcontroller core를 말하는 것으로서 기능에 따라서 크게 ATtiny family, ATmega family, ATXmega family로 분류된다. 이들 AVR 마이크로컨트롤러 계열은 같은 구조의 processor core를 사용하고 있어 기본구조 및 명령어가 동일하며 사용법 또한 매우 유사하다. 단지 제품의 동작 속도나 내부 메모리의 크기, 주변 장치 회로의 내장 여부에 따라 분류된다. 2-1절에서는 AVR microcontroller 제품 중 가장 널리 사용되는 ATmega128을 기본으로 AVR에 대해 설명한다.

ATmega128은 8비트 RISC(Reduced Instruction Set Computer) 구조의 AVR core를 가진다. AVR core는 대부분의 명령어를 Single cycle에 수행하고, Flash 메모리 및 SRAM, EEPROM 등의 메모리 소자와 발진 회로, GPIO(General Purpose Input Output), Timer, PWM(Pulse Width Modulator), USART(Universal Synchronous and Asynchronous Receiver and Transmitter), TWI(Two Wire Interface), ADC(Analog to Digital Converter), Analog Comparator, SPI(Serial Peripheral Interface), WDT(Watch dog Timer) 등 주변 장치 제어 회로가 하나의 칩에 집적된 구조의 microcontroller이다. ATmega128과 같은 AVR 계열의 프로세서는 [그림 2-1]의 왼쪽과 같은 여러 소자들로 이루어진 회로를 오른쪽과 같이 칩 하나로 구현하여 시스템을 구성하는 회로를 단순하게 구성하며 소자들 상호 간의 연결에서 발생할 수 있는 잡음, 신뢰성 등을 개선할 수 있다. 또한 전체 시스템의 크기와 무게를 줄일 수 있다.

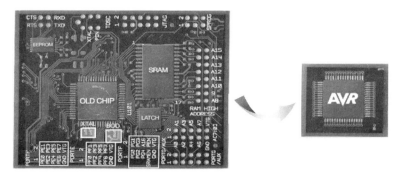

[그림 2-1] AVR의 구성 개념

ATmega128은 프로그램 영역과 데이터 영역의 Address bus 및 Data bus가 분리된 Harvard Architecture 구조를 채택하고 있다. 따라서 프로그램 영역에 있는 명령어는 파이프라인을 통하여 실행되는 구조를 가지고 있어서 하나의 명령어가 수행되는 동안 다음 실행될 명령어가 미리 읽혀 실행 대기 상태로 있게 된다. 따라서 순차적인 명령 처리 보다 빠르게 명령어가 처리된다.

Harvard architecture는 1-2절에서 설명한 것과 같이 프로그램과 데이터에 대해 각각 주소, 데이터를 지정하는 버스가 분리되어있으며, von Neumann 구조는 하나의 버스에 프로그램과 데이터를 사용하는 구조를 가진다.

ATmega128은 Harvard architecture에서 데이터에 대한 주소와 데이터 버스만을 외부로 연결할 수 있고 프로그램은 IC 내부의 프로그램 영역만을 사용해야 한다. 일부 AVR 제품은 10-bit ADC를 내장하고 있으며, 다른 마이크로컨트롤러에 비해 큰 SRAM을 가지고 있으며, Flash memory의 내장으로 프로그래밍이 용이하고 EEPROM을 내장하고 있어서 데이터 백업이 가능하다. USART, SPI, PWM 모듈 등을 내장하고 있으며, 8비트 및 16비트 타이머를 내장하고 있다. AVR은 개발 단계에서부터 C 언어 사용을 고려하여 제작되었으므로 C 언어를 사용하는 개발 환경에 유리하다.

AVR은 ISP(In-System Programmable) Flash 메모리와 EEPROM, SRAM을 가지고 있어 편리한 개발 환경을 제공할 뿐만 아니라 실행할 코드와 동작 중 필요한 SRAM 및 전원이 공급되지 않아도 보관하고 있어야할 데이터를 저장할 EEPROM을 칩 안에 내장하고 있으므로 부가 회로를 최소화할 수 있어 AVR을 사용하여 시스템을 구성할 때 Flash 메모리 및 SRAM, EEPROM 등이 추가되지 않아 다른 마이크로컨트롤러에 비하여 경제적이다.

용어설명 ISP(In-System Program)란?

> ISP(In-System Program) 기능이란 칩을 PCB(Printed Circuit Board)에 장착한 후에 전원과 클록, 시리얼 데이터 입력·출력 등의 극소수의 핀을 연결하여 보드에 부착된 상태에서 프로그램을 하거나 칩 안에 있는 내용을 읽거나 변경할 수 있는 기능을 의미한다.
>
> 이전에는 ROM-Writer라고 불리는 장비 등에 의해 칩을 ROM-Writer에 끼운 후 프로그램을 하거나 칩 안에 들어있는 내용을 읽는 방식을 취했으나, ISP 기능이 개발된 후 칩을 보드에 실장한 후 직접 쓰기·읽기 등의 동작이 가능해졌다. 일반적으로는 CLOCK, DATA IN, DATA OUT, ENABLE 등의 핀이 사용되며 이들을 축소하여 2개의 신호로 제어하는 방식도 있다.

AVR에 속하는 마이크로컨트롤러 계열은 거의 같은 구조의 CPU를 사용하고 있으므로 기본 구조가 동일하고 기본 명령어 또한 같지만, 메모리의 크기라든가 특수기능의 내장 여부에 따라 Tiny family, mega family, Xmega family 등으로 분류된다.

① tinyAVR : tinyAVR 계열은 0.5-8KB의 프로그램 메모리를 가지며, 대부분 6-32-pin package로 제작되었으며 내장된 주변 장치가 매우 제한되어 있다. 저가격의 단순한 응용에 적합하도록 설계되었다.

② megaAVR : ATmega 계열은 4-256KB의 프로그램 메모리를 가지며 28-100-pin package로 제작되었다. 곱셈과 보다 큰 프로그램 메모리 영역에 접근할 수 있도록 확장된 명령어 구조를 지원하며 대부분의 응용 사례에 적합하도록 다양한 주변 장치를 포함하고 있다.

③ XMEGA : ATXmega 계열은 16-384KB의 프로그램 메모리를 가지며 제품은 44-64-100-pin package로 구현된다. 특히 DMA와 Event System 및 암호화 기능을 제공하는 등 확장된 기능을 제공한다. ATXmega 계열은 ATmega 계열에 포함된 주변 장치에 DACs(Digital to Analog Convertors)를 추가로 포함하고 있다.

현재는 단종된 모델이나 AT90S 계열의 제품도 한동안 사용되었으며 ATtiny와 ATmega의 중간 정도의 메모리 용량과 주변 장치를 포함하고 있다. AVR core를 사용한 제품들 중에는 앞에서 언급한 Tiny, mega, Xmega 외에 주문형 반도체와 같이 사용할 수 있도록 AVR core만 제공하고 주변 장치는 필요에 따라 직접 설계하여 사용할 수 있는 FPSLIC라는 제품군이 있다. FPSLIC™(AVR with FPGA)는 AVR core와 FPGA가 하나의 IC에 구현된 제품으로 FPGA의 설계 용량은 약 5K to 40K gates 정도 된다. 이 제품에는 다른 AVR 제품과 달리 SRAM에 프로그램 코드가 저장되며 최대 50㎒로 동작할 수 있다.

또 다른 AVR 제품은 프로세서 core 부분이 32-bit로 구성된 것으로 32-bit AVR이라고 부른다. SIMD와 DSP 명령어를 가지고 있으며 오디오, 비디오 프로세싱 및 LCD 인터페이스에 활용할 수 있도록 구성되었으며 ARM 프로세서와 경쟁하기 위해 만들어졌다. 다만 이 제품군은 기존의 AVR 또는 ARM 프로세서들과는 전혀 호환되지 않는다.

가. ATmega128 개요

ATmega128은 AVR의 향상된 RISC 구조에 기반을 둔 8-bit 저전력 마이크로컨트롤러로 대부분 1-machine cycle에 수행되는 명령어를 가지고 있어 공급되는 클록 1㎒ 당 1MIPS(Million Instruction per Second)의 처리 능력을 가지고 있으며, 처리 속도에 비하여 최적화된 전력 소모 구조를 가지고 있어 기타 마이크로컨트롤러에 비하

여 상대적으로 적은 소모 전력으로 보다 향상된 처리를 가능하게 한다. ATmega128
은 다음과 같은 특징을 가진다.

① 향상된 RISC 구조
  ☆ 133개의 강력한 명령어 : 대부분 1-cycle에 동작하는 명령어
  ☆ 32개의 8-bit 범용 레지스터 + 주변 장치 제어 레지스터
  ☆ 완전 정적인 동작 지원
  ☆ 16㎒의 공급 클록에서 최대 16MIPS의 성능
  ☆ 2-cycle에 동작하는 하드웨어 곱셈기 내장

② 비휘발성 프로그램 메모리와 데이터 메모리
  ☆ 128KBytes의 In-System Reprogrammable Flash 메모리
    프로그램의 실행 코드 저장 영역
    최소 10,000번 이상의 쓰기/삭제 수명 보장
  ☆ 4KBytes의 EEPROM
    비휘발성 데이터 저장 영역
    최소 100,000번 이상의 쓰기/삭제 수명 보장
  ☆ 4K Bytes의 내부 SRAM
  ☆ 최대 64K Bytes까지의 외부 데이터 메모리 추가 가능
  ☆ 소프트웨어 보안성을 위한 프로그램 잠금 기능
  ☆ ISP(In-System Programming)를 위한 SPI 인터페이스 제공

③ ATmega128에 내장된 주변 장치
  ☆ 분주기와 비교기 모드가 분리된 2개의 8-bit 타이머/카운터
  ☆ 분주기와 비교기 모드 및 캡처 모드가 분리된 두 개의 확장 가능한 16-bit
    타이머/카운터
  ☆ 발진 회로와 분리된 실시간 계수기(Real Time Counter)
  ☆ 2개의 8-bit PWM 채널
  ☆ 2에서 16-bit의 분해능을 가진 프로그램 가능한 6개의 PWM 채널
  ☆ 출력 비교 변조기(Output Compare Modulator)
  ☆ 8채널의 10-bit ADC(Analog to Digital Converter)
    8개의 single-ended 채널
    7개의 differential 채널

2개의 프로그램 가능한 입력 게인(1×, 10×, 200×)을 갖는 채널

☆ Byte 정렬된 Two-wire 직렬 인터페이스

☆ 두 개의 프로그램 가능한 USART(Universal Synchronous/Asynchronous Receiver and Transmitter)

☆ Master/Slave SPI 시리얼 인터페이스

☆ 내장된 발진 회로와 프로그램 가능한 Watch-doc 타이머

☆ 내장된 Analog 비교기

④ **특별한 마이크로컨트롤러 기능**

☆ Power-On Reset 기능과 프로그램 가능한 Brown-out 검출 기능

☆ 조율된 내부 RC 발진 회로

☆ 외부 및 내부 인터럽트 소스

☆ 6가지의 슬립 모드

☆ 소프트웨어로 선택 가능한 클록 주파수

☆ 선택 가능한 ATmega103 호환 모드

☆ 전체적인 pull-up 해제 기능

⑤ **I/O와 Package**

☆ 53개의 프로그램 가능한 입·출력 선

☆ 64핀의 TQFP 또는 64개의 pad를 갖는 MLF 패키지

⑥ **동작 전압**

☆ ATmega128L은 2.7V~5.5V의 공급 전원에서 동작 가능

☆ ATmega128은 4.5V~5.5V의 공급 전원에서 동작 가능

⑦ **동작 속도**

☆ ATmega128L은 0~8㎒의 공급 클록에서 동작 가능

☆ ATmega128은 0~16㎒의 공급 클록에서 동작 가능

 참고

최근 생산되는 ATmega128A는 동작 전압과 속도에 대해 L과 일반 모델의 제약이 없어 2.7V ~ 5.5V의 전압에서 동작하며 동작 속도는 0~16㎒이다.

나. ATmega128의 블록도

ATmega128은 [그림 2-2]와 같은 구조를 가지고 있다. PORT A~F까지 8-bit 입·출력이 가능한 포트 6개와 5-bit의 PORTG를 가지고 있으며, 2개의 USART와 SPI, Interrupt 모듈, Timer/Counter, Watchdog Timer, A/D Converter, EEPROM, SRAM, Analog Comparator를 가지고 있다.

ATmega128에는 양방향 입·출력을 지원하는 범용 I/O 포트가 각각 8-bit씩 PORTA에서 PORTF까지 모두 6개의 그룹과 5-bit의 PORTG를 가지고 있다. 각각의 포트는 내부에 pull-up 설정을 지정할 수 있다. 범용 I/O 포트는 입·출력 기능 외에 Timer/PWM, USART, ADC 등 특수 기능과 multiplex되어 있다.

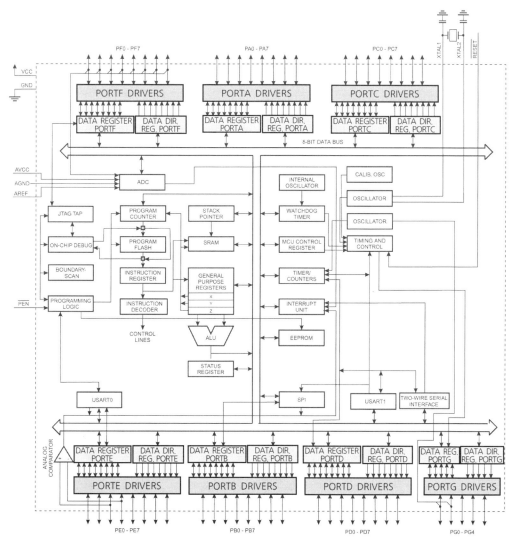

[그림 2-2] ATmega128의 내부 블록도

다. ATmega128의 PIN OUT

ATmega128은 [그림 2-3]과 같은 모양으로 핀이 배열되어 있으며, 모두 64개의 핀으로 구성되어 있다. 이들 중 전원(VCC, AVCC, GND)과 클록 공급 핀(XTAL1, XTAL2), 리셋(RESET), Program Enable(PEN)을 제외한 나머지는 모두 일반 I/O 기능과 ATmega128 내부의 특수한 기능을 공유하여 사용할 수 있도록 구성되어있다. PEN핀은 칩에 전원이 공급되는 Power On Reset 기간에 "LOW" 상태를 유지하면 SPI를 사용한 프로그램 모드로 동작할 수 있게 한다. 일반적인 동작에서는 사용되지 않는다.

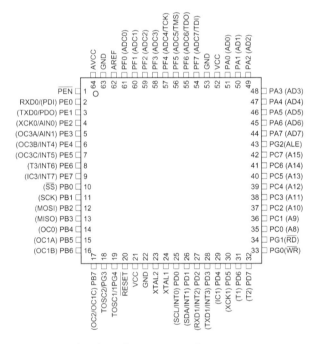

[그림 2-3] ATmega128의 Pin Out

용어설명 ▐ Power On Reset이란?

> Power On Reset은 칩에 전원이 공급되어 동작이 안정화될 때까지 RESET 상태를 유지함으로써 칩의 기능들이 불안정한 상태에서 동작하지 않도록 해주는 것이다.

<표 2-1> ATmega128핀의 기능

핀 이름	핀 번호	역 할
/PEN	1	저전압 직렬 프로그래밍 모드에 대한 프로그래밍 enable
VCC	21,51	공급 전압
GND	22,53,63	접지
AVCC	64	ACD 및 포트 F에 대한 공급 전압
AREF	62	ADC 참조 전압
/RESET	20	리셋
XTAL1	24	반전 발진 증폭기 및 내부 클록 회로 입력
XTAL2	23	반전 발진 증폭기로부터의 출력
TOSC1	19	반전 타이머/카운터 발진 증폭기에 대한 입력
TOSC2	18	반전 타이머/카운터 발진 증폭기에 대한 출력
/WR	33	외부 SRAM 기록 스트로브
/RD	34	외부 SRAM 판독 스트로브
ALE	43	외부 메모리가 enable될 때 사용되는 address latch enable
포트A(PA7~PA0)	44~51	8비트 양방향성 I/O포트, 비트별 내부 풀업저항 연결 가능, 외부 메모리를 둘 경우 주소(A7~A0)/데이터 버스(D7~D0)로 멀티플렉스 됨
포트B(PB7~PB0)	10~17	내부 풀업저항이 있는 8비트 양방향성 I/O포트 등 별도의 기능을 가짐
포트C(PC7~PC0)	35~42	내부 풀업저항이 있는 8비트 양방향성 I/O포트, 외부 메모리를 둘 경우 상위 주소(A15~A8) 버스로 동작
포트D(PD7~PD0)	25~32	내부 풀업저항이 있는 8비트 양방향성 I/O포트 등 별도의 기능을 가짐
포트E(PE7~PE0)	2~9	내부 풀업저항이 있는 8비트 양방향성 I/O포트, 외부 인터럽트 요청 등 별도 기능을 가짐
포트F(PF7~PF0)	54~61	8비트 입력 포트, ADC에 대한 아날로그 입력
포트G(PG4~P0)	18,19,33, 34,43	내부 풀업 저항이 있는 5비트 양방향성 I/O포트 등 별도의 기능을 가짐

라. ATmega128의 Architecture

AVR은 Program과 Data 메모리 및 bus가 분리된 Harvard Architecture를 채택하고 있으며 프로그램 메모리에 있는 명령어는 하나의 파이프라인을 통하여 실행되는 구조를 가지고 있어 하나의 명령어가 수행되는 동안 다음 실행될 명령어가 미리 읽혀 실행 대기 상태로 있게 된다. 따라서 보다 빠른 명령 수행 성능을 보인다. AVR의 내부 Architecture는 [그림 2-4]와 같다.

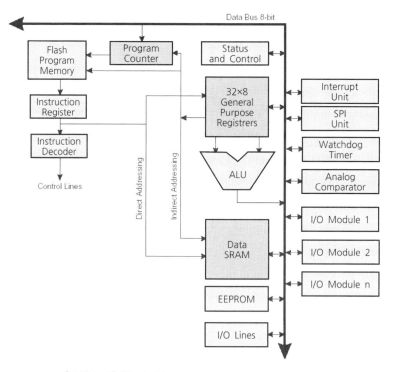

[그림 2-4] Block Diagram of AVR Architecture

마이크로컨트롤러 또는 프로세서들에서 주로 사용되는 Architecture는 크게 Harvard Architecture와 Von Neumann 구조로 나뉘게 되며, 실제 마이크로컨트롤러 등에서 적용될 때는 이들을 다소 변형한 구조를 사용하고 있다. 예를 들어 8051의 경우 칩 내부에서는 데이터와 프로그램 메모리, 버스가 분리되어 있으나 칩 외부에 연결될 때는 프로그램, 데이터의 Address, Data bus를 Mux하여 동일한 외부 pin을 사용하고 있어 이러한 경우에는 Modified Harvard 구조라고 한다. AVR은 칩 내부에만 Program 메모리가 존재하고 외부로 연결되는 Address, Data bus는 Data 메모리에만 연결되어 있어 칩 내/외부 모두 프로그램, 데이터 메모리 및 bus가 분리된 Harvard Architecture를 취하고 있다.

일반적인 CPU Core는 ALU, Register, Control Unit과 Bus, Control Signal line 및 I/O(Input/Output)로 구성되어 있다. [그림 2-4]와 같이 AVR core도 ALU, 범용 레지스터(General Purpose Register)와 제어 유닛으로 Status and Control, Program Counter(PC) register, Interrupt Unit 및 I/O line으로 구성되며, AVR는 칩 내부에 program code를 저장하는 FLASH 메모리와 데이터 저장용 SRAM, EEPROM이 존재하며 SPI, Watchdog Timer, Analog Comparator, I/O Modules로 구성된다.

42 | 마이크로컨트롤러 제어

1) ALU

ALU는 32개의 범용레지스터와 직접 연결되어 있어 레지스터간의 연산, 레지스터와 직접 입력한 값과의 연산은 하나의 시스템 클록 안에서 수행한다(곱셈의 경우 2개의 시스템 클록에 동작한다). ALU는 산술 연산(덧셈, 뺄셈, 곱셈, 1증가, 1감소, 2의 보수), 논리 연산(AND, OR, XOR, NOT) 및 비트연산의 세 부분으로 구성된다.

2) Watchdog Timer

Watchdog Timer는 프로세서의 안정적인 동작을 위해 사용되는 유닛으로 일정 시간마다 Watchdog Timer에 의해 카운터를 증가하며, 이 카운터가 오버플로우 될 때 시스템에 인터럽트를 발생시켜 프로세서를 초기화시킨다. 프로세서가 정상적으로 동작을 하지 않거나 멈추어 있는 경우 Watchdog Timer를 사용하면 자동으로 리셋을 발생하여 시스템을 초기화한 후 다시 동작시키므로 프로그램에서 일정 시간마다 주기적으로 Watchdog Timer에 기록된 카운트 값을 Clear시켜야 한다.

3) Status Register

ATmega128의 상태 레지스터(Status Register)는 SREG라는 이름을 가지고 있으며 연산 명령의 실행된 가장 최근의 결과를 반영하고 있다. 이 결과는 조건 연산 등에서 프로그램의 흐름을 변경하는데 사용될 수 있다. SREG는 ALI의 모든 연산에 따라 최신 값으로 갱신된다.

AVR의 상태 레지스터(Status Register)는 SREG라는 이름을 가지고 있으며 연산 명령의 실행된 가장 최근의 결과를 반영하고 있다. 이 결과는 조건 연산 등에서 프로그램의 흐름을 변경하는데 사용될 수 있다. SREG는 ALU의 모든 연산에 따라 최신 값으로 갱신된다.

◉ AVR Status Register - SREG

Bit	7	6	5	4	3	2	1	0
	I	T	H	S	V	N	Z	C
Read/Write	R/W	R/W	R/W	R/W	R/W	R/W	R/W	R/W
Initial Value	0	0	0	0	0	0	0	0

SREG의 각 상태 비트는 다음과 같은 뜻을 가지고 있다.

- Bit 7 − I : Global Interrupt Enable

    AVR의 인터럽트 기능을 사용하기 위해서는 SREG의 7번 비트를 1로 설정해 놓아야 한다. CLI와 SEI 명령을 사용해서 0또는 1로 설정할 수 있다.

- Bit 6 − T : Bit Copy Storage

    BST(Bit STore), BLD(Bit LoaD) 명령에 사용되는 레지스터로 레지스터 파일로부터 특정 레지스터의 비트를 복사할 때 BST에 의해 해당 비트가 SREG의 6번 비트 T에 저장되고 BLD 명령에 의해 이 비트가 읽혀 대상 레지스터에 저장된다.

- Bit 5 − H : Half Carry Flag

    BCD 연산에 유용하게 사용되는 Flag bit다.

- Bit 4 − S : Sign Bit, S=N⊕V

    부호 비트로 negative flag인 N과 2의 보수 연산의 overflow flag V와 XOR한 결과 값이다.

- Bit 3 − V : Two's Complement Overflow Flag

    2의 보수 연산에서 overflow가 발생하면 설정된다.

- Bit 2 − N : Negative Flag

    수치연산이나 논리 연산의 결과가 음수가 되었을 때 설정된다.

- Bit 1 − Z : Zero Flag

    수치연산이나 논리 연산의 결과가 0이 되었을 때 설정된다.

- Bit 0 − C : Carry Flag

    수치연산이나 논리 연산의 결과에서 자리올림이 발생했을 때 설정된다.

마. ATmega128의 범용 Register File

    AVR의 ALU는 32개의 범용 레지스터와 직접 연결되어 있어 레지스터 간의 연산, 레지스터와 직접 입력한 값과의 연산은 하나의 시스템 클록에 수행한다(단, 곱셈의 경우 2개의 시스템 클록에 동작한다). ALU는 수학 연산(덧셈, 뺄셈, 곱셈, 1증가, 1감소, 2의 보수), 논리 연산(AND, OR, XOR, NOT) 및 비트 연산의 세 부분으로 구성되어 있다.

    [그림 2-5]는 AVR의 범용 레지스터로 32개의 8-bit로 구성되어 있으며, 이들 중 R26~R31은 X, Y, Z 레지스터로 사용될 수 있으며 이들은 데이터 영역에 16-bit의 간접주소지정 방식에 사용된다.

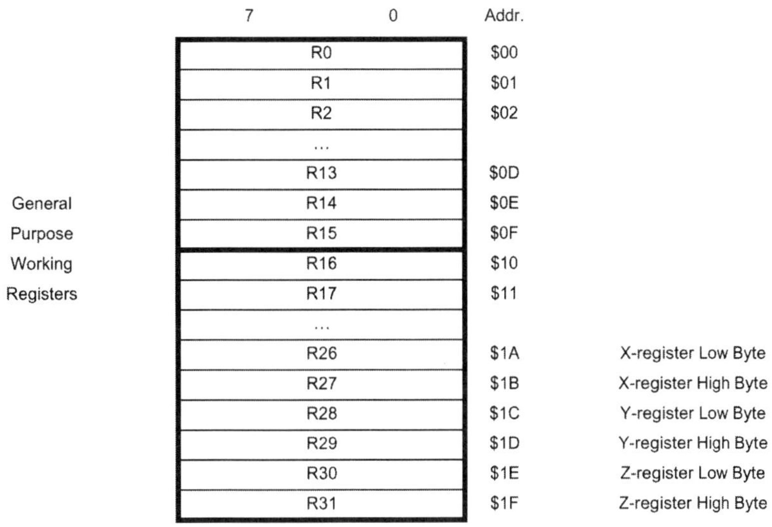

[그림 2-5] AVR의 범용 레지스터

〈표 2-2〉와 〈표 2-3〉은 ATmega128의 I/O 레지스터와 확장 I/O 레지스터의 이름과 기능을 나타낸다.

〈표 2-2〉 ATmega128의 I/O 레지스터 이름과 기능

이 름	기 능
SREG	Status Register
SPH	Stack Point High
SPL	Stack Point Low
XDIV	XTAL Divide Control Register
RAMPZ	RAM page Z select Register
EICRB	General Interrupt Control
EIMSK	External Interrupt Mask register
EIFR	External Interrupt Flag register
TIMSK	Timer/Counter Interrupt Mask register
TIFR	Timer/Counter Interrupt Flag register
MCUCR	MCU general Control Register
MCUCSR	MCU Control & Status Register
TCCRO	Timer/Counter0 Control Register
TCNT0	Timer/Counter0 (8–bit)
OCR0	T/C0 output compare register 0
ASSR	Asynchronous status Register
TCCR1A	Timer/Counter1 Control Register A

TCCR1B	Timer/Counter1 Control Register B
TCNT1H	Timer/Counter1 High Byte
TCNT1L	Timer/Counter1 Low Byte
OCR1AH	Timer/Counter1 Output Compare Register A High Byte
OCR1AL	Timer/Counter1 Output Compare Register A Low Byte
OCR1BH	Timer/Counter1 Output Compare Register B High Byte
OCR1BL	Timer/Counter1 Output Compare Register B Low Byte
ICR1H	Timer/Counter1 Input Capture Register High Byte
ICR1L	Timer/Counter1 Input Capture Register Low Byte
TCCR2	Timer/Counter2 Control Register
TCNT2	Timer/Counter2 Register
OCR2	Timer/Counter2 Output Compare Register 1
OCDR	On-chip Debug Related Register in I/O Memory
WDTCR	Watchdog timer Control Register
SFIOR	Special Function I/O Register
EEARH	EEPROM Address Register High
EEARL	EEPROM Address Register Low
EEDR	EEPROM Data Register
EECR	EEPROM Control Register
PORTA	Data Register, Port A
DDRA	Data Direction Register, Port A
PINA	Input Pins, Port A
PORTB	Data Register, Port B
DDRB	Data Direction Register, Port B
PINB	Input Pins, Port B
PORTC	Data Register, Port C
DDRC	Data Direction Register, Port C
PINC	Input Pins, Port C
PORTD	Data Register, Port D
DDRD	Data direction Register, Port D
PIND	Input Pins, Port D
SPDR	SPI Data Register
SPSR	SPI Status Register
SPCR	SPI Control Register
UDR0	UART0 I/O data Register
UCSR0A	UART0 Control and Status Register A

UCSR0B	UART0 Control and status Register B
UBRR0L	UART0 Baud rate Register Low
ACSR	Analog Comparator control and status Register
ADMUX	ADC Multiplexer Selection Rester
ADCSRA	ADC Control and Status Register A
ADCH	ACD Data Register High Byte
ADCL	ACD Data Register Low Byte
PORTE	Data Register, Port E
DDRE	Data Direction Register, Port E
PINE	Input Pins, Port E
PINF	Input Pins, Port F

〈표 2-3〉 확장 I/O 레지스터 이름과 기능

이 름	기 능
UCSR1C	UART1 Control and Status Register C
UDR1	UATR1 I/O Data Register
UCSR1A	UART1 Control and Status Register A
UCSR1B	UART1 Control and Status Register B
UBRR1L	UART1 Baud Rate Register Low
UBRR1H	UART1 Baud Rate Register High
UCSR0C	UART0 Control and Status Register C
UBRR0H	UART0 Baud Rate Register High
TCCR3C	Timer/Counter3 Control Register C
TCCR3A	Timer/Counter3 Control Register A
TCCR3B	Timer/Counter3 Control Register B
TCNT3H	Timer/Counter3 High Byte
TCNT3L	Timer/Counter3 Low Byte
OCR3AH	Timer/Counter3 Output Compare Register A High
OCR3AL	Timer/Counter3 Output Compare Register A Low
OCR3BH	Timer/Counter3 Output Compare Register B High
OCR3BL	Timer/Counter3 Output Compare Register B Low
OCR3CH	Timer/Counter3 Output Compare Register C High
OCR3CL	Timer/Counter3 Output Compare Register C Low
ICR3H	Timer/Counter3 Input Capture Register High
ICR3L	Timer/Counter3 Input Capture Register Low
ETIMSK	Extended Timer Counter Interrupt Mask Register

ETIFR	Extended Timer Counter Interrupt Flag Register
TCCR1C	Timer/Counter1 Control Register C
OCR1CH	Timer/Counter1 Output Compare Register High
OCR1CL	Timer/Counter1 Output Compare Register Low
TWCR	TWI Control Register
TWDR	TWI Data Register
TWAR	WI Address Register
TWSR	TWI Status Register
TWBR	TWI Bit Rate Register
OSCCAL	Oscillator Calibratin Regiater
XMCRA	Xternal Memory Control Register A
XMCRB	External Memory Control Register B
EICRA	External Interrupt Control Register A
SPMCSR	SPM Control and Status Register
PORTG	Data Register, Port G
DDRG	Data Direction Register, Port G
PING	Input pins, Port G
PORTF	Data Register, Port F
DDRF	Data Direction Register, Port F
PINF	Input Pins, Port F
OCDR	On-chip Debug Related Register in I/O Memory
WDTCR	Watchdog timer Control Register
SFIOR	Special Function I/O Register
EEARH	EEPROM Address Register High
EEARL	EEPROM Address Register Low
EEDR	EEPROM Data Register
EECR	EEPROM Control Register
PORTA	Data Register, Port A
DDRA	Data Direction Register, Port A
PINA	Input Pins, Port A
PORTB	Data Register, Port B
DDRB	Data Direction Register, Port B
PINB	Input Pins, Port B
PORTC	Data Register, Port C
DDRC	Data Direction Register, Port C
PINC	Input Pins, Port C

PORTD	Data Register, Port D
DDRD	Data Direction Register, Port D
PIND	Input Pins, Port D
SPDR	SPI Data Register
SPSR	SPI Status Register
SPCR	SPI Control Register
UDR0	ART0 I/O data Register
UCSR0A	UART0 Control and Status Register A
UCSR0B	UART0 Control and Status Register B
UBRR0L	UART0 Baud rate Register Low
ACSR	Analog Comparator control and status Register
ADMUX	ADC Multiplexer Selection Register
ADCSRA	ADC Control and Status Register A
ADCH	ADC Data Register High Byte
ADCL	ADC Data Register Low Byte
PORTE	Data Register, Port E
DDRD	Data Direction Register, Port E
PINE	Input Pins, Port E

바. ATmega128의 Timing Diagram

[그림 2-6]은 일반적인 RISC 구조를 가진 MCU의 명령 실행 및 Fetch의 병렬처리 방식에 대한 Timing Diagram이다. CPU clock cycle T1, T2, T3, T4에 대해 각각 4개의 명령어의 Fetch, Execution을 보여주고 있다. 그림에서 보듯이 ATmega128은 병렬 Pipeline 구조를 가지고 있으므로 Fetch와 Execution은 모두 2개의 CPU clock cycle이 필요하지만 한 명령이 실행되고 있는 동안 다음에 실행될 명령이 Pipeline을 통해 Fetch 되므로 전체적인 실행 cycle은 1cycle이 되어 동작 클록 1㎒당 하나의 명령이 실행되므로 1MIPS의 성능을 가진다.

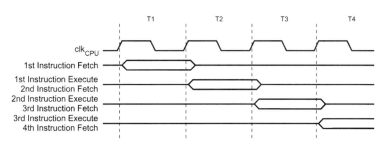

[그림 2-6] RISC 구조의 병렬 명령어 Fetch 및 실행 사이클

[그림 2-7]은 ATmega128의 명령 실행 주기 동안의 내부에서 수행되는 동작을 보여주고 있다. 명령이 실행되는 1cycle 동안 레지스터로부터 데이터를 읽어 ALU에서 적절한 동작을 수행하고 다시 이 결과를 레지스터에 저장한다. 따라서 일반적인 RISC 구조를 가지는 마이크로컨트롤러의 파이프라인을 사용한 것과 달리 실제로 하나의 사이클에 명령이 실행되므로 보다 효율적인 동작이 가능하다.

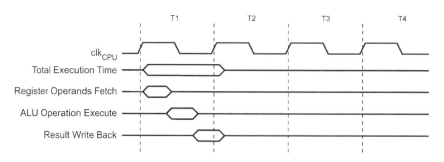

[그림 2-7] ATmega128의 Single Cycle ALU Operation

사. ATmega128의 메모리

ATmega128에는 플래시 메모리와 SRAM, EEPROM 등 각각 128KB, 4KB, 4KB의 메모리를 가지고 있다.

[그림 2-8]의 왼쪽은 ATmega128의 Program Memory Map으로 PC(Program Counter) 레지스터의 크기가 16-bit로 접근 가능한 주소 공간은 64K의 크기인 0x0000~0xFFFF로 되어 있으며, 이 공간에 대해 JTAG이나 SPI 모드를 통해 ISP로 접근할 수 있다. ATmega128의 플래시 메모리는 10,000번의 쓰기/삭제가 보장된다.

[그림 2-8]의 오른쪽은 ATmega128의 Data memory map으로 4096Byte의 SRAM을 가지고 있으나 이전 모델인 ATmega103과의 호환성을 유지하기 위한 4000Byte만을 사용하는 모드와 4096Byte를 모두 사용 가능하게 하는 모드 두 가지를 지원한다. 또한 SRAM은 외부에 추가하여 모두 64K의 공간을 사용할 수 있으며, 내부 메모리 공간에는 32개의 범용 레지스터, 64개의 입·출력 레지스터와 160개의 확장 입·출력 레지스터의 주소 공간이 포함되어 있다. 그림에서 보듯이 외부 SRAM은 0x1100 또는 0x1000 번지 이후의 주소 공간부터 사용자 임의로 활용 가능하며 그 이하의 주소 공간은 칩 내부의 레지스터에 접근하게 된다.

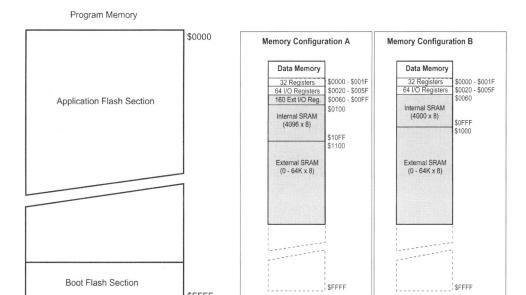

[그림 2-8] ATmega128의 Memory Map

ATmega128의 명령어의 크기는 16 또는 32bit의 크기를 가지고 있으므로 128KB의 플래시 메모리는 64K × 16bit(2Byte)으로 구성된다. 플래시 메모리는 크게 Boot section과 Application program section으로 나뉜다. AVR ATmega128의 Flash memory는 In-System Selfprogrammable program memory로 128KB의 크기를 가지고 있다.

1) EEPROM

ATmega128은 칩 내부에 4K의 EEPROM을 가지고 있으며 이는 데이터 영역과는 분리되어 있다. EEPROM은 Byte 단위로 읽고 쓸 수 있는 구조를 가지고 있으며 100,000회의 기록/삭제 수명을 보장한다.

ATmega128에서 EEPROM에 접근하기 위해서는 EEPROM Address Register, Data Register, Control Register를 사용해야 하며, Address Register는 EEARH(하위 4비트 사용)와 EEARL(8비트) 레지스터를 조합하여 12bit의 크기를 가지고 4K 공간에 대한 주소 영역을 표현할 수 있다. EEPROM Data Register인 EEDR은 8비트 크기를 가지고 EEPROM에 데이터를 기록할 때 기록할 데이터를 보관하고 있고, 읽을 때 읽혀진 데이터를 가지고 있다. EEPROM 제어 레지스터인 EECR 레지스터는 EERIE, EEMWE, EEWE, EERE의 4개의 유효한 제어 비트를 가지고 있다.

◈ EEPROM Control Register – EECR

Bit	7	6	5	4	3	2	1	0
	–	–	–	–	EERIE	EEMWE	EEWE	EERE
Read/Write	R	R	R	R	R/W	R/W	R/W	R/W
Initial Value	0	0	0	0	0	0	x	0

• EERIE : EEPROM Ready Interrupt Enable

　EEPROM의 사용이 가능해졌을 때 인터럽트 발생을 활성화시키는 비트로서, '1'의 값일 때 활성화되며 '0'일 때 비활성화된다. EEWE 비트가 clear되었을 때 인터럽트가 발생된다.

• EEMWE : EEPROM Master Write Enable

　EEPROM에 기록 가능한 상태를 지정하는 비트로 EEMWE가 '1'로 설정되고 EEWE가 '1'일 때 지정된 EEPROM 주소영역에 CPU의 4 클록 사이클 이내에 데이터가 기록된다. 만약 EEMWE가 '0'으로 설정되어 있다면 EEWE의 값과는 무관하게 EEPROM에는 데이터를 기록하지 않는다. EEMWE를 소프트웨어에서 '1'로 기록하면 CPU의 4사이클 이후에 하드웨어에서 '0'으로 이 비트의 값을 기록한다.

• EEWE : EEPROM Write Enable

　EEWE는 EEPROM의 Write Strobe 신호로 기록될 공간의 주소, 데이터가 유효한 상태에서 EEWE가 '0'으로 지정되면 EEPROM에 실제 데이터를 기록하게 된다. 단, ATmega128은 CPU에서 내부 플래시 메모리에 기록하는 동안에는 EEPROM에 데이터를 기록할 수 없으며, EEPROM에 데이터를 기록하는 도중 Interrupt 신호가 인가될 경우 기록이 실패할 수 있다.

• EERE : EEPROM Read Enable

　EERE는 EEPROM의 Read Strobe 신호선으로 동작한다. EEPROM에 유효한 주소를 지정한 후 EERE가 '0'으로 되면 지정된 주소 공간으로부터 데이터를 읽어오게 된다.

2) 외부 메모리 사용

ATmega128은 프로그램 메모리와 데이터 메모리가 분리된 Harvard architecture를 가지고 있으며 외부 메모리는 데이터 메모리 영역에 대해서 사용할 수 있다.

ATmega128은 memory mapped I/O 방식을 사용하고 있어 외부 메모리를 사용할 수 있는 공간에 SRAM 뿐만 아니라 I/O 장치, LCD, ADC 및 DAC를 붙여 사용할 수 있다. 외부 메모리를 사용하기 위해서는 XMEM(eXternal MEMory)이 활성화되어 있어야 하며, 이 경우 내부 SRAM 이외의 주소 공간에 대해 접근하게 되면 ATmega128의 Address, Data 버스를 통하여 외부에 부착된 소자들에 접근할 수 있게 된다.

ATmega128의 외부 메모리 공간은 몇 개의 섹터로 나눌 수 있도록 구성되어 있어 각 섹터별로 4가지의 서로 다른 wait state를 지정할 수 있어 액세스 속도가 상이한 소자들을 붙여 사용하는데 유리하도록 구성되어 있다. 단, ATmega128의 외부 메모리를 사용할 경우에는 앞의 [그림 2-8]의 memory map에서 보듯이 0x1100 ~ 0xFFFF (ATmega103 호환 모드 사용 시 0x1000 ~ 0xFFFF)의 영역에 대해서만 외부 메모리를 액세스할 수 있으며, 0x0000 ~ 0x1100(ATmega103 호환 모드 사용 시 0x0000 ~ 0x1000)의 영역에 접근할 경우 외부 메모리가 아닌 ATmega128 내부의 레지스터 혹은 내부 SRAM에 접근하게 되므로 주의하여 사용해야 한다.

ATmega128의 외부 어드레스 핀의 하위 8비트는 Data 버스 8비트와 Mux되어 칩 외부에서 ALE 신호에 따라 Address와 Data를 분리해야 한다. [그림 2-9]와 같이 AVR ATmega128로부터 AD(7:0)의 신호를 받아 이를 ALE(Address Latch Enable) 신호에 의해 Address와 Data로 분리해주는 장치가 외부 메모리와 AVR 사이에 필요하다. 이러한 소자들로 일반적으로는 TTL을 사용하며 74HC373 또는 74HC573 등을 사용한다.

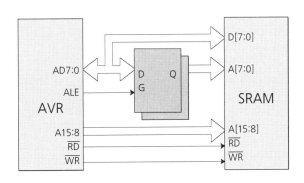

[그림 2-9] AVR과 외부 SRAM과의 인터페이스

ATmega128에서 외부 메모리에 접근하려면 MCUCR, XMCRA, XMCRB의 레지스터를 제어해야 한다. MCUCR 레지스터에서는 상위 두 비트가 외부 메모리 액세스에 관련된 것이며 그 나머지는 외부 메모리 이외의 다른 사항에 관련되어 MCU(Micro Control Unit)를 제어하는 비트들이다.

MCU Control Register인 MCUCR 레지스터는 다음과 같이 구성되어 있다. 이들 중 외부 메모리 액세스에 관련되는 비트는 비트 7, 비트 6이다.

● MCU Control Register - MCUCR

Bit	7	6	5	4	3	2	1	0
	SRE	SRW10	SE	SM1	SM0	SM2	IVSEL	IVCE
Read/Write	R/W	R/W	R/W	R/W	R/W	R/W	R/W	R/W
Initial Value	0	0	0	0	0	0	0	0

- SRE : External SRAM/XMEM Enable

　SRE의 비트가 '0'이 기록되면 외부 메모리 액세스를 사용하지 않는 모드로 동작하며, 메모리 인터페이스에 사용되는 핀 AD(7:0). A(15:8), ALE, /RD, /WR은 일반 I/O 핀으로 사용된다. SRE에 '1'을 기록하면 AVR은 외부 메모리를 액세스할 수 있으며 AD(7:0). A(15:8), ALE, /RD, /WR은 일반 I/O가 아니라 메모리 액세스에 필요한 동작을 한다.

- SRW10 : Wait-State Select Bit

　ATmega128의 이전 모델인 ATmega103과의 호환성을 유지하기 위해 MCUCR 레지스터에 존재하는 비트로서 configuration bit에서 103 호환모드를 선택할 경우 SRW10에 '1'이 기록되면 외부 메모리 액세스에 하나의 사이클이 추가되어 onw-wait으로 동작하게 한다. 그러나 ATmega128 단독 모드로 동작시킬 경우에는 XMCRA 레지스터와 함께 wait state의 미세한 조정에 사용된다.

● External Memory Control Register A - XMCRA

Bit	7	6	5	4	3	2	1	0
	–	SRL2	SRL1	SRL0	SRW01	SRW00	SRW11	–
Read/Write	R	R/W	R/W	R/W	R/W	R/W	R/W	R
Initial Value	0	0	0	0	0	0	0	0

- SRL2, SRL1, SRL0 : Wait-state Sector Limit

　SRL 비트 값을 지정하여 외부 메모리 64K 공간을 두 개의 영역으로 나눌 수 있으며 이들에 대하여 각각 다른 Wait-state를 적용할 수 있도록 한다. 이 영역은 상·하로 나뉘며 SRL 비트 값에 따른 영역 구분은 〈표 2-5〉와 같다. 외부 메모리 영역의 시작은 ATmega128의 내부 메모리 영역을 제외한 0x1100~0xFFFF까지의 범위이다.

- SRW11, SRW10(in MCUCR Register) : Wait-state Select Bit

  상위 영역에 대하여 Wait-state를 지정할 때 사용된다. SRW10은 MCUCR 레지스터 안에 있는 비트이다.

- SRW01, SRW00(in MCUCR Register) : Wait-state Select Bit

  하위 영역에 대하여 Wait-state를 지정할 때 사용된다.

〈표 2-4〉 SRW1, 0비트 값에 따른 Wait states

SRWn1	SRWn0	Wait States
0	0	No wait-states
0	1	Wait one cycle during read/write strobe
1	0	Wait two cycles during read/write strobe
1	1	Wait two cycles during read/write and wait one cycle before driving out new address

〈표 2-5〉 SRL 비트 값에 따른 외부 메모리 영역 구분

SRL2	SRL1	SRL0	Sector Limits
0	0	0	Lower Sector = N/A Upper Sector = 0x1100 - 0xFFFF
0	0	1	Lower Sector = 0x1100 - 0x1FFF Upper Sector = 0x2000 - 0xFFFF
0	1	0	Lower Sector = 0x1100 - 0x3FFF Upper Sector = 0x4000 - 0xFFFF
0	1	1	Lower Sector = 0x1100 - 0x5FFF Upper Sector = 0x6000 - 0xFFFF
1	0	0	Lower Sector = 0x1100 - 0x7FFF Upper Sector = 0x8000 - 0xFFFF
1	0	1	Lower Sector = 0x1100 - 0x9FFF Upper Sector = 0xA000 - 0xFFFF
1	1	0	Lower Sector = 0x1100 - 0xBFFF Upper Sector = 0xC000 - 0xFFFF
1	1	1	Lower Sector = 0x1100 - 0xDFFF Upper Sector = 0xE000 - 0xFFFF

◉ External Memory Control Register B – XMCRB

Bit	7	6	5	4	3	2	1	0
	XMBK	–	–	–	–	XMM2	XMM1	XMM0
Read/Write	R/W	R	R	R	R	R/W	R/W	R/W
Initial Value	0	0	0	0	0	0	0	0

• XMBK : External Memory Bus-keeper Enable

　Bus Keeper의 동작을 활성화시키거나 비활성화시킬 수 있는 비트로 '1'을 기록하면 활성화된다. Bus Keeper가 활성화되면 외부 메모리 인터페이스에 연결된 버스가 tri-state 상태를 가지고 있어도 AD(7:0)는 가장 최근에 설정된 값을 유지하게 된다.

• XMM2, XMM1, XMM0 : External Memory High Mask

　ATmega128의 경우 외부 메모리를 사용할 경우 AVR의 Port C를 Address 핀으로 사용하게 되는데 외부 메모리 공간을 모두 사용하지 않고 일부 영역만 사용하고자 할 경우 이들 세 비트를 사용하여 적절한 공간을 선택하면 해당되지 않는 공간을 가리키는 주소 비트가 할당되는 핀은 사용하지 않고, 대신 Port C의 I/O 동작을 하게 된다.

PIC16F87X의 특징, 내부 구조, 메모리 구조, 주요한 레지스터 등에 대하여 설명한다. PIC은 외부 부착 부품이 적은 all-in-one의 칩으로 전원과 크리스털을 접속하면 바로 동작한다. PIC Family는 기본적으로 A/D converter가 내장되어 있으며, I/O Port의 전류구동 능력이 크다는 장점이 있다. 이것은 결국 부수적으로 추가되어야 하는 회로가 적어진다는 것을 의미한다. 8051 등은 전류 구동 능력이 작아서(수 mA) 대전류를 다루어야 할 경우에는 추가 회로를 부가해서 다루어야 하지만 PIC는 전류 구동 능력이 20 ~ 25mA로서 매우 크다. 즉 LED 등의 구동은 거뜬하게 할 수가 있고, 소형 릴레이도 직접 구동이 가능하다. 그리고 타이머 등 여러 기능이 내장되어 있고 통신 등을 지원하기 때문에 제품의 형상을 소형화하는데 매우 유리하다.

☆ One Chip으로 구성되어 있고 종류가 다양하다.

☆ 8Bit, 10Bit의 Resolution의 ADC(Analog to Digital Convertor)를 내장하고 있다.

☆ I/O Pin의 전류구동 능력이 20 ~ 25mA나 된다.

☆ PWM 기능을 내장하고 있다.

☆ USART(Universal Synchronous Asynchronous Receiver Transmitter) 기능이 있어서 RS232C(비동기 통신)와 Serial 통신(동기 통신)을 구현할 수 있다.

☆ I^2C 통신이 가능하다(단 슬레이브 모드만 지원).

☆ SPI 모듈을 가지고 있어서 3Wire 시리얼 통신이 가능하다.

☆ 1개의 Interrupt Vector를 가지고 있다.

☆ RISC 아키텍처로 제조되어 명령을 병렬처리함으로써 프로세서 효율이 CISC에 비해 높다.

☆ Harvard 아키텍처로 되어 있어서 동시간대에 프로그램버스와 데이터버스를 동시에 액세스가 가능하다. 즉 2단계의 Pipeline 구조로 프로그램 분기 명령을 제외한 모든 명령을 1cycle에 수행할 수 있는 능력을 제공한다. 타 CPU보다 4배의 속도 향상을 보장한다.

☆ Code Protection 기능을 지원한다.

☆ Watch Dog Timer를 내장하고 있다.

☆ 다양한 Type을 제공한다(EPROM, OTP, Mask Type).

가. PIC16F87X의 개요

PIC16F87X는 4종류의 디바이스가 있는데, 이 중 PIC16F876/873은 28핀이고 PIC16F877/874는 40핀으로 되어 있다. 28핀 디바이스는 Parallel Slave Port가 없다.

PIC16F874는 CPU, Memory, I/O 마이크로컴퓨터 기능과 비동기 통신을 할 수 있는 USART(Universal Synchronous Asynchronous Receiver/Transmitter), Analog를 처리할 수 있는 ADC(Analog to Digital Converter), 횟수나 시간을 처리할 수 있는 Counter/Timer, 모터 등을 제어할 수 있는 PWM(Pulse Width Modulation) 등 주변 소자의 기능이 원 칩에 집적되어 있는 Microcontroller이다. 이 디바이스는 CPU를 중심으로 Core의 특징과 주변 장치의 특징으로 나누어 생각해 볼 수 있다.

이 디바이스는 고성능의 RISC형 CPU로 명령어 수가 적고 단일 사이클에서 명령이 실행되고 동작 속도 또한 빠르다. 이 디바이스는

① 브랜치 명령은 2사이클이고 나머지 모든 명령은 1사이클로 실행된다.
② 명령어 수는 35개로 간단하고 배우기가 쉽다.
③ 동작 속도는 DC에서 20㎒ clock 입력을 할 수 있다.

메모리의 구성은
① 8K × 14words의 FLASH Program Memory
② 192 × 8bytes의 Data Memory
③ 128 × 8byte의 EEPROM Data Memory
④ 8레벨의 하드웨어 스택이 따로 있다.

PIC 컨트롤러의 메모리를 다시 정리하면 PIC의 메모리는 프로그램을 저장하는 FLASH 메모리, 그리고 데이터를 저장하는 SRAM과 EEPROM으로 구성되어 있으며 스택은 데이터 메모리를 사용하지 않고 따로 다른 공간을 만들어 활용할 수 있도록 되어 있다.

Device	Program FLASH	Data Memory	Data EEPROM
PIC16F873/874	4K Words(1Word = 14Bits)	192Bytes	128Bytes
PIC16F876/877	8K Words(1Word = 14Bits)	368Bytes	256Bytes

나. GPIO와 기타 특징

① Pin은 PIC16C73/74/76/77과 호환이고, 14개의 Internal 또는 External interrupt 를 사용할 수 있다.

② Direct, Indirect, Relative 주소 지정 방식이 있다.

③ Power-on Reset(POR), Power-up Timer(PWRT)

④ Oscillator Start-up Timer(OST)

⑤ 신뢰성 있는 동작을 위해서 내부의 RC Oscillator로 동작 가능한 Watch Dog timer(WDT)

⑥ Programmable code-protection

⑦ Power를 절약하기 위한 SLEEP mode

⑧ Selectable Oscillator Options

⑨ 저소비전력, 고속의 CMOS FLASH/EEPROM 기술

⑩ Fully Static Design

⑪ 프로그래밍을 하는데 5V 단일 전원 사용

⑫ 2pin을 이용한 In-circuit Serial Programming

⑬ 2pin을 이용한 In-circuit Debugging

⑭ 높은 Sink/source 전류 : 25mA

다. 주변 장치의 특징

CPU, Memory, I/O 이외에 다음과 같은 기능을 갖는 장치가 있다.

① 3개의 Timer가 있다.
- ㉠ Timer0 : 8bit Prescaler를 가진 8bit timer/counter
- ㉡ Timer1 : 16bit timer/counter with prescaler
- ㉢ Timer2 : 8bit 주기 레지스터, 프리스케일러, 그리고 포스트스케일러를 가진 8bit timer/counter

② 2개의 Capture, Compare, PWM 모듈
- ㉠ Capture는 16bit, 최대 resolution이 12.5ns
- ㉡ Compare는 16bit, 최대 resolution이 200ns
- ㉢ PWM 최대 resolution 10 bit

③ 10bit Multi-channal ADC

④ SPI와 C를 가진 동기 직렬 포트(SSP)

⑤ USART(Universal Synchronous Asynchronous Receiver Transmitter)

⑥ Parallel Slave Port(PSP)

⑦ Brown-out Reset(BOR)에 대비한 Brown-out 검출 회로

라. PIC16F87X 패밀리

항 목	PIC16F873	PIC16F874	PIC16F876	PIC16F877
동작 주파수	DC – 20㎒	DC – 20㎒	DC – 20㎒	DC – 20㎒
리셋(지연 회로)	POR, BOR (PWRT, OST)	POR, BOR (PWRT, OST)	POR, BOR (PWRT, OST)	POR, BOR (PWRT, OST)
플래시 프로그램 메모리 (14–bit words)	4K	4K	8K	8K
데이터 메모리(bytes)	192	192	368	368
EEPROM 데이터 메모리	128	128	256	256
인터럽트	13	14	13	14
I/O 포트	Ports A, B, C	Ports A, B, C, D, E	Ports A, B, C	Ports A, B, C, D, E
타이머	3	3	3	3
Capture/Compare/ PWM modules	2	2	2	2
직렬 통신	MSSP, USART	MSSP, USART	MSSP, USART	MSSP, USART
병렬 통신	–	PSP	–	PSP
10비트 A/D 컨버터	5 input channels	8 input channels	5 input channels	8 input channels
명령 수	35 instructions	35 instructions	35 instructions	35 instructions

마. PIC의 명령 체계

　PIC16CXXX는 14비트의 명령어 체계를 가지고 있다. PIC은 8비트 마이컴임에도 불구하고 14비트 명령체계를 가지고 있다는 것이다. 그러나 5X 패밀리는 12비트 명령체계, PIC17CXX 패밀리는 16비트 명령 체계를 가지고 있다. 14비트 안에 OP코드(명령 코드)와 오퍼랜드(연산자)를 모두 포함하고 있다. [그림 2-10]은 14비트의 명령 체계의 예를 보여준다.

[그림 2-10] 14비트 명령

　[그림 2-11]은 PIC의 병렬처리 과정을 보여준다. PIC 마이컴은 한 번의 패치만으로 명령어 실행이 가능하다. 바로 이 점이 RISC 아키텍처가 가지고 있는 근본적인

장점이다. 단 하나의 사이클만으로 명령과 오퍼랜드를 모두 패치할 수 있기 때문에, 실행시간을 효율적으로 줄일 수 있을 뿐만 아니라, 동시에 다음 번지 명령이 패치할 수 있는 이른바 병렬처리 실현이 가능한 것이다.

[그림 2-11] 병렬처리 과정

바. I/O 포트와 주변 장치

PIC 마이컴의 I/O 포트는 25mA의 커런트를 흘릴 수 있는 강력한 드라이브 능력이 있다. 이에 반해 다른 마이컴은 커런트 능력이 수 mA에도 못 미치는 경우가 있다. 이는 출력 시 풀업 저항에 의존하는 방법을 취하기 때문이다. PIC 마이컴은 출력모드에서 푸시풀 방법을 사용한다. 따라서 대부분의 PIC 마이컴 애플리케이션 회로를 보면 드라이브용 TR 등이 거의 없다. PIC16F874는 모두 33개의 I/O 포트를 가지고 있으며, 이는 자유자재로 방향을 바꿀 수 있다. 입력일 때는 하이임피던스 상태가 되며 출력일 때는 HIGH 또는 LOW의 상태가 된다. HIGH 상태에서는 대략 20mA~25mA의 전류가 흘러나오며, LOW일 때는 25mA의 전류를 빨아들인다. 파워 온 리셋 시에는 입력, 즉 하이임피던스 상태가 된다.

PIC16F874는 10비트 해상도를 가진 8채널의 A/D 컨버터를 내장하고 있다. 이는 정밀도 LSB 1비트 이하 수준의 고능성 A/D 컨버터이며, 변환속도도 수십 μs에 불과할 정도이다. 8채널이라고 해서 A/D 컨버터 8개가 들어있는 것은 아니다. 멀티플렉싱하는 방법으로 8개 포트에서 아날로그 값을 읽어올 수 있다.

PIC16F874는 3개의 타이머/카운터를 가지고 있다. 타이머0은 8비트 타이머이지만 8비트의 프리스케일러를 가지고 있다. 타이머1은 16비트 타이머이고, 타이머2는 8비트 타이머이다. 타이머2는 포스트스케일러와 프리스케일러를 가지고 있다. 각각의 타이머들은 단독으로 사용할 수도 있고, 다른 패리패럴들과 연동되어 사용되기도 한다. 예를 들어 타이머2는 PWM의 타임베이스로 사용되기도 한다.

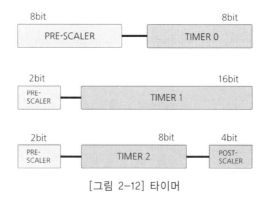

8bit		8bit
PRE-SCALER		TIMER 0

[그림 2-12] 타이머

CCP 모듈은 CAPTURE/COMPARE/PWM 모듈을 줄여서 부르는 말이다. 캡처 기능은 외부의 특정 펄스의 간격 등을 읽어낼 때 유용한 기능이다. 예를 들어 리모컨 신호의 간격을 손쉽게 읽어낼 수 있다. PWM 기능은 일정 주파수의 펄스를 발생시킬 수 있는 기능으로, 부저음을 내거나 D/A 컨버터를 구성할 때 편리하게 사용할 수 있다.

PIC16F874의 통신 기능은 매우 막강해서 모두 3종류의 통신모듈과 4종류의 프로토콜을 내장하고 있다. USART는 비동기/동기 통신모듈로 RS232C를 손쉽게 구현할 수 있다. I²C 모듈은 2가닥짜리 통신 프로토콜로 보드 내 시리얼 통신 등에 유용하게 쓰인다. SPI는 3가닥짜리 통신 프로토콜이다.

이외에도 8비트 병렬 통신 기능인 8Bit Slave Port 모듈과 칩의 안정성을 보장해주는 8비트 Watch Dog Timer(WDT)를 내장하고 있다.

사. 발진방법

다른 PIC 패밀리도 그렇듯이 PIC16F874도 4가지 발진방법이 있다. 발진에 대한 옵션은 라이팅시 퓨즈로 결정해준다. 옵션은 RC, XT, LP, HS의 4종류가 있다.

RC 발진은 저항과 콘덴서를 이용한 발진방법으로 고가의 크리스털을 사용하지 않고, 저렴한 가격으로 회로를 구성할 수 있다는 장점이 있다. 하지만 R과 C의 시정수를 이용한 발진인 만큼 온도와 전압에 따른 변화가 심하므로 타이밍의 정확성 등이 요구되는 애플리케이션에서는 적합하지 않은 방법이라고 할 수 있다. [그림 2-13]은 RC 발진의 경우이다.

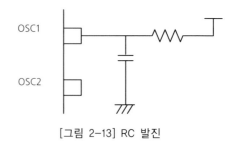

[그림 2-13] RC 발진

사용된 값은 저항의 경우에 3kΩ≤R≤100kΩ이고, 캐패시터는 C≥20pF이다. XT 발진(X-TAL)은 표준 크리스털 발진이다. 4㎒ 정도의 크리스털 발진시에 사용하며 가장 많이, 그리고 일반적으로 사용하는 옵션이다. XT 발진은 [그림 2-14]와 같이 회로를 구성한다.

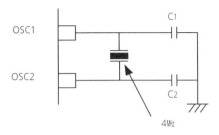

[그림 2-14] 크리스털 발진

LP 발진(LOW-POWER)은 역시 크리스털 발진이지만, 32㎑의 저속 발진에 쓰이는 옵션이다. 주로 휴대용 배터리 등을 사용하는 애플리케이션에 적용한다.

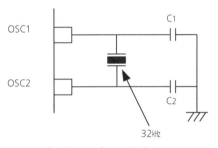

[그림 2-15] LP 발진

HS 발진(HIGH-SPEED)은 고속 크리스털 발진이다. 20㎒의 고속발진을 할 수 있다. XT, LP, HS 발진의 회로 구성은 사용되는 C1, C2의 값에 차이가 있으나 기본 구성은 [그림 2-14]에서 [그림 2-16]에 보인 것과 같이 모두 동일하다.

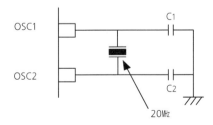

[그림 2-16] HS 발진

〈표 2-6〉은 크리스털 발진을 할 경우에 사용되는 캐패시터 값이다. 발진 주파수와 사용하는 크리스털에 따라 C1, C2의 값을 결정한다.

〈표 2-6〉 크리스털 발진일 경우 캐패시터 값

Osc Type	Crystal Freq	Cap. Range C1	Cap. Range C2
LP	32kHz	33pF	33pF
	200kHz	15pF	15pF
XT	200kHz	47~68pF	47~68pF
	1MHz	15pF	15pF
	4MHz	15pF	15pF
HS	4MHz	15pF	15pF
	8MHz	15~33pF	15~33pF
	20MHz	15~33pF	15~33pF

아. PIC16F874 내부 구조

[그림 2-17]은 PIC16F87X의 핀 배치도와 종류별 특징을 나타낸 것이다.

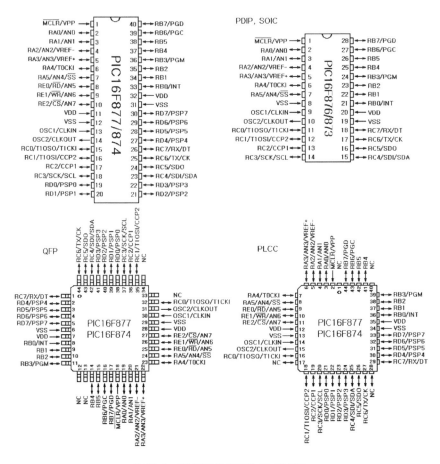

[그림 2-17] PIC16F87X의 핀 배치도

[그림 2-18]은 PIC16F874와 PIC16F877의 블록 다이어그램이다.

Device	Program FLASH	Data Memory	Data EEPROM
PIC16F874	4K	192 Bytes	128 Bytes
PIC16F877	8K	368 Bytes	256 Bytes

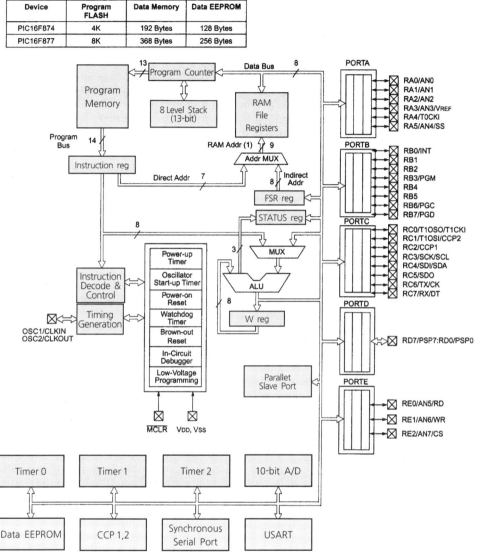

Note 1: Higher order bits are from the STATUS register.

[그림 2-18] 블록 다이어그램

[그림 2-19]의 주요 레지스터와 장치를 설명하면 다음과 같다.

① W(Working Register) : W는 연산 결과를 저장하는 어큐뮬레이터(Accumu-lator)로 가장 빈번하게 사용되는 레지스터이다.

② STATUS : 이 레지스터는 연산 결과의 상태를 나타내는 플래그 레지스터이다.

③ ALU(Arithmetic Logic Unit) : 산술논리 연산 장치로 레지스터의 내용과 W 레지스터의 내용을 연산하는 장치이다.

④ FSR(File Select Register) : INDF(Indirect Addressing Register) 레지스터와 같이 간접지정 방식에 이용되는 레지스터로 데이터 메모리의 어드레스를 가리키는 데 이용된다.

⑤ Program Counter(PC) : 다음에 수행할 명령어의 번지를 저장하는 레지스터로 13비트로 되어 있다. 하위 8비트는 레지스터 파일에 있는 PCL을 이용하여 읽거나 쓸 수 있고, 상위 5비트는 PCLATH를 이용하여 변경할 수 있다.

⑥ Stack : 일반적으로 스택은 램 중의 일부를 스택으로 활용하지만 PIC의 경우, [그림 2-18]을 보면 알 수 있듯이 스택을 따로 두고 있다. 스택은 call 명령이나 인터럽트 등이 발생되면 프로그램 카운터를 대피하는데 이용된다. 스택은 8개의 프로그램 call과 interrupt까지의 조합을 허용하며, 13비트로 되어 있다.

스택 공간은 프로그램 혹은 데이터 공간이 아니며, 스택 포인터는 읽거나 쓸 수 없다. PC는 call 명령이나 인터럽트에 의해서 브랜치될 때 스택에 PUSH 되고, 스택은 RETURN, RETLW 혹은 RETFIE 명령이 실행될 때 POP 된다. PCLATH는 스택이 PUSH 혹은 POP될 때 수정되지 않는다.

스택은 8번 PUSH된 후, 9번째 PUSH에서 첫 번째 PUSH된 값은 잃어버린다 (즉, overwrite 된다).

⑦ Instruction Register(IR) : IR은 명령어의 OP Code를 저장하는 레지스터로 사용자는 이 레지스터를 읽거나 쓸 수 없고 시스템이 이용하는 레지스터이다. IR은 IR 해독기로 들어가 해독한 다음 제어 신호를 발생하도록 되어있다. [그림 2-18]의 IR, Instruction Decode& Control, Timing Generation 등이 마이크로프로세서의 제어 장치(Control Unit)에 해당한다.

자. 프로그램 메모리 구조

PIC16F87X PIC 마이컴은 8K×14 프로그램 메모리 공간을 어드레싱 할 수 있는 13비트 프로그램 카운터가 있다. PIC16F877/876의 FLASH 프로그램 메모리 공간은 8K×14 워드(word)이고, PIC16F873/874는 4K×14의 공간을 갖고 있다.

리셋 벡터는 0000h이고, 인터럽트 벡터는 0004h이다. [그림 2-19]와 [그림 2-20]은 PIC16F87X의 프로그램 메모리 맵을 보여준다.

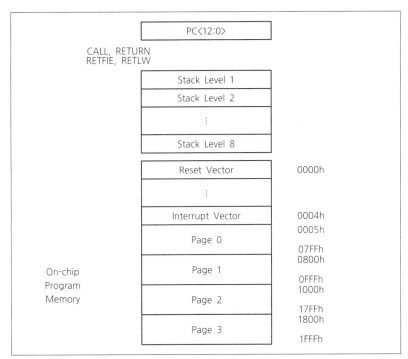

[그림 2-19] PIC16F877/876 프로그램 메모리와 스택

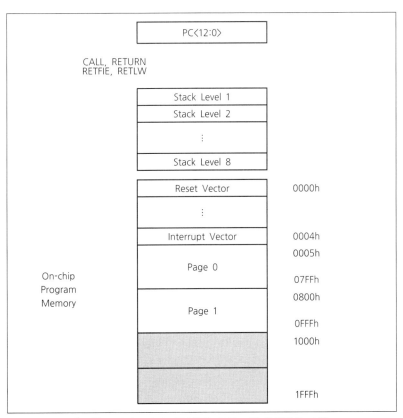

[그림 2-20] PIC16F874/873 프로그램 메모리와 스택

8051 등 여러 마이컴에서는 스택 포인터를 관리하는 레지스터를 두고, 포인터를 관리하는 방법으로 스택을 유지한다. 즉 실제 스택은 램에 두는 것이다. 이는 스택을 소프트웨어로 관리하고 있다는 뜻이다. 그러나 PIC에서는 100% 하드웨어로 스택을 관리하고 있다. 즉, 스택 포인터와 스택 그 자체를 위한 별도의 레지스터가 할당되어 있어서 프로그래머는 스택의 관리에 신경 쓸 필요가 전혀 없다(스택과 램은 전혀 별개의 영역이다. 스택에 데이터를 넣을 수도 없고 스택의 내용을 사용자 임의로 읽어낼 수도 없다). 단, 스택은 CALL과 RETURN을 위해서 쓰이며 PUSH, POP 등의 명령은 PIC 마이컴에서 찾아볼 수 없다.

차. 데이터 메모리 구조

데이터 메모리는 General Purpose Register와 Special Function Register을 포함하는 다수의 뱅크(multiple banks)로 나누어져 있다. 비트 RP1과 RP0은 뱅크 선택 비트이다. [그림 2-21]과 [그림 2-22]는 PIC16F87X의 레지스터 파일 맵이다.

레지스터 파일에 있는 SFR은 마이크로컨트롤러의 각 기능을 제어하는데 이용되는 레지스터로 각 기능별로 사용되는 레지스터를 개략적으로 〈표 2-7〉에 나타내었다.

PIC 마이컴은 [그림 2-21], [그림 2-22]와 같이 0~7F의 뱅크 0과 80~FF의 뱅크 1 등 다수의 뱅크가 존재하고 사용 방법은 동일하다. 비트 액세스 영역과 바이트 액세스 영역으로 나누어져 있지 않고 모든 영역에서 비트 액세스와 바이트 액세스가 가능하다.

PIC에서는 데이터 메모리를 "레지스터 파일"이라는 이름으로 부르고 있는데, 이는 데이터 메모리를 마치 레지스터처럼 자유자재로 사용할 수 있기 때문이다. 즉 명령에서 파일 레지스터의 특정 번지를 제한 없이 기술할 수 있으며, 간접지정도 가능하다. PIC 마이컴은 직접 어드레싱과 간접 어드레싱의 단 2종의 어드레싱 모드를 가지고 있다. 파일 레지스터는 FSR(File Select Register)을 통해 간접 혹은 직접 어드레싱이 가능하다.

〈표 2-7〉 레지스터들의 기능 및 역할

기 능	사용되는 레지스터	역 할
I/O 제어	PORTA~PORTE	입출력 데이터 레지스터
	TRISA~TRISE	포트의 입출력 방향 결정
인터럽트 제어	INTCON, PIE1, PIE2	인터럽트 제어 레지스터
	INTCON, PIR1, PIR2	인터럽트 상태 레지스터
병렬 슬레이브 포트(PSP)	PORTD	데이터 버스 레지스터
	PORTE, TRISE	포트 방향 및 제어 신호
	PIR1, PIE1, ADCON1	인터럽트 및 디지털 I/O
타이머 0	TMR0	타이머 0 시정수 레지스터
	INTCON, OPTION_REG	인터럽트 제어
	TRISA	RA4/T0CK1 방향 결정
타이머 1	TMR1L, TMR1H	16비트 타이머 1 시정수
	T1CON	타이머 1 제어
	INTCON, PIR1, PIE1	인터럽트 제어
타이머 2	TMR2, T2CON, PR2	시정수 및 타이머 제어
	INTCON, PIR1, PIE1	인터럽트 제어
Capture/ Compare 기능 (타이머 1)	INTCON, PIR1, PIE1	인터럽트 제어
	TRISC, TMR1L, TMR1H, T1CON	타이머 1 제어 및 시정수
	CCPR1L, CCPR1H, CCP1CON	CCP 제어 및 시정수
PWM(타이머 2)	INTCON, PIR1, PIE1,	인터럽트 제어
	TRISC, TMR2, PR2, T2CON	타이머 2 제어 및 시정수, 주기
	CCPR1L, CCPR1H, CCP1CON	CCP 제어 및 시정수
SPI 통신	INTCON, PIR1, PIE1	인터럽트 제어
	SSPBUF, SSPCON, SSPSTAT	버퍼, 제어, 상태
I^{2}C	INTCON, PIR1, PIE1, PIR2, PIE2,	인터럽트 제어
	SSPBUF, SSPCON, SSPCON2, SSPSTAT	버퍼, 제어 및 상태 레지스터
USART(동기 비동기 통신)	PIR1, PIE1	인터럽트 제어
	TXREG, RCREG	송수신 레지스터
	RCSTA, TXSTA	송수신 상태 레지스터
	SPBRG	보레이트 레지스터
ADC	INTCON, PIR1, PIE1	인터럽트 제어
	ADRESH, ADRESL	AD 변환 결과 저장
	ADCON0, ADCON1	ADC 제어 레지스터
	TRISA, PORTA, TRISE, PORTE	Analog 입력 및 방향 결정
EEPROM FLASH 읽고 쓰기	EEADR, EEDATA	EEPROM 주소 및 데이터
	EECON1, EECON2	EEPROM 제어
	EEDATH, EEDATL	FLASH 메모리 데이터

Indirect addr.(*)	00h	Indirect addr.(*)	80h	Indirect addr.(*)	100h	Indirect addr.(*)	180h
TMR0	01h	OPTION_REG	81h	TMR0	101h	OPTION_REG	181h
PCL	02h	PCL	82h	PCL	102h	PCL	182h
STATUS	03h	STATUS	83h	STATUS	103h	STATUS	183h
FSR	04h	FSR	84h	FSR	104h	FSR	184h
PORTA	05h	TRISA	85h		105h		185h
PORTB	06h	TRISB	86h	PORTB	106h	TRISB	186h
PORTC	07h	TRISC	87h		107h		187h
PORTD[1]	08h	TRISD[1]	88h		108h		188h
PORTE[1]	09h	TRISE[1]	89h		109h		189h
PCLATH	0Ah	PCLATH	8Ah	PCLATH	10Ah	PCLATH	18Ah
INTCON	0Bh	INTCON	8Bh	INTCON	10Bh	INTCON	18Bh
PIR1	0Ch	PIE1	8Ch	EEDATA	10Ch	EECON1	18Ch
PIR2	0Dh	PIE2	8Dh	EEADR	10Dh	EECON2	18Dh
TMR1L	0Eh	PCON	8Eh	EEDATH	10Eh	Reserved[2]	18Eh
TMR1H	0Fh		8Fh	EEADRH	10Fh	Reserved[2]	18Fh
T1CON	10h		90h		110h		190h
TMR2	11h	SSPCON2	91h		111h		191h
T2CON	12h	PR2	92h		112h		192h
SSPBUF	13h	SSPADD	93h		113h		193h
SSPCON	14h	SSPSTAT	94h		114h		194h
CCPR1L	15h		95h		115h		195h
CCPR1H	16h		96h		116h		196h
CCP1CON	17h		97h		117h		197h
RCSTA	18h	TXSTA	98h		118h		198h
TXREG	19h	SPBRG	99h		119h		199h
RCREG	1Ah		9Ah		11Ah		19Ah
CCPR2L	1Bh		9Bh		11Bh		19Bh
CCPR2H	1Ch		9Ch		11Ch		19Ch
CCP2CON	1Dh		9Dh		11Dh		19Dh
ADRESH	1Eh	ADRESL	9Eh		11Eh		19Eh
ADCON0	1Fh	ADCON1	9Fh		11Fh		19Fh
	20h		A0h		120h		1A0h
General Purpose Register		General Purpose Register		accesses 20h-7Fh		accesses A0h-FFh	
					16Fh		1EFh
96Bytes		96Bytes			170h		1F0h
	7Fh		FFh		17Fh		1FFh
Bank0		Bank1		Bank2		Bank3	

File Address

■ Unimplemented data memory locations, read as '0'.

*Not a physical register

Note 1 : These registers are not implemented on 28-pin devices.

2 : These registers are reserved, maintain these registers clear.

[그림 2-21] PIC16F874/873 Register File Map

Bank0		Bank1		Bank2		Bank3	File Address
Indirect addr.(*)	00h	Indirect addr.(*)	80h	Indirect addr.(*)	100h	Indirect addr.(*)	180h
TMR0	01h	OPTION_REG	81h	TMR0	101h	OPTION_REG	181h
PCL	02h	PCL	82h	PCL	102h	PCL	182h
STATUS	03h	STATUS	83h	STATUS	103h	STATUS	183h
FSR	04h	FSR	84h	FSR	104h	FSR	184h
PORTA	05h	TRISA	85h		105h		185h
PORTB	06h	TRISB	86h	PORTB	106h	TRISB	186h
PORTC	07h	TRISC	87h		107h		187h
PORTD[1]	08h	TRISD[1]	88h		108h		188h
PORTE[1]	09h	TRISE[1]	89h		109h		189h
PCLATH	0Ah	PCLATH	8Ah	PCLATH	10Ah	PCLATH	18Ah
INTCON	0Bh	INTCON	8Bh	INTCON	10Bh	INTCON	18Bh
PIR1	0Ch	PIE1	8Ch	EEDATA	10Ch	EECON1	18Ch
PIR2	0Dh	PIE2	8Dh	EEADR	10Dh	EECON2	18Dh
TMR1L	0Eh	PCON	8Eh	EEDATH	10Eh	Reserved[2]	18Eh
TMR1H	0Fh		8Fh	EEADRH	10Fh	Reserved[2]	18Fh
T1CON	10h		90h		110h		190h
TMR2	11h	SSPCON2	91h		111h		191h
T2CON	12h	PR2	92h		112h		192h
SSPBUF	13h	SSPADD	93h		113h		193h
SSPCON	14h	SSPSTAT	94h		114h		194h
CCPR1L	15h		95h		115h		195h
CCPR1H	16h		96h		116h		196h
CCP1CON	17h		97h	General	117h	General	197h
RCSTA	18h	TXSTA	98h	Purpose	118h	Purpose	198h
TXREG	19h	SPBRG	99h	Register	119h	Register	199h
RCREG	1Ah		9Ah		11Ah		19Ah
CCPR2L	1Bh		9Bh	16Bytes	11Bh	16Bytes	19Bh
CCPR2H	1Ch		9Ch		11Ch		19Ch
CCP2CON	1Dh		9Dh		11Dh		19Dh
ADRESH	1Eh	ADRESL	9Eh		11Eh		19Eh
ADCON0	1Fh	ADCON1	9Fh		11Fh		19Fh
	20h		A0h		120h		1A0h
General Purpose Register 96Bytes		General Purpose Register 80Bytes	EFh	General Purpose Register 80Bytes	16Fh	General Purpose Register 80Bytes	1EFh
		accesses 70h-7Fh	F0h	accesses 70h-7Fh	170h	accesses 70h-7Fh	1F0h
	7Fh		FFh		17Fh		1FFh
Bank0		Bank1		Bank2		Bank3	

■ Unimplemented data memory locations, read as '0'.

*Not a physical register

Note 1 : These registers are not implemented on 28-pin devices.

2 : These registers are reserved, maintain these registers clear.

[그림 2-22] PIC16F877/876 Register File Map

MeMo

개발 환경 설정 및
실습 장치의 구성

3-1. AVR 개발 환경
3-2. PIC 개발 환경
3-3. 실습 장치의 구성

이 장에서는 AVR microcontroller와 PIC microcontroller 의 개발을 위한 교차 개발 환경을 구성하는 방법에 대해 설명 하고 실습 장치의 회로 구성에 대해 설명한다.

AVR microcontroller는 Atmel사에서 제공되는 AVR Studio 와 GNU C 프로그램을 사용하며, PIC microcontroller는 MPLAB IDE와 HI-TECH의 C 컴파일러를 사용한다.

AVR microcontroller는 AVR Studio라는 통합 개발 환경을 사용한다. AVR Studio 는 AVR 8-bit micontroller를 지원하며 어셈블러와 시뮬레이터를 가지고 있으며 GCC 컴파일러를 지원한다. 다만, GCC 컴파일러는 별도로 설치해야 한다.

AVR Studio는 AVR Studio 4와 AVR Studio 5 두 가지 버전을 구할 수 있으며 최 신 제품군의 AVR microcontroller를 사용하여 개발하기 위해서는 AVR Studio 5를 사용하는 것이 유리하지만 칩 내부의 프로그램 메모리에 프로그램을 기록할 수 있 는 일반적으로 쉽게 구할 수 있는 AVR ISP는 STK500 protocol을 기반으로 만들어졌 으며 AVR Studio 4만 지원하므로 여기서는 AVR Studio 4를 사용한 개발환경을 구 성하는 방법에 대해서 설명한다.

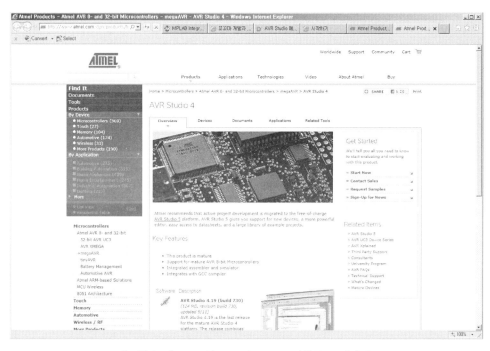

[그림 3-1] Atmel의 AVR Studio 4 다운로드 페이지

Atmel사의 홈페이지는 http://www.atmel.com이며 AVR microcontroller에 대한 자료를 구할 수 있다. Products에서 Atmel AVR 8-and 32-bit 항목을 선택하여 8-bit megaAVR 제품군을 선택하면 대중적으로 널리 사용되는 ATmega128과 그 외 ATmega 제품군에 대한 자료를 구할 수 있다.

http://www.atmel.com/dyn/products/tools_card.asp?tool_id=2725에서 AVR Studio 4 버전을 구할 수 있다. AVR 개발 환경을 구성하기 위해서는 AVR Studio보다 컴파일러를 먼저 설치한 후 AVR Studio를 설치한다.

[그림 3-1]의 페이지에서 AVR Toolchain 3.3.0 Installer를 다운받아 설치한 후, AVR Studio 4.19 (build 730)를 설치한다(2012년 1월 31일 기준. 최신 업데이트된 날짜는 2011년 9월이다.). Atmel 홈페이지에서 프로그램을 다운로드 받기 위해서는 사용자 등록을 해야 한다. 이 과정 없이 직접 다운로드 받기 위해서는 다음의 주소를 사용한다.

http://www.atmel.com/dyn/resources/prod_documents/AvrStudio4Setup.exe?doc_id=13463&family_id=607
http://www.atmel.com/dyn/resources/prod_documents/avr-toolchain-installer-3.3.0.710-win32.win32.x86.exe?doc_id=13464&family_id=607

다운받은 avr-toolchain-installwe-3.3.0.710-win32 파일을 실행한다. 만약 실행이 되지 않을 경우 파일의 확장자를 .exe로 변경한 후 실행한다. Windows 7의 경우 관리자 권한으로 실행한다는 경고가 나타난다. [그림 3-2]와 같이 설치 프로그램이 동작하면 기본 설정 사항으로 남은 과정을 진행한다.

[그림 3-2] avr-toolchain-installwe-3.3.0.710-win32 설치

AVR Toolchain은 기본적으로 8-bit AVR과 32-bit AVR에 대한 컴파일러를 포함한다. 기본 설정으로 설치를 진행한다. toolchain 설치가 끝나면 AvrStudio4Setup 파일을 실행한다. AvrStudio의 버전은 4.19이다. toolchain과 마찬가지로 설치한다. 설치 프로그램의 기본 설정을 변경하지 않고 사용한다.

toolchain과 AVR Studio는 다음과 같은 역할을 한다.

☆ AVR Toolchain : 컴파일러 및 라이브러리 등 개발 패키지
☆ AVR Studio : 소스 코드의 편집, 수정, 컴파일, 생성된 코드의 다운로드 등 통합 개발 환경

toolchain과 AVR Studio의 설치가 완료되면 윈도우즈의 시작 ➤ 프로그램 ➤ Atmel AVR Tools ➤ AVR Studio 4를 실행한다. [그림 3-3]은 AVR Studio의 초기 실행 화면이다.

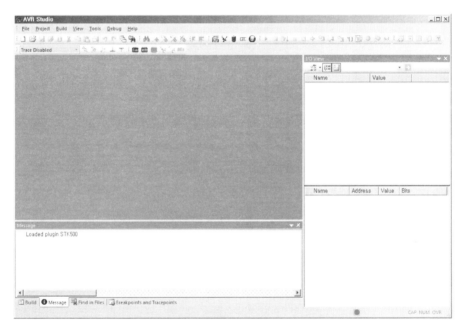

[그림 3-3] AVR Studio의 초기 실행 화면

메뉴 항목의 Project → Project Wizard를 선택하여 [그림 3-4]와 같은 화면에서 New Project를 선택한다.

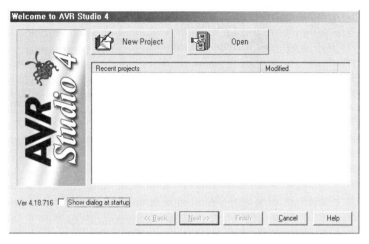

[그림 3-4] Project Wizard 대화상자

새로운 프로젝트를 생성할 때 지정할 항목은 프로젝트가 저장될 경로와 이름을 설정한다. 프로젝트가 저장될 경로와 프로젝트의 이름에는 영문('A'~'Z', 'a'~'z'), 숫자('0'~'9') 또는 밑줄 문자('_')만 사용한다. 한글 또는 공백(띄어쓰기)은 폴더이름과 프로젝트 이름에 가급적 사용하지 않는다. [그림 3-5]와 [그림 3-6]을 참고하여 각 단계별로 설정한다. [그림 3-6]에서는 사용할 AVR microcontroller의 종류를 지정한다. AVR Simulator2를 선택하고 device 항목에서는 ATmega128을 선택한다.

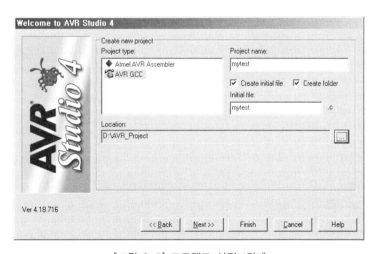

[그림 3-5] 프로젝트 설정 1단계

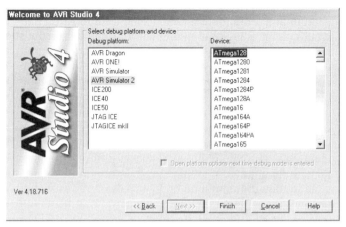

[그림 3-6] 프로젝트 설정 2단계

프로젝트가 생성되면 화면 가운데의 코드 편집 창에 [그림 3-7]의 코드를 입력한다.

```c
#include <avr/io.h>
#define F_CPU 14745600UL
#include <util/delay.h>

int main()
{
        DDRA=0xFF;

        while(1)
        {
                PORTA=0x00;
                _delay_ms(500);
                PORTA=0xFF;
                _delay_ms(500);
        }
}
```

[그림 3-7] 테스트용 예제 코드

예제 코드의 입력을 마친 후 메뉴 항목의 Build → Build를 선택하여 실행한다. 화면 아래의 메시지 창에 "Build succeeded with 0 Warnings..."가 나타나면 정상적으로 설치가 완료된 것이다. 예제 코드에서 F_CPU는 AVR microcontroller에 연결되어 동작하는 클록을 지정하며 #include <util/delay.h>에 정의된 시간 지연 함수의 동작 기준이 된다. 프로그램의 첫 부분에서 DDRA는 PORTA의 각각의 핀의 입·출력 모드를 설정하는 것으로 0~7번째 비트 각각에 대해 1로 지정되면 해당 핀은 출력, 0으로 지정되면 입력으로 동작한다. 예제는 모든 핀을 1로 설정하여 0xFF로 설정하여 출력으로 지정한다. 프로그램은 _delay_ms(500) 함수에 의해 PORTA에 모든 핀에 대해 0을 출력한 후 500ms 동안 시간 지연을 하고 다시 PORTA의 모든 핀에 1을 출력한 후 500ms 동안 시간 지연하는 동작을 무한 반복한다. 만약 PORTA에 LED가 연결되어 있다면 0.5초 동안 켜지고 다시 0.5초 동안 꺼지는 동작을 무한 반복한다.

메뉴 항목의 Tools → Program AVR → Connect...을 선택한다. AVR ISP는 일반적으로 STK500 프로토콜을 사용하므로 이를 선택하고 사용할 통신 포트는 COM1 ~ COM9 중 하나로 선택한다. 만약 연결된 STK500의 포트가 다를 경우 제어판의 장치관리자를 실행하여 포트 옵션에서 사용할 통신 포트의 번호를 COM1 ~ COM9 사이로 변경하여 지정한다. [그림 3-8]은 AVR ISP 프로그래머를 지정하는 대화상자이며 STK500 protocol, 통신 포트는 COM9로 지정하는 경우이다. AVR ISP가 정상적으로 연결되면 [그림 3-9]의 화면이 나타난다.

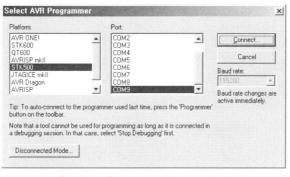

[그림 3-8] AVR ISP의 PORT 지정

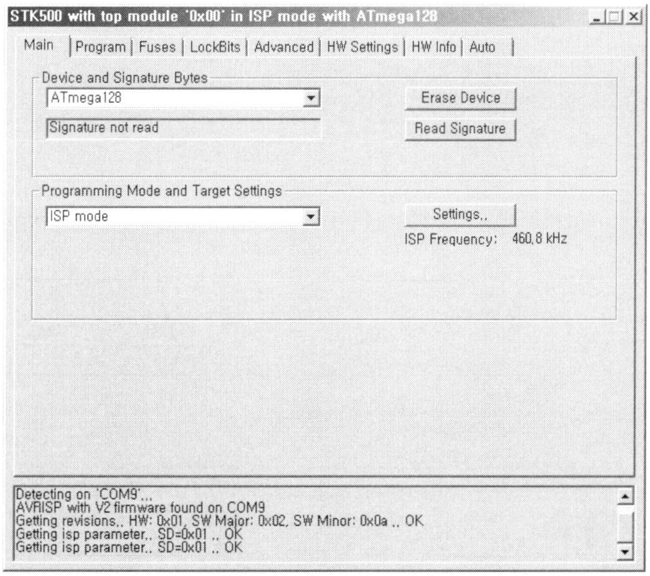

[그림 3-9] 디바이스 선택

[그림 3-9]에서 사용하는 디바이스에 따라 ATmega128 또는 ATmega128 A를 선택하고 "Read Signature" 버튼을 사용하여 선택된 디바이스의 내부 ID를 읽어 일치하는지 확인한다.

만약 AVR ISP가 연결되지 않았거나 포트 설정이 잘못된 경우 [그림 3-8]의 대화상자가 다시 나타난다. 대부분의 경우 COM 포트 번호에 대한 설정이 문제이므로 설정 ➜ 제어판 ➜ 장치관리자를 선택하여 포트 항목의 COMx에 해당하는 번호가 0 ~ 9 사이의 값인지 확인하고, 범위를 벗어난 경우 포트설정 ➜ 고급 항목을 선택하여 포트 번호를 변경한다. 부록 A에 부트로더 기록을 위해 설명한 부분에 직렬 통신 포트 번호 변경에 대해 설명한 부분을 참고한다.

처음 사용하는 경우 시스템의 클록 발생 장치를 설정하기 위해 [그림 3-10]과 같이 "Fuses" 탭을 선택하여 CKOPT만 체크하고 그 외의 모든 항목은 체크되지 않은 상태로 SUT_CKSEL 항목에 가장 마지막 항목으로 나타나는 Ext. Crystal/Resonator High Freq.; Start-up time: 16K CK + 64로 선택하고 "Program" 버튼을 눌러 Fuse 비트를 지정한다(*SPIEN 항목은 기본적으로 체크되어 있고 사용자가 임의로 해제할 수 없다).

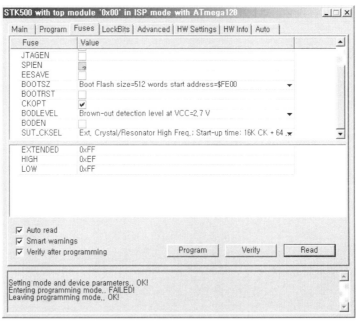

[그림 3-10] Fuse Bit 설정

Fuses 비트에 대한 설정을 마치면 [그림 3-11]과 같이 "Program" 탭을 선택하여 Flash 항목의 Input Hex 파일에 대해 프로젝트에서 생성된 hex 확장자를 가지는 파일을 선택하고 Program 버튼을 눌러 flash 메모리에 해당 코드를 기록한다.

프로그램의 기록이 완료된 후 실습 장치의 동작을 확인한다. [그림 3-11]은 AVR ISP를 사용하여 AVR에 프로그램을 기록하는 과정으로 Main 탭에서는 사용할 디바이스를 지정하고 프로그래머의 모드 및 동작 주파수를 지정한다.

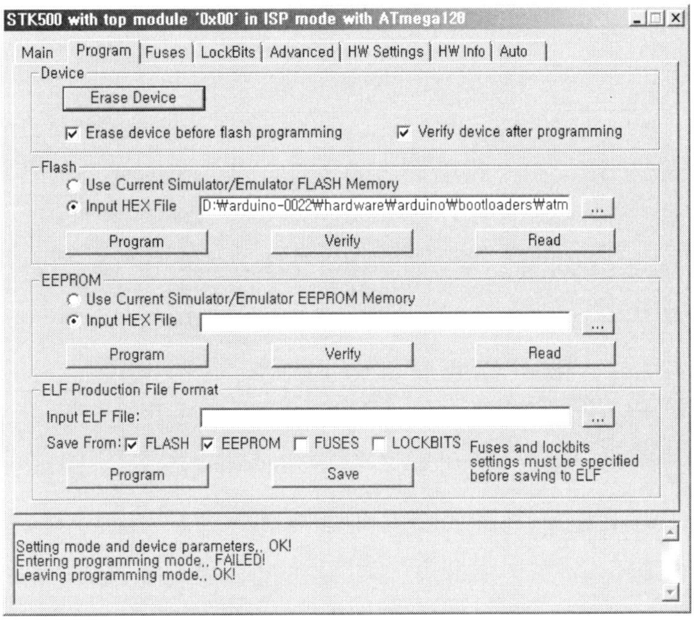

[그림 3-11] Flash program

Program 탭에서는 칩 전체의 삭제, 프로그램 코드의 flash 메모리에의 기록/검증/읽기 및 AVR에 내장된 EEPROM의 읽기/쓰기/검증을 할 수 있다. ELF 포맷의 파일을 사용할 경우 AVR에 내장된 flash 메모리, EEPROM 뿐만 아니라 fuse bit, lcok 설정 사항들에 대해서도 한꺼번에 기록할 수 있다. Fuses 탭은 칩 내부 설정 비트에 대한 지정/해제가 가능한 부분으로 [그림 3-12]와 같은 화면이 나올 경우 PC와 AVR ISP의 연결은 정상이나 AVR ISP와 AVR microcontroller와 연결이 잘못되었거나 AVR microcontroller의 동작에 문제가 생긴 경우이다.

LockBits 탭은 flash 메모리에 대한 기록/삭제를 제한하는 부분으로 사용자의 프로그램 코드에 의해 self programming을 시도할 경우 적용되는 제한 사항이다. Lockbits 탭을 지정할 경우에도 AVR ISP와 AVR microcontroller의 연결에 문제가 있는 경우에는 [그림 3-12]와 같은 오류가 발생한다.

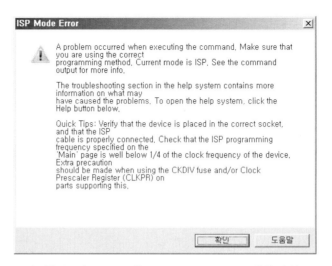

[그림 3-12] AVR ISP와 AVR microcontroller 연결 오류

Advanced 탭은 칩 내부의 RC 발진 모드로 클록을 설정한 경우 발진 주파수와 미세조정을 위한 값을 기록하는 용도로 사용된다. HW settings 탭은 일반적으로 설정을 변경할 필요는 없으나 AVR microcontroller의 동작 전압, ARef의 전압을 지정할 수 있다. HW Info는 AVR ISP의 하드웨어 버전과 펌웨어의 버전 정보를 알려준다. AVR microcontroller의 프로그램과는 상관없는 항목이다.

Auto 탭은 디바이스의 삭제, 프로그램 기록, 검증 등에 대한 일련의 내용을 한 번에 수행하도록 지정한다. 부트로더를 사용하여 프로그램을 기록하기 위해 부록 A-1의 "나"절의 downloader 설명 부분을 참고한다. 관련 프로그램은 웅보출판사 홈페이지(http://www.woongbo.co.kr)에서 받을 수 있다.

PIC microcontroller는 Microchip사의 제품으로 http://www.microchip.com에서 개발에 필요한 자료를 구할 수 있다. 개발 환경을 구성하기 위해서 통합 개발 환경과 컴파일러는 홈페이지에서 MPLAB IDE 항목에서 구할 수 있다. 직접 액세스 가능한 웹 주소는 다음과 같다.

http://www.microchip.com/stellent/idcplg?IdcService=SS_GET_PAGE&nodeId=1
406&dDocName=en019469

[그림 3-13]과 같이 MPLAB IDE v8의 페이지를 볼 수 있다. MPLAB IDE(Integrated Development Environment)는 MPASM, MPLAB C18/30 등의 Language Tool과 MPLAB ICD2, Real ICE, Pickit2, ICE2000 및 ICE4000, PM3 등의 디버깅 및 프로그래밍 툴 등을 하나의 통합 개발 환경에서 사용할 수 있도록 한다.

[그림 3-13] MPLAB IDE의 설명 화면

MPLAB IDE는 개발자 PC에서 코드의 편집, 컴파일, 링크 및 다양한 하드웨어 개발 툴과 인터페이스해 주는 개발 workstation이다. 즉, 마이크로칩 MPLAB IDE를 이용하여 PIC MCU 및 dsPIC Digital Signal Controller 개발이 가능하며 마이크로칩 웹사이트를 통해서 무료로 사용할 수 있다.(2012년 1월 31일 기준 MPLAB IDE

버전은 8.83이다.) [그림 3-13]에서 페이지 하단부의 Downloads에서 관련된 개발 도
구를 다운로드 받을 수 있다.

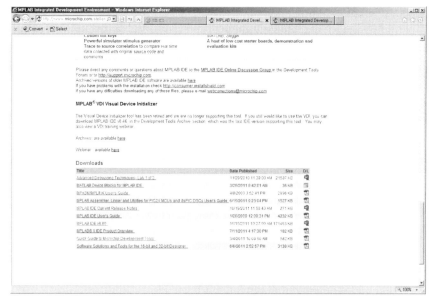

[그림 3-14] MPLAB IDE의 다운로드 페이지

[그림 3-14]는 MPLAB IDE를 다운로드 받을 수 있는 부분으로 MPLAB IDE v8.83
항목의 파일을 선택한 후 저장된 위치에서 압축을 해제한 후 setup 파일을 실행한
다. 압축 파일에 포함된 내용은 [그림 3-15]와 같다.

Data1.cab	2011-12-14 오전 ...	빵집 CAB 파일	151,181KB
ISSetup.dll	2011-12-14 오전 ...	응용 프로그램 확장	2,056KB
MPLAB Tools v8.83.msi	2011-12-14 오전 ...	Windows Install...	18,063KB
mplabcert.bmp	2009-07-17 오후 ...	ACDSee Pro 2.0 ...	193KB
setup.exe	2011-12-14 오전 ...	응용 프로그램	3,783KB

[그림 3-15] MPLAB IDE v8.83 설치 파일의 구성

setup.exe를 실행하면 [그림 3-16]과 같은 설치 마법사가 실행된다.

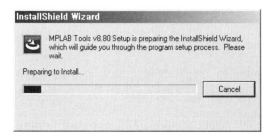

[그림 3-16] 설치 마법사 실행 과정

MPLAB IDE의 설치는 [그림 3-17]과 같이 실행된다. 모든 사항을 기본 설정으로 설치를 진행한다. 라이센스와 관련된 사항은 동의해야 설치가 가능하다. Setup Type은 Complete로 선택하여 모든 사항을 설치한다. 또한 MPLAB IDE가 설치될 위치는 C:\Program Files\Microchip의 기본 설정을 변경하지 않고 그대로 사용한다. (Windows 7의 기본 설치 경로는 C:\Program Files (x86)\Microchip이다.)

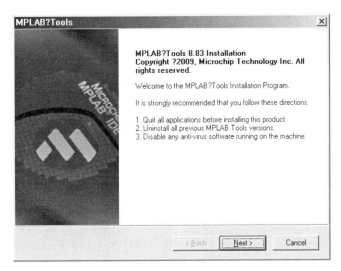

[그림 3-17] MPLAB IDE 설치 프로그램

추가 설치되는 각종 애플리케이션의 라이센스에 대해서 동의한 후 설치를 진행한다. MPLAB IDE에는 기본 컴파일러로 HI - TECH의 C 컴파일러를 지원한다. MPLAB IDE의 설치가 완료되면 [그림 3-18]과 같이 추가 컴파일러의 설치에 대해 묻는 단계가 나타난다.

[그림 3-18] 추가 컴파일러 설치(HI-TECH C)

추가로 설치되는 컴파일러는 HI-TECH의 C 컴파일러로 [그림 3-19]와 같은 컴파일러 설치 화면이 나타난다.

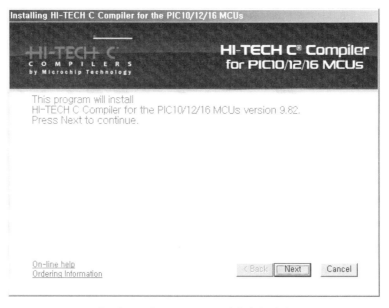

[그림 3-19] HI-TECH C 컴파일러 설치

HI-TECH C 컴파일러의 설치 과정에서 [그림 3-20]과 같이 PATH 환경 변수의 추가 여부에 대해 묻는 화면이 나타난다. 추가하는 것으로 지정한 후 설치를 계속한다.

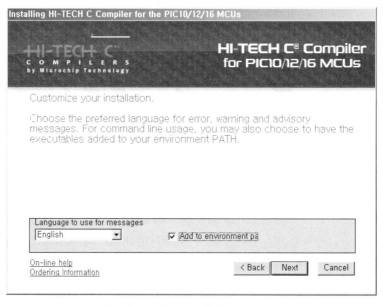

[그림 3-20] PATH 환경 변수 추가

설치가 완료되면 [그림 3-21]과 같이 시작 ➤ 프로그램 ➤ Microchip ➤ MPLAB
IDE v8.83 ➤ MPLAB IDE를 실행한다.

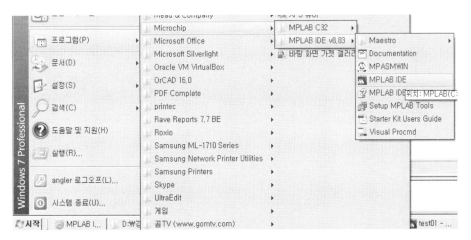

[그림 3-21] MPLAB IDE의 실행

MPLAB IDE가 실행되면 [그림 3-22]와 같은 화면을 볼 수 있다.

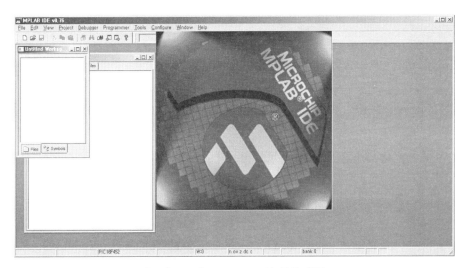

[그림 3-22] MPLAB IDE의 실행 화면

메뉴 항목의 Projec ➤ Project Wizard를 선택한 후 나타나는 대화 상자에서 다음
단계로 진행하여 [그림 3-23]과 같이 PIC16F874A를 선택한다.

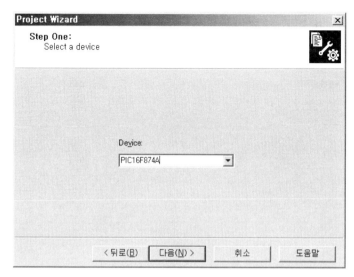

[그림 3-23] 디바이스 선택

다음 단계에서 사용할 컴파일러를 지정한다. HI-TECT Universal ToolSuite를 지정한다.

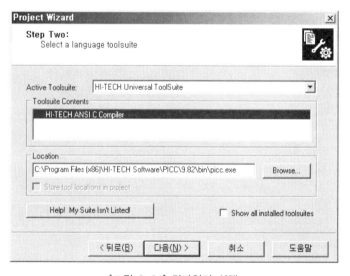

[그림 3-24] 컴파일러 선택

프로젝트가 저장될 위치와 파일을 지정한다. 폴더와 프로젝트의 이름에는 영문자와 숫자, 밑줄문자만 사용한다. 기존에 존재하는 파일은 없으므로 선택하지 않은 상태에서 다음 단계로 진행한다. [그림 3-25]의 화면에서 설정 사항을 확인한다.

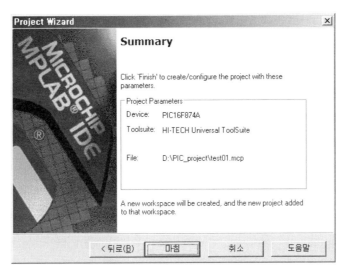

[그림 3-25] 프로젝트 설정 확인

프로젝트가 생성된 후 메뉴 항목에서 File ➜ New를 선택하여 비어있는 내용의
에디터를 화면에 띄운다. 메뉴 항목에서 File ➜ Save As...를 선택하여 프로젝트 이
름과 동일한 이름으로 C 파일로 저장한다. 메뉴 항목의 Project ➜ Add Files to
Project...을 선택하여 저장한 C 파일을 프로젝트에 추가한다. C 파일은 [그림 3-26]
의 코드를 입력한다.

```c
#include <htc.h>
#define _XTAL_FREQ 20000000

int main(void)
{
        TRISB = 0x00;
        while(1)
        {
                PORTB = 0x00;
                __delay_ms(500);
                PORTB = 0xFF;
                __delay_ms(500);
        }
        return 0;
}
```

[그림 3-26] PIC 예제 코드

파일의 내용을 저장한 후 메뉴의 Project → Build를 실행한다. [그림 3-27]과 같이 Build가 정상적으로 실행되면 output 창에 다음과 같은 메시지가 출력된다.

```
Build D:\PIC_project\test01 for device 16F874A
Using driver C:\Program Files (x86)\HI-TECH Software\PICC\9.82\bin\picc.exe

Make: The target "D:\PIC_project\test01.p1" is out of date.
Executing: "C:\Program Files (x86)\HI-TECH Software\PICC\9.82\bin\picc.exe" --pass1
D:\PIC_project\test01.c -q --chip=16F874A -P --runtime=default --opt= default
-D__DEBUG=1 --rom=default --ram=default -g --asmlist "--errformat=Error    [%n]
%f; %l.%c %s" "--msgformat=Advisory[%n] %s" "--warnformat=Warning [%n]
%f; %l.%c %s"
Executing: "C:\Program Files (x86)\HI-TECH Software\PICC\9.82\bin \picc.exe"
 -otest01.cof -mtest01.map --summary=default --output=default test01.p1 --chip=
16F874A -P --runtime=default --opt=default -D__DEBUG=1 --rom=default --ram=
default -g --asmlist "--errformat=Error      [%n] %f; %l.%c %s" "--msgformat=
Advisory[%n] %s" "--warnformat=Warning [%n] %f; %l.%c %s"
HI-TECH C Compiler for PIC10/12/16 MCUs (Lite Mode)  V9.82
Copyright (C) 2011 Microchip Technology Inc.
(1273) Omniscient Code Generation not available in Lite mode (warning)

Memory Summary:
    Program space      used    2Dh (    45) of 1000h words   (  1.1%)
    Data space         used    5h (    5) of    C0h bytes   (  2.6%)
    EEPROM space       used    0h (    0) of    80h bytes   (  0.0%)
    Configuration bits used    0h (    0) of    1h word    (  0.0%)
    ID Location space  used    0h (    0) of    4h bytes   (  0.0%)

Running this compiler in PRO mode, with Omniscient Code Generation enabled,
produces code which is typically 40% smaller than in Lite mode.
See http://microchip.htsoft.com/portal/pic_pro for more information.

Loaded D:\PIC_project\test01.cof.

********** Build successful! **********
```

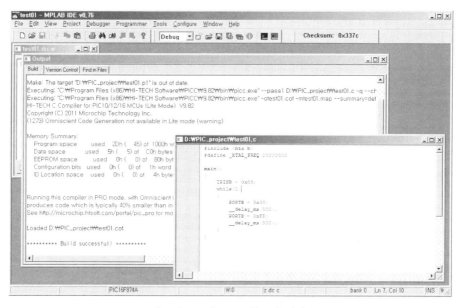

[그림 3-27] Build 완료된 화면

MPLAB IDE의 output 창에 표시된 마지막 내용이 Build successful!로 되어 있는지 확인한다. 만약 문제가 있다면 프로젝트를 만들 때 지정한 PIC 디바이스에 대한 설정이 정확한지와 [그림 3-26]의 소스 코드의 내용을 정확하게 입력했는지 확인한다. Build가 정상적으로 완료되면 지정한 폴더에 hex 파일이 생성된 것을 확인할 수 있다. 출판사 홈페이지(http://www.woongbo.co.kr)에서 다운로드 받은 PIC downloader. exe 파일을 실행한다. COM 포트는 리스트에 표시된 번호만 사용할 수 있으므로 사용하려는 PC의 환경에 따라 적절히 선택한다. 기록할 프로그램 코드는 앞의 예에서 생성한 PIC 예제 프로젝트의 결과물인 test01.hex를 지정한다.

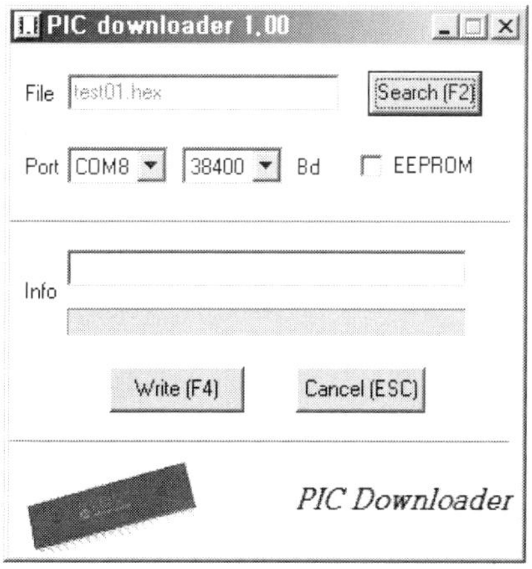

[그림 3-28] PIC downloader 실행 화면

PIC 실습 보드에 프로그램 코드를 기록한 후 동작을 확인한다. MPLAB IDE 통합 개발 환경 툴에는 MPLAB SIM이라는 마이크로 칩 MCU 전용 시뮬레이터 모듈이 내장되어 있으므로 하드웨어 없이도 기본적인 기능에 대해서 시뮬레이션을 할 수 있다. MPLAB SIM을 사용하여 하드웨어 없이 동작을 시뮬레이션 할 수 있다. [그림 3-29]를 참고하여 메뉴 항목의 Debugger → Select Tool → MPLAB SIM을 지정한다. MPLAB SIM이 로드되면 툴바에  아이콘이 나타난다.

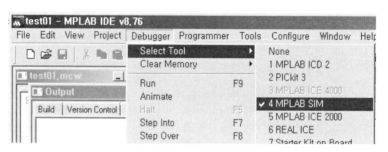

[그림 3-29] MPLAB SIM 선택

메뉴 항목에서 Debugger → Setting... 항목을 선택하여 [그림 3-30]의 화면에서 실제 시스템과 같이 동작 환경을 설정한다.

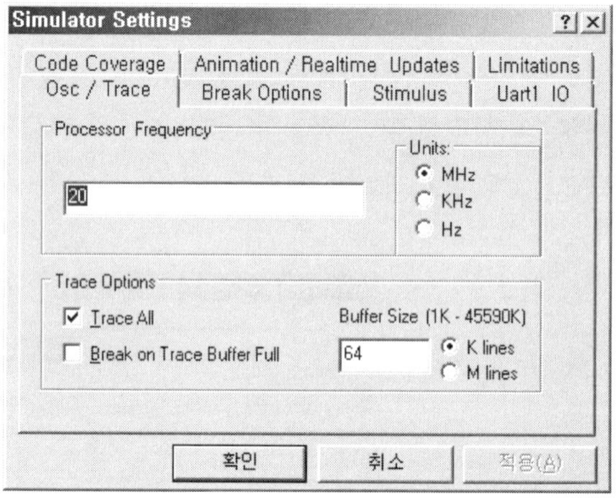

[그림 3-30] 시뮬레이터의 동작 환경 설정

시뮬레이터를 선택한 후 프로그램의 각각의 라인에 대한 레지스터의 변화를 확인하기 위해 "__delay_ms(500);"은 주석으로 처리한 후 메뉴 항목의 Project → Rebuild를 선택하여 실행한다. 레지스터의 변경 사항을 확인하기 위해 메뉴 항목의 View → Special Function Registers를 선택한다. 각각의 레지스터의 내용을 확인할 수 있도록 화면에 표시한 후 Debugger 메뉴의 Step Into F7 메뉴를 실행한다. 단축 키 F7을 사용할 수 있다. 프로그램의 각 라인에 따른 실행 과정을 확인할 수 있으며 각 단계별로 다음과 같이 레지스터의 변경 내용을 확인할 수 있다. 해당되는 C 프로 그램의 라인에는 녹색의 화살표로 표시된다. [그림 3-31]에서 각 단계에 대한 레지스 터의 변화를 확인할 수 있다.

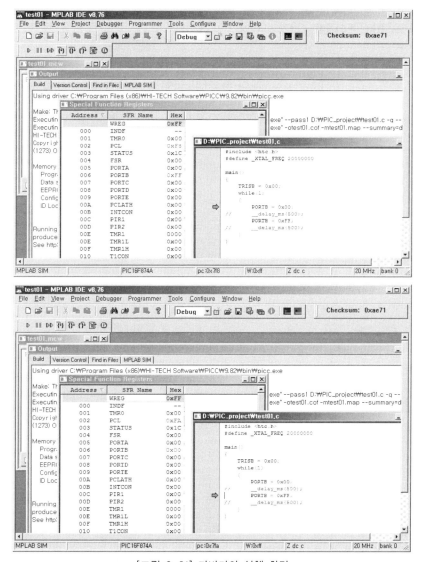

[그림 3-31] 디버거의 실행 화면

AVR과 PIC microcontroller의 동작 실습을 위한 장치는 GPIO, Timer, ADC, PWM, USART, External Interrupt 등의 기능을 실험하기 위해 LED, Key Matrix, FND, Text LCD, Stepper Motor Driver, DC Motor 등의 장치를 가진다.

가. 전원회로의 구성

[그림 3-32]는 실습 장치에 전원을 공급하는 부분의 회로 도면으로 어댑터를 통해 입력된 전원은 bridge diode를 거쳐 입력 극성과 상관없이 일정한 방향의 +, − 극성을 유지하고 + 전원은 power 스위치를 거쳐 LM7805 linear regulator를 통해 +5V의 일정한 전압으로 유지된다.

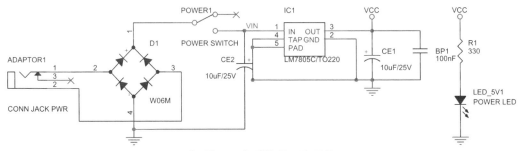

[그림 3-32] 전원 회로의 구성

AC 전원을 DC 전원으로 변환하는 장치는 오래전부터 많은 가전기기에서 사용되었으며 변압기와 정류 다이오드를 사용한 기본적인 전원 회로에서부터 SMPS (Switch Mode Power Supply)와 같은 전원 장치까지 매우 다양한 종류의 변환 회로가 존재하며 각각의 특징과 장/단점을 가진다. AC 입력 전원은 변압 회로를 거쳐 전자 회로에서 사용하려는 낮은 전압으로 변압된 후 bridge diode와 같은 평활 회로와 capacitor를 사용하여 ripple이 함유된 단극성의 전압으로 변환된다. 이 전압은 다시 정전압 회로를 거쳐 일정한 전압을 유지하는 제어기 등에서 사용하는 목표 전압으로 변환된다. [그림 3-33]은 이와 같은 전원 변환 장치의 구성도를 나타낸다.

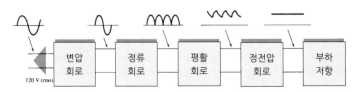

[그림 3-33] 전원 회로의 기본적인 구성도

AC 상태의 입력 전원의 전압을 변환하는 방법은 [그림 3-34]와 같이 전자기 유도 현상을 사용하여 입력 전압에 의해 발생하는 자속을 철심을 통과시키고 이때 발생한 자속에 의해 출력측에 감긴 코일에 전압을 유도하여 발생하는 원리를 이용하며 이때의 변환되는 전압은 1차측 코일의 감은 수를 N1이라하고 2차측 코일의 감은 수를 N2라 하면 1차측 전압 V1과 2차측 전압 V2의 관계는 N1:N2 = V1:V2의 비례식으로 나타낼 수 있다.

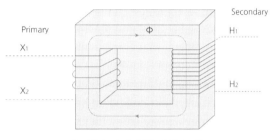

[그림 3-34] 변압기의 구성

　정류 회로에는 반파 정류 회로, 전파 정류 회로, brdige 정류 회로 및 반파/전파 배전압 정류 회로가 있으나 주로 [그림 3-35]와 같은 brdige 정류 회로를 많이 사용한다.

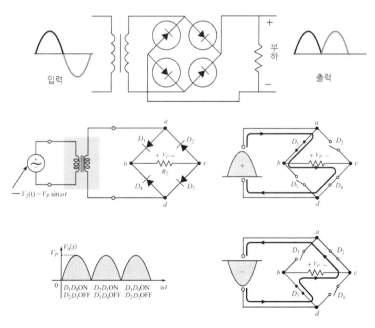

[그림 3-35] Bridge 정류 회로

[그림 3-35]에서 보듯이 bridge 정류 회로에서는 AC 전원이 공급되면 변압기를 거쳐 적절한 회로 전원 전압에 맞도록 변환되어 출력되는 AC 전원 위상의 negative 부분이 positive 쪽으로 반전되어 나타나며 이 전압이 capacitor를 사용한 평활 회로를 거쳐 ripple이 포함된 [그림 3-36]과 같은 출력 파형을 얻을 수 있다. [그림 3-36]에서 왼쪽은 반파 정류 회로를 사용한 경우이며 오른쪽은 bridge 징류 회로를 사용하였을 때 capacitor에 의한 평활 회로의 출력을 보이고 있다.

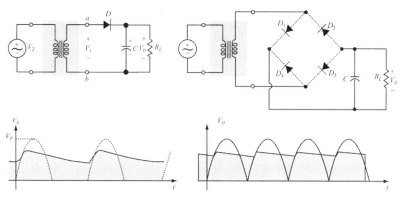

[그림 3-36] Capacitor를 사용한 평활 회로

[그림 3-36]과 같은 평활 회로를 거친 출력 전압은 일정한 극성을 유지하지만 시간에 따라 capacitor의 충·방전 현상에 의해 일정 전압을 중심으로 변동하는 특성을 보인다. 따라서 전자 회로에서 요구하는 시간에 대해 전압의 변화가 발생하지 않는 DC 전원을 얻기 위해서는 [그림 3-37]과 같은 제너다이오드를 사용한 정전압 회로를 사용한다.

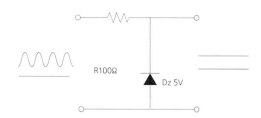

[그림 3-37] 제너다이오드를 사용한 정전압 회로

[그림 3-37]의 회로는 정전압을 얻기 위한 가장 기본적인 회로이다. [그림 3-37]의 회로에서 입력 전압이 같이 10V에서 6V까지 변동할 경우 5V의 제너 다이오드가 연결되어 있기 때문에 5V 이상의 전압은 저항 R에서 전압 강하를 일으켜, 출력전압은 5V로 된다. 입력 전압이 6V일 때에는 저항에서 1V의 전압 강하를 일으켜 출력 전압

은 마찬가지로 5V로 유지되나 많은 전류를 출력할 수 없는 단점을 가진다. 만약 입력 전압이 6V인 경우 저항 R의 값이 100 Ω으로 0.01A를 초과하는 전류가 흐를 경우 저항에 의한 전압 강하효과 때문에 출력 목표 전압인 5V보다 낮은 전압이 출력된다. 즉, 0.02A의 전류를 사용할 경우 0.02A × 100 Ω = 2V가 되어 6V − 2V = 4V가 되어 목표 전압보다 낮은 전압을 얻게 된다. 따라서 이 회로는 [그림 3-38]과 같이 트랜지스터를 사용한 이미터폴로어의 전력 증폭기를 추가하여 많은 출력 전류에 대해서도 안정한 전압이 출력되도록 한다. 단, 이 경우에는 출력 전압은 제너다이오드의 제너 전압보다 약 0.7V 낮은 값이 된다.

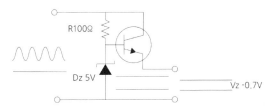

[그림 3-38] 제너다이오드를 사용한 전압 추종 회로

일반적으로 사용되는 정전압 회로는 [그림 3-37]의 제너다이오드를 사용한 회로를 기반으로 [그림 3-38]과 같이 큰 전류를 얻을 수 있는 회로 소자를 추가하고, 일정한 출력 전압을 얻을 수 있도록 feed-back 제어를 하도록 [그림 3-39]와 같이 구성하여 출력 전압에 변동이 발생하지 않고 일정한 전압을 유지할 수 있도록 한다.

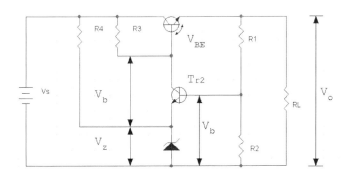

[그림 3-39] Feed-back이 추가된 제너다이오드를 사용한 정전압 회로

[그림 3-39]는 출력 전압 V_o가 증가하는 경우 Tr2의 base와 GND 사이에 전압이 증가하여 Tr2의 I_c 증가로 R3의 전압이 따라서 증가하여 V_b가 감소하며 결과적으로 V_o가 감소되는 결과를 얻게 된다. V_o가 감소하는 경우에는 이와 반대로 회로가 동작하여 출력 전압 V_o가 증가하는 결과를 얻게 된다. [그림 3-40]은 이와 같은 사항을 적용한 전파 정류 회로의 구성 예이다.

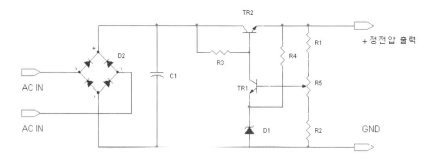

[그림 3-40] AC-DC 변환 회로의 구성 예

[그림 3-40]의 회로에서는 AC 입력 전압에 대해 bridge diode를 통과하고 C1에 의해 평활화된 출력에 대해 제너다이오드를 기본으로 feed-back 제어 동작을 하도록 구성한 것으로 만약 출력전압이 높아졌다면 TR1의 베이스와 GND 사이의 전압이 높아지므로 컬렉터 전류가 증가하게 된다. 따라서 저항 R3 내의 전압강하가 커져서 TR1의 컬렉터와 GND 사이의 전압이 낮아지게 된다. 여기서 TR1의 컬렉터에 TR2의 베이스가 연결되어 있으므로 TR2의 베이스 전류가 줄어들게 되며 출력전압이 떨어지게 되어 일정한 전압이 출력된다. 출력전압이 떨어지게 되면 반대동작이 되어 항상 일정한 전압이 유지된다.

실제 회로에서 TR2가 전류 증폭률이 작은 TR이라면 달링턴 접속을 하여야 하고, 전류 제한 등의 보호 회로를 첨가하는 회로로 구성하는 경우도 있다. 1A 정도의 작은 출력 전류가 요구 될 때는 3단자 정전압 IC가 많이 이용되고 있으며, 고정 출력용으로는 78xx시리즈(5, 6, 8, 9, 10, 12, 15, 18, 24V 등이 있음)가 많이 사용되고 있으며, 1.5 ~ 37V의 가변 출력용으로는 LM317 또는 호환품이 많이 이용되고 있으며, 이외에도 많은 종류의 정전압용 IC가 있다.

[그림 3-41]은 13.5V에서 3 ~ 23A의 전류의 출력이 가능한 정전압 전원 회로의 실제 예이다. AC 전원을 DC로 변환하는 장치에는 앞에서 설명한 방식 외에 switched-mode power supply(SMPS)라고 불리는 방식이 있다. SMPS와 구분하여 앞에서 설명한 전원 장치는 직렬 정전압 장치(series regulator)라고 부른다. SMPS는 사용 용도에 따라 AC to DC, DC to DC 또는 DC to AC, AC to AC 변환에 사용되나 DC to AC의 경우 특히 inverter라고 부르며, AC to AC의 경우 일반적으로는 전압의 변환 보다는 전원 주파수의 변환에 사용되므로 frequency changer 또는 cyclo - converter라는 이름으로 불린다.

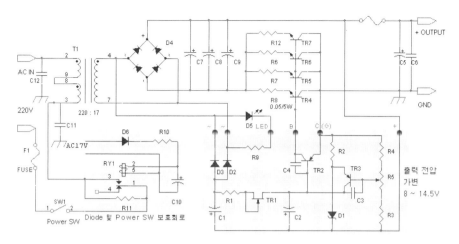

[그림 3-41] 13.5V에서 3~23A의 전류의 출력이 가능한 정전압 전원 회로

AC를 DC로 변환하는 용도로 사용하는 SMPS 전원 장치는 직렬 정전압 장치에 비해 소형이면서 더 큰 출력 전류를 낼 수 있기 때문에 최근에 많은 가전제품의 전원 장치로 사용되고 있으며 특히 입력 전압에 상관없이 사용할 수 있는 free voltage 제품들에 주로 이용되고, 전원 변환 장치에서 출력되는 전압/전류를 사용하는 회로에서 capacitor 또는 inductor에 의해 발생하는 전압과 전류의 위상차로 인해 발생하는 무효 전력을 보상하는 PFC(Power Factor Correction) 회로를 함께 사용함으로 전력 사용 효율을 높일 수 있는 장점을 가진다.

SMPS는 DC to DC 변환을 그 기본 동작으로 하고 있으며, AC 전원을 공급 받아 DC로 출력하는 회로에서는 AC 상용 전원을 공급 받아 bridge diode와 같은 정류 소자와 평활 회로를 사용하여 DC 전원으로 변환하고 이를 다시 스위치를 거쳐 일정한 시간 간격으로 ON/OFF 동작을 반복하여 수㎑에서 수백㎑ 사이의 고주파 전압으로 변환하고 제어 회로에서 스위치 소자의 ON/OFF 시간 비율(duty ratio)을 조절하여 이 때 출력되는 전압을 inductor와 capacitor를 사용한 평균 회로에서 정해진 스위칭 시간 간격에 대한 평균 전압이 출력되도록 하여 목적하는 전압을 얻는다. 출력되는 전압은 제어 회로에서 검출하여 목표 전압보다 낮을 경우 스위칭 소자의 ON 시간을 길게 하고, 반대로 출력 전압이 높을 경우 스위칭 소자의 ON 시간을 줄이는 방법으로 출력 전압을 조절하게 된다. 이와 같은 SMPS에서는 DC to DC 변환에 사용되는 방식에 따라 SMPS 전원의 특성이 결정되며 입력과 출력간의 절연 유무에 따라 비절연형과 절연형 SMPS로 나뉜다. 비절연형의 기본적인 회로에는 buck, boost, buck- boost converter가 있으며, 절연형에는 flyback, forward, push-pull, half-bridge, full-bridge converter가 있다. 보다 자세한 내용은 SMPS 전원 장치에 대해 설명한 교재를 참고한다.

　DC 전압을 DC로 변환하는 장치는 앞의 AC to DC 변환에서 설명한 [그림 3-37]의 제너다이오드를 기본으로 트랜지스터를 전력 증폭기로 사용한 선형 변환 장치를 기본 구조로 하여 만들어진 linear regulator가 있으며 AC to DC 변환에서 상세히 설명한 내용에서 정류 소자를 사용하여 평활하는 부분을 제외한 일정 전압을 유지하도록 하는 부분의 내용은 동일하다.

　일반적으로 linear regulator는 3단자로 구성된 소자를 주로 사용하며 고정 출력 전압형과 가변 출력 전압형의 두 가지가 있으며 가변 출력형의 경우 그 원리는 앞의 [그림 3-39]의 저항 R1과 R2의 값을 조정하는 방식으로 이루어진다. 보통은 National Semiconductor사의 고정된 전압을 출력하는 LM78xx 제품과 가변 전압을 출력할 수 있는 LM317을 사용하거나 Linear Technology사의 LT1584/5/7-xx의 고정 전압 출력 소자 또는 LT1584/5/7-ADJ 또는 LT1085와 같은 가변 전압 출력 소자를 사용한다. 이와 같은 3단자 linear regulator의 내부 구성은 [그림 3-42]와 같이 되어 있으며 그 동작의 기본 원리는 앞에서 설명한 [그림 3-39]와 같으나 여기에 과전류 및 발열이 심할 경우 과열을 제한하는 회로와 출력 전압의 안정화를 위한 회로 등이 추가된다.

　전압의 가변에 대한 부분은 앞의 [그림 3-39]에서 전압 출력 단자 사이에 사용한 저항 R1, R2와 같이 소자 내부에 고정된 저항을 형성하는 경우 고정 전압이 출력되는 소자가 되며, 소자 외부에 사용자가 임의로 저항을 연결할 수 있도록 만들어지면 가변 저항 출력형 소자가 된다. [그림 3-42]에서는 이 저항 부분이 점선으로 표시되어 고정전압 출력형인 경우 칩 내부에 포함되어 그 끝 단자는 GND에 연결되며, 가변 저항 출력형인 경우 점선 부분이 존재하지 않고 칩에는 ADJ 단자가 있어 사용자에 의해 저항을 선택하여 연결할 수 있도록 구성된다.

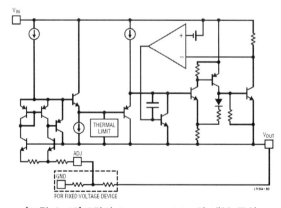

[그림 3-42] 3단자 linear regulator의 내부 구성

[그림 3-43]은 고정 전압 또는 가변전압을 출력하는 소자를 활용한 전원 공급 회로의 구성 예이며 대부분의 3단자 linear regulator의 응용 회로는 이와 같이 구성된다.

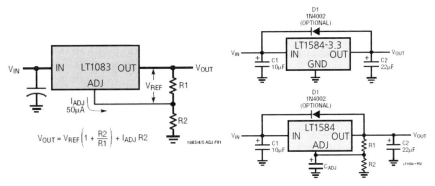

[그림 3-43] 가변 전압 또는 고정 전압 출력형 3단자 linear regulator의 응용 회로

Linear regulator와 달리 switching regulator가 존재하며 그 동작 원리 또한 앞의 AC to DC 변환에서 SMPS를 설명한 것과 같이 동작한다. [그림 3-44]는 입력 전원에 대해 일정한 출력 전압을 얻기 위한 스위칭 전원의 구성을 보인 것으로 출력 전압 VO가 일정하게 유지되도록 하기 위해 입력 전압 E_i의 변화에 대해 입력 전압을 스위칭하여 일정 시간 간격으로 평균화하여 그 평균값이 출력 전압에 비해 높고 낮음에 따라 스위칭부에서 on/off하는 시간의 비율을 조정하는 것을 기본으로 동작한다. AC to DC 변환에서는 [그림 3-41]의 입력 전압 Ei에 해당하는 부분이 변압기를 거쳐 정류/평활 회로를 거친 출력에 해당한다. DC to DC 변환 회로에서는 [그림 3-44]와 같이 E_i에 고정된 출력 전압 또는 배터리 전원이 연결된다. 단 이때 E_i의 전압은 안정화되어 있지 않은 시간에 대해 변하는 전압일 경우에도 상관없이 일정한 출력 전압을 유지한다.

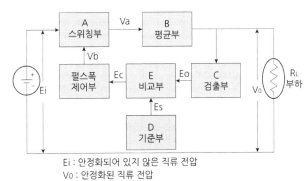

Ei : 안정화되어 있지 않은 직류 전압
Vo : 안정화된 직류 전압

[그림 3-44] 스위칭 전원의 구성

[그림 3-44]와 같은 회로에서는 안정화되지 않은 전압이거나 배터리와 같이 사용 시간에 따라 전압이 감소하는 등의 시간에 대해 변화하는 E$_i$에 대해 일정한 출력 전압을 유지하는 방식에 A로 표시한 "스위칭 부"와 이를 제어하는 부분으로 구성되어 linear regulator와 구분하여 switching regulator라고 부른다.

Switching regulator는 PWM(Pulse Width Modulation) 제어 방식을 사용하며 출력 전압을 항상 feed-back 받아 현재의 출력 전압과 목표로 하는 기준 출력 전압을 비교하여 출력 전압이 기준 값 보다 높을 경우 on 시간을 줄이고, 반대로 출력 전압이 낮을 경우 ON 시간을 늘리는 방법을 사용한다. [그림 3-45]는 PWM 제어 방식에 대한 개념을 도식화한 것이며 PWM 제어는 일정한 PWM 제어 주기 동안 스위치 제어 신호의 ON/OFF 비율을 조정함으로써 출력 값을 PWM 주기 동안 시간 평균한 값이 출력되도록 하는 디지털 제어에서 아날로그 값을 조절하여 출력되도록 하는 방식이다. 아날로그 값의 출력을 위해 이러한 제어 방법과 함께 [그림 3-44]에서는 블록 B의 평균부를 사용하여 출력 값의 시간 평균을 얻도록 한다.

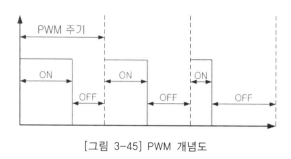

[그림 3-45] PWM 개념도

DC to DC 변환 장치에서 사용하는 Switching regulator는 주로 National Semiconductor사의 LM2576이나 LM2596과 유사한 소자를 사용하며 [그림 3-45]의 PWM 주기에 해당하는 주파수는 각각 52㎑와 150㎑로서 그 응용 회로는 [그림 3-46]과 같다.

[그림 3-46]에서 볼 수 있듯이 switching 주파수가 높아질수록 [그림 3-44]의 B 부분의 평균부에 해당하는 L과 C에 상대적으로 적은 용량의 소자를 사용할 수 있으며, 이는 전원 장치의 소형화에 유리하지만 전원에서 발생하는 ripple 주파수 또한 함께 증가하는 현상이 발생할 수 있다. Switching regulator 소자는 수㎒의 주파수를 사용하고 있으므로 전원 장치의 목적에 적절한 소자를 선택하여 사용한다.

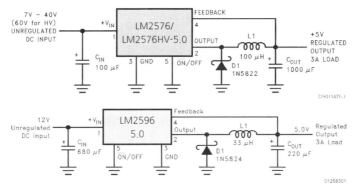

[그림 3-46] LM2576과 LM2596의 응용 회로

[그림 3-47]은 switching regulator 회로에서 각 소자의 전압과 전류의 파형이다.

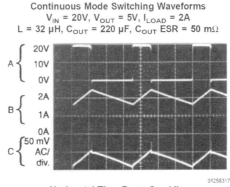

Continuous Mode Switching Waveforms
V_{IN} = 20V, V_{OUT} = 5V, I_{LOAD} = 2A
L = 32 μH, C_{OUT} = 220 μF, C_{OUT} ESR = 50 mΩ

Horizontal Time Base: 2 μs/div.

A: Output Pin Voltage, 10V/div.
B: Inductor Current 1A/div.
C: Output Ripple Voltage, 50 mV/div.

[그림 3-47] LM2596 소자의 regulation 특성

나. LED 구동회로

[그림 3-48]과 [그림 3-49]는 LED에 데이터를 표시하는 부분의 회로 도면이다.

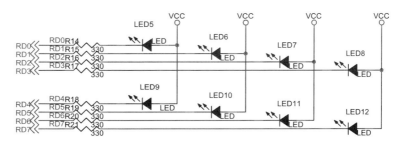

[그림 3-48] LED 회로1

[그림 3-48]과 같이 Active Low로 구동되는 8개의 LED는 AVR의 경우 PORTA에 연결되었으며, PIC의 경우 PORTD에 연결된다. 각 포트에 해당하는 핀에 "LOW"의 전압이 출력될 경우 LED가 점등된다.

[그림 3-49]의 경우 AVR과 PIC 모두 PORTB의 4, 5, 6, 7번 핀에 inverter를 거쳐 연결되어 있으므로 LED는 Active Low의 회로 구성이 되어 있으나 제어 프로그램에서는 Active High로 구동할 수 있다. PORTB의 상위 4-bit의 값이 "High"일 때 LED가 켜진다. PORTB의 4, 5, 6, 7번 핀에 연결된 LED는 출력 동작뿐만 아니라 Key Matrix를 제어할 때 각 라인의 선택을 확인할 수 있다.

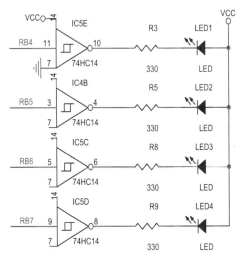

[그림 3-49] LED 회로2

다. FND 구동회로

FND는 Flexible Numeric Display로 7개의 LED를 사용하여 숫자 0에서 9를 표시할 수 있도록 배열된 것으로 [그림 3-50]과 같이 dot를 포함하여 모두 8개의 핀을 사용하여 표시되는 숫자를 제어한다.

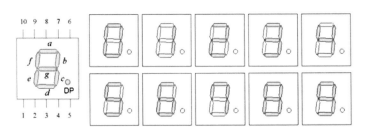

[그림 3-50] FND의 구성

[그림 3-51]은 4자리의 FND이며 각각의 자리마다 선택적으로 ON/OFF 할 수 있도록 트랜지스터를 사용하여 전원을 공급할 수 있도록 구성되며, FND 각 자리에 대해 8개의 LED를 제어한다. FND를 구동하기 위한 포트는 8개의 LED와 같이 AVR은 PORTA, PIC은 PORTD에 연결되어 있으며, 각 자리에 대한 ON/OFF를 제어하는 핀은 AVR의 경우 PORTE의 4, 5, 6, 7을 사용하며 PIC의 경우 PORTE의 0, 1, 2와 PORTC의 0번 핀을 사용한다.

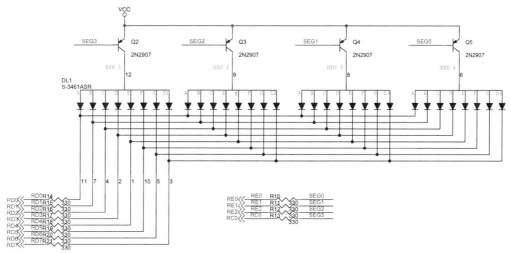

[그림 3-51] FND 구동 회로

FND에 표시되는 숫자는 0 ~ 9 사이의 숫자이며 FND의 종류에 따라 Active High 또는 Active Low로 동작하며 실습 회로에 사용한 FND는 Active Low 방식으로 동작하는 Common Anode type으로 표시되는 값의 제어는 [그림 3-52]와 같다. 각 자리에 해당하는 A ~ G, DP는 [그림 3-50]의 그림과 같다.

표시되는 숫자	DP	G	F	E	D	C	B	A	HEX
0	1	1	0	0	0	0	0	0	0xC0
1	1	1	1	1	1	0	0	1	0xF9
2	1	0	1	0	0	1	0	0	0xA4
3	1	0	1	1	0	0	0	0	0xB0
4	1	0	0	1	1	0	0	0	0x99
5	1	0	0	1	0	0	1	0	0x92
6	1	0	0	0	0	0	1	0	0x82
7	1	1	0	1	1	0	0	0	0xD8
8	1	0	0	0	0	0	0	0	0x80
9	1	0	0	1	0	0	0	0	0x90

[그림 3-52] FND에 표시되는 숫자와 제어 비트의 값

라. Key Matrix 회로

[그림 3-53]은 실습 장치에 사용되는 Key Matrix의 회로 구성을 보인다. 4행 4열의 구성으로 16개의 스위치 입력을 처리할 수 있다.

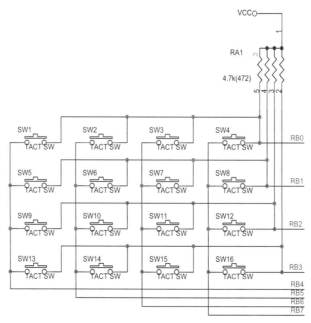

[그림 3-53] Key Matrix의 회로 구성

스위치의 입력을 처리하기 위해 모든 스위치에 포트를 하나씩 할당할 경우 16개의 스위치를 사용하는 경우 16-bit의 포트가 필요하다. 반면 matrix 구동 방식은 스위치를 행과 열로 나누어 배치한 후 선택된 행에 대한 입력만 처리하여 [그림 3-53]과 같이 16개의 스위치를 4행 4열로 나누어 배치한 후 특정한 열에 대해 포트의 출력을 LOW로 지정하여 선택된 열의 스위치 4개의 눌린 상태만을 입력으로 처리하며, 다음 순간에는 다른 열을 선택하는 방식으로 순차적으로 모든 열에 대해 키가 눌린 것을 체크한다. 이 경우 8개의 포트로 16개의 스위치 입력을 처리할 수 있다. Matrix 구동의 경우 n개의 스위치를 사용할 경우 $2 \times \sqrt{n}$개의 핀으로 처리할 수 있다. 25개의 스위치를 사용하는 경우 10개의 핀으로 제어할 수 있다.

[그림 3-53]의 경우 스위치 입력은 PORTB의 0, 1, 2, 3번 핀에 pull-up 저항으로 연결되어 있으며 PORTB의 4, 5, 6, 7 중 5번 핀만 Low, 나머지 핀은 High로 구동한다면 SW2, SW6, SW10, SW14가 눌리면 PORTB의 0, 1, 2, 3번 핀의 값이 Low로 읽힌다. 다음 순간 PORTB의 6번 핀만 Low로, 나머지 핀은 High로 구동하면 SW3,

SW7, SW11, SW15의 눌림을 검출할 수 있다. 이와 같은 방식으로 순차적으로 빠르게 PORTB의 4, 5, 6, 7번 핀 중 하나씩 Low로 구동하여 각 열에 해당하는 스위치의 눌림을 검출하는 것이 Key Matrix의 구동 방식이다. 모든 스위치에 대해 하나씩 포트를 할당하는 방식에 비해 사용되는 핀을 줄일 수 있으나 프로그램이 복잡해지는 단점을 가진다.

마. 외부 인터럽트

실습 장치에서는 외부 인터럽트에 별도의 스위치 INT1을 할당하여 AVR의 경우 PORTD의 0번 핀에 위치한 External INT 0번을 사용하며 PIC의 경우 PORTB의 0번 핀이 외부 인터럽트이므로 이를 사용한다. 스위치의 회로는 [그림 3-54]와 같이 구성된다.

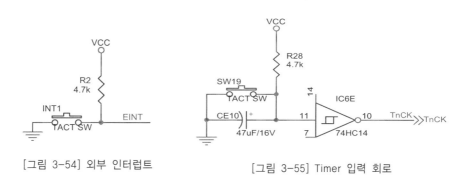

[그림 3-54] 외부 인터럽트   [그림 3-55] Timer 입력 회로

바. Timer/Counter의 외부 클록

[그림 3-55]는 Timer/Counter의 입력 신호에 연결된 스위치 입력 회로를 보인다. Timer/Counter는 AVR/PIC 모두 내부 시스템 클록 펄스 또는 외부에 연결된 신호에 대해 동작할 수 있으며 [그림 3-55]는 외부 클록 입력을 받아 카운트하는 회로이며 스위치의 chattering을 제거하기 위해 capacitor와 부가 회로를 사용한다. AVR은 Timer/Counter1의 T1 핀으로 사용되는 PORTD의 6번 핀에 연결되어 있으며 PIC은 Timer0에 연결된다.

사. PWM 출력 회로

[그림 3-56]은 PWM 출력을 실험할 수 있는 회로이다. LED의 밝기를 변경할 수 있으며 FET의 스위칭으로 DC motor의 회전 속도를 제어할 수 있다. AVR은 Timer3

에 연결되어 있으며, PIC은 Timer1에 연결된다. PWM은 Pulse Width Modulation으로 ON/OFF 제어만 가능한 digital 소자에 대해 analog 제어 효과를 얻을 수 있으며 출력에 적분 회로를 부가하여 사용한다. LED의 경우 인간 시각 특성의 잔상 효과를 활용하므로 적분 회로가 필요하지 않으며, DC motor의 회전의 경우 motor 내부 rotor의 코일과 관성에 의해 적분 회로가 부가된 효과를 얻을 수 있다. AVR은 PORTE의 3번 핀에 연결되며 PIC는 PORTC의 1번 핀에 연결된다.

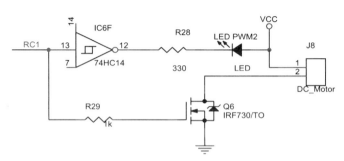

[그림 3-56] PWM 출력 회로

아. Text LCD 구동 회로

[그림 3-57]은 Text LCD의 회로도이며 제어 데이터는 AVR의 경우 PORTA의 8-bit를 사용하고 PIC의 경우 PORTD를 사용한다.

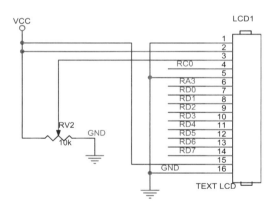

[그림 3-57] Text LCD 인터페이스 회로

[그림 3-58]은 Text LCD의 핀과 각각의 의미를 표시한다. [그림 3-58]에 표시되지 않은 15번 핀과 16번 핀은 back light를 위한 전원, GND로 사용된다.

Text LCD select 신호는 AVR은 PORTF의 3번 핀을 사용하고 PIC의 경우 PORTA

의 3번 핀을 사용한다. Text LCD에 입력되는 데이터가 제어 명령인지 또는 표시될 데이터인지를 구분하기 위해서는 AVR의 경우 PORTE의 7번 핀, PIC의 경우 PORTC의 0번 핀을 사용한다.

핀 번호	기 호	레 벨	기 능
1	Vss		접지
2	Vdd		전원
3	Vo		LCD 밝기 조절
4	RS	H/L	L : 명령 레지스터가 선택 H : 데이터 레지스터가 선택
5	R/W	H/L	L : 쓰기, H: 읽기
6	EN	H	Enable 신호, LCM 동작 신호
7	D0	H/L	데이터 버스
8	D1	H/L	
9	D2	H/L	
10	D3	H/L	
11	D4	H/L	
12	D5	H/L	
13	D6	H/L	
14	D7	H/L	

[그림 3-58] Text LCD의 제어 핀

Text LCD제어기는 DB0 ~ DB7의 8비트 데이터 버스를 통해 데이터를 주고받으며 E(Enable), R/W(Read/Write), RS(Register Selection)의 제어선을 통해 제어된다. Vdd와 Vss에 5V 전원을 넣으면 모듈이 동작하며 V_o에 가해지는 전압으로 LCD의 밝기를 조정한다.

자. Stepper motor 구동회로

실습 장치에는 Stepper motor를 구동할 수 있도록 [그림 3-59]와 Stepper Motor 구동을 위한 드라이버와 microcontroller의 제어 신호를 연결하여 사용한다. DC 모터와 달리 Stepper motor는 open loop 제어가 가능하며 크기에 비해 상대적으로 큰 토크를 발생할 수 있으며 상대적으로 간단한 제어 프로그램으로 위치와 속도 제어를 할 수 있는 장점을 가진다.

Stepper motor의 제어에는 AVR과 PIC 모두 PORTC의 2, 3, 4, 5번 핀을 각각 A, $\overline{A}$, B, $\overline{B}$의 상 제어 신호의 입력으로 사용한다.

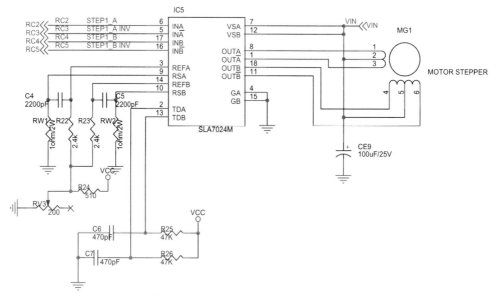

[그림 3-59] Stepper Motor 구동 회로

차. 직렬 통신 인터페이스 회로

AVR 및 PIC microcontroller의 USART는 직렬 데이터 통신 기능을 가지고 있으며 실습 장치와 범용 PC와 연결하여 직렬 통신을 위해 RS-232C 통신 규약을 만족시키는 level converter를 가지고 있다. 실습 장치에는 AVR과 PIC가 각각 별도로 직렬 통신에 사용되는 단자를 가지고 있으며 회로의 구성은 [그림 3-60]과 같다.

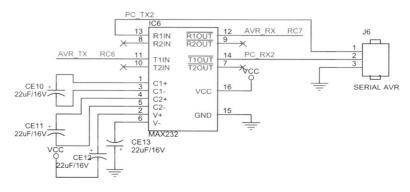

[그림 3-60] 직렬 통신 인터페이스 회로

실습 장치의 각 구성 요소에 대한 상세한 제어 설명은 각각의 제어 동작과 연관된 microcontroller의 기능을 설명하는 부분에서 자세히 다루며, C 프로그램을 사용하여 동작을 제어하는 방법에 대해서 별도로 설명한다.

[그림 3-61]과 [그림 3-62]는 실습 장치의 전체 회로 도면이다.

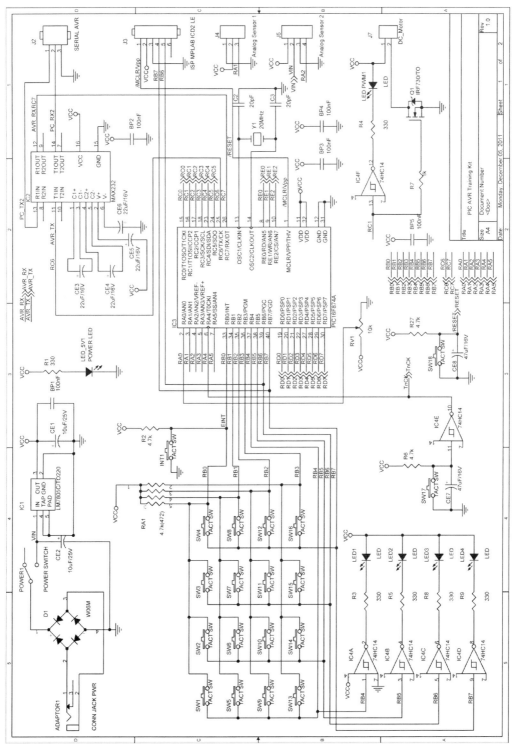

[그림 3-61] 실습 장치의 회로 - 1

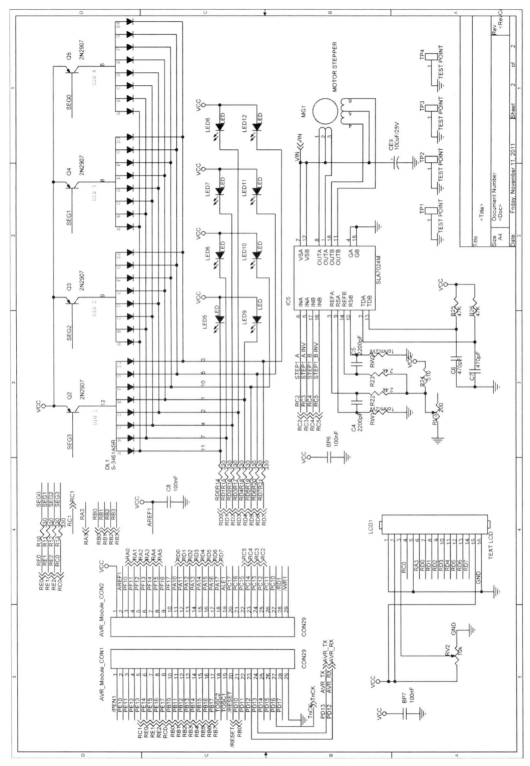

[그림 3-62] 실습 장치의 회로 - 2

C 프로그래밍 언어

4-1. C 프로그래밍 언어

이 장에서는 범용 PC 및 microcontroller의 주된 제어 프로그램으로 사용되는 C 프로그래밍 언어에 대해 설명한다.

C 프로그램은 전통적으로 하드웨어 제어에 적합하다는 이유로 임베디드 시스템 및 microcontroller를 사용한 제어 프로그램의 작성에 널리 사용되었다. 4-1질에서는 C 프로그램의 기본적인 문법 요소를 ANSI-C를 기준으로 설명한다.

가. 데이터 타입

C 프로그램은 character, integer, float의 자료형을 지원하며 이들은 각각 다음과 같이 세분화되어 표현 가능한 범위에 제한을 둔다.

자료형	데이터 타입	최 소	최 대
문자형	char	−128	+127
	unsigned char	0	255
정수형	short int	−32768	+32767
	long int	−2147483648	+2147483647
	unsigned short int	0	65535
	unsigned long int	0	4294967295
부동 소수형	float	$1.175494351e-38$	$3.402823466e+38$
	double	$2.2250738585072014e-308$	$1.7976931348623158e+308$

정수형 데이터를 표현하는 int 타입의 경우 사용하는 프로세서, 컴파일러에 따라 각각 short int 또는 long int로 해석된다. 따라서 코드의 이식성을 고려한 코딩을 할 경우에는 int 대신 명확하게 short int 또는 long int로 데이터의 타입을 지정한다.(8-bit 또는 16-bit microncontroller를 사용하는 경우 int 타입으로 지정한 변수의 경우 2-byte의 메모리 공간을 차지하므로 short int로 해석된다. 그러나 범용 PC에 사용되는 Visual C++와 같은 컴파일러에서 int로 지정한 경우 long int와 같이 4-Byte로 해석된다.)

1) 2진수 수체계

2진수는 '0'과 '1'로 구성된 두 가지의 숫자를 사용하여 값을 표현하는 방식으로 사람의 경우 '0', '1', '2', '3', '4', '5', '6', '7', '8', '9'의 10개의 숫자를 사용하여 값을 표현하는 10진수 수 체계를 사용한다. 사람이 사용하는 10진수 수체계와 컴퓨터 등에서 사용하는 2진수 수체계의 값의 표현 방법과 이들을 10진수로 변환하여 표현하는 것을 정리하면 다음과 같다.

🔽 10진수 수체계 - 1234$_{(10)}$의 숫자 표현

자릿수	3	2	1	0	
10진수 변환	10^3	10^2	10^1	10^0	
	1000	100	10	1	
데이터	1	2	3	4	
환산 값	1×1000	2×100	3×10	4×1	= 1234$_{(10)}$

🔽 2진수 수체계 - 1011$_{(2)}$의 숫자 표현

자릿수	3	2	1	0	
10진수 변환	2^3	2^2	2^1	2^0	
	8	4	2	1	
데이터	1	0	1	1	
환산 값	1×8	0×4	1×2	1×1	= 11$_{(10)}$

사람이 사용하는 10진수의 경우 1234와 같은 숫자를 표시하는데 1에 해당하는 위치는 1000의 자리의 숫자이며, 2가 위치한 곳은 100의 자리, 3이 위치한 곳은 10의 자리이며 마지막으로 4가 위치한 곳은 1의 자리의 숫자이다. 각각의 자리마다 0, 1, 2, 3과 같이 0에서부터 시작하는 자릿수를 표시하며 사용하는 수 체계에 따라 10의 거듭제곱으로 자릿수를 표시하고 각각의 자릿수에 표시된 숫자와 10의 거듭제곱으로 표시된 자릿수의 곱을 모두 합산하면 우리가 사용하는 숫자가 된다. 2진수의 경우에도 이와 마찬가지로 각각의 자리마다 0, 1, 2, 3과 같이 0에서부터 시작하는 자릿수를 표시하며 사용하는 수체계가 2진수이므로 2의 거듭제곱으로 자릿수를 표시하며 각 자리에 표시된 숫자와 2의 거듭제곱으로 표시된 숫자의 곱을 합산하면 10진수로 변환된다. 2진수에서 소수점을 사용하는 경우 1011.101$_{(2)}$의 숫자를 10진수로 변환하면 아래와 같다.

자릿수	3	2	1	0	−1	−2	−3	
10진수 변환	2^3	2^2	2^1	2^0	2^{-1}	2^{-2}	2^{-3}	
	8	4	2	1	0.5(1/2)	0.25(1/4)	0.125(1/8)	
데이터	1	0	1	1	1	0	1	
환산 값	1×8	0×4	1×2	1×1	1×0.5	0×0.25	1×0.125	= 11.625$_{(10)}$

2진수에서 소수점 이하의 자리에 대해서는 '-1', '-2', '-3'과 같이 자리 순서에 따라 왼쪽에서 오른쪽으로 자릿수를 부여하며 이 값은 2의 거듭제곱으로 표현되어 각 자리에 해당하는 숫자와의 곱으로 합산하면 10진수로 변환된다.

2) 10진수의 2진수로의 변환

Microcontroller와 같은 진자 제어 시스템을 사용하는 경우 프로그래밍 언어에서는 일반적으로 사람이 사용하는 10진수를 사용하여 표기하지만 컴파일러에 의해 변환되어 microcontroller 내부에서는 2진수로 변환되어 처리되며 사용자에게 표시되는 과정에서는 다시 10진수로 변환되어 출력된다. 따라서 microcontroller와 같은 시스템을 사용하는 경우 그 내부 동작을 보다 정확하게 이해하기 위해서는 10진수의 2진수 변환 과정과 2진수의 10진수로의 변환에 대해 알고 있어야 한다.

2진수를 10진수로 변환하는 과정은 앞의 2진수 수체계에 대해 설명한 부분에서 다루었으므로 여기에서는 10진수를 2진수로 변환하는 과정에 대해 설명한다. 10진수를 2진수로 변환하는 과정에서는 10진수의 소수점 이상의 정수에 해당하는 부분과 소수로 나누어 각각에 대해 다음과 같은 방법을 적용한다.

10진수 14.625를 2진수로 변환하는 방법은 소수점 이상의 14에 대해서는 2로 나누어 몫이 1이 될 때까지 반복하여 그 나머지에 대해 순서대로 나열한 후 역순으로 쓰면 2진수로 변환되며 소수점 이하의 숫자 0.625에 대해서는 2를 곱하는 과정을 반복하여 그 결과가 1.0이 될 때까지 반복하여 각 과정에서 정수 부분에 해당하는 숫자를 소수점 아래 부분에 순서대로 나열하여 $1110.101_{(2)}$로 표현한다.

```
2 | 14                                        0.625
                                          ×       2
2 | 7   → 0   ↑                      1 ←     1.250
                                          ×       2
2 | 3   → 1   |                 ↓    0 ←     0.500
                                          ×       2
    1   → 1                          1 ←     1.000
```

10진수의 소수점 아래의 부분에 대한 변환은 각 단계별로 2를 곱하여 연산된 결과에서 정수에 해당하는 부분을 2진수로 변환되는 부분의 소수점 아래에 기록하고 남은 소수점 아래의 부분에 2를 곱하는 과정을 최종 결과가 1.0이 될 때까지 반복하는 것이라 설명하였는데, 이와 같은 변환 방법을 10진수 0.1, 0.2, 0.3 또는 0.4와 같은 숫자에 대해 적용하면 다음과 같이 일정한 숫자가 반복되어 $0.1_{(10)}$의 경우

0.0001100110011001100……$_{(2)}$의 2진수 순환소수로 표현되며, 0.2와 0.4의 경우에도 이 계산의 전개 과정에 나오는 숫자와 동일하게 반복되는 값으로 표현된다. 또한 0.3$_{(10)}$의 경우 0.010011001100110011……$_{(2)}$이 된다.

```
              0.1                          0.3
          ×    2                       ×    2
    0 ←       0.2  ┐              0 ←       0.6
          ×    2   │                   ×    2
    0 ←       0.4  │              1 ←       1.2
          ×    2   │                   ×    2
    0 ←       0.8  │              0 ←       0.4  ┐
          ×    2   │                   ×    2   │
    1 ←       1.6  │              0 ←       0.8  │
          ×    2   │                   ×    2   │
    1 ←       1.2  ┘              1 ←       1.6  │
          ×    2                       ×    2   │
    0 ←       0.4                  1 ←       1.2  │
          ×    2                       ×    2   │
    0 ←       0.8                  0 ←       0.4  ┘
```

앞의 설명에서와 같이 10진 소수를 2진수로 변환하는 과정에서는 정확한 값으로 표현할 수 없고 표시 가능한 자릿수에 해당하는 숫자만큼 표시되어 근삿값으로 처리된다. 즉, 8-bit를 표시할 수 있는 경우 0.1을 소수 부분만 8-bit로 표현하면 0.0001_1001$_{(2)}$이 되어 이를 다시 10진수로 변환하는 경우 아래와 같은 과정을 거쳐 0.09765625$_{(10)}$이 된다. 따라서 표현하고자 의도했던 0.1$_{(10)}$에 비해 0.00234375$_{(10)}$의 오차를 가진다.

자릿수	−1	−2	−3	−4	−5	−6	−7	−8
	2^{-1}	2^{-2}	2^{-3}	2^{-4}	2^{-5}	2^{-6}	2^{-7}	2^{-8}
10진수 변환	0.5 (1/2)	0.25 (1/4)	0.125 (1/8)	0.0625 (1/16)	0.03125 (1/32)	0.015625 (1/64)	0.0078125 (1/128)	0.00390625 (1/256)
데이터	0	0	0	1	1	0	0	1

표현하는 자릿수가 많을수록 오차는 감소하지만 의도한 값인 0.1$_{(10)}$은 정확히 표현할 수 없는 문제를 가진다. 따라서 소수점 연산의 경우 아무리 많은 자릿수를 사용하더라도 2진수로 변환하는 과정에서 정확한 값을 나타낼 수 없는 문제가 발생하므로 반복 연산이 많은 경우에는 상대적으로 오차가 많이 누적되어 결과에 반영되는 결과가 나타날 수 있으므로 이와 같은 10진수의 2진수로의 변환에 대해서 충분히

이해하고 프로그램을 작성해야 누적된 오차로 인하여 발생할 수 있는 문제를 회피하는 대책을 세울 수 있다.

일반적으로 Intel의 CPU 칩을 주로 사용하는 개인용 컴퓨터에서는 IEEE Std. 754-1985에 정의된 "IEEE standard for binary floating-point arithmetic" 방식으로 부동 소수점을 표현하며 그 방법은 다음과 같다. 4-Byte(32-bit)의 메모리를 이용하여 변수를 기억하는 C 언어에서 사용하는 자료형인 float인 경우에 대해 [그림 4-1]과 같이 전체 32-bit를 부호(s), 지수(e), 유효숫자(f)의 세 부분으로 나누어 표현한다.

부호(s) (1비트)	지수부(e) (8비트)	가수부(f) (23비트)
S_{31}	$S_{30}S_{29}S_{28}S_{27}S_{26}S_{25}S_{24}S_{23}$	$S_{22}S_{21}S_{20}S_{19}S_{18}S_{17}S_{16}S_{15}S_{14}S_{13}S_{12}S_{11}S_{10}S_{9}S_{8}S_{7}S_{6}S_{5}S_{4}S_{3}S_{2}S_{1}S_{0}$

[그림 4-1] IEEE Std. 754-1985

부호에 해당하는 부분은 $(-1)^s$로 표현되어 부호비트의 값이 '0'이면 수학적 정의에 따라 모든 숫자의 0제곱은 1이 된다는 것에 의해 + 값을 표시하며, '1'이면 $(-1)^1$이 되어 전체 값에 -1을 곱한 결과가 되어 음수를 의미한다. 지수에 해당하는 부분은 127이 더해진 값으로 표시되어(e = E + 127) 실제 값의 표현에서는 지수부의 값에서 127을 뺀 형태로 나타낸다. 다만, 지수부의 값에서 0과 255의 경우에는 각각 예외처리를 위하여 사용하지 않으며 지수부에 표시되는 값이 255인 경우 가수부(f)의 값이 0인 경우에는 ∞의 값을 나타내며 부호(s) 비트의 값에 따라 $(-1)^s\infty$의 수식으로 표현되어 최종 출력되는 값은 s의 값이 0인 경우 +∞가 되며 1인 경우 -∞가 되고, 가수부(f)의 값이 0이 아닌 경우에는 NaN(Not a Number)를 표현하고, 지수부에 표시되는 값이 0인 경우 가수부(f)의 값이 0이면 부호(s) 비트에 따라 +0 또는 -0의 값이 출력되며, 가수부(f)의 값이 0이 아닌 경우에는 $v = (-1)^s 2^{-126}(0.f)$의 값이 출력된다.

가수부의 경우 소수점 이하 자리만을 표현하며 정수 부분에는 항상 1이 포함되어 있는 $1.S_{22}S_{21}S_{20}S_{19}S_{18}S_{17}S_{16}S_{15}S_{14}S_{13}S_{12}S_{11}S_{10}S_{9}S_{8}S_{7}S_{6}S_{5}S_{4}S_{3}S_{2}S_{1}S_{0}$과 같이 표현하는 방법을 사용하므로 숨은 1비트 표현 방법이라고 부른다. 이러한 표현 방법을 사용할 경우 10진수로의 변환은 $1.S_{22}S_{21}S_{20}S_{19}S_{18}S_{17}S_{16}S_{15}S_{14}S_{13}S_{12}S_{11}S_{10}S_{9}S_{8}S_{7}S_{6}S_{5}S_{4}S_{3}S_{2}S_{1}S_{0}$ = 1 + $S_{22} \times 2^{-1}$ + $S_{21} \times 2^{-2}$ + $S_{20} \times 2^{-3}$ + $S_{19} \times 2^{-4}$ + ... + $S_{1} \times 2^{-22}$ + $S_{0} \times 2^{-23}$의 형식으로 유효숫자에 대한 값을 표시하게 된다. 다만, 앞의 설명에서와 같이 지수부에 표시되는

값이 0인 경우에 대해 정수 부분의 값을 0으로 하여 $v = (-1)^s 2^{-126}(0.f)$와 같은 값을 출력하게 된다. IEEE Std. 754-1985의 규격에 따라 표시되는 값을 정리하면 지수부(e)의 값의 범위가 0보다 크고(1 이상이고) 255보다 작은 경우(254 이하인 경우) 부호 비트, 지수부와 가수부의 값을 사용하여 값(v)을 식 (4-1)과 같이 출력한다.

$$v = (-1)^s 2^{e-127}(1.f)$$ ·· (4-1)

앞에서 설명한 4-Byte로 부동소수점 숫자를 표시하는 방법에서는 부호(1-bit), 지수(8-bit), 가수(23-bit)를 사용하며, 8-Byte로 표시하는 경우 부호(1-bit), 지수(11-bit), 가수(52-bit)의 저장 공간을 사용한다. 다만, 이 경우에도 표시하는 지수, 가수에 대한 부분이 모두 2진수로 표시되므로 10진수 0.1과 같은 숫자는 정확하게 2진수로 변환하여 표현할 수 없다.

3) Overflow

Overflow는 변수가 가질 수 있는 데이터의 범위를 초과하는 것을 의미하며 이 경우 프로그래머가 의도하지 않은 데이터가 저장된다. 다음의 예와 같이 부호가 있는 8-bit 변수 a와 b에 각각 값을 대입한 후 그 연산 결과를 변수 c에 저장하는 경우 부호가 있는 8-bit 변수가 가지는 데이터의 범위는 −128에서 +127이나 연산 결과가 이 범위를 벗어나는 경우 발생한다.

```
void main(void) {
        char a, b, c;
        a = 10;
        b = 120;
        c = a + b;          // 변수 c의 값은?
}
```

변수 a에는 10이 저장되고 변수 b에는 120이 저장된 상태에서 이들 두 값을 더해 변수 c에 저장할 경우 의도한 결과는 130이나 변수 c는 8-bit의 부호가 있는 데이터 타입으로 그 범위는 −128에서 +127이므로 변수 c가 가지는 값은 −126이 된다.

반면 부호 없는 8-bit 데이터 타입을 사용하도록 unsigned char a, b, c;와 같이 변수의 크기를 지정한 경우 가질 수 있는 데이터의 범위는 0 ~ 255이므로 의도한 것과 같이 변수 c에는 130의 결과가 저장된다. 그러나 부호 없는 8-bit 변수를 사용할 경우에도 데이터의 범위를 벗어날 경우 overflow가 발생한다. 다음의 예는 부호 없는 8-bit 변수를 사용한 경우에 대해 보인다.

```
void main(void) {
        unsigned char a, b, c;
        a = 130;
        b = 126;
        c = a + b;          // 변수 c의 값은?
}
```

변수 a에는 130이 저장되고 변수 b에는 126이 저장된 상태에서 이들 두 값을 더해 변수 c에 저장할 경우 의도한 결과는 256이나 변수 c는 부호 없는 8-bit 데이터 타입으로 저장할 수 있는 데이터의 범위는 0 ~ 255이므로 연산 결과는 0으로 저장된다.

8-bit 크기의 변수에 저장할 수 있는 값의 범위를 2진수 코드로 표시하면 다음과 같다.

2진수	부호 없는 10진수	부호 있는 10진수
00000000	0	0
00000001	1	1
00000010	2	2
00000011	3	3
...	...	...
01111101	125	125
01111110	126	126
01111111	127	127
10000000	128	−128
10000001	129	−127
10000010	130	−126
...	...	...
11111101	253	−3
11111110	254	−2
11111111	255	−1

부호가 있는 변수 타입의 경우 2의 보수를 사용하여 그 값을 표시하며, 왼쪽 끝의 비트가 데이터의 부호를 나타낸다. 데이터의 표현에서 8-bit 자료에 대해 8번째 비트

는 MSB (Most Significant Bit)이라고 표시하거나 부호가 있는 경우에는 저장된 값의 부호를 의미한다는 뜻에서 Sign Bit이라고 부른다. 2의 보수를 사용하는 경우 MSB 의 값이 0이면 양수를 뜻하며 1인 경우 음수를 뜻한다.

8-bit의 부호가 있는 변수의 경우 다음과 같이 0을 중심으로 2진수 표시에서 1씩 증가하거나 감소하는 것으로 각각 +1, +2, +3으로 또는 감소하는 방향으로 −1, -2, -3으로 표시한다.

−3	−2	−1	0	1	2	3
11111101	11111110	11111111	00000000	00000001	00000010	00000011

2진수 1씩 감소 ←　　　　　　　　　　　　　→ 2진수 1씩 증가

8-bit의 부호가 있는 변수를 나타낼 때 MSB는 부호 비트로 사용하여 0은 양수를 1은 음수를 표시하고, 데이터는 0을 중심으로 1씩 증가하는 방향으로 양수를 나타내고 1씩 감소하는 방향으로 음수를 나타내므로 01111111이 양수에서 가장 큰 값 (+127)이 되고 11111111이 음수에서 가장 작은 값(-128)이 된다.

나. 연산자

C 언어에서 사용되는 연산자는 부호, 증감, 비트 단위 and, or, xor, not 연산, 산술 연산(덧셈, 뺄셈, 곱셈, 나눗셈) 및 비교, 등가 연산자, 좌/우 시프트 연산, 논리 and, or, not, 할당 연산이 있다.

1) 할당 연산자

변수에 값을 대입하기 위해 사용하는 연산자로 기호는 "="를 사용한다.

변수 = 값;

과 같은 형식으로 사용한다. 이때 왼쪽 항에 위치하는 것은 값을 저장할 수 있는 변수만 가능하다.

2) 산술 연산자

산술 연산자에는 덧셈, 뺄셈, 곱셈, 나눗셈, 나머지 연산이 있으며 곱셈과 나눗셈 이 덧셈, 뺄셈보다 우선한다. 단, 나머지 연산은 정수형 데이터에 대해서만 사용할 수 있다.

연산자	기 호	예
덧셈	+	a = b + c;
뺄셈	–	a = b - c;
곱셈	*	a = b * c;
나눗셈	/	a = b / c;
나머지	%	a = b % 3;

연산의 결과는 항상 사용하는 변수의 데이터 표현 범위에 제한되므로 산술 연산자를 사용할 때는 overflow의 발생에 주의한다. 또한 C 언어에서는 연산자를 사용할 때 서로 다른 변수 타입을 섞어 사용할 경우 자동으로 데이터 타입을 하나로 변환하므로 이 때 자료형의 변환에 주의한다.

일반적으로 데이터의 크기가 큰 변수에 맞추어 자동으로 자료형의 변환이 발생하지만, 동일한 크기를 가지는 변수이나 부호가 있는 변수와 부호가 없는 변수를 혼합하여 사용할 경우 부호 없는 변수로 변환하므로 연산 결과의 활용에 주의한다.

연산 과정에서는 크기가 큰 변수에 맞추어 형 변환이 발생하지만, 할당 연산자에 의해 변수에 그 결과가 대입되는 과정에서는 할당 연산자의 왼쪽에 있는 변수의 자료형에 맞추어 연산 결과가 변환된다. 이 경우에는 연산 결과는 double이나 할당 연산자의 자료형이 int인 경우 데이터는 int로 변환되므로 자료 표현 범위를 초과하는 경우 의도하지 않은 값이 저장될 수 있으므로 주의한다.

3) 증/감 연산자

증/감 연산자는 산술 연산자의 덧셈, 뺄셈과 동일하지만 증가/감소하는 단위가 1로 고정되어 있다. 일부 프로세서에서는 기계어로 INC, DEC를 지원하여 덧셈(ADD), 뺄셈(SUB)보다 고속으로 동작시킬 수 있다.

```
a++;      // a = a + 1;과 동일
a--;      // a = a - 1;과 동일
```

증/감 연산자는 변수의 앞에 붙이는 것과 뒤에 붙이는 것에 따라 그 값을 먼저 증가 또는 감소한 후 읽는 것과, 먼저 변수의 값을 읽은 후 증가 또는 감소하는데 차이가 있다.

```
short int a = 10, b;
b = a++;
// 연산 결과 b는 a의 값을 먼저 읽어 저장하므로 10이며,
// a는 값을 참조한 이후 증가시키므로 11이 된다.

short int a = 10, b;
b = ++a;
// b는 a의 값을 증가시킨 후 저장하므로 11이 기록되고
// a는 증가된 값이므로 11이 저장된다.
```

4) 부호 연산자

변수의 부호를 변경하기 위해 사용하며 각 변수 앞에 + 또는 - 기호를 붙인다.

5) 비트 연산자

디지털 공학에 사용되는 AND, OR, XOR, NOT 연산을 변수에 저장된 비트 단위로 수행한다. 이때 각각의 변수에 대해 2진수로 각각의 비트 단위로 연산을 수행한다.

```
unsigned char a = 10, b = 7, c;
c = a & b;        // a AND b = 1010 AND 0111 = 0010, 결과 2
c = a | b;        // a OR b = 1010 OR 0111 = 1111, 결과 15
c = a ^ b;        // a XOR b = 1010 XOR 0111 = 1101, 결과 13
c = ~a;           // NOT a = NOT 00001010 = 11110101, 결과 245
```

비트 연산자는 정수형 데이터를 가지는 변수 또는 상수에 대해 적용할 수 있으며 2진수로 표시된 데이터에 대해 각각의 비트별로 각 자리에 대해 논리 연산이 이루어지며 이 때 다른 자리의 수와는 관계없이 연산이 수행된다.

6) 관계 연산자

두 값의 크기를 비교하는 것으로 크다, 작다, 같거나 크다, 같거나 작다의 연산을 의미한다.

```
크다     >,      같거나 크다        >=
작다     <,      같거나 작다        <=

unsigned char a = 10, b = 7, c;
```

```
크다        >,        같거나 크다        >=
작다        <,        같거나 작다        <=

unsigned char a = 10, b = 7, c;
크다        >,        같거나 크다        >=
작다        <,        같거나 작다        <=

unsigned char a = 10, b = 7, c;
c = (a < b);        // a < b = 10 < 7이므로 거짓이 되고 이 경우
                    // 연산 결과는 0으로 반환된다.
c = (a > b);        // a > b = 10 > 7이므로 참이 되고 이 경우
                    // 연산 결과는 0이 아닌 값(일반적으로 1이 반환된다)

unsigned char a = 10, b = 10, c;
c = (a <= b);       // a <= b = 10 <= 10이므로 참이 되고 이 경우
                    // 연산 결과는 0이 아닌 값(일반적으로 1이 반환된다)
c = (a >= b);       // a >= b = 10 >= 10이므로 참이 되고 이 경우
                    // 연산 결과는 0이 아닌 값(일반적으로 1이 반환된다)
```

일반적으로 비교 연산자는 조건문과 함께 사용되며 c언어에서 조건문은 그 결과 값이 0인 경우 거짓으로 판별하며 0이 아닌 값은 참으로 판단한다. 따라서 비교 연산을 사용한 경우 반환되는 결과 값이 0인 경우 거짓, 0이 아닌 값(일반적으로 1)은 참으로 판단한다. JAVA와 같은 언어에서는 별도로 boolean 타입의 데이터 형이 존재하며 true 또는 false 두 가지 값 중 하나만 가질 수 있으나 c 언어에서는 0과 0이 아닌 값으로 참, 거짓을 표현한다.

7) 등가 연산자

```
unsigned char a = 10, b = 10, c;
c = (a == b);       // a == b는 a와 b의 값이 같은 것인가에 대한 판단
                    // 결과를 반환하는 것으로 10 == 10이므로 참이 된다.
c = (a != b);       // a != b는 a와 b의 값이 같지 않은 것인가에 대한 판단
                    // 결과를 반환하는 것으로 10 != 10이므로 거짓이 된다.
```

등가 연산자의 경우도 비교 연산자와 같이 조건문에서 참, 거짓의 판별에 사용되므로 연산 결과가 가지는 값이 0일 경우 거짓, 0이 아닌 값(일반적으로 1)인 경우 참이 된다.

8) 논리 연산자

논리 연산자는 두 조건에 대해 모두를 동시에 만족시키거나(논리 AND) 둘 중 하나만을 만족시키는 경우(논리 OR) 또는 하나의 논리에 대한 부정(논리 NOT)이다.

```
unsigned char a = 10, b = 10, c = 7, d = 7, e;
e = ((a == b) && (c == d)); // a와 b가 같고, c와 d가 같은 조건을
                            // 동시에 만족시키면 참(0이 아닌 값)을 반환
e = ((a != b) || (c == d)); // a와 b가 같지 않거나 c와 d가 같은 조건을
                            // 두 가지 중 하나만 만족시키면 참(0이 아닌 값)을 반환
e = !(a == b);              // a와 b의 값이 서로 같으므로 참을 반환하지만
                            // 그 결과에 대해 부정하므로 거짓의 결과가 반환됨.
```

논리 연산자 또한 조건문에서 두 조건을 동시에 만족하거나 두 조건 중 최소 하나만 만족하는 경우 등을 반별하기 위해 사용되므로 연산 결과는 참인 경우 0이 아닌 값, 거짓인 경우 0이 된다.

논리 연산자는 c 언어에서는 기본 제공되는 것은 논리 AND(&&), 논리 OR(||), 논리 NOT(!)이며 이들을 조합하여 다양한 조건에 대해 표시할 수 있다.

9) 시프트 연산자

비트 단위로 좌, 우 시프트 연산을 수행한다. 지정한 비트 단위로 오른쪽 또는 왼쪽으로 이동한다.

```
unsigned char a = 10, b;
b = a << 3;      // 00001010 << 3은 왼쪽으로 3비트 이동하므로
                 // 01010000이 되어 b에는 80이 저장된다.
b = a >> 2;      // 00001010 >> 2는 오른쪽으로 2비트 이동하므로
                 // 00000010이 되어 b에는 2가 저장된다.
```

연산자에는 각각 우선순위가 있으며 서로 혼재하여 사용할 경우 연산자의 결합 방향에 따라 다른 결과를 얻게 된다. 따라서 가급적 모호한 연산을 한 줄에 섞어 사용하지 말고 연산자의 우선순위는 ()을 사용하여 명확히 지정한다.

시프트 연산은 오른쪽 또는 왼쪽으로 지정된 비트 수 만큼 이동시키는 역할을 하며, 값으로 환산할 경우 2진수의 표기 특성에 따라 오른쪽으로 이동하는 경우 이동

한 비트수를 지수로 한 2의 거듭제곱으로 나눈 것과 동일한 결과를 얻을 수 있으며 왼쪽으로 이동한 경우 2의 거듭제곱으로 곱한 것과 동일한 결과를 얻을 수 있다.

자리	5	4	3	2	1	0
지수 표현	2^5	2^4	2^3	2^2	2^1	2^0
값	32	16	8	4	2	1

10) 복합 연산자

할당 연산자와 기타 연산자를 축약하여 사용한 것으로 다음과 같이 사용한다.

```
sum += a;            // sum = sum + a와 같다.
```

복합 연산자는 연산자들에 대해 가장 우선순위가 낮으나 다른 연산자와 함께 혼합하여 사용할 경우 연산자 우선순위와 변수의 참조 순서, c 언어에서 연산자를 해석하는 방향 및 연산이 최종 수행되는 위치에 따라 사람의 상식과는 다른 결과가 나오므로 사용에 주의한다. 복합 연산자는 앞의 예제와 같이 한 변수에 대해 그 값을 읽어 단일 연산을 수행한 후 그 결과를 다시 저장하는 경우 주로 사용한다. 이 경우 사용하는 프로세서의 특성 및 컴파일러의 특성에 따라 sum = sum + a;보다 효율적인 기계어 코드가 생성될 수 있다.

다. 조건문

C 프로그램 언어에서는 조건에 따른 실행을 위해 if(조건) { } else { }을 지원한다. 또한 다중 조건 선택을 위해 switch(변수) {case 값 : ... }의 구문을 지원한다.

```
unsigned char a = 10, b = 7;
if(a > b) {
        printf("a가 b보다 크다.\n");
}
else {
        printf("a가 b보다 작거나 같다.\n");
}
// a의 값을 b와 비교하여 조건을 만족할 경우 if 다음의 문장을 실행하고
// 조건을 만족하지 않을 경우 else 뒤의 문장을 실행한다.
```

```
unsigned char a = 10, b = 7;
if(a > b) {
        printf("a가 b보다 크다.\n");
}
else if(a < b) {
        printf("a가 b보다 작다.\n");
}
else {
        printf("a와 b가 같다.\n");
}
// a의 값을 b와 비교하여 조건을 만족할 경우 if 다음의 문장을 실행하고
// 조건을 만족하지 않을 경우 else if 다음의 조건을 검사하여 만족할 경우
// else if 뒤의 문장을 그렇지 않을 경우 else 다음의 문장을 실행한다.
```

if 조건문에서 else는 생략할 수 있으며 이 경우 조건을 만족할 경우 실행되는 구문에 대해서만 정의된다.

```
unsigned char a = 3;
switch (a)
{
        case 1 : printf("a의 값은 1\n"); break;
        case 2 : printf("a의 값은 2\n");            break;
        case 3 : printf("a의 값은 3\n");            break;
        default : printf("a의 값은 1~3사이의 값이 아니다\n");         break;
}
// switch 구문은 조건문 대신 변수 또는 값으로 변환할 수 있는 수식을 사용
// 만족하는 값으로 지정된 case 다음의 문장이 실행되며 break;을 만나면
// 실행을 종료하고 switch { } 구문 밖으로 빠져나간다. 만약 break;를
// 각각의 case에 위치하지 않을 경우 그 뒤의 모든 문장을 실행한다.
```

라. 반복문

반복 동작을 위해 사용하는 구문으로 반복 횟수를 지정하는 for(초깃값;조건;증감식)을 사용하거나 조건을 만족하는 동안 반복을 지정하는 while(조건) 또는 do{ } while(조건)을 사용한다.

```
unsigned char a, sum = 0;
for(a = 0; a < 3 ; a++)
{
        sum = sum + a;
}
// a의 값을 0에서부터 3보다 작을 때까지 1씩 증가시키므로 0, 1, 2의
// 값을 sum에 더하므로 sum = 0 + 1 + 2 = 3이 저장된다.

unsigned char a, sum = 0;
a = 0;
while(a < 3)
{
        sum = sum + a;
        a++;
}
        // 앞의 for와 동일하게 동작한다.

unsigned char a, sum = 0;
a = 0;
do
{
        sum = sum + a;
        a++;
} while(a < 3);
// 앞의 예제들과 동일하지만, do { } while (조건)의 경우 조건을 만족하지
// 않는 경우에도 단 1회는 do { }에 지정된 구문이 실행된다.
```

　　for 반복문의 (초깃값;조건문;증감식) 안에 표시되는 각 문장은 초깃값의 경우 대입 연산자를 사용한 할당 구문을 사용하며, 조건문에는 관계 연산자 또는 등가 연산자를 사용한 수식 및 증감식에는 변수++, 변수--와 같은 증감 연산식 또는 a += 3과 같은 수식을 사용할 수 있다. for 반복문의 (초깃값;조건문;증감식)은 앞의 설명에서와 같이 while(조건) {~} 또는 do {~} while(조건)에 의한 반복 구문으로 동일하게 표시할 수 있다.

　　while(조건) {~}을 사용한 반복문에서는 for(초깃값;조건문;증감식)를 사용한 반복문과 같이 반복 구간에 진입하기 전에 초깃값을 할당하며 while(조건문)에서 매번 반복을 수행할 때마다 조건식을 검사하여 반복 수행 여부를 결정한다. 반복되는 구문을 지정하는 {~}의 가장 마지막 부분에는 반복 수행에 필요한 변수의 값을 증가

시키거나 감소시키는 연산식을 사용한다.

for(초깃값;조건문;증감식)의 초깃값, 조건문, 증감식은 while(조건) {~}의 예에서 보인 것과 같이 초깃값, 조건문, 증감식은 그 위치에서 수행하는 역할일 뿐 다른 함수의 호출, 연산 수식 등을 사용할 수 있다. 다만, 1회 수행되거나 반복 수행되거나 실행되는 위치에 대한 내용에 차이가 있을 뿐이다. 초깃값에 해당하는 구문은 할당 연산자를 사용한 변수에 대한 값의 대입뿐만 아니라 printf()와 같은 함수의 호출도 가능하지만 반복 구문을 수행하기 전에 단 1회만 실행한다. while(조건) {~}의 예에서 보인 것과 같이 반복 구문에 진입하기 전에 변수에 값을 할당하는 것과 같은 위치에서 실행됨을 참고한다.

조건문은 매 반복을 수행할 때마다 실행되며 반복 구문에 진입하기 직전에 실행된다. 따라서 printf()와 같은 함수를 호출하면 반복 실행 될 때마다 printf()에 지정한 내용이 표시되는 것을 볼 수 있으며, 조건문의 결과는 0 또는 0이 아닌 값에 대해 참, 거짓으로 판별하며 printf() 함수는 출력한 문자의 수를 리턴하므로 항상 반복 수행하는 무반 반복 구문이 된다. 조건식에 해당하므로 조건의 결과와 무관하게 실행되는 것에 주의한다.

증감식은 조건문과 마찬가지로 매번 반복 수행할 때마다 실행되지만 {~} 안에 지정한 반복 구문의 실행이 완료된 후 가장 마지막에 실행되는 것에 차이가 있으며, 조건을 만족할 경우에만 반복 구문이 수행되므로 조건에 만족하지 않는 경우에는 실행되지 않는다.

마. break, continue 구문

루프의 조건 검사를 무시하고 루프를 즉시 빠져나가야 할 경우가 종종 있다. 이 경우 break문을 사용하면 루프를 무조건 벗어날 수 있다. break문은 while, for, do-while, switch 등의 4가지 루프에서 안쪽 루프 하나만 벗어나게 해주는 명령이다.

switch문에서 break 명령은 필수적이지만, 나머지 루프에서는 선택적으로 사용할 수 있다.

```
do {
        if (조건) break;
} while (1);
```

여기서 조건과 break문은 무한루프를 빠져나가는 유일한 탈출구를 제공하고 있다. C 언어에는 break와 비슷한 기능을 하는 제어문이 하나 더 있다. Continue라는 명령인데 continue문은 break문과 마찬가지로 아직 실행하지 않은 부분을 건너뛴다는 점에서는 동일하다. break문은 그냥 루프를 빠져 나오는 데 반해 continue문은 루프의 조건식을 검사하는 부분으로 다시 되돌아간다는 점에서 틀린 명령이다.

```
for (i = 0 ; i < 100 ; i++) {
        if (i % 2 == 0 ) continue;    // i가 짝수이면 다시 윗줄로..
        j = j + 4;
}
```

바. 함수

함수는 프로그램 내에서 어떤 특정한 작업을 전담할 수 있도록 독립적으로 만들어진 하나의 단위를 말한다. 즉, 함수는 일종의 규격화된 서브루틴이라고 할 수 있다.

함수는 마치 블랙박스와 같이, 함수 내부의 구체적인 동작원리를 몰라도 매개 변수(파라메터)를 주고 콜하면 리턴 값을 돌려주는 구조를 취하고 있다. 이런 구조는 체계적이고 구조적인 프로그램을 작성하는데 있어서 많은 도움이 된다.

C 언어는 철저한 함수 위주의 언어라고 할 수 있다. 가장 기본적인 main 함수조차 함수의 형식으로 되어 있으며, printf 등의 기본 명령도 함수의 형태를 취하고 있다.

1) 함수의 형

int나 char 등의 형을 지정하거나, 또는 특별한 형을 지정하지 않을 경우 void형이라는 (아무 것도 없다는 뜻) 것도 있다. 함수의 형을 생략하면 int형으로 내정된 아래의 예는 함수 abc를 int형으로 선언하고 있다.

```
int abc()
{
        문장;
}
```

2) 함수의 정의

C 언어에서 프로그램을 짠다는 것은 곧 유저(user) 함수를 만든다는 것을 의미할 정도로 함수를 만들어 나가는 것은 중요한 일이다. 함수는 다음과 같은 형식으로 되어 있다.

```
함수의 형 함수면 (매개변수열)
{
        함수 본체
        [retune 리턴값]
}
```

함수의 형이란 함수의 결과 값의 형을 의미한다. 함수명은 유저가 정의하는 이름이다. 최대 256문자까지 사용할 수 있지만, 보통은 16자 내외에서 사용한다.(변수명 작성 규칙을 그대로 적용받게 된다. 예약어는 사용할 수 없고 숫자로 시작되는 문자열은 사용할 수 없다.)

매개 변수열은 함수 호출시 전달한 파라메터를 정의한 부분이다. 매개변수열에는 인수의 형과 매개변수명을 함께 적어주어야 한다.

retune 문은 void형 함수의 경우에는 등장하지 않지만, int나 long형 함수와 같이 어떤 값을 리턴하는 함수에는 반드시 등장해야 한다. retune 명령을 만나면 함수의 실행이 완료되고 리턴 값을 반환하게 된다. 이때 리턴 값의 형은 함수의 형과 일치해야 한다. 다음은 두 개의 값을 더해서 그 결과를 리턴하는 함수의 예이다.

```
int add ( int p , int q )
{
        p = p + q;
        retune q;
}
```

다음의 예처럼 main 함수보다 아래에 유저 정의 함수가 위치해 있을 경우에는 함수 선언이 필요하다.

```
#include <16f84.h>

int sum(int a , int b);
/*맨 뒤에 세미콜론을 붙이면 함수 선언이 된다. */

main ()
{
        int a, b;
        a = 5;
        b = 4;
        b = sum (a, b);
}
/* sum 함수가 뒤에 있어도, 함수 선언이 있으므로, 에러가 발생하지 않는다.*/

int sum(int a, int b)
{
        retune a + b;
}
```

함수 선언이 필요한 이유는 함수의 형이나 파라메터 형식 등을 다른 함수들에게 알리는 역할을 하기 때문이다. 함수 선언이 없다면, 함수가 제대로 사용되었는지를 알 수 없기 때문에 에러가 발생한다.

3) 함수에 데이터 전달 방법

C-언어에서 함수로의 데이터 (변수) 전달은 Call by value라고 하는 '값을 전달하는 방식'이 채택되고 있다. C 프로그램은 함수의 집합이므로, 각 함수 사이에는 어떠한 값을 주고받아야 하는데, 이때 전달되는 값을 매개변수 또는 인수(Parameter)라고 부르고 돌아오는 값을 리턴 값(Retune Value)이라고 한다. 인수의 전달방법에 대해서 구체적으로 설명하기 전에 지역변수와 전역변수에 대해서 알아보겠다.

① **지역변수와 전역변수** : 전역변수란 함수 바깥에서 선언한 변수이며 모든 함수에 이용할 수 있는 변수를 말한다. 지역변수는 함수 내에서 선언한 변수이며 그 함수 내에서만 사용할 수 있는 변수를 말한다.

```
int a;              //전역변수 a를 선언
void func()
{
        int b;      //지역변수 b를 선언
        a = 0;
        b = 0;
}
```

② **전역변수에 의한 인수 전달** : 전역변수에 있는 어떤 값을 다른 함수에 전달하고자 할 때에는 특별한 조치를 취하지 않아도 된다. 전역변수에 어떤 값을 넣어놓고 해당함수에서 그 값을 처리할 수 있기 때문이다. 언뜻 보면 편리한 것 같지만 함수 사이에 독립성을 해치고 전체 프로그램을 모호하게 만들기 때문에 꼭 필요한 것이 아니라면 전역변수 사용을 자제하는 것이 좋다.

③ **지역변수의 내용을 전달** : 지역변수는 함수 내에서만 통용되는 변수이기 때문에, 이 값을 다른 함수에 전달하기 위해서는 파라메터를 사용해서 전달해야 한다. 파라메터를 받은 함수에서 아무리 값을 변경해도 본래의 변수에는 영향을 주지 않기 때문에 함수의 독립성이 보장된다.

```
int sum(int a, int b)
{
        retune a + b;
}
        main()

{
        int a, b;
        a = 5;
        b = 4;
        b = sum (a, b);
}               지역변수 a와 b의 값을 전달
```

사. 배열

배열이란 동일한 형을 가진 데이터(변수)들의 모임이라고 할 수 있다. C 언어에서는 다음과 같은 문법으로 배열을 선언한다.

```
int power [11];                    //power라는 1차원배열 11개 요소를 선언
```

위의 예에서 배열 크기를 11로 지정했을 경우, 배열 첨자는 '0'부터 시작해서 10까지 사용 가능하다. C 언어에서는 배열 첨자가 항상 0부터 시작된다. 다음은 배열을 정의하고 배열 요소를 모두 '0'으로 클리어시키는 예제 프로그램이다.

```
main()
{
        int i;
        int array[3];
        for (i=0; i<3; i++)
                array[i] = 0;
}
```

다음과 같이 사용하면 배열 정의와 동시에 초깃값을 넣을 수도 있다.

```
int array[3] = {11, 33, 123};
```

첨자가 1개 이상인 경우를 다차원 배열이라고 한다. 다음은 첨자가 2개인 2차원 배열의 선언 예이다.

```
int month[3][2] = {{10, 10}, {20, 20}, {30, 30}};
```

아. 구조체

지금까지 설명한 데이터형은 한 개의 데이터형으로 구성되는 단순 데이터형이다. C 언어에서는 단순 데이터형 뿐만 아니라, 복수개의 데이터로 구성되는 복합 데이터형을 사용할 수 있다. 이것을 구조체(struct)라고 부른다.

구조체는 struct라는 예약어를 사용하여 정의한다. 이와 같이 여러 개의 데이터를 하나의 단위로 처리하고자 할 때 구조체를 사용한다.

```
struct long32 {
        unsigned long lo;
        long hi;
};
```

이와 같이 구조체를 선언했다면, 앞으로 long32라는 이름은 16비트 변수인 lo와 hi를 모두 포함하는 이름이 되는 것이다. 이러한 구조를 갖는 다른 구조체 변수를 선언하려면 다음과 같이 선언하면 된다.

```
struct long32 div, arg1, arg2 ;
```

이렇게 하면 div와 arg1, arg2는 long32와 같은 구조를 갖는 '구조체 변수'로 선언된 것이다. 다음은 구조체 변수 중 특정 멤버를 액세스하는 예이다.

```
div.lo = arg1.lo
div.hi = arg1.hi
```

Memo

시스템 설정

이 장에서는 ATmega128과 PIC16F874A microcontroller의 기본 동작을 위한 시스템 설정에 대해 설명한다. ATmega128은 칩 내부의 configuration fuse bit의 설정에 따라 clock 발생 장치의 선택, 부트로더의 동작 등이 결정되며, PIC16F874A는 기본 동작을 이해하기 위해 필수적인 사항에 대해 설명한다.

ATmega128은 다양한 방법에 의한 clock 공급과 그 발진 방법을 정할 수 있으며 구성된 회로와 다른 clock 발진에 대해 정의되면 칩에 대한 어떠한 액세스 동작도 허용되지 않는다. 5-1절에서는 ATmega128의 clock 설정 방법과 칩 내부의 clock 분배 등에 대해 설명한다.

[그림 5-1]은 AVR의 기본적인 클록 시스템과 클록 분배를 보여주고 있다.

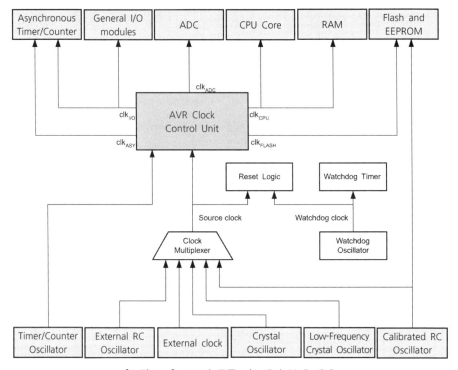

[그림 5-1] AVR의 클록 시스템과 분배 체계

[그림 5-1]과 같이 ATmega128은 AVR Clock Control Unit에 의해 비동기 Timer/ Counter, GPIO, ADC, CPU core, RAM, Flash, EEPROM 등에 공급되는 clock이 제어된다. Clock source로는 외부 RC 발진, 외부 clock, crystal 발진기, 저주파 crystal 발진기, 내부 RC 발진기 중 선택할 수 있다. Watchdog Timer에는 별도의 클록 소스를 사용하여 microcontroller의 동작에 문제가 발생한 경우에도 시스템에 watchdog reset이 발생할 수 있도록 보장한다. [그림 5-1]에 표시된 각각의 클록은 다음과 같다.

① clk_CPU : CPU Clock

CPU Clock은 Core, 범용 레지스터, 상태 레지스터 및 SRAM에 공급된다.

② clk_I/O : I/O Clock

I/O Clock은 I/O 모듈 및 Timer/Counter, SPI, USART에 공급된다.

③ clk_FLASH : Flash Clock

Flash 메모리 제어에 사용되는 클록으로 일반적으로는 CPU Clock과 동시에 발생된다.

④ clk_ASY : Asynchronous Timer Clock

비동기 타이머에 공급되는 클록으로 AVR의 XTAL1, XTAL2핀에 의해 공급되는 클록 이외의 Real Time Clock으로 32.768kHz의 외부 크리스털에 직접 연결될 수 있다.

⑤ clk_ADC : ADC Clock

ADC에 공급되는 별도의 클록으로 I/O 시스템 등의 디지털 회로에 의해 발생되는 노이즈를 최소화하여 보다 정확한 ADC 변환 결과를 가져올 수 있도록 분리되었다.

ATmega128의 클록은 CKSEL3..0의 4비트를 설정함으로 외부 크리스털, 외부 저주파 크리스털, 외부 RC 발진, 내부 RC 발진, 외부 클록 중에 선택할 수 있도록 되어 있다. AVR의 내부는 각 설정 비트들에 따라 해당되는 공급 클록 방식에 따른 적절한 발진 회로가 선택되어 적절한 클록을 발생시킬 수 있도록 구성되어 있다. 단, 외부 클록을 공급 받도록 설정되면 어떠한 발진 회로도 선택되지 않고 XTAL1 핀이 직접 클록 공급 회로에 연결되므로 회로를 설계할 때 외부 크리스털에 의해 클록을 공급받도록 설계한 후 클록 옵션을 외부 클록을 직접 공급 받도록 선택하면 크리스털이 발진되지 않아 AVR에 공급되는 클록이 없어 동작하지 않게 되므로 주의한다.

〈표 5-1〉 ATmega128의 클록 설정

Device Clocking Option	CKSEL3..0
External Crystal/Ceramic Resonator	1111 – 1010
External Low-frequency Crystal	1001
External RC Oscillator	1000 – 0101
Calibrated Internal RC Oscillator	0100 – 0001
External Clock	0000

* 〈표 5-1〉에서 AVR의 설정 비트는 Flash 방식을 사용하고 있으므로 '1'은 프로그램 되지 않은 상태를 나타내고 '0'이 프로그램된 상태를 의미한다.
* ATmega128은 초기에 CKSEL="0001", SUT="10"으로 설정되어 칩 내부의 RC 발진 회로에 의해 1MHz와 긴 지연시간을 가지고 동작한다. AVR이 리셋 후에 CPU가 동작하기 위해서 전원이 안정적인 수준에 도달할 때까지 시간지연이 필요하며 SUT 비트에 의해 설정된다.

가. Crystal 발진

[그림 5-2]와 같이 AVR의 XTAL1과 XTAL2에 Crystal, Quartz Crystal, Ceramic Resonator를 연결할 수 있다.

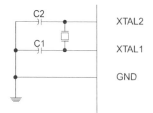

CKOPT	CKSEL3..1	MHz	C1, C2
1	101[1]	0.4–0.9	–
1	110	0.9–3.0	12pF–22pF
1	111	3.0–8.0	12pF–22pF
0	101,110,111	1.0–	12pF–22pF

[그림 5-2] Crystal 발진 회로   1) Crystal에서는 사용하지 말 것. Ceramic resonator에만 사용할 것

이때 XTAL1과 XTAL2은 각각 입·출력으로 동작하며, 동작 환경이 잡음이 많은 경우에는 칩 설정 비트 중 CKOPT를 프로그램하여 사용한다("0"으로 표시된 상태, 프로그래머에서 체크해 놓은 상태). 이 경우 XTAL2는 외부 클록 버퍼 1개를 드라이빙 할 수 있도록 출력된다. CKOPT 비트가 프로그램 되지 않은 상태에서는 외부 클록 버퍼를 드라이빙할 수 없으나 칩의 소모 전력을 줄일 수 있다. Resonator를 사용할 경우 CKOPT가 프로그램 되지 않으면 최대 8MHz까지, 프로그램 된다면 16MHz까지 동작시킬 수 있다.

CKSEL0 비트는 SUT1..0 비트와 함께 사용되어 Start-up time을 지정하는데 사용된다. Crystal oscillator를 사용하는 경우 일반적으로 CKSEL0 = '1', SUT1..0 = "11"로 지정하여 사용한다. Ceramic resonator를 사용하는 경우와 Fast rising power 모드를 사용할 경우에는 ATmega128 데이터시트를 참고하기 바란다.

나. Low-frequency crystal oscillator

Low-frequency crystal oscillator를 사용하는 경우에는 일반적으로 32.768kHz를 사용하며 이 경우에는 CKSEL3..0 비트를 "1001"로 지정하며, SUT1..0 비트는 "10"으로 지정한다. 연결은 Crystal 발진 회로인 [그림 5-2]의 회로 구성에서 C1, C2는 생략한 상

태로 연결한다. CKOPT 비트를 프로그램할 경우에는 AVR 내부의 36pF의 capacitor
를 사용하도록 설정되므로 외부 C1, C2는 연결하지 않아도 된다.

다. 외부 RC 발진

외부 RC 발진은 [그림 5-3]과 같이 연결하고, 발진 주파수는 $f = \dfrac{1}{(3RC)}$ 과 같다.

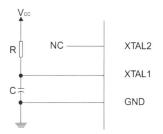

CKSEL3..0	MHz
0101	~ 0.9
0110	0.9 ~ 3.0
0111	3.0 ~ 8.0
1000	8.0 ~ 12.0

[그림 5-3] 외부 RC 발진

C는 최소 22pF 이상은 되어야 하며, CKOPT 비트를 프로그램할 경우 XTAL1과
GND 사이에 36pF의 capacitor가 연결되며 외부 C는 연결하지 않아도 된다. SUT1..0
비트는 "10"으로 설정한다.

라. Calibrated Internal RC Oscillator

내부 RC 발진은 5V의 공급전원과 25℃ 환경에서 1.0, 2.0, 4.0과 8.0MHz로 고정되
어 있으며 CKSEL3..0의 비트들에 의해 선택되며, 이 모드를 사용할 경우에는
CKOPT 비트는 프로그램 되어서는 안 된다. CKSEL3..0의 비트 값이 "0001", "0010",
"0011", "0100"인 경우 각각 1.0, 2.0, 4.0과 8.0MHz에 해당되며 칩이 만들어질 때는
"0001"로 설정된다. 내부 RC 발진을 선택한 경우에는 칩 외부에 어떤 발진 소자도
연결할 필요가 없다. 즉, XTAL1과 XTAL2는 연결되지 않은 상태로 놓아 두어야 한다.

칩이 리셋되는 동안 5V의 25℃ 환경에서 발진 회로의 RC 값이 OSCCAL 레지스터
에 로드되고 이 값에 의해 자동으로 발진 회로가 조율된다. 이 값은 발진 회로가
±1%의 범위 안에서 동작할 수 있도록 보장한다. 단, RC 발진 회로는 R과 C의 값이
주변 온도에 따라 변하는 값이므로 회로에서 아무리 정확히 보상을 하여도 발진 주
파수를 항상 일정하게 유지하기 힘들다. 따라서 Timer를 사용하여 정확한 시간 간
격으로 동작을 시키거나 시계와 같은 Real Time 기능을 사용할 경우에는 RC 발진은

권장하지 않는다. 이는 내부 RC 발진 회로나 외부 RC 발진 회로를 사용할 경우 모두에 해당한다.

마. External Clock

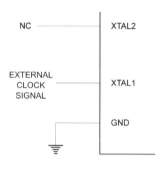

외부 오실레이터에 의한 클록 공급을 받을 경우에는 CKSEL3..0 비트의 값은 "0000"으로 설정되어야 하며, CKOPT 비트가 프로그램될 경우에는 XTAL1과 GND 사이에 36pF의 capacitor가 연결된다. [그림 5-4]는 외부에서 오실레이터나 기타 클록 발생 장치를 사용하여 ATmega128에 클록을 공급할 경우를 보인다.

[그림 5-4] 외부 클록 연결

외부 오실레이터에 의한 클록 공급 모드로 설정하면 ATmega128 내부의 모든 발진 회로는 비활성화되므로 크리스털 발진 또는 RC 발진 회로를 구성한 후 외부 오실레이터 클록 공급으로 설정하면 이후 ATmega128은 동작하지 않으므로 설정에 주의한다.

바. Timer/Counter Oscillator

Timer/Counter Oscillator(TOSC1, TOSC2) 핀을 가지고 있는 AVR에는 이 핀에 별도의 capacitor 없이 crystal을 직접 연결하여 동작시킬 수 있다. 이 발진 회로는 32.768㎑에 최적화 되어 있으며 TOSC1에 외부에서 발진된 클록을 공급하는 것은 권장하지 않는다.

◑ XTAL Divide Control Register − XDIV

Bit	7	6	5	4	3	2	1	0
	XDIVEN	XDIV6	XDIV5	XDIV4	XDIV4	XDIV2	XDIV1	XDIV0
Read/Write	R/W	R/W	R/W	R/W	R/W	R/W	R/W	R/W
Initial Value	0	0	0	0	0	0	0	0

XTAL 분주 제어 레지스터는 공급되는 클록을 2-129 사이의 값으로 분주할 수 있다. XDIVEN이 '1'의 값으로 지정되면 하위 7비트(d)에 의해 식 (5-1)과 같이 표현된다.

$$f_{\text{CLK}} = \frac{\text{Source clock}}{129 - d} \quad \cdots\cdots\cdots\cdots\cdots\cdots\cdots\cdots\cdots\cdots\cdots\cdots \text{(5-1)}$$

사. System Control and Reset

ATmega128에는 다음과 같은 5가지의 리셋 소스가 있으며 이들 리셋 로직에 대해서는 [그림 5-5]에 나타나 있다.

☆ **Power-on Reset** : 공급 전압이 Power-on Reset Threshold(VPOT) 이하일 때 발생한다.

☆ **External Reset** : 외부 리셋으로 /RESET 핀이 최소 시간 이상 low로 되면 발생한다.

☆ **Watchdog Reset** : Watchdog이 활성화되어 있을 때, Watchdog 타이머에 의해 발생한다.

☆ **Brown-out Reset** : Brown-out 검지기가 활성화되어 있을 때 공급 전압이 Brown-out Reset Threshold(VBOT) 이하일 때 발생한다.

☆ **JTAG AVR Reset** : JTAG에 의해 리셋 레지스터가 설정된 경우 발생한다.

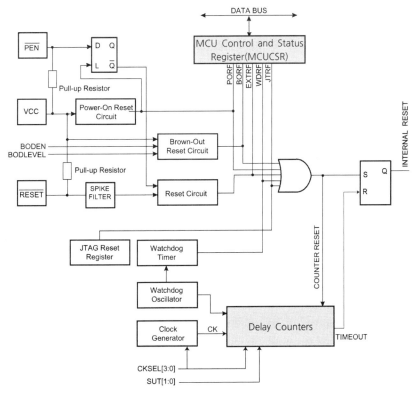

[그림 5-5] ATmega128의 Reset Logic

리셋 구간동안 I/O 레지스터는 모두 초깃값으로 설정되며 프로그램은 "Reset Vector"라고 불리는 주소 공간에서부터 시작한다. Reset vector에는 JMP 명령(절대 번지 점프)이 존재해야 한다. I/O 포트는 리셋 후에 초기 값으로 설정된다.

MCUCSR 레지스터는 MCU의 제어와 상태를 나타내는 레지스터로 리셋이 발생하면 해당되는 비트가 '1'로 설정되므로 어떠한 이유에 의해 리셋이 발생했는지 확인할 수 있다.

⏱ MCU Control and Status Register - MCUCSR

Bit	7	6	5	4	3	2	1	0
	JTG	-	-	JTRF	WDRF	BORF	EXTRF	PORF
Read/Write	R/W	R	R	R/W	R/W	R/W	R/W	R/W
Initial Value	0	0	0					

- JTRF : JTAG Reset Flag
- WDRF : Watchdog Reset Flag
- BORF : Brown-out Reset Flag
- EXTRF : External Reset Flag
- PORF : Power-On Reset Flag

프로그램에서 강제로 리셋을 시키는 동작이 필요할 경우에는 프로그램 카운터 레지스터를 Reset Vector인 0x0000로 강제로 설정해주면 된다. 아래의 코드는 gcc를 사용한 경우 인라인 어셈블러를 이용하여 프로그램에서 강제로 reset를 발생시키는 코드이다. 프로그램 내부의 원하는 위치에 아래의 구문을 삽입하면 reset의 효과를 얻을 수 있다.

```
asm("JMP 0x0000");    // 프로그램 카운터 레지스터를 0x0000으로 강제 설정하여
                         리셋을 발생시키는 코드
```

아. Watchdog Timer

Watchdog Timer는 "watchdog"이라는 이름과 같이 마이크로컨트롤러의 동작을 감시하여 비정상적인 동작을 할 때 system reset 신호를 발생시켜 마이크로컨트롤러를 초기화함으로써 시스템의 오동작을 막는 역할을 한다. Watchdog Timer는 ATmega128 내부의 다른 타이머들과는 달리 독립적인 클록을 공급 받아 동작하며 watchdog timer가 overflow될 때 reset signal을 발생한다. 따라서 ATmega128의 타

이머를 동작시켜 타이머 인터럽트 루틴 내부에서 watchdog timer의 값이 overflow 되기 전에 clear시켜야 정상적인 동작을 시킬 수 있다. 이와 같은 동작 메커니즘으로 일정 시간 간격으로 watchdog timer를 clear시키는 동작을 하지 않을 경우 마이크로 컨트롤러의 동작이 비정상적이라 판단하고 reset signal을 발생함으로써 마이크로컨 트롤러를 초기화하여 시스템 전체의 오동작을 방지할 수 있다.

Watchdog Timer는 별도로 분리된 1㎒의(공급 전원이 5V일 경우) 클록을 공급 받아 동작하며, 이 Watchdog 클록은 Watchdog prescaler에 의해 분주되어 Watchdog 타이 머에 공급된다.

🕐 Watchdog Timer Control Register – WDTCR

Bit	7	6	5	4	3	2	1	0
	–	–	–	WDCE	WDE	WDP2	WDP1	WDP0
Read/Write	R	R	R	R/W	R/W	R/W	R/W	R/W
Initial Value	0	0	0	0	0	0	0	0

• WDCE : Watchdog Change Enable

WDE를 '0'(Watchdog disable)으로 설정한 경우, WDCE는 반드시 '1'로 설정해 야 한다.

• WDE : Watchdog Enable

'1'일 경우 Watchdog 기능이 활성화되며 '0'일 경우 비활성화 된다.

• WDP2, WDP1, WDP0 : Watchdog Timer Prescaler

WDP2..0의 각 값에 따라 Watchdog Timer에 공급되는 클록의 분주비가 결정되 며, "000" ~ "111" 사이의 값을 가질 수 있고 각각 16k, 32k, 64k, 128k, 256k, 512k, 1024k, 2048k의 WDT oscillator cycle에 동작한다. Watchdog 타이머는 5V 의 공급 전원에서 각 16ms, 32ms, 64ms, 0.13s, 0.26s, 0.5s, 1.0s, 2.0s의 주기로 Time-out이 발생한다.

ATmega128은 "WDTON" 비트에 대해 프로그램 함으로써 watchdog timer를 on 시킬 수 있으며 이 경우에는 WDTCR 레지스터의 설정과 상관없이 항상 watchdog timer가 on되어 있으므로 사용자는 일정 시간 간격으로 watchdog timer를 clear 해 주어야 한다. avr-gcc 컴파일러에서 watchdog timer를 사용하려면 헤더 파일에 "#include 〈avr/wdt.h〉"을 포함시키고 다음과 같이 timer interrupt 루틴에서 "wdt_ reset();" 함수를 호출하여 clear시킬 수 있다. 단, watchdog timer의 overflow가 발 생하기 이전에 반드시 timer interrupt에서 watchdog timer를 clear시켜야 시스템이

정상 동작하며 그렇지 않을 경우에는 시스템은 주기적인 reset 동작을 반복하게 됨을 유의하기 바란다.

[그림 5-6]은 Watchdog 타이머를 나타내며 공급 클록과 Watchdog timer control register인 WDTCR 레지스터의 각 비트들의 의미를 보이고 있다.

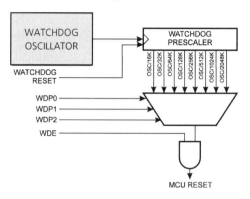

[그림 5-6] WDT의 클록 공급

```
SIGNAL(SIG_OUTPUT_COMPARE1A)
{
        wdt_reset();
}
```

위의 예제는 Timer1을 사용하여 일정 주기로 타이머 인터럽트가 발생할 경우 동작하는 인터럽트 처리 함수이며 여기에서 watchdog timer를 reset시키고 있다.

PIC17F874A에 대해 동작을 설정하는 Special Function Register에 대해 설명한다. SFR(Special Function Register)은 CPU나 주변 장치가 디바이스를 바라는 대로 동작하도록 제어하기 위해서 사용하는 레지스터다. 이 레지스터는 SRAM으로 되어 있으며 코어와 주변 장치로 분류되어 있다. 이 장에서는 코어와 관련된 레지스터에 대해 설명하고 주변 장치와 관련된 레지스터는 주변 장치를 설명할 때 다룬다.

가. STATUS REGISTER

STATUS 레지스터는 ALU의 산술적인 상태, 리셋 상태, 데이터 메모리를 위한 뱅크 선택 비트를 포함하고 있다. STATUS 레지스터는 다른 레지스터처럼 명령어에서 목적지로 사용될 수도 있다. 만약 그 명령이 STATUS 레지스터의 Z, DC, C 비트에 영향을 미치는 명령이라면 이 비트에 쓰는 것은 금지된다.

이 비트들은 칩 내부에 잇는 로직에서 세트하거나 클리어 한다. 더구나 TO와 PD 비트는 쓰기가 불가능한 비트이다. 그러므로 목적지로서 STATUS 레지스터를 가지는 명령어의 결과는 의도하는 바와 다를 수도 있다. 예를 들어 CLRF STATUS 명령을 실행하면 상위 3비트는 클리어하고 Z 비트는 세트된다. 즉 STATUS 레지스터는 000uu1uu(u=불변)로 된다. 그리고 권장하는 바 BCF, BSF, SWAP, MOVWF 명령어를 사용해서 STATUS 레지스터를 바꾸기 바란다.

이들 명령어는 STATUS 레지스터의 Z, C, DC 비트에 영향을 주지 않기 때문이다. 각각의 명령들이 STATUS 비트에 어떤 영향을 미치는 지는 명령어 셋을 참조하기 바란다. C와 DC 비트는 반전된 borrow와 digit borrow로서 동작한다.

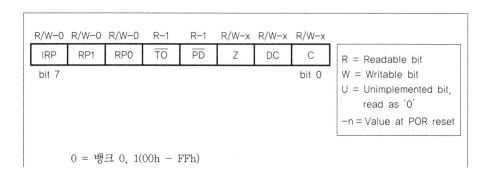

R/W-0	R/W-0	R/W-0	R-1	R-1	R/W-x	R/W-x	R/W-x
IRP	RP1	RP0	$\overline{TO}$	$\overline{PD}$	Z	DC	C

bit 7   bit 0

R = Readable bit
W = Writable bit
U = Unimplemented bit, read as '0'
-n = Value at POR reset

0 = 뱅크 0, 1(00h - FFh)

bit 6–5: RP1:RP0: Register Bank 선택 비트(간접번지 지정에서 뱅크 선택 비트)

  11 = 뱅크 3(180h – 1FFh)

  10 = 뱅크 2(100h – 17Fh)

  01 = 뱅크 1(80h – FFh)

  00 = 뱅크 0(00h – 7Fh)

  각 뱅크는 128bytes이다.

bit 4: $\overline{TO}$: Time-out bit

  1 = 전원이 들어오거나, CLRWDT 명령 혹은 SLEEP 명령 후

  0 = 워치–독 타임 아웃(WDT time-out)이면

bit 3: $\overline{PD}$: Power–down bit

  1 = 파워–업 혹은 CLRWDT 명령 후

  0 = SLEEP 명령을 실행하면

bit 2: Z: Zero bit

  1 = 산술·논리 연산의 결과가 제로면

  0 = 산술·논리 연산의 결과가 제로가 아니면

bit 1: DC: Digit carry/$\overline{borrow}$ bit(ADDWF, ADDLW, SUBLW, SUBWF instruction)
    (for $\overline{borrow}$ the polarity is reversed)

  1 = 덧셈 명령에서 디지트 캐리(비트 번호 3에서 캐리가 발생)가 발생하면

  0 = 뺄셈 명령에서 디지트 빌림 수(비트 번호 3에서 빌림 수가 발생)가 발생하면 '0',
    디지트 빌림 수가 발생하지 않으면 '1'이 된다.

bit 0: C: Carry/$\overline{borrow}$ bit

  1 = 덧셈 명령(ADDWF, ADDLW)에서 캐리가 발생하면

  0 = 뺄셈 명령(SUBLW, SUBWF)에서 빌림 수(borrow)가 발생하면 '0', 빌림 수가
    발생하지 않으면 '1'이 된다.

  로테이트 명령에서 최상위/최하위 비트가 복사된다.

[그림 5-7] STATUS REGISTER(ADDRESS 03h, 83h, 103h, 183h)

1) 캐리 플래그(CARRY)

캐리 플래그는 연산명령 수행 후, 연산 결과가 오버플로우나 보로우가 발생했을 때 변한다. 예를 들어 10과 10을 더하는 덧셈 명령에서 오버플로우가 발생하지 않았으므로 캐리 플래그는 '0'이 된다. 200과 200을 더하면 8비트의 한계인 255를 넘었으므로 오버플로우가 발생, 캐리 플래그가 '1'이 된다.

```
10 + 10 = 20
            <CF=0>
200 + 200 = 400
            <CF=1>
```

빼셈 명령에서 20에서 10을 뺐으면 보로우(자리빌림)이 발생하지 않았으므로 캐리 플래그는 1이 된다. 10에서 20을 뺐으면 자리빌림이 발생하였으므로 캐리 플래그는 0이 된다.

```
20 - 10 = 10
            <CF=1>
10 - 20 = -10
            <CF=0>
```

빼셈 명령에서 PIC은 반전된 캐리 플래그로 동작한다.

2) 제로 플래그(ZERO)

제로 플래그는 연산의 결과가 0이 되었을 때 세트되는 플래그이다. 주로 두 수가 일치하는 지를 판단할 때 사용된다.

```
10 - 10 = 0
            <ZF=1>
```

3) 디지트 캐리 플래그(DIGIT CARRY)

모든 동작은 캐리 플래그와 동일하지만 하위 4비트 연산에 대하여 결과를 반영한다. 주로 BCD 연산에 쓰인다.

```
2 + 2 = 4
            <DC=0>
16 + 16 = 32
            <DC=1>
```

4) 레지스터페이지 선택 플래그(REGISTER PAGE SELECT)

바로 이 플래그가 뱅크를 바꾸는 플래그이다. 00을 써넣으면 뱅크 '0'이 선택되고, 01을 써넣으면 뱅크 1, 10이면 뱅크 2, 11이면 뱅크 3이 선택된다.

5) 기타

TO와 PD 비트는 쓰기가 불가능한 Read-Only 비트이다.

나. OPTION_REG REGISTER

OPTION_REG 레지스터는 읽고 쓸 수 있으며, TMR0 prescaler/WDT postscaler, 외부 INT 인터럽트, TMR0 그리고 PORTB에 weak pull-up을 제어하는 여러 개의 비트를 포함하고 있다.

R/W-1	R/W-1	R/W-1	R/W-1	R/W-1	R/W-1	R/W-1	R/W-1
RBPU	INTEDG	T0CS	T0SE	PSA	PS2	PS1	PS0

bit 7   bit 0

R = Readable bit
W = Writable bit
U = Unimplemented bit, read as '0'
−n = Value at POR reset

bit 7 : $\overline{RBPU}$: PORTB 풀업(Pull-up) 인에이블 비트
               1 = PORTB 풀업 disable됨
               0 = 각각의 포트 래치 값에 의해서 PORTB 풀업 enable

bit 6:   INTEDG: 인터럽트 에지 선택 비트
               1 = RB0/INT핀의 상승 에지에서 인터럽트 발생
               0 = RB0/INT핀의 하강 에지에서 인터럽트 발생

bit 5:   T0CS: TMR0 클록 소스(Clock Source) 선택 비트
               1 = RA4/T0CKI핀(카운터 모드)
               0 = 내부 명령 사이클 클록(내부 클록(CLKOUT), 타이머 모드)

bit 4:   T0SE: TMR0 소스 에지 선택 비트(외부 클록 에지 선택)
               1 = RA4/T0CKI핀의 high-to-low 변위(transition)에서 증가
               0 = RA4/T0CKI핀의 low-to-high 변위에서 증가

bit 3:   PSA: Prescaler 지정 비트(assignment bit)
               1 = Prescaler가 WDT에 지정
               0 = Prescaler가 Timer0에 지정

bit 2-0:   PS2:PS0: Prescaler 분주비 선택 비트(Rate Select bits)

Bit Value	TMR0 Rate	WDT Rate
000	1 : 2	1 : 1
001	1 : 4	1 : 2
010	1 : 8	1 : 4
011	1 : 16	1 : 8
100	1 : 32	1 : 16
101	1 : 64	1 : 32
110	1 : 128	1 : 64

[그림 5-8] OPTION_REG register의 구성

다. INTCON REGISTER

INTCON 레지스터는 읽고 쓸 수 있으며, TMR0 레지스터 오버플로우, RB 포트 CHANGE 인터럽트, 외부 RB0/INT 인터럽트를 위한 여러 가지 인에이블과 플래그 비트를 가지고 있다.

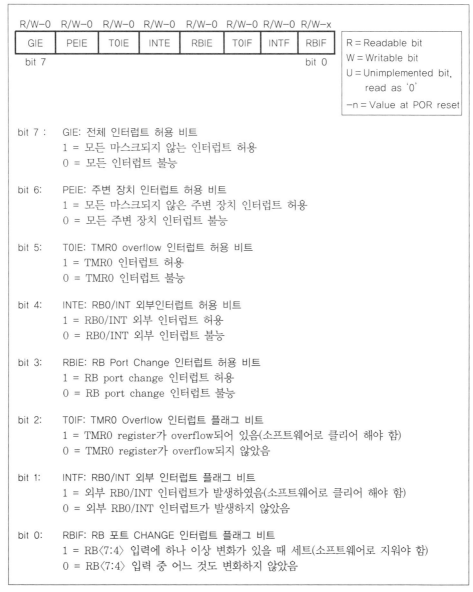

R/W-0	R/W-0	R/W-0	R/W-0	R/W-0	R/W-0	R/W-0	R/W-x
GIE	PEIE	T0IE	INTE	RBIE	T0IF	INTF	RBIF

bit 7   bit 0

R = Readable bit
W = Writable bit
U = Unimplemented bit, read as '0'
-n = Value at POR reset

bit 7 :   GIE: 전체 인터럽트 허용 비트
1 = 모든 마스크되지 않는 인터럽트 허용
0 = 모든 인터럽트 불능

bit 6:   PEIE: 주변 장치 인터럽트 허용 비트
1 = 모든 마스크되지 않은 주변 장치 인터럽트 허용
0 = 모든 주변 장치 인터럽트 불능

bit 5:   T0IE: TMR0 overflow 인터럽트 허용 비트
1 = TMR0 인터럽트 허용
0 = TMR0 인터럽트 불능

bit 4:   INTE: RB0/INT 외부인터럽트 허용 비트
1 = RB0/INT 외부 인터럽트 허용
0 = RB0/INT 외부 인터럽트 불능

bit 3:   RBIE: RB Port Change 인터럽트 허용 비트
1 = RB port change 인터럽트 허용
0 = RB port change 인터럽트 불능

bit 2:   T0IF: TMR0 Overflow 인터럽트 플래그 비트
1 = TMR0 register가 overflow되어 있음(소프트웨어로 클리어 해야 함)
0 = TMR0 register가 overflow되지 않았음

bit 1:   INTF: RB0/INT 외부 인터럽트 플래그 비트
1 = 외부 RB0/INT 인터럽트가 발생하였음(소프트웨어로 클리어 해야 함)
0 = 외부 RB0/INT 인터럽트가 발생하지 않았음

bit 0:   RBIF: RB 포트 CHANGE 인터럽트 플래그 비트
1 = RB⟨7:4⟩ 입력에 하나 이상 변화가 있을 때 세트(소프트웨어로 지워야 함)
0 = RB⟨7:4⟩ 입력 중 어느 것도 변화하지 않았음

[그림 5-9] INTCON REGISTER(ADDRESS 0Bh, 8Bh, 10Bh, 18Bh)

INTCON 레지스터는 각각의 인터럽트에 대한 인에이블 플래그를 가지고 있다. 이 플래그에 '1'을 써 넣으면 해당 인터럽트가 활성화되고, '0'을 써 넣으면 금지된다.

GIE(글로벌 인터럽트 인에이블) 비트에 '0'을 써 넣으면 모든 인터럽트가 금지 된다. 파워 온 리셋 시 GIE는 '0'이 된다.

PIC16F87X는 인터럽트의 종류가 많기 때문에 PIE, PIR 레지스터 등으로 추가 관리를 하고 있다. 추가되는 인터럽트를 관리하기 위해서 PEIE(주변 장치 인터럽트 인에이블) 비트가 있으며, '1'로 하면 PIE, PIR에 의해 관리되는 인터럽트가 활성화된다.

1) PIE1 REGISTER

이 레지스터는 주변 인터럽트를 위한 각각의 인에이블 비트를 가지고 있다.

R/W-0	R/W-0	R/W-0	R/W-0	R/W-0	R/W-0	R/W-0	R/W-0
PSPIE[(1)]	ADIE	RCIE	TXIE	SSPIE	CCP1IE	TMR2IE	TMR1IE
bit 7							bit 0

R = Readable bit
W = Writable bit
U = Unimplemented bit, read as '0'
−n = Value at POR reset

bit 7 : PSPIE[(1)]: 병렬 Slave 포트 Read/Write 인터럽트 허용 비트
1 = PSP read/write 인터럽트 허용 비트
0 = PSP read/write 인터럽트 불능

bit 6: ADIE: A/D 변환 인터럽트 허용 비트
1 = A/D 변환 인터럽트 허용
0 = A/D 변환 인터럽트 불능

bit 5: RCIE: USART 수신 인터럽트 허용 비트
1 = USART 수신 인터럽트 허용
0 = USART 수신 인터럽트 불능

bit 4: TXIE: USART 송신 인터럽트 허용 비트
1 = USART 송신 인터럽트 허용
0 = USART 송신 인터럽트 불능

bit 3: SSPIE: 동기식 직렬 포트 인터럽트 허용 비트
1 = SSP 인터럽트 허용
0 = SSP 인터럽트 불능

bit 2: CCP1IE: CCP1 인터럽트 허용 비트
1 = CCP1 인터럽트 허용
0 = CCP1 인터럽트 불능

bit 1: TMR2IE: TMR2와 PR2 일치 인터럽트 허용 비트
1 = TMR2와 PR2 일치 인터럽트 허용
0 = TMR2와 PR2 일치 인터럽트 불능

bit 0: TMR1IE: TMR1 Overlow 인터럽트 허용 비트
1 = TMR1 overflow 인터럽트 허용
0 = TMR1 overflow 인터럽트 불능

Note 1: PSPIE is reserved on 28-pin devices, always maintain this bit clear

[그림 5-10] PIE1 REGISTER(ADDRESS 8Ch)

2) PIR1 REGISTER

이 레지스터는 주변 인터럽트를 위한 각각의 플래그 비트를 가지고 있다.

R/W–0	R/W–0	R–0	R–0	R/W–0	R/W–0	R/W–0	R/W–0
PSPIF[(1)]	ADIF	RCIF	TXIF	SSPIF	CCP1IF	TMR2IF	TMR1IF

bit 7   bit 0

R = Readable bit
W = Writable bit
–n = Value at POR reset

bit 7 : PSPIF[(1)]: 병렬 Slave 포트 Read/Write 인터럽트 플래그 비트
1 = read 혹은 write 동작이 발생하였음(소프트웨어로 클리어 해야 함)
0 = read 혹은 write 동작이 미발생

bit 6: ADIF: A/D 변환 인터럽트 플래그 비트
1 = A/D 변환이 완료되었음
0 = A/D 변환이 완료되지 않았음

bit 5: RCIF: USART 수신 인터럽트 플래그 비트
1 = USART 수신 버퍼가 차 있음
0 = USART 수신 버퍼가 비어 있음

bit 4: TXIF: USART 송신 인터럽트 플래그 비트
1 = USART 송신 버퍼가 비어 있음
0 = USART 송신 버퍼가 차 있음

bit 3: ① SSPIF: 동기식 직렬 포트(SSP) 인터럽트 플래그
1 = SSP 인터럽트 상태 발생, 인터럽트 서비스 루틴으로부터 리턴 전에 소프트웨어로
    클리어 해야 함.
이 비트가 '1'이 될 조건이 다음과 같다

SPI
  하나의 송신/수신이 완료

I²C 슬레이브
  하나의 송신/수신이 완료

I²C Master
  하나의 송신/수신이 완료
  The initiated start condition was completed by the SSP module.
  The initiated stop condition was completed by the SSP module.
  The initiated restart condition was completed by the SSP module.
  The initiated acknowledge condition was completed by the SSP module.
  A start condition occurred while the SSP module was idle
  (Multimaster ystem).
  A stop condition occurred while the SSP module was idle
  (Multimaster system).
  0 = SSP 인터럽트 상태 발생 안됨

bit 2: CCP1IF: CCP1 인터럽트 플래그 비트

Capture Mode
1 = TMR1 register 캡처가 발생(소프트웨어로 클리어해야 함)
0 = TMR1 register 캡처가 발생되지 않았음

Compare Mode
1 = TMR1 register 비교 일치 발생(소프트웨어로 클리어해야 함)
0 = TMR1 register 비교 일치가 발생되지 않았음

PWM Mode
이 모드에서는 사용치 않음

bit 1:   TMR2IF: TMR2와 PR2 일치 인터럽트 플래그 비트
           1 = TMR2와 PR2가 일치 발생(소프트웨어로 클리어해야 함)
           0 = TMR2와 PR2가 일치하지 않음

bit 0:   TMR1IF: TMR1 Overlow 인터럽트 플래그 비트
           1 = TMR1 register overflow 발생(소프트웨어로 클리어해야 함)
           0 = TMR1 register overflow가 발생되지 않았음

Note 1:   PSPIF is reserved on 28-pin devices, always maintain this bit clear

[그림 5-11] PIR1 REGISTER(ADDRESS 0Ch)

3) PIE2 REGISTER

이 레지스터는 CCP2 주변 인터럽트, SSP 버스 충돌 인터럽트, EEPROM 쓰기 동작 인터럽트를 위한 각각의 인에이블 비트를 가지고 있다.

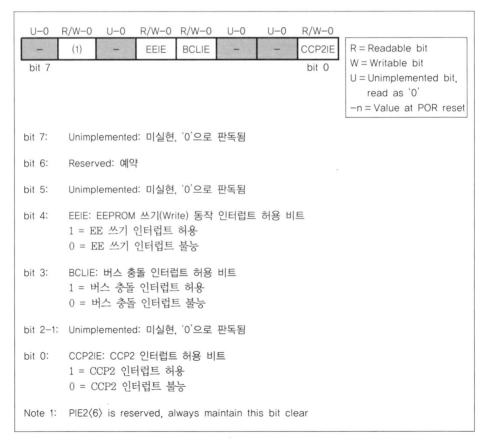

bit 7:   Unimplemented: 미실현, '0'으로 판독됨

bit 6:   Reserved: 예약

bit 5:   Unimplemented: 미실현, '0'으로 판독됨

bit 4:   EEIE: EEPROM 쓰기(Write) 동작 인터럽트 허용 비트
           1 = EE 쓰기 인터럽트 허용
           0 = EE 쓰기 인터럽트 불능

bit 3:   BCLIE: 버스 충돌 인터럽트 허용 비트
           1 = 버스 충돌 인터럽트 허용
           0 = 버스 충돌 인터럽트 불능

bit 2-1:   Unimplemented: 미실현, '0'으로 판독됨

bit 0:   CCP2IE: CCP2 인터럽트 허용 비트
           1 = CCP2 인터럽트 허용
           0 = CCP2 인터럽트 불능

Note 1:   PIE2⟨6⟩ is reserved, always maintain this bit clear

[그림 5-12] PIE2 REGISTER(ADDRESS 8Dh)

4) PIR2 REGISTER

이 레지스터는 CCP2 주변 인터럽트, SSP 버스 충돌 인터럽트, EEPROM 쓰기 동작 인터럽트를 위한 플래그 비트를 가지고 있다.

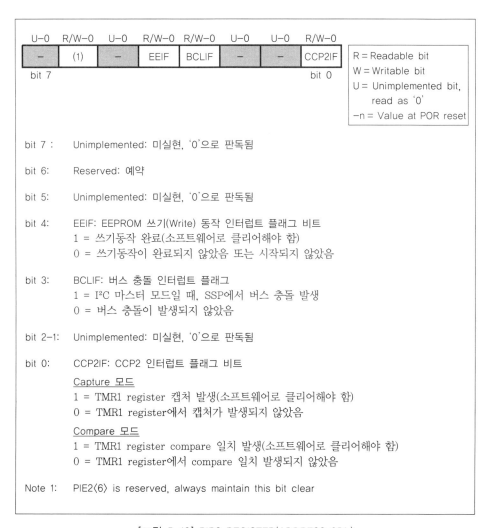

bit 7 :   Unimplemented: 미실현, '0'으로 판독됨

bit 6:   Reserved: 예약

bit 5:   Unimplemented: 미실현, '0'으로 판독됨

bit 4:   EEIF: EEPROM 쓰기(Write) 동작 인터럽트 플래그 비트
            1 = 쓰기동작 완료(소프트웨어로 클리어해야 함)
            0 = 쓰기동작이 완료되지 않았음 또는 시작되지 않았음

bit 3:   BCLIF: 버스 충돌 인터럽트 플래그
            1 = I²C 마스터 모드일 때, SSP에서 버스 충돌 발생
            0 = 버스 충돌이 발생되지 않았음

bit 2-1:   Unimplemented: 미실현, '0'으로 판독됨

bit 0:   CCP2IF: CCP2 인터럽트 플래그 비트
            <u>Capture 모드</u>
            1 = TMR1 register 캡처 발생(소프트웨어로 클리어해야 함)
            0 = TMR1 register에서 캡처가 발생되지 않았음

            <u>Compare 모드</u>
            1 = TMR1 register compare 일치 발생(소프트웨어로 클리어해야 함)
            0 = TMR1 register에서 compare 일치 발생되지 않았음

Note 1:   PIE2⟨6⟩ is reserved, always maintain this bit clear

[그림 5-13] PIR2 REGISTER(ADDRESS 0Dh)

5) PCON REGISTER

Power Control(PCON) 레지스터는 Power-on Reset과 외부 Reset, WDT Reset을 판별하는 플래그 비트를 가지고 있다. brown-out 검출 회로가 있는 이 장치는 Power-on Reset 조건에서 Brown-out Reset을 구별 짓기 위한 부가적인 비트를 가지고 있다.

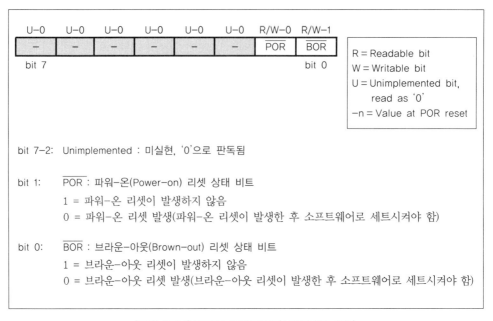

bit 7-2: Unimplemented : 미실현, '0'으로 판독됨

bit 1: $\overline{POR}$: 파워-온(Power-on) 리셋 상태 비트
1 = 파워-온 리셋이 발생하지 않음
0 = 파워-온 리셋 발생(파워-온 리셋이 발생한 후 소프트웨어로 세트시켜야 함)

bit 0: $\overline{BOR}$: 브라운-아웃(Brown-out) 리셋 상태 비트
1 = 브라운-아웃 리셋이 발생하지 않음
0 = 브라운-아웃 리셋 발생(브라운-아웃 리셋이 발생한 후 소프트웨어로 세트시켜야 함)

[그림 5-14] PCON REGISTER(ADDRESS 8Eh)

GPIO(General Purpose Input Output)

6-1. ATmega128의 GPIO

6-2. PIC16F874A의 GPIO

6-3. GPIO 제어 예제

이 장에서는 ATmega128과 PIC16F874A microcontroller 의 GPIO의 구성 및 동작, 사용 방법에 대해 설명한다. 각각 의 microcontroller는 입력과 출력 양방향 동작을 지원하며 microcontroller 내부의 특수 기능과 MUX되어 있다.

ATmega128의 GPIO는 [그림 6-1]과 같이 내부 회로를 가지며, GND와 전원 전압에 대해 클램프 되어 외부 입력 전압에 대한 보호 회로를 가진다.

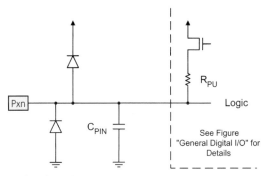

[그림 6-1] ATmega128의 GPIO 내부 등가 회로

ATmega128의 GPIO는 입력 모드로 사용할 경우 칩 내부에서 pull-up을 설정할 수 있어 외부에 연결된 discrete 소자가 open-drain으로 구성된 경우에도 별도의 pull-up 저항을 연결할 필요 없이 microcontroller의 레지스터 설정으로 저항을 연결한 것과 동일한 효과를 볼 수 있다. [그림 6-2]는 포트가 양방향 입·출력 핀으로 동작하는 범용 디지털 I/O로 동작할 경우의 회로 구성을 보인다.

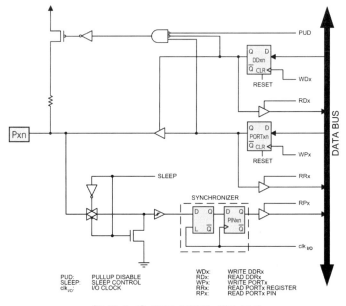

[그림 6-2] GPIO 동작의 회로 구성

PUD는 pull-up disable을 지정하는 비트로서 '0'의 값으로 지정할 때 pull-up이 활성화 되며 입력 모드로 지정한 경우에만 적용 된다. 〈표 6-1〉은 레지스터별 설정 값과 그에 따른 포트의 동작을 정리한다.

〈표 6-1〉 DDRxn 및 PORTxn와 I/O Port의 풀업 관계

DDRxn	PORTxn	PUD (in SFIOR)	I/O	Pull-up	Comment
0	0	X	Input	No	Tri-state(Hi-Z)
0	1	0	Input	Yes	Pxn will source current if ext. pulled low
0	1	1	Input	No	Tri-state(Hi-Z)
1	0	X	Output	No	Output Low(Sink)
1	1	X	Output	No	Output High(Source)

I/O 포트(Input/output port)는 I/O 인터페이스라고도 하며, 입·출력 장치와 CPU 사이에 존재하여, 전송 속도, 전압 레벨, 전송 사이클의 길이 등을 조절함으로써 이들 간에 데이터 전송을 담당한다.

Microcontroller의 프로세서 부분과 외부 입·출력을 직접 연결하는 방법을 고려할 수 있겠으나 일반적으로는 직접 연결하는 것은 불가능하다. 프로세서 코어의 동작 속도와 외부에 연결된 입·출력 장치의 속도차이와 구동 전압의 차이가 존재하므로 [그림 6-2]와 같이 데이터 버스에 입·출력에 사용될 자료를 프로세서 코어와 연결되도록 구성한 후 래치/플립플롭과 같은 데이터 저장 소자를 중간에 배치하여 프로세서 코어와 입·출력 장치 사이의 속도 차이를 해결한다. 또한 전압 레벨의 차이를 [그림 6-1]과 같은 클램프 다이오드에 의한 내부 회로 보호 및 pull-up 저항 등을 가진다. 또한 데이터 전송 주기의 차이가 발생하고 시스템의 동작 주파수와 동기를 맞추기 위해 [그림 6-2]의 synchronizer와 같은 회로를 가진다. 이와 같은 회로를 I/O 인터페이스라고 부르며 microcontroller 내부에 포함되어 있다.

ATmega128의 내장 병렬 I/O Port는 모두 8비트의 크기를 갖는 A ~ F의 port와 5비트의 크기를 갖는 G port까지 모두 53개의 I/O를 가지고 있다. 이들 port는 I/O 기능 이외에 AVR의 다른 기능을 가지고 있으며 특히 PA7..0과 PC7..0은 외부 메모리 인터페이스에 사용된다. ATmega128의 외부 핀이 64개 밖에 되지 않으므로, 대부분의 외부 핀이 I/O와 핀을 공유하여 사용하므로 MUX 장치로 선택하여 GPIO와 특수 기능 중 하나를 선택하여 사용한다.

ATmega128의 I/O는 입력과 출력을 모두 지원하며 출력의 경우 High 상태에서는 3mA의 전류를 공급(source)할 수 있고, Low 상태에서는 20mA의 전류를 흘릴(sink) 수 있다. ATmega128은 High 상태에서 3mA 밖에 출력하지 못하므로 구동에 많은 전류가 필요한 소자를 연결할 경우 일반적으로 Low 구동으로 회로를 구성하거나 트랜지스터를 saturation mode로 동작하는 회로를 추가로 구성한다.

ATmega128의 I/O 포트에 있어서는 몇 가지 유의할 사항이 있다. 그 중 하나는 모든 AVR 포트는 기록 동작이 Read-Modify-Write로 이루어진다. AVR 마이크로컨트롤러에 있어서 모든 기록 동작(write operation)은 Read-Modify-Write 동작이다. 어느 포트(PORT 레지스터)에 기록을 하면 CPU는 먼저 그 포트 모든 핀의 High/Low 상태를 읽어 이를 수정한 후, 그 포트의 PORT 래치에 기록한다. 포트 핀의 High/Low 상태는 DDR 레지스터의 설정에 따라 동작이 달라진다. DDR 레지스터에 의해서 입력으로 되어 있는 경우에 포트 핀의 High/Low 상태는 해당 PORT 래치와는 관계가 없이 I/O 핀의 High/Low 상태에 의해서 결정되고, 출력으로 되어 있는 경우에는 PORT 래치의 내용에 의해서 결정된다.

Read-Modify-Write 동작은 명시한 포트 핀을 먼저 읽어 수정한 후 다시 PORT 래치에 기록할 때 DDR 레지스터에 의해서 그 포트가 출력으로 설정되어 있는 경우 PORT 래치의 High/Low 상태가 포트 핀에 출력되기 때문에 결과적으로 PORT 래치에 기록된 값이 프로세서에 전송된다. 반면 DDR 레지스터에 의해 포트가 입력으로 설정된 경우 출력 버퍼는 float 상태(High Impedance)가 되므로 PORT 래치의 내용은 래치된 상태로만 기록되어 있고, 그 값은 외부와 연결되지 않는다. 따라서 PORT 래치와 상관없이 해당 I/O 핀의 High/Low 상태를 읽을 수 있다.

제어 프로그램을 작성할 때 GPIO의 동작 제어에 사용되는 레지스터는 DDR(Data Direction Register), PORT, PIN 세 개를 사용하며 DDR에 의해 해당 포트의 핀 단위로 입·출력 방향을 지정하고 출력할 데이터는 PORT 레지스터에 기록하고, 입력 데이터는 PIN 레지스터에 저장되어 있으므로 이들 값을 읽거나 쓰면 된다. 앞에서 설명한 것과 같이 출력으로 지정한 경우 PORT 레지스터에 기록한 값은 외부로 출력됨과 동시에 이 레지스터를 읽으면 현재 해당 핀의 출력 값을 확인할 수 있다. 입력으로 사용할 경우 PIN 레지스터를 읽으면 현재 핀의 상태를 확인할 수 있으나 입력 모드에서 PORT 레지스터를 읽으면 이전에 기록한 값이 저장되어 있으므로 현재 핀의 상태와는 무관한 값이 읽히므로 주의한다.

〈표 6-2〉와 〈표 6-3〉에는 ATmega128의 PORT와 MUX된 별도의 특수 기능에 대

해 표시한다. 〈표 6-2〉는 PORT A, B, C에 대한 내용으로 주로 외부 메모리 액세스
와 관련된 기능과 Timer 및 SPI 통신 기능과 MUX된 것을 보인다.

〈표 6-2〉 GPIO와 MUX된 특수 기능(PORT A, B, C)

PORT PIN	Alternate Function
PA7	AD7(External memory interface address and data bit 7)
PA6	AD6(External memory interface address and data bit 6)
PA5	AD5(External memory interface address and data bit 5)
PA4	AD4(External memory interface address and data bit 4)
PA3	AD3(External memory interface address and data bit 3)
PA2	AD2(External memory interface address and data bit 2)
PA1	AD1(External memory interface address and data bit 1)
PA0	AD0(External memory interface address and data bit 0)
PB7	OC2/OC1C(Output Compare and PWM Output for Timer/Counter2 or Output Compare and PWM Output C for Timer/Counter1)
PB6	OC1B(Output Compare and PWM Output B for Timer/Counter1)
PB5	OC1A(Output Compare and PWM Output A for Timer/Counter1)
PB4	OC0(Output Compare and PWM Output for Timer/Counter0)
PB3	MISO(SPI Bus Master Input/Slave Output)
PB2	MOSI(SPI Bus Master Output/Slave Input)
PB1	SCK(SPI Bus Serial Clock)
PB0	/SS(SPI Slave Select Input)
PC7	A15(External memory interface address bit 15)
PC6	A14(External memory interface address bit 14)
PC5	A13(External memory interface address bit 13)
PC4	A12(External memory interface address bit 12)
PC3	A11(External memory interface address bit 11)
PC2	A10(External memory interface address bit 10)
PC1	A9(External memory interface address bit 9)
PC0	A8(External memory interface address bit 8)

PE0과 PE1은 직렬 통신 포트0에 연결되어 RXD, TXD의 기능과 함께 ISP(In-
System Programmer)를 사용한 칩 내부 플래시 및 EEPROM의 프로그래밍에 사용되
는 PDI, PDO의 기능을 함께 가지고 있다. 〈표 6-3〉에는 PORT D, E, F와 MUX된
특수 기능에 대해 보인다.

PORT PIN	Alternate Function
PD7	T2(Timer/Counter2 Clock Input)
PD6	T1(Timer/Counter1 Clock Input)
PD5	XCK1(USART1 External Clock Input/Output)
PD4	IC1(Timer/Counter1 Input Capture Trigger)
PD3	INT3/TXD1(External Interrupt3 Input or UART1 Transmit Pin)
PD2	INT2/RXD1(External Interrupt2 Input or UART1 Receive Pin)
PD1	INT1/SDA(External Interrupt1 Input or TWI Serial DAta)
PD0	INT0/SCL(External Interrupt0 Input or TWI Serial CLock)
PE7	INT7/IC3(External Interrupt7 Input or Timer/Counter3 Input Capture Trigger)
PE6	INT6/T3(External Interrupt6 Input or Timer/Counter3 Clock Input)
PE5	INT5/OC3C(External Interrupt5 Input or Output Compare and PWM Output C for Timer/Counter3)
PE4	INT4/OC3B(External Interrupt4 Input or Output Compare and PWM Output B for Timer/Counter3)
PE3	AIN1/OC3A(Analog Comparator Negative Input or Output Compare and PWM Output A for Timer/Counter3)
PE2	AIN0/XCK0(Analog Comparator Positive Input or USART0 external clock input/output)
PE1	PDO/TXD0(Programming Data Output or UART0 Transmit Pin)
PE0	PDI/RXD0(Programming Data Intput or UART0 Receive Pin)
PF7	ADC7/TDI(ADC input channel 7 or JTAG Test Data Input)
PF6	ADC6/TDO(ADC input channel 6 or JTAG Test Data Output)
PF5	ADC5/TMS(ADC input channel 5 or JTAG Test Mode Select)
PF4	ADC4/TCK(ADC input channel 4 or JTAG Test ClocK)
PF3	ADC3(ADC input channel 3)
PF2	ADC2(ADC input channel 2)
PF1	ADC1(ADC input channel 1)
PF0	ADC0(ADC input channel 0)

ATmega128에서는 이전 모델인 ATmega103에 비하여 5개의 포트가 추가되었는데 외부 메모리 인터페이스 전용으로 할당되었던 핀들과 RTC(Real Time Clock)의 입력 클록 핀으로 사용되는 핀을 I/O 포트로 사용할 수 있도록 할당하였다. 〈표 6-4〉에는 PORT G와 MUX된 특수 기능에 대해 보인다.

〈표 6-4〉 GPIO와 MUX된 특수 기능(PORT G)

PORT PIN	Alternate Function
PG4	TOSC1(RTC Oscillator Timer/Counter0)
PG3	TOSC2(RTC Oscillator Timer/Counter0)
PG2	ALE(Address Latch Enable to external memory)
PG1	/RD(Read strobe to external memory)
PG0	/WR(Write strobe to external memory)

ATmega128을 비롯한 AVR microcontroller는 GPIO를 위해 두 개의 제어 레지스터와 하나의 핀 주소를 가진다. 입·출력 방향을 지정하는 DDR 레지스터는 각각의 포트에 대해 DDRA, DDRB, …, DDRF, DDRG 등으로 참조되며 개별 비트는 해당하는 핀의 입·출력 상태를 지정한다. PORTA의 하위 니블에 대해서는 입력, 상위 니블은 출력으로 사용할 경우 DDRA = 0xF0;의 구문을 사용한다. 핀을 출력 모드로 설정한 경우 출력될 데이터는 PORT[A..G]의 레지스터를 사용하며 개별 비트 단위로 High/Low를 지정할 수 있다. 입력 데이터는 PIN[A..G]를 사용하며 이는 포트 입력 핀에 대해 접근할 수 있는 주소로 핀의 상태를 읽을 수 있다.

〈표 6-5〉 포트 제어 레지스터

레지스터	기 능	리셋 값
DDR	포트의 데이터 방향을 결정한다. 1:출력 0:입력	0000 0000
PORT	DDR에 의해서 출력으로 설정되어 있는 경우에 출력을 하면 이것은 포트의 PORT 래치에 기록된다.	0000 0000
PIN	DDR에 의해서 입력으로 설정되어 있는 경우에 핀을 판독하면 포트 I/O핀의 High/Low 상태를 읽어 들인다.	모두 하이 임피던스

가. DDR(Data Direction Register)

ATmega128에는 7개의 I/O 포트가 내장되어 있는데, 이들 포트 중 포트 A~F에는 8개의 I/O 핀이 있고, 포트 G에는 5개의 I/O 핀이 있으며 비트별로 입력 또는 출력으로 사용한다. DDR은 Data direction register라는 뜻으로, 이것은 I/O 포트의 입출력을 비트별로 결정하다. 이들 레지스터는 I/O 레지스터의 $1A(%3A), $17($37), $13($33), $11($31), $02($22), ($61), ($64)번지에 위치하고 I/O 포트와 같은 비트로 구성되어 있어 I/O 핀 하나하나에 대한 입력과 출력을 지정한다. 입력은 '0'으로 지정하고 출력은 '1'로 지정한다.

나. PORT Register

PORT 레지스터는 레지스터 파일의 PORTA는 $1B($3B), PORTB는 $18($38), PORTC는 $15($35), PORTD는 $12($32), PORTE는 $03($23), PORTF는 ($62), PORTG는 ($65)번지에 위치하는 I/O 레지스터이며 DDR에 의해 출력으로 설정된 핀에 디지털 데이터를 출력한다. ATmega128에는 모두 53개의 I/O 핀이 있으며 PORT 레지스터에 비트별로 매핑 되어 있다. 7개의 PORT 레지스터는 PORTA, PORTB, PORTC, PORTD, PORTE, PORTF는 각각 8-bit이며 PORTG는 5-bit만 유효하다.

다. PIN Register

PORT 레지스터는 그 포트라인이 출력으로 설정되어 있는 경우 디지털 데이터를 출력하는데 사용될 뿐, 입력에는 관여하지 못한다. 외부 핀의 High/Low 상태를 읽기 위해서는 그 포트라인이 입력으로 설정되어 있는 가운데 입력 핀을 읽어야 한다. AVR의 경우에는 다른 마이크로컨트롤러와 달리 입력 핀에는 따로 주소가 지정되어 있으며 각각에 대해 PINA, PINB, …, PINF, PING의 레지스터를 사용한다. 포트 A의 입력 핀에 대응하는 PINA는 $19($39), PINB는 $16($36), PINC는 $13($33), PIND는 $16($36), PINE는 $01($21), PINF는 $00($20), PING는 ($63)의 주소를 갖는다.

PORT, DDR, PIN 레지스터의 구성은 각각 다음과 같다. x는 A ~ G를 의미하며 각각의 포트에 대해 PORT, DDR, PIN 3개의 쌍으로 7개가 존재한다.

🔽 PORTx Data Register – PORTx

Bit	7	6	5	4	3	2	1	0
	PORTx7	PORTx6	PORTx5	PORTx4	PORTx3	PORTx2	PORTx1	PORTx0
Read/Write	R/W	R/W	R/W	R/W	R/W	R/W	R/W	R/W
Initial Value	0	0	0	0	0	0	0	0

🔽 PORTx Data Direction Register – DDRx

Bit	7	6	5	4	3	2	1	0
	DDx7	DDx6	DDx5	DDx4	DDx3	DDx2	DDx1	DDx0
Read/Write	R/W	R/W	R/W	R/W	R/W	R/W	R/W	R/W
Initial Value	0	0	0	0	0	0	0	0

PORTx Input Pins Address – PINx

Bit	7	6	5	4	3	2	1	0
	PINx7	PINx6	PINx5	PINx4	PINx3	PINx2	PINx1	PINx0
Read/Write	R/W	R/W	R/W	R/W	R/W	R/W	R/W	R/W
Initial Value	0	0	0	0	0	0	0	0

Port A를 모두 출력으로 설정 후 "0xFF"를 출력하고자 할 경우 프로그램에서 다음과 같이 사용한다.

```
DDRA = 0xFF;          // Port A를 출력으로 설정
PORTA = 0xFF;         // Port A에 0xFF 출력
```

Port A를 모두 입력으로 설정 후 입력을 저장할 경우 프로그램에서 다음과 같이 사용한다.

```
DDRA = 0x00;          // Port A를 입력으로 설정
led = PINA;           // 변수 led에 Port A의 상태를 읽어 저장
```

PIC16F874는 PORTA부터 PORTE까지 총 33개의 I/O 포트를 가지고 있고 입력 또는 출력으로 자유롭게 지성하여 사용할 수 있다. I/O 포트의 몇몇 핀은 주변 장치와 연결될 수 있도록 멀티플렉스 되어 있으며 주변 장치가 연결될 때는 일반적인 I/O 핀으로는 사용하지 않는다.

I/O 포트마다 두 개의 레지스터가 할당되어 있으나 포트 B는 4개의 레지스터가 할당되어 있다. 예를 들어 포트 A의 경우 할당된 레지스터가 PORTA와 TRISA 두 개인데 PORTA는 뱅크 '0'에 있고 TRISA는 뱅크 '1'에 있다. TRIS 레지스터는 해당 포트의 입·출력 방향을 결정하는 레지스터이고, PORT 레지스터는 입·출력 데이터의 액세스용 레지스터이다.

가. PORTA

포트 A는 6비트의 양방향 포트이다. 데이터의 방향을 결정하는 레지스터는 TRISA 이다. TRISA 비트가 1이면 대응이 되는 PORTA 핀이 입력이고, TRISA 비트가 '0'이면 대응되는 PORTA 핀은 출력이다.

PORTA 레지스터를 읽는다는 것은 핀의 상태를 읽는 것이고, PORTA에 쓰는 것은 포트 래치에 쓰는 것이다. 모든 쓰기 동작은 read-modify-write 동작이다. 그러므로 포트에 쓰는 것은 포트 핀을 읽고 값이 수정되고 쓰기 동작이 이루어짐을 의미한다.

핀 RA4(RA4/T0CKI)는 Timer0 모듈 클록 입력과 멀티플렉스 되어 있다. RA4/T0CKI 핀은 슈미트 트리거 입력(Schmitt Trigger Input)과 오픈 드레인(open drain) 출력이다. 다른 모든 RA 포트 핀은 TTL 입력 레벨과 Full CMOS 출력 드라이버로 되어 있다. 다른 PORTA 핀은 아날로그 입력과 아날로그 VREF 입력으로 멀티플렉스 되어 있다. 각 핀의 동작은 ADCON1 레지스터(A/D Control Register1)에서의 컨트롤 비트를 클리어 혹은 세트함으로써 선택되어진다. 파워 온 리셋일 때 이 핀들은 아날로그 입력(A/D 입력)으로 할당되어 있고 '0'으로 읽어 들인다.

TRISA 레지스터는 핀들이 아날로그 입력으로 사용될지라도 RA 핀의 방향을 제어한다. 만약 사용자가 핀들을 아날로그 입력으로 사용할 때 TRISA 레지스터에서의 비트를 set시켜 주어야 한다. [그림 6-3]은 RA3:RA0와 RA5 핀의 블록 다이어그램이고, [그림 6-4]는 RA4/T0CKI 핀의 블록 다이어그램이다.

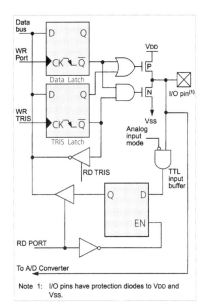 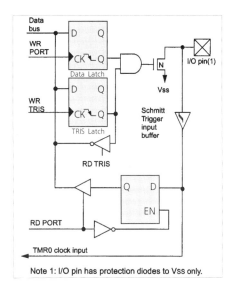

[그림 6-3] RA3:RA0과 RA5 핀의 블록 다이어그램   [그림 6-4] RA4/T0CKI 핀의 블록 다이어그램

〈표 6-6〉은 PORTA와 MUX된 PIC16F874A microcontroller의 특수 기능을 보인다.

〈표 6-6〉 PORTA 기능

Name	Bit#	Buffer	Function
RA0/AN0	bit0	TTL	입력/출력 혹은 아날로그 입력
RA1/AN1	bit1	TTL	입력/출력 혹은 아날로그 입력
RA2/AN2	bit2	TTL	입력/출력 혹은 아날로그 입력
RA3/AN3/VREF	bit3	TTL	입력/출력 혹은 아날로그 입력
RA4/T0CKI	bit4	ST	입력/출력 혹은 Timer0을 위한 외부 클럭 입력 출력은 오픈 드레인 타입
RA5/ $\overline{SS}$ /AN4	bit5	TTL	입력/출력 혹은 아날로그 입력 동기 직렬 포트를 위한 슬레이브 선택 입력

〈표 6-6〉에서 Buffer 부분의 TTL은 TTL 레벨의 동작을 의미하고 ST는 Schmitt Trigger 동작을 뜻한다.

PORTA의 동작과 관련된 레지스터는 〈표 6-7〉에 정리한 것과 같이 입력 또는 출력의 방향을 지정하는 TRISA 레지스터와 입·출력 데이터를 저장한 PORTA 레지스터 및 PORTA와 핀을 공유하는 Analog to Digital Converter의 ADCON1 레지스터이다.

〈표 6-7〉 PORTA와 관련된 레지스터

Address	Name	Bit 7	Bit 6	Bit 5	Bit 4	Bit 3	Bit 2	Bit 1	Bit 0	Value on: POR, BOR	Value on all other resets
05h	PORTA	–	–	RA5	RA4	RA3	RA2	RA1	RA0	--0x 0000	--0u 0000
85h	TRISA	–	–	PORTA 데이터 방향 레지스터						--11 1111	--11 1111
9Fh	ADCON1	ADFM	–	–	–	PCFG3	PCFG2	PCFG1	PCFG0	---0- 0000	---0- 0000

나. PORTB

PORTB는 8비트 양방향 포트이다. 대응되는 데이터 방향을 결정하는 레지스터는 TRISB이다. TRISB 비트가 '1'이면 대응되는 PORTB 핀이 입력이고, '0'이면 출력이다.

PORTB의 세 개의 핀은 Low Voltage Programming function과 멀티플렉스 되어 있다. 즉 RB3/PGM, RB6/PGC, RB7/PGD이다.

PORTB 핀의 각각은 내부에 약한 pull-up이 내장되어 있다. 즉 포트 B에 연결된 내부 풀업은 입력의 경우에만 동작하고 소위 약한 풀업이다. 여기서 약한 풀업 (weak pull-up)이라 함은 이에 흐르는 전류가 $100\mu A$ 밖에 되지 않을 정도로 풀업 저항의 임피던스가 높은 것(약 $10k\Omega$)이라는 뜻이다. 풀업 저항이 이토록 크므로 입력의 경우에도 노이즈가 많은 환경이나 특별히 낮은 임피던스가 요구되는 응용에서는 이 풀업에만 의존하지 말고 별도로 외부에 풀업 저항을 달아 주어야 한다.

이것은 OPTION 레지스터(OPTION_REG〈7〉)의 비트를 클리어 함으로써 모든 pull-up은 동작한다. 포트 핀이 출력으로 결정되면 해당 pull-up은 제거된다. pull-up은 파워 온 리셋 시에도 제거된다.

4개의 PORTB 핀〈RB7:RB4〉은 CHANGE 인터럽트 기능을 가지고 있다. 단지 입력으로 정의된 핀들만이 이 인터럽트를 발생시키는 원인이 된다. 만약 임의의 핀〈RB7:RB4〉이 출력으로 정의되어 있으면 CHANGE 인터럽트에서 이 핀은 제외된다. 이 입력 핀의 값들은 종전에 읽은 값과 비교되고 두 개가 일치하지 않으면 인터럽트는 발생한다. 이때 INTCON 레지스터의 RBIF 플래그(INTCON〈0〉)는 세트된다. GIE와 RBIE 플래그가 세트되어 있다면 인터럽트 벡터로 점프한다.

이 인터럽트를 사용해서 SLEEP 중에 있는 장치를 깨울 수 있다. 인터럽트 서비스 루틴에서 사용자는 다음과 같은 방법으로 인터럽트를 클리어할 수 있다.

① PORTB를 읽거나 혹은 쓴다. 이것은 불일치 조건을 끝낼 것이다.

② RBIF 플래그 비트를 클리어시킨다.

불일치 조건은 RBIF 플래그 비트를 세트하면 계속될 것이다. PORTB를 읽는 것은 불일치 조건을 끝낼 것이고 RBIF 플래그 비트를 클리어 시키는 것이 허용된다. 인터럽트는 wake-up 기능이 필요한 키패드와 같은 어플리케이션에 적합하다. 포트 B의 RB0 핀은 외부 인터럽트를 받는 핀이다. INTCON 레지스터(INTCON⟨1⟩)의 INTF 플래그 비트를 세트시킨다. INTF는 소프트웨어적으로 클리어 해주어야 한다.

[그림 6-5]는 RB⟨3:0⟩ 핀의 블록 다이어그램이고 [그림 6-6]은 RB⟨7:4⟩ 핀의 블록 다이어그램이다.

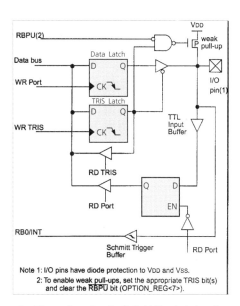

[그림 6-5] RB⟨3:0⟩ 핀의 블록 다이어그램

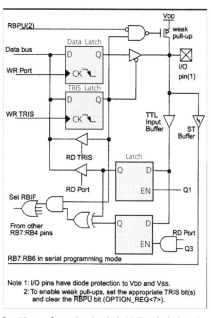

[그림 6-6] RB⟨7:4⟩ 핀의 블록 다이어그램

⟨표 6-8⟩에는 PORTB의 기능을 정리하여 표시한다.

⟨표 6-8⟩ PORTB 기능

Name	Bit#	Buffer	Function
RB0/INT	bit0	TTL/ST	입력/출력 핀, 외부 인터럽트 입력 프로그램 가능한 약한 풀업(pull-up)
RB1	bit1	TTL	입력/출력 핀 프로그램 가능한 약한 풀업

RB2	bit2	TTL	입력/출력 핀 프로그램 가능한 약한 풀업
RB3/PGM	bit3	TTL	입력/출력 핀 혹은 LVP 모드에서 프로그램할 수 있는 핀 프로그램 가능한 약한 풀업
RB4	bit4	ST	입력/출력 핀(change interrupt 기능 있음) 프로그램 가능한 약한 풀업
RB5	bit5	TTL	입력/출력 핀(change interrupt 기능 있음) 프로그램 가능한 약한 풀업
RB6/PGC	bit6	TTL/ST	입력/출력 핀(change interrupt 기능 있음) 혹은 인써킷 디버거 핀. 프로그램 가능한 약한 풀업, 직렬 프로그래밍 클록
RB7/PGD	bit7	TTL/ST	입력/출력 핀(change interrupt 기능 있음) 혹은 인써킷 디버거 핀. 프로그램 가능한 약한 풀업, 직렬 프로그래밍 데이터.

〈표 6-9〉에는 PORTB와 관련된 레지스터의 목록을 표시한다.

〈표 6-9〉 PORTB와 관련된 레지스터

Address	Name	Bit 7	Bit 6	Bit 5	Bit 4	Bit 3	Bit 2	Bit 1	Bit 0	Value on: POR, BOR	Value on all other resets
06h, 106h	PORTB	RB7	RB6	RB5	RB4	RB3	RB2	RB1	RB0	xxxx xxxx	uuuu uuuu
86h, 186h	TRISB	PORTB 데이터 방향 레지스터								1111 1111	1111 1111
81h, 181h	OPTION _REG	RBPU	INTEDG	T0CS	T0SE	PSA	PS2	PS1	PS0	1111 1111	1111 1111

다. PORTC

포트 C는 8비트 양방향 포트이다. 대응되는 데이터 방향을 결정하는 레지스터는 TRISC이다. TRISC 비트가 '1'이면 대응되는 PORTC 핀이 입력이고 '0'이면 출력이다.

PORTC는 여러 가지 주변 장치와 멀티플렉스 되어 있고, PORTC 핀은 Schmitt Trigger 입력 버퍼를 가지고 있다. 포트 C는 "외부 장치에 대한 제어 신호를 취급하는 포트"라고 할 정도로 포트 C의 각 핀은 〈표 6-10〉과 같이 여러 가지 주변 장치의 기능을 겸하고 있다. 예컨대 RC0은 타이머1의 외부 클록 출력 및 입력(T1OSO, T1CKI), RC1은 CCP2의 제어 신호, RC2는 CCP1의 제어 신호, RC6은 비동기식 송신 신호 Tx, RC7은 수신 신호 Rx로도 사용된다.

I^2C 모듈이 인에이블 되었을 때 PORTC(3:4) 핀은 normal I^2C 레벨 혹은 CKE 비트 (SSPSTAT⟨6⟩)를 사용함으로써 SMBUS 레벨에서 동작할 수 있다.

주변 장치가 인에이블 되었을 때 각 PORTC 핀에서 TRIS 비트를 정의할 때 주의를 해야 한다. 몇몇 주변 장치들은 핀이 출력이 되도록 하기 위해서 TRIS 비트를 무시하고 다른 주변 장치들은 핀이 입력이 되도록 하기 위해서 TRIS 비트를 무시한다. TRIS 비트는 주변 장치가 인에이블 되었을 때 사실상 무시되기 때문에 목적지가 TRISC인 read-modify-write 명령(BSF, BCF, XORWF)은 피해야 한다. 사용자는 정확한 TRIS 비트를 세트하기 위해서 대응되는 주변 장치를 유의해야 한다.

〈표 6-10〉은 각 핀에서의 PORTC의 기능을 설명하고 있다.

〈표 6-10〉 PORTC의 기능

Name	Bit#	Buffer	기　능
RC0/T1OSO/T1CKI	bit0	ST	입출력 포트 핀 Timer1 OSC 출력 또는 Timer1 클록 입력
RC1/T1OSI/CCP2	bit1	ST	입출력 포트 핀 Timer1 OSC 입력 또는 Capture2 입력/Compare2 출력/PWM2 출력
RC2/CCP1	bit2	ST	입출력 포트 핀 Capture1 입력/Compare1 출력/PWM1 출력
RC3/SCK/SCL	bit3	ST	입출력 포트 핀 SPI와 I²C의 두 모드를 위한 synchronous serial clock
RC4/SDI/SDA	bit4	ST	입출력 포트 핀 SPI 모드에서 SPI 데이터 입력 또는 I²C 모드에서 데이터 I/O
RC5/SDO	bit5	ST	입출력 포트 핀 동기 시리얼 포트 데이터 출력
RC6/TX/CK	bit6	ST	입출력 포트 핀 USART 비동기 전송 또는 동기 클록
RC7/RX/DT	bit7	ST	입출력 포트 핀 USART 비동기 수신 또는 동기 데이터

〈표 6-11〉에는 PORTC와 관련된 레지스터를 표시한다.

〈표 6-11〉 PORTC와 관련된 레지스터

Address	Name	Bit 7	Bit 6	Bit 5	Bit 4	Bit 3	Bit 2	Bit 1	Bit 0	Value on: POR, BOR	Value on all other resets
07h	PORTC	RC7	RC6	RC5	RC4	RC3	RC2	RC1	RC0	xxxx xxxx	uuuu uuuu
87h	TRISC	PORTC 데이터 방향 레지스터								1111 1111	1111 1111

[그림 6-7]는 RC⟨0:2⟩와 RC⟨5:7⟩의 PORTC 블록 다이어그램이고 [그림 6-8]은 RC ⟨3:4⟩의 블록 다이어그램이다.

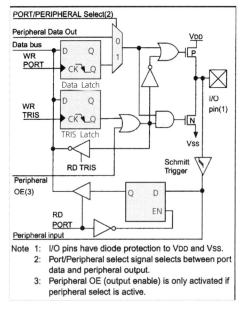

[그림 6-7] PORTC 블록 다이어그램 RC⟨0:2⟩ RC⟨5:7⟩

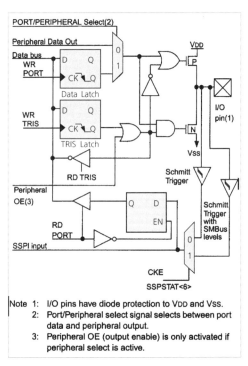

[그림 6-8] PORTC 블록 다이어그램 RC⟨3:4⟩

라. PORTD

이 부분은 28핀 장치에는 적용되지 않는다. PORTD는 8비트 포트이고 Schmitt Trigger 입력 버퍼이다. 각 핀 각각 입력 혹은 출력으로 사용된다. PORTD는 PSPMODE(TRISE〈4〉) 컨트롤 비트를 세트함으로써 8비트 병렬 SLAVE 포트로 사용할 수 있다. 이 모드에서 입력 버퍼는 TTL이다.

[그림 6-9]는 입출력 포트 모드에서의 PORTD의 블록 다이어그램이다.

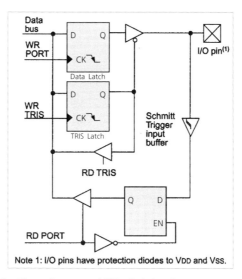

Note 1: I/O pins have protection diodes to VDD and VSS.

[그림 6-9] PORTD 블록 다이어그램

〈표 6-12〉는 PORTD의 기능을 보이고, 〈표 6-13〉은 PORTD와 관련된 레지스터를 표시한다.

〈표 6-12〉 PORTD 기능

Name	Bit#	Buffer	Function
RD0/PSP0	bit0	ST/TTL	입력/출력 포트 핀 혹은 Parallel slave port bit0
RD1/PSP1	bit1	ST/TTL	입력/출력 포트 핀 혹은 Parallel slave port bit1
RD2/PSP2	bit2	ST/TTL	입력/출력 포트 핀 혹은 Parallel slave port bit2
RD3/PSP3	bit3	ST/TTL	입력/출력 포트 핀 혹은 Parallel slave port bit3
RD4/PSP4	bit4	ST/TTL	입력/출력 포트 핀 혹은 Parallel slave port bit4
RD5/PSP5	bit5	ST/TTL	입력/출력 포트 핀 혹은 Parallel slave port bit5
RD6/PSP6	bit6	ST/TTL	입력/출력 포트 핀 혹은 Parallel slave port bit6
RD7/PSP7	bit7	ST/TTL	입력/출력 포트 핀 혹은 Parallel slave port bit7

〈표 6-13〉 PORTD와 관련된 레지스터

Address	Name	Bit 7	Bit 6	Bit 5	Bit 4	Bit 3	Bit 2	Bit 1	Bit 0	Value on: POR, BOR	Value on all other resets
08h	PORTD	RD7	RD6	RD5	RD4	RD3	RD2	RD1	RD0	xxxx xxxx	uuuu uuuu
88h	TRISD	PORTD 데이터 방향 레지스터								1111 1111	1111 1111
89h	TRISE	IBF	OBF	IBOV	PSPMODE	–	POTRE Data Direction Bits			0000 –111	0000 –111

마. PORTE

이 부분은 28핀 장치에는 적용되지 않는다. PORTE는 3개의 핀, RE0/$\overline{RD}$/AN5, RE1/$\overline{WR}$/AN6, RE2/$\overline{CS}$/AN7을 가지고 있으며, 각각 입력과 출력으로 구성될 수 있다. 이 핀들은 Schmitt Trigger 입력 버퍼를 가지고 있다. I/O PORTE는 PSPMODE(TRISE〈4〉) 비트가 세트되었을 때 마이크로프로세서 포트를 위한 제어 입력 신호가 된다. 이 모드에서 사용자는 TRISE〈2:0〉 비트를 세트하여야만 한다.(핀 은 디지털 입력으로 구성되어진다). ADCON1을 이용하여 디지털 I/O로 구성한다. 이 모드에서 입력 버퍼는 TTL이다.

PORTE 핀은 아날로그 입력들과 멀티플렉스 되어 있다. 아날로그 입력으로 선택 되었을 때 이 핀들은 '0'으로 읽을 것이다.

TRISE는 핀이 아날로그 입력으로 사용되었을지라도 RE 핀의 방향을 제어한다. 사 용자는 핀이 아날로그 입력으로 사용될 때 입력으로 구성되도록 유지해 주어야 한다.

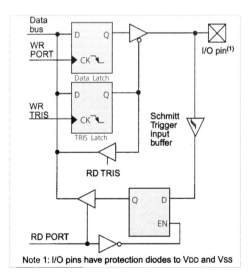

[그림 6-10] PORTE 블록 다이어그램

파워 온 리셋될 때 이들 핀은 아날로그 입력으로 구성된다. [그림 6-10]은 입출력 포트 모드에서의 PORTE의 블록 다이어그램을 보이고 〈표 6-14〉에는 PORTE의 기능을 나타낸다.

〈표 6-14〉 PORTE 기능

Name	Bit#	Buffer	Function
RE0/$\overline{RD}$/AN5	bit0	ST/TTL	입력/출력 포트 핀 혹은 병렬 슬레이브 포트(PSP) 모드에서 읽기(read) 제어 입력 혹은 아날로그 입력 : $\overline{RD}$ 1=읽기 동작 아님 0=읽기 동작. 칩이 선택되면 PORTD register를 읽는다.
RE1/$\overline{WR}$/AN6	bit1	ST/TTL	입력/출력 포트 핀 혹은 병렬 슬레이브 포트(PSP) 모드에서 쓰기(write) 제어 입력 혹은 아날로그 입력 : $\overline{WR}$ 1=쓰기 동작 아님 0=쓰기 동작. 칩이 선택되면 PORTD register에 래치 됨
RE2/$\overline{CS}$/AN7	bit2	ST/TTL	입력/출력 포트 핀 혹은 병렬 슬레이브 포트(PSP) 모드에서 칩 선택 제어 입력 혹은 아날로그 입력 : $\overline{CS}$ 1= 장치가 선택되지 않음 0= 장치가 선택되었음(읽기/쓰기 동작 가능)

〈표 6-15〉에는 PORTE와 관련된 레지스터의 목록과 각 비트별 의미를 표시한다.

〈표 6-15〉 PORTE와 관련된 레지스터

Address	Name	Bit 7	Bit 6	Bit 5	Bit 4	Bit 3	Bit 2	Bit 1	Bit 0	Value on: POR, BOR	Value on all other resets
09h	PORTE	–	–	–	–	–	RE2	RE1	RE0	------ –xxx	------ –uuu
89h	TRISE	IBF	OBF	IBOV	PSPMODE	–	POTRE Data Direction Bits			0000 –111	0000 –111
9Fh	ADCON1	ADFM	–	–	–	PCFG3	PCFG2	PCFG1	PCFG0	------ –xxx	------ –uuu

[그림 6-11]은 TRISE 레지스터이고, 또한 병렬 SLAVE 포트 동작을 제어한다.

R–0	R–0	R/W–0	R/W–0	U–0	R/W–1	R/W–1	R/W–1
IBF	OBF	IBOV	PSPMODE	–	bit 2	bit 1	bit 0

bit 7   bit 0

R = Readable bit
W = Writable bit
U = Unimplemented bit, read as '0'
−n = Value at POR reset

bit 7 :   IBF: 입력 버퍼 풀 상태 비트(Input Buffer Full Status bit)

              1 = 수신된 데이터가 있어서, CPU가 읽기를 기다리는 중

              0 = 수신된 데이터가 없다

bit 6:   OBF: 출력 버퍼 풀 상태 비트(Ouput Buffer Full Status bit)

              1 = 출력 버퍼가 아직까지 앞에서 써진 데이터를 갖고 있다

              0 = 출력 버퍼가 읽혀졌다.

bit 5:   IBOV: 입력 버퍼 오버플로(Input Buffer Overflow Detect bit)

              1 = 앞에서 입력된 데이터를 읽기 전에 다시 데이터가 써진 경우(소프트웨어로 클리어해야 함)

              0 = 오버플로가 발생되지 않았음

bit 4:   PSPMODE: 병렬 슬레이브 포트 모드 선택(Parallel Slave Port Mode Select bit)

              1 = PORTD 병렬 슬레이브 포트 모드

              0 = PORTD 범용 입·출력 모드

bit 3:   Unimplemented: 미실현, '0'으로 판독됨

              PORTE 데이터 방향 비트

bit 2:   Bit2: RE2/$\overline{CS}$/AN7 핀의 방향 제어 비트

              1 = 입력

              0 = 출력

bit 1:   Bit1: RE1/$\overline{WR}$/AN6 핀의 방향 제어 비트

              1 = 입력

              0 = 출력

bit 0:   Bit0: RE0/$\overline{RD}$/AN5 핀의 방향 제어 비트

              1 = 입력

              0 = 출력

[그림 6-11] TRISE REGISTER(ADDRESS 89h)

실습 장치에는 LED, FND, Key Matrix 등이 연결되어 있으며 이들 소자는 GPIO 를 사용하여 동작을 제어할 수 있다. 6-3절에서는 AVR과 PIC를 사용하여 이들 장치 에 대한 제어 실습을 진행한다.

가. AVR

8개의 LED가 PORTA에 Active Low로 연결되어 있다. 또한 PORTA는 FND에 표 시될 데이터와 Text LCD의 데이터에 연결된다. 8개의 LED는 PORTA의 출력만으로 제어할 수 있으나 FND와 Text LCD의 경우 별도의 제어 신호를 설정해야 한다. 4 ×4로 구성된 Key Matrix는 PORTB에 연결되어 있으며 상위 nibble은 출력으로, 하 위 nibble은 입력으로 각 열에 대해 스캔 데이터를 읽는다. 출력으로 지정된 상위 nibble은 Active High로 제어되는 LED 4개가 연결되어 있어 Key Matrix의 열에 대 한 선택 상황을 확인할 수 있으며 간단한 상태 표현에 사용된다.

1) 8-bit LED 제어

LED의 동작을 제어하기 위해서 PORTA를 출력으로 지정하기 위해 DDRA 레지스 터를 출력으로 설정하고, LED에 표시될 데이터는 PORTA 레지스터에 기록한다. AVR에서 DDRA 레지스터는 PORTA의 각 핀에 대한 입·출력을 지정한다. 각 비트 별로 포트의 핀에 대응되며 1을 기록할 경우 출력, 0을 기록할 경우 입력으로 지정 되며 microcontroller의 reset 이후의 기본 설정은 0으로 입력 모드이다.

아래의 예제는 AVR Studio 4와 WinAVR gcc 컴파일러를 사용하며 LED를 0.5초 간격으로 켜고 끄는 동작을 반복한다.

```
01   #include <avr/io.h>
02   #define F_CPU 14745600UL
03   #include <util/delay.h>
04
05   int main(void)
```

```
06  {
07          DDRA=0xFF;
08
09          while(1)   {
10                  PORTA=0x00;
11                  _delay_ms(500);
12                  PORTA=0xFF;
13                  _delay_ms(500);
14          }
15          return  0;
16  }
```

설명

01 : #include 〈avr/io.h〉

AVR의 GPIO 및 microcontroller에 내장된 주변 장치를 제어하기 위한
레지스터에 대한 설정을 포함하고 있으므로 모든 AVR 제어 프로그램에
포함된다.

02 : #define F_CPU 14745600UL

_delay_ms(ms)와 _delay_us(us) 등의 시간 지연 함수를 사용하기 위해
시스템의 클록 주파수를 지정한다. 다음 줄의 #include 〈util/delay.h〉
에 앞서 지정해야 한다. F_CPU는 사용하는 AVR microcontroller 시스
템에 연결된 oscillator 또는 crystal 발진기의 주파수를 Hz 단위로 지
정하며 끝에 붙은 UL은 C언어에서 사용되는 숫자 표기 방식 중
unsigned long로 4-byte의 부호 없는 데이터 타입으로 지정한다.

03 : #include 〈util/delay.h〉

_delay_ms(ms), _delay_us(us) 등의 시간 지연 함수에 대한 선언을 가
지고 있다. 시간 지연 함수를 사용하기 위해 프로그램의 시작 부분에 포
함시켜야 한다. 단, 이 구문에 앞서 사용하는 microcontroller의 동작
주파수를 F_CPU로 먼저 지정해야 한다.

07 : DDRA=0xFF;

PORTA의 모든 비트를 출력으로 지정한다. 8-bit의 레지스터 값은 각
비트 순서에 따라 PORTA의 7, 6, 5, 4, 3, 2, 1, 0 핀에 대응되는 설정
을 가진다. 0xFF에서 0x는 표시한 데이터가 16진수라는 것을 지정하
며, 2진수로 나타낼 때는 0b를 앞에 붙여 0b11111111과 같이 각 비트별
로 0, 1의 값으로 표시한다.

09 : while(1)

무한 반복 구문을 지정하며 일반적으로 microcontroller의 제어 프로그램은 시스템의 초기화 이후 무한 반복하여 설정된 상태에 따라 반응하도록 구성되므로 while(1)에서 {로 시작하며}로 끝나는 구문 사이의 내용을 무한 반복한다.

10 : PORTA = 0x00;

PORTA에 출력되는 데이터를 각 비트별로 지정하며 이 경우 모든 값을 0으로 출력한다. 실습 장치에 연결된 LED가 0이 출력될 때 켜지는 active low 방식이므로 이 구문에서 8개의 LED가 켜진다.

11 : _delay_ms(500);

구문은 일정한 시간 동안 프로그램의 동작을 멈춘다. ms는 1/1,000초를 의미하며 매개변수에 지정하는 값은 1/1,000초 단위의 값이므로 500을 지정한 경우 0.5초 동안 프로그램의 제어 흐름이 이 부분에 멈추어 있다. 따라서 앞의 PORTA = 0x00;으로 LED가 모두 켜진 후 0.5초 동안 그 상태를 유지한다.

12 : PORTA = 0xFF;

PORTA에 모든 비트를 1로 출력한다. LED는 꺼진다.

13 : _delay_ms(500);

앞의 설명과 같이 0.5초 동안 프로그램의 제어 흐름을 멈추게 하므로 LED가 꺼진 상태로 0.5초 동안 유지된다.

예제 프로그램은 0.5초 간격으로 8개의 LED가 켜지고 꺼지는 동작을 반복하며 전체 제어 주기는 약 1초가 된다. 다만 이 경우 _delay_ms() 함수를 사용하여 시간을 지연하고 있으므로 이 함수에 의한 시간 지연에 while(1)에 대한 반복 구문, PORTA = 값; 구문의 동작 시간 등이 포함되므로 전체 동작 주기는 1초보다 크다.

2) 4-bit LED 제어

PORTB의 상위 nibble은 출력으로 사용되며 Key Matrix의 출력 및 active high로 구동되는 LED가 연결된다. PORTB의 7, 6, 5, 4번 핀에 inverter를 거쳐 LED가 연결되어 있으므로 PORTB에서 high 상태의 출력일 경우 LED가 켜진다. 아래의 예제는 0.5초 간격으로 4개의 LED를 순차적으로 켜는 동작을 반복한다.

```
01   #include  <avr/io.h>
02   #define  F_CPU  14745600UL
03   #include  <util/delay.h>
04
05   int  main(void)
06   {
07           DDRB=0xF0;
08
09           while(1)   {
10                   PORTB=0x00;
11                   _delay_ms(500);
12                   PORTB=0x10;
13                   _delay_ms(500);
14                   PORTB=0x20;
15                   _delay_ms(500);
16                   PORTB=0x40;
17                   _delay_ms(500);
18                   PORTB=0x80;
19                   _delay_ms(500);
20           }
21           return  0;
22   }
```

설명

프로그램은 1)의 예제와 같으며 출력에 사용되는 포트의 설정만 다르다.

07 DDRB = 0xF0;

PORTB의 7, 6, 5, 4번 핀에 해당하는 비트를 1로 설정하여 출력으로
지정한다.

10 PORTB = 0x00;

PORTB에 출력되는 값을 지정하며 각각의 구문에서 0x10, 0x20, 0x40,
0x80과 같이 4, 5, 6, 7번 핀 하나씩 1로 출력하고 그 나머지는 0으로
지정하여 하나의 LED만 켜지도록 한다.

11 _delay_ms(500);

지정된 500 × 1/1,000초 동안 프로그램의 제어 흐름을 멈추므로 LED가
지정된 상태에서 동작을 멈추고 켜져 있는 상태를 눈으로 확인할 수 있
다.

3) 4-bit LED의 밝기 제어

LED는 디지털 제어 소자로서 ON/OFF의 동작만 제어할 수 있다. LED의 밝기를 변경하기 위해서는 회로의 공급 전압을 높이거나 전류 제한 저항을 변경하는 등 구성된 장치에 물리적인 변경을 해야 한다. LED의 경우 사람의 시각 특성 중 잔상 효과를 활용한다. 사람의 눈은 끊어진 움직임일 경우 빠른 속도로 변하는 경우 연속된 움직임으로 인식하므로 1/1,000초 단위로 켜고 끄는 동작을 제어하여 가장 많은 시간 켜진 것을 더 밝게 느끼고 상대적으로 적은 시간 동안 켜진 것을 어둡게 느끼도록 제어한다.

```
01  #include  <avr/io.h>
02  #define  F_CPU  14745600UL
03  #include  <util/delay.h>
04
05  int  main(void)
06  {
07          DDRB=0xF0;
08          while(1)  {
09                  PORTB=0x10;
10                  _delay_ms(1);
11                  PORTB=0x30;
12                  _delay_ms(1);
13                  PORTB=0x70;
14                  _delay_ms(1);
15                  PORTB=0xF0;
16                  _delay_ms(1);
17          }
18          return  0;
19  }
```

예제 프로그램은 1/1,000초 간격으로 LED의 ON/OFF 상태를 다음과 같이 변경하여 항상 켜진 LED와 4/1,000초의 제어 주기에서 1/1,000초 동안 켜진 LED와의 밝기 변화를 비교한다.

		7	6	5	4
1	0x10	OFF	OFF	OFF	ON
2	0x30	OFF	OFF	ON	ON
3	0x70	OFF	ON	ON	ON
4	0xF0	ON	ON	ON	ON

4) Key Matrix 제어

Key Matrix는 4행 4열로 구성되며 PORTB의 상위 nibble에 대해 active low로 열을 선택하고 선택된 열에 대해 스위치의 눌림을 하위 nibble의 값으로 판단한다. key switch는 pull-up 저항이 연결되어 있으므로 PORTB의 하위 nibble의 값은 스위치를 누르지 않았을 때 high의 값으로 읽히며, 스위치를 눌렀을 때 low의 값이 읽힌다. AVR에는 PORT의 데이터를 읽기 위해 PIN의 값을 사용한다. PORTB에 대응하는 것은 PINB이다. Key Matrix의 회로는 [그림 6-12]와 같다.

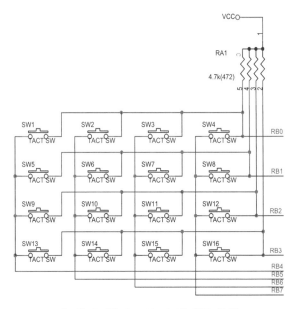

[그림 6-12] Key Matrix의 회로 구성

```
01  #include <avr/io.h>
02  #define F_CPU 14745600UL
03  #include <util/delay.h>
04
05  int main(void) {
06          unsigned char key = 0;
07
08          DDRA = 0xFF;
09          DDRB = 0xF0;
10
11          while(1)
12          {
```

```
13              PORTB = 0xEF;
14              _delay_ms(1);
15              if ((PINB & 0x0F) == 0x0E) {
16                      key = 1;
17              } else if ((PINB & 0x0F) == 0x0D)     {
18                      key = 5;
19              } else if ((PINB & 0x0F) == 0x0B)     {
20                      key = 9;
21              } else if ((PINB & 0x0F) == 0x07)     {
22                      key = 13;
23              }
24
25              PORTB = 0xDF;
26              _delay_ms(1);
27              if ((PINB & 0x0F) == 0x0E)  {
28                      key = 2;
29              } else if ((PINB & 0x0F) == 0x0D)     {
30                      key = 6;
31              } else if ((PINB & 0x0F) == 0x0B)     {
32                      key = 10;
33              } else if ((PINB & 0x0F) == 0x07)     {
34                      key = 14;
35              }
36
37              PORTB = 0xBF;
38              _delay_ms(1);
39              if ((PINB & 0x0F) == 0x0E)  {
40                      key = 3;
41              } else if ((PINB & 0x0F) == 0x0D)     {
42                      key = 7;
43              } else if ((PINB & 0x0F) == 0x0B)     {
44                      key = 11;
45              } else if ((PINB & 0x0F) == 0x07)     {
46                      key = 15;
47              }
48
49              PORTB = 0x7F;
50              _delay_ms(1);
51              if ((PINB & 0x0F) == 0x0E)  {
52                      key = 4;
53              } else if ((PINB & 0x0F) == 0x0D)     {
54                      key = 8;
```

```
55              } else if ((PINB & 0x0F) == 0x0B)      {
56                       key = 12;
57              } else if ((PINB & 0x0F) == 0x07)      {
58                       key = 16;
59              }
60
61              PORTA = ~key;
62          }
63      return 0;
64  }
```

설명

06 unsigned char key = 0;

스위치의 눌림을 저장할 변수이며 Key Matrix의 스위치는 SW1 ~ SW16
에 대해 눌렀을 경우 각각 1 ~ 16의 숫자로 지정한다. 초기 값은 0으로
스위치가 눌리지 않았음을 의미한다.

08 DDRA = 0xFF;

스위치가 눌린 상태를 key 변수에 저장하고 PORTA에 연결된 LED에
결과를 표시하기 위해 출력으로 지정한다.

09 DDRB = 0xF0;

Key Matrix의 제어를 위해 PORTB의 상위 nibble은 출력으로 설정하
고 하위 nibble은 입력으로 지정한다.

13 PORTB = 0xEF;

PORTB의 4번 비트만 0으로 출력하고 나머지는 모두 1로 지정한다. 입
력으로 설정한 하위 nibble에 대해서는 영향을 주지 않는다. Key
Matrix의 회로 구성에서 PORTB의 4번 핀이 low인 경우 SW1, SW5,
SW9, SW13의 스위치의 한쪽 끝은 low와 연결되므로 스위치를 누른 경
우 pull-up 저항이 연결된 PORTB의 0, 1, 2, 3번 핀의 값은 스위치를
누른 위치가 0으로 입력되며 누르지 않은 경우 1로 인식된다.

14 _delay_ms(1);

스위치를 선택하기 위해 PORTB의 출력이 안정화 되도록 일정시간 대
기한다.

15 if ((PINB & 0x0F) == 0x0E)

PORTB의 입력을 처리하기 위해 PINB의 값을 읽으며 하위 nibble에 대
해서만 유효한 값이므로 상위 nibble의 데이터는 무시하기 위해 0x0F와

bit and 연산으로 마스크한 후 눌린 값이 0x0E (0b00001110)와 일치할 경우 SW1이 눌린 것을 판단할 수 있다.

16 key = 1;

SW1이 눌린 것으로 판단되면 key 변수의 값을 1로 지정한다.

17 else if ((PINB & 0x0F) == 0x0D)

PINB의 값을 0x0D (0b00001101)와 비교하여 SW5의 눌린 상태를 판단한다.

61 PORTA = ~key;

8개의 LED가 연결된 PORTA는 active low로 동작하므로 key 변수의 값을 비트 단위로 반전시켜 출력한다. 스위치가 눌린 번호가 LED에 표시되며 그 결과는 ON, OFF 상태로 2진수로 환산하여 확인할 수 있다.

예제 프로그램은 SW1, SW5, SW9, SW13을 하나의 그룹으로 SW2, SW6, SW10, SW14를 하나의 그룹으로 Key Matrix의 열 단위의 그룹으로 묶어 PORTB의 상위 nibble로 4그룹 중 하나만 active low로 활성되도록 지정한다. 지정된 열에 대해 스위치의 눌림을 PINB의 하위 nibble의 값으로 판단하여 눌린 값에 따라 key 변수에 스위치 번호를 지정한다.

5) FND의 제어

FND는 Flexible Numeric Display로 7개의 LED를 사용하여 숫자 0에서 9를 표시할 수 있도록 배열된 것으로 [그림 6-13]과 같이 dot를 포함하여 모두 8개의 핀을 사용하여 표시되는 숫자를 제어한다.

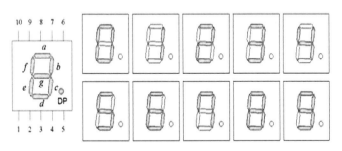

[그림 6-13] FND의 구성

실습 장치는 4자리의 FND를 사용하며 각각의 자리마다 선택적으로 ON/OFF할 수 있도록 트랜지스터를 사용하여 전원을 공급할 수 있도록 구성된다. FND 각 자리에 대해 8개의 LED를 제어하여 원하는 숫자를 표시한다. FND를 구동하기 위한 포트는 8개의 LED와 같이 AVR은 PORTA에 연결되어 active low로 구동하며, 각 자리에 대한 ON/OFF를 제어하는 핀은 AVR의 경우 PORTE의 4, 5, 6, 7을 사용하며 PNP 트랜지스터를 사용하므로 active low로 동작한다. 각 자리에 해당하는 A ~ G, DP는 다음과 같다.

〈표 6-16〉 FND에 표시되는 숫자와 제어 비트의 값

표시되는 숫자	DP	G	F	E	D	C	B	A	HEX
0	1	1	0	0	0	0	0	0	0xC0
1	1	1	1	1	1	0	0	1	0xF9
2	1	0	1	0	0	1	0	0	0xA4
3	1	0	1	1	0	0	0	0	0xB0
4	1	0	0	1	1	0	0	1	0x99
5	1	0	0	1	0	0	1	0	0x92
6	1	0	0	0	0	0	1	0	0x82
7	1	1	0	1	1	0	0	0	0xD8
8	1	0	0	0	0	0	0	0	0x80
9	1	0	0	1	0	0	0	0	0x90

예제 프로그램에서는 PORTE의 4, 5, 6, 7번 핀을 출력으로 지정하여 상위 nibble의 출력을 low로 지정하여 4개의 FND에 모두 동일한 값이 표시되도록 한다.

```
01    #include <avr/io.h>
02    #define F_CPU 14745600UL
03    #include <util/delay.h>
04
05    int main(void) {
06
07            DDRE = 0xF0;
08            DDRA = 0xFF;
09
10            PORTE = 0x0F;
11            while(1) {
12                    PORTA = 0xC0;
13                    _delay_ms(500);
14                    PORTA = 0xF9;
15                    _delay_ms(500);
16                    PORTA = 0xA4;
```

```
17          _delay_ms(500);
18          PORTA = 0xB0;
19          _delay_ms(500);
20          PORTA = 0x99;
21          _delay_ms(500);
22          PORTA = 0x92;
23          _delay_ms(500);
24          PORTA = 0x82;
25          _delay_ms(500);
26          PORTA = 0xD8;
27          _delay_ms(500);
28          PORTA = 0x80;
29          _delay_ms(500);
30          PORTA = 0x90;
31          _delay_ms(500);
32      }
33      return 0;
34  }
```

예제 프로그램은 〈표 6-16〉의 출력 값을 사용하여 FND에 표시되는 데이터를 지정하며 0.5초 간격으로 숫자를 0 ~ 9로 표시한다. FND에 표시되는 자리를 별도로 지정하지 않고 4자리 모두 선택하므로 동일한 값이 4자리의 FND에 동시에 표시된다.

다음의 예제 프로그램은 4, 3, 2, 1의 값을 FND의 자리를 선택하여 한 순간에 하나의 FND만 선택하여 출력하고 나머지는 OFF 상태로 지정하는 동작을 빠르게 변화하여 동시에 켜진 것처럼 보이도록 제어한다.

```
01  #include  <avr/io.h>
02  #define  F_CPU  14745600UL
03  #include  <util/delay.h>
04
05  int main(void) {
06
07      DDRE = 0xF0;
08      DDRA = 0xFF;
09
10      while(1) {
11          PORTE = 0xEF;
12          PORTA = 0xF9;
```

```
13              _delay_ms(1);
14              PORTE = 0xDF;
15              PORTA = 0xA4;
16              _delay_ms(1);
17              PORTE = 0xBF;
18              PORTA = 0xB0;
19              _delay_ms(1);
20              PORTE = 0x7F;
21              PORTA = 0x99;
22              _delay_ms(1);
23          }
24          return 0;
25  }
```

6) Text LCD의 제어

실습 장치에는 2행 16열의 Text LCD가 부착되어 있다. 16×2의 Text LCD 모듈은 HD44780이라는 LCD 컨트롤러와 LCD를 실제 구동하는 드라이버인 HD44100(또는 KS0065)로 구성되어 있다. LCD 컨트롤러는 내부에 입/출력 버퍼와 Instruction Register와 Data Register를 가지고 있으며, Data Register는 DDRAM과 CGRAM에 연결되어 있다. 〈표 6-17〉는 LCD 모듈(16×2, Text 방식)의 핀 번호와 기능을 보이고 있다. 여기에 Back-light 기능을 갖는 경우에는 Back-light에 전원을 공급하는 2개의 핀이 추가된다.

〈표 6-17〉 LCD Pin Out

핀 번호	기호	레벨	기능
1	Vss		접지
2	Vdd		전원
3	Vo		LCD 밝기 조절
4	RS	H/L	L : 명령 레지스터가 선택 H : 데이터 레지스터가 선택
5	R/W	H/L	L : 쓰기, H : 읽기
6	EN	H	Enable 신호, LCM 동작 신호
7	D0	H/L	데이터 버스
8	D1	H/L	
9	D2	H/L	
10	D3	H/L	
11	D4	H/L	
12	D5	H/L	
13	D6	H/L	
14	D7	H/L	

16×2의 Text LCD 모듈은 HD44780이라는 LCD 컨트롤러와 LCD를 실제 구동하는 드라이버인 HD44100(또는 KS0065)로 구성되어 있다. LCD 컨트롤러는 내부에 입/출력 버퍼와 Instruction Register와 Data Register를 가지고 있으며, Data Register는 DDRAM과 CGRAM에 연결되어 있다. [그림 6-14]는 LCD모듈의 간략한 구성도이다.

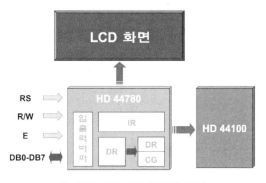

[그림 6-14] LCD 모듈의 구성

Text LCD를 사용하기 위해서는 먼저 Text LCD 내부의 제어 레지스터에 초기화 명령을 전송하여 입력되는 문자를 출력할 수 있도록 한다. 이때 제어 명령은 Text LCD의 4번 핀인 RS 핀에 대해 명령 레지스터를 선택하도록 해야 Text LCD 내부의 제어 레지스터에 지정한 데이터가 기록된다. Text LCD의 초기화 명령은 사용하는 Text LCD의 데이터시트를 참고하여 사용하며, Text LCD의 초기화 명령은 다음과 같은 순서로 사용한다.

☆ Function set (0x38)
☆ Display OFF (0x08)
☆ Display clear (0x01)
☆ Entry mode set (0x06)
☆ Display ON (0x0C)
☆ Return Home (0x03)

위와 같이 Text LCD의 제어레지스터에 대한 초기화가 끝나면 Text LCD에 출력할 문자에 해당하는 ASCII code의 값을 지정하면 해당하는 문자가 출력되고 cursor는 자동으로 1씩 증가하도록 초기화 명령에서 지정하였으므로 다음에 지정되는 출력 문자는 차례대로 하나씩 오른쪽으로 순서대로 표시된다.

```
01   #include <avr/io.h>
02   #define F_CPU 14745600UL
03   #include <util/delay.h>
04
05   #define sbi(x, n)     ( x = (x | ( 0x01 << (n) )) )
06   #define cbi(x, n)     ( x = (x & ~( 0x01 << (n) )) )
07
08   void lcd_command(unsigned char a) {
09           // PORTE7 : Data(H)/Cmd(L), PORTF3 : CS
10           cbi(PORTF, 3);
11           PORTA = a;
12           cbi(PORTE, 7);
13           sbi(PORTF, 3);
14           _delay_ms(16);
15           cbi(PORTF, 3);
16   }
17
18   void lcd_data(unsigned char a)        {
19           // PORTE7 : Data(H)/Cmd(L), PORTF3 : CS
20           cbi(PORTF, 3);
21           PORTA = a;
22           sbi(PORTE, 7);
23           sbi(PORTF, 3);
24           _delay_ms(1);
25           cbi(PORTF, 3);
26   }
27
28   void text_lcd_initialize(void) {
29           lcd_command(0x38);
30           lcd_command(0x0E);
31           lcd_command(0x02);
32           lcd_command(0x01);
33           lcd_command(0x06);
34           lcd_command(0x0C);
35   }
36
37   void lcd_logo(void)            {
38           lcd_command(0x83);
39           lcd_data('A');
40           lcd_data('T');
41           lcd_data('m');
42           lcd_data('e');
```

```
43      lcd_data('g');
44      lcd_data('a');
45      lcd_data(' ');
46      lcd_data('1');
47      lcd_data('2');
48      lcd_data('8');
49   }
50
51   int main(void)    {
52      sbi(DDRF, 3);
53      sbi(DDRE, 7);
54      DDRA = 0xFF;
55      text_lcd_initialize();
56      lcd_logo();
57      while(1)   {
58      }
59      return 0;
60   }
```

프로그램 설명

05 : #define sbi(x, n)   (x = (x | (0x01 《 (n))))

x 변수 또는 레지스터에 대해 n으로 지정된 위치의 특정 비트를 1로 설정하기 위해 사용한다. #define 구문에 의한 매크로 함수를 사용하며 0x01 《 (n)에 의해 n으로 지정한 비트만큼 왼쪽으로 이동시키며 그 값과 x에 지정된 값을 bit 단위로 or 연산을 한 후 다시 x에 저장한다.

06 : #define cbi(x, n)   (x = (x & ~(0x01 《 (n))))

x 변수 또는 레지스터에 대해 지정한 n으로 지정된 위치의 특정 비트만 0으로 지정하기 위해 사용한다. ~(0x01 《 (n)) 지정한 비트를 1로 만든 후 비트 반전하여 지정된 위치만 0으로 설정한다. x와 비트 단위로 and 연산하므로 지정된 비트만 0으로 설정되고 그 결과를 다시 x에 저장한다.

08 : void lcd_command(unsigned char a)

Text LCD에 명령을 지정하기 위한 함수이다.

10 : cbi(PORTF, 3);

Text LCD chip select를 0으로 해제하여 data bus에 지정된 값이 Text LCD에 영향을 미치지 않도록 한다.

11 : PORTA = a;

Text LCD의 data bus에 명령어를 지정한다.

12 : cbi(PORTE, 7);

Text LCD의 명령/데이터 설정 핀을 명령어로 설정한다.

13 : sbi(PORTF, 3);

Text LCD chip select를 1로 지정한다. data bus에 할당된 명령어가
LCD의 제어 레지스터에 반영되도록 한다.

14 : _delay_ms(16);

Text LCD의 명령어 중 가장 응답 시간이 긴 명령이 수행될 시간 동안
지연을 발생한다.

15 : cbi(PORTF, 3);

Text LCD chip select를 0으로 해제한다. 다음 명령 또는 데이터에 반
응할 수 있도록 LCD의 data bus를 해제한다.

18 : void lcd_data(unsigned char a)

Text LCD에 표시될 데이터를 지정하는 함수이다. 앞의 lcd_command()
함수와 동일하며 명령/데이터 설정 핀의 상태만 데이터로 설정한다. 명
령의 시간 지연은 1ms가 최댓값이므로 함수의 시간 지연은 1ms로 한다.

28 : void text_lcd_initialize(void)

Text LCD의 초기화를 위한 함수이다. 전원이 공급된 후 초기 1회만 호
출하면 된다. lcd_command(0x38); 등과 같이 호출한다.

37 : void lcd_logo(void)

표시될 글자를 지정한다. lcd_command(0x83)는 글자가 표시될 위치를
지정하는 것으로 첫 번째 줄의 첫 번째 칸은 0x80이며 두 번째 줄의 첫
번째 위치는 0xC0이다. 한 행에 16글자가 표시되므로 0 ~ F로 지정할
수 있다. 0x83은 4번째 위치에 글자가 표시된다.

나. PIC

8개의 LED가 PORTD에 Active Low로 연결되어 있다. 또한 PORTD는 FND에 표시될 데이터와 Text LCD의 데이터에 연결된다. 8개의 LED는 PORTD의 출력만으로 제어할 수 있으나 FND와 Text LCD의 경우 별도의 제어 신호를 설정해야 한다. 4×4로 구성된 Key Matrix는 PORTB에 연결되어 있으며 상위 nibble은 출력으로, 하위 nibble은 입력으로 각 열에 대해 스캔 데이터를 읽는다. 출력으로 지정된 상위 nibble은 Active High로 제어되는 LED 4개가 연결되어 있어 Key Matrix의 열에 대한 선택 상황을 확인할 수 있으며 간단한 상태 표현에 사용된다.

1) 8-bit LED 제어

LED의 동작을 제어하기 위해서 PORTD를 출력으로 지정하기 위해 TRISD 레지스터를 출력으로 설정하고, LED에 표시될 데이터는 PORTD 레지스터에 기록한다. PIC에서 TRISD 레지스터는 PORTD의 각 핀에 대한 입·출력을 지정한다. 각 비트별로 포트의 핀에 대응되며 0을 기록할 경우 출력, 1을 기록할 경우 입력으로 지정되며 microcontroller의 reset 이후의 기본 설정은 1로 입력 모드이다.

아래의 예제는 MPLAB IDE와 Hi-Tech C 컴파일러를 사용하며 LED를 0.5초 간격으로 켜고 끄는 동작을 반복한다.

```
01    #include <htc.h>
02    #define _XTAL_FREQ 20000000
03
04    int main(void)    {
05          TRISD = 0x00;
06
07          while(1)  {
08                  PORTD = 0x00;
09                  __delay_ms(500);
10                  PORTD = 0xFF;
11                  __delay_ms(500);
12          }
13          return 0;
14    }
```

설명

01 #include 〈htc.h〉

PIC의 GPIO 및 microcontroller에 내장된 주변 장치를 제어하기 위한 레지스터에 대한 설정을 포함하고 있으므로 모든 PIC 제어 프로그램에 포함된다. htc.h는 hi-tech c compiler를 의미하며 내부에서는 pic.h 를 포함하고 pic.h는 프로젝트 생성할 때 지정한 디바이스(이 경우 PIC16F874A)에 해당하는 pic16f874a.h를 포함하여 레지스터의 이름과 물리 주소 공간 사이의 대응을 지정한다.

02 #define _XTAL_FREQ 20000000

__delay_ms(ms)와 __delay_us(us) 등의 시간 지연 함수를 사용하기 위 해 시스템의 클록 주파수를 지정한다. PIC microcontroller 시스템에 연결된 oscillator 또는 crystal 발진기의 주파수를 Hz 단위로 지정한 다.

05 TRISD = 0x00;

PORTD의 모든 비트를 출력으로 지정한다. 8-bit의 레지스터 값은 각 비트 순서에 따라 PORTA의 7, 6, 5, 4, 3, 2, 1, 0 핀에 대응되는 설정 을 가진다. 0x00에서 0x는 표시한 데이터가 16진수라는 것을 지정하 며, 2진수로 나타낼 때는 0b를 앞에 붙여 0b00000000과 같이 각 비트 별로 0, 1의 값으로 표시한다.

07 while(1)

무한 반복 구문을 지정하며 일반적으로 microcontroller의 제어 프로그 램은 시스템의 초기화 이후 무한 반복하여 설정된 상태에 따라 반응하 도록 구성되므로 while(1)에서 {로 시작하며 }로 끝나는 구문 사이의 내 용을 무한 반복한다.

08 PORTD = 0x00;

PORTD에 출력되는 데이터를 각 비트별로 지정하며 이 경우 모든 값을 0으로 출력한다. 실습 장치에 연결된 LED가 0이 출력될 때 켜지는 active low 방식이므로 이 구문에서 8개의 LED가 켜진다.

09 __delay_ms(500);

일정한 시간 동안 프로그램의 동작을 멈춘다. ms는 1/1,000초를 의미 하며 매개변수에 지정하는 값은 1/1,000초 단위의 값이므로 500을 지 정한 경우 0.5초 동안 프로그램의 제어 흐름이 이 부분에 멈추어 있다. 따라서 앞의 PORTD = 0x00;으로 LED가 모두 켜진 후 0.5초 동안 그 상태를 유지한다.

10 PORTD = 0xFF;

PORTD에 모든 비트를 1로 출력한다. LED는 꺼진다.

11 __delay_ms(500);

앞의 설명과 같이 0.5초 동안 프로그램의 제어 흐름을 멈추게 하므로
LED가 꺼진 상태로 0.5초 동안 유지된다.

예제 프로그램은 0.5초 간격으로 8개의 LED가 켜지고 꺼지는 동작을 반복하며
전체 제어주기는 약 1초가 된다. 다만 이 경우 __delay_ms() 함수를 사용하여 시간
을 지연하고 있으므로 이 함수에 의한 시간 지연에 while(1)에 대한 반복 구문,
PORTA = 값; 구문의 동작 시간 등이 포함되므로 전체 동작 주기는 1초보다 크다.

2) 4-bit LED 제어

PORTB의 상위 nibble은 출력으로 사용되며 Key Matrix의 출력 및 active high로
구동되는 LED가 연결된다. PORTB의 7, 6, 5, 4번 핀에 inverter를 거쳐 LED가 연결
되어 있으므로 PORTB에서 high 상태의 출력일 경우 LED가 켜진다. 아래의 예제는
0.5초 간격으로 4개의 LED를 순차적으로 켜는 동작을 반복한다.

```
01   #include <htc.h>
02   #define _XTAL_FREQ 20000000
03
04   int main(void)    {
05          TRISB = 0x0F;
06
07          while(1)  {
08                  PORTB=0x00;
09                  __delay_ms(500);
10                  PORTB=0x10;
11                  __delay_ms(500);
12                  PORTB=0x20;
13                  __delay_ms(500);
14                  PORTB=0x40;
15                  __delay_ms(500);
16                  PORTB=0x80;
17                  __delay_ms(500);
18          }
19          return 0;
20   }
```

프로그램은 1)의 예제와 같으며 출력에 사용되는 포트의 설정만 다르다.

05 TRISB = 0x0F;

PORTB의 7, 6, 5, 4번 핀에 해당하는 비트를 0으로 설정하여 출력으로 지정한다.

08 PORTB = 0x00;

PORTB에 출력되는 값을 지정하며 각각의 구문에서 0x10, 0x20, 0x40, 0x80 과 같이 4, 5, 6, 7번 핀 하나씩 1로 출력하고 그 나머지는 0으로 지정하여 하나의 LED만 켜지도록 한다.

09 __delay_ms(500);

지정된 500×1/1,000초 동안 프로그램의 제어 흐름을 멈추므로 LED가 지정된 상태에서 동작을 멈추고 켜져 있는 상태를 눈으로 확인할 수 있다.

3) 4-bit LED의 밝기 제어

LED는 디지털 제어 소자로서 ON/OFF의 동작만 제어할 수 있다. LED의 밝기를 변경하기 위해서는 회로의 공급 전압을 높이거나 전류 제한 저항을 변경하는 등 구성된 장치에 물리적인 변경을 해야 한다. LED의 경우 사람의 시각 특성 중 잔상 효과를 활용한다. 사람의 눈은 끊어진 움직임일 경우 빠른 속도로 변하는 경우 연속된 움직임으로 인식하므로 1/1,000초 단위로 켜고 끄는 동작을 제어하여 가장 많은 시간 켜진 것을 더 밝게 느끼고 상대적으로 적은 시간 동안 켜진 것을 어둡게 느끼도록 제어한다.

```
01   #include <htc.h>
02   #define _XTAL_FREQ 20000000
03
04   int main(void)
05   {
06          TRISB = 0x0F;
07
08          while(1)
09          {
10                  PORTB=0x10;
11                  __delay_ms(1);
12                  PORTB=0x30;
```

```
13                    __delay_ms(1);
14                    PORTB=0x70;
15                    __delay_ms(1);
16                    PORTB=0xF0;
17                    __delay_ms(1);
18            }
19        return 0;
20   }
```

예제 프로그램은 1/1,000초 간격으로 LED의 ON/OFF 상태를 다음과 같이 변경하여 항상 켜진 LED와 4/1,000초의 제어 주기에서 1/1,000초 동안 켜진 LED와의 밝기 변화를 비교한다.

		7	6	5	4
1	0x10	OFF	OFF	OFF	ON
2	0x30	OFF	OFF	ON	ON
3	0x70	OFF	ON	ON	ON
4	0xF0	ON	ON	ON	ON

4) Key Matrix 제어

Key Matrix는 4행 4열로 구성되며 PORTB의 상위 nibble에 대해 active low로 열을 선택하고 선택된 열에 대해 스위치의 눌림을 하위 nibble의 값으로 판단한다.

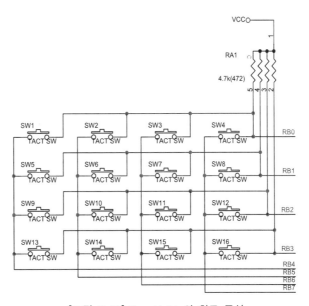

[그림 6-15] Key Matrix의 회로 구성

key switch는 pull-up 저항이 연결되어 있으므로 PORTB의 하위 nibble의 값은 스위치를 누르지 않았을 때 high의 값으로 읽히며, 스위치를 눌렀을 때 low의 값이 읽힌다. PIC에는 PORTB의 데이터를 읽기 위해 PORTB의 값을 사용한다. PORTB는 입력과 출력 모두에 유효한 레지스터이다. Key Matrix의 회로는 [그림 6-15]와 같다.

```
01  #include <htc.h>
02  #define _XTAL_FREQ 20000000
03
04  int main(void)    {
05          unsigned char key = 0;
06
07          TRISD = 0x00;
08          TRISB = 0x0F;
09
10          while(1)
11          {
12                  PORTB = 0xEF;
13                  __delay_ms(1);
14                  if ((PORTB & 0x0F) == 0x0E){
15                          key = 1;
16                  } else if ((PORTB & 0x0F) == 0x0D)   {
17                          key = 5;
18                  } else if ((PORTB & 0x0F) == 0x0B)   {
19                          key = 9;
20                  } else if ((PORTB & 0x0F) == 0x07)   {
21                          key = 13;
22                  }
23
24                  PORTB = 0xDF;
25                  __delay_ms(1);
26                  if ((PORTB & 0x0F) == 0x0E){
27                          key = 2;
28                  } else if ((PORTB & 0x0F) == 0x0D)   {
29                          key = 6;
30                  } else if ((PORTB & 0x0F) == 0x0B)   {
31                          key = 10;
32                  } else if ((PORTB & 0x0F) == 0x07)   {
33                          key = 14;
34                  }
35
36                  PORTB = 0xBF;
```

```
37                    __delay_ms(1);
38                    if ((PORTB & 0x0F) == 0x0E){
39                            key = 3;
40                    } else if ((PORTB & 0x0F) == 0x0D)  {
41                            key = 7;
42                    } else if ((PORTB & 0x0F) == 0x0B)  {
43                            key = 11;
44                    } else if ((PORTB & 0x0F) == 0x07)  {
45                            key = 15;
46                    }
47
48                    PORTB = 0x7F;
49                    __delay_ms(1);
50                    if ((PORTB & 0x0F) == 0x0E){
51                            key = 4;
52                    } else if ((PORTB & 0x0F) == 0x0D)  {
53                            key = 8;
54                    } else if ((PORTB & 0x0F) == 0x0B)  {
55                            key = 12;
56                    } else if ((PORTB & 0x0F) == 0x07)  {
57                            key = 16;
58                    }
59
60                    PORTD = ~key;
61            }
62        return 0;
63  }
```

설명

05 unsigned char key = 0;

스위치의 눌림을 저장할 변수이며 Key Matrix의 스위치는 SW1 ~
SW16에 대해 눌렀을 경우 각각 1 ~ 16의 숫자로 지정한다. 초깃값은 0
으로 스위치가 눌리지 않았음을 의미한다.

07 TRISD = 0x00;

스위치가 눌린 상태를 key 변수에 저장하고 프로그램의 마지막에서
PORTA에 연결된 LED에 그 결과를 표시하기 위해 출력으로 지정한다.

08 TRISB = 0x0F;

Key Matrix의 제어를 위해 PORTB의 상위 nibble은 출력으로 설정하
고 하위 nibble은 입력으로 지정한다.

12 PORTB = 0xEF;

PORTB의 4번 비트만 0으로 출력하고 나머지는 모두 1로 지정한다. 입력으로 설정한 하위 nibble에 대해서는 영향을 주지 않는다.

Key Matrix의 회로 구성에서 PORTB의 4번 핀이 low인 경우 SW1, SW5, SW9, SW13의 스위치의 한쪽 끝은 low와 연결되므로 스위치를 누른 경우 pull-up 저항이 연결된 PORTB의 0, 1, 2, 3번 핀의 값은 스위치를 누른 위치가 0으로 입력되며 누르지 않은 경우 1로 인식된다.

13 __delay_ms(1);

스위치를 선택하기 위해 PORTB의 출력이 안정화되도록 일정시간 대기한다.

05 unsigned char key = 0;

스위치의 눌림을 저장할 변수이며 Key Matrix의 스위치는 SW1 ～ SW16에 대해 눌렀을 경우 각각 1 ～ 16의 숫자로 지정한다. 초깃값은 0으로 스위치가 눌리지 않았음을 의미한다.

07 TRISD = 0x00;

스위치가 눌린 상태를 key 변수에 저장하고 프로그램의 마지막에서 PORTA에 연결된 LED에 그 결과를 표시하기 위해 출력으로 지정한다.

08 TRISB = 0x0F;

Key Matrix의 제어를 위해 PORTB의 상위 nibble은 출력으로 설정하고 하위 nibble은 입력으로 지정한다.

12 PORTB = 0xEF;

PORTB의 4번 비트만 0으로 출력하고 나머지는 모두 1로 지정한다. 입력으로 설정한 하위 nibble에 대해서는 영향을 주지 않는다. Key Matrix의 회로 구성에서 PORTB의 4번 핀이 low인 경우 SW1, SW5, SW9, SW13의 스위치의 한쪽 끝은 low와 연결되므로 스위치를 누른 경우 pull-up 저항이 연결된 PORTB의 0, 1, 2, 3번 핀의 값은 스위치를 누른 위치가 0으로 입력되며 누르지 않은 경우 1로 인식된다.

13 __delay_ms(1);

스위치를 선택하기 위해 PORTB의 출력이 안정화되도록 일정시간 대기한다.

14 if ((PORTB & 0x0F) == 0x0E)

PORTB의 입력을 처리하기 위해 PORTB의 값을 읽으며 하위 nibble에 대해서만 유효한 값이므로 상위 nibble의 데이터는 무시하기 위해 0x0F와 bit and 연산으로 마스크한 후 눌린 값이 0x0E (0b00001110)와 일치할 경우 SW1이 눌린 것을 판단할 수 있다.

15 key = 1;

    SW1이 눌린 것으로 판단되면 key 변수의 값을 1로 지정한다.

16 else if ((PORTB & 0x0F) == 0x0D)

    PORTB의 값을 0x0D (0b00001101)와 비교하여 SW5의 눌린 상태를 판
    단 한다.

60 PORTD = ~key;

    8개의 LED가 연결된 PORTD는 active low로 동작하므로 key 변수의
    값을 비트 단위로 반전시켜 출력한다. 스위치가 눌린 번호가 LED에 표
    시되며 그 결과는 ON, OFF 상태로 2진수로 환산하여 확인할 수 있다.

예제 프로그램은 SW1, SW5, SW9, SW13을 하나의 그룹으로, SW2, SW6, SW10, SW14를 하나의 그룹으로 Key Matrix의 열 단위의 그룹으로 묶어 PORTB의 상위 nibble로 4 그룹 중 하나만 active low로 활성되도록 지정한다. 지정된 열에 대해 스위치의 눌림을 PORTB의 하위 nibble의 값으로 판단하여 눌린 값에 따라 key 변수에 스위치 번호를 지정한다.

5) FND의 제어

FND는 Flexible Numeric Display로 7개의 LED를 사용하여 숫자 0에서 9를 표시할 수 있도록 배열된 것으로 [그림 6-16]과 같이 dot를 포함하여 모두 8개의 핀을 사용하여 표시되는 숫자를 제어한다.

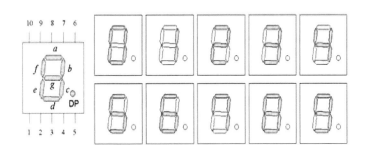

[그림 6-16] FND의 구성

실습 장치는 4자리의 FND를 사용하며 각각의 자리마다 선택적으로 ON/OFF할 수 있도록 트랜지스터를 사용하여 전원을 공급할 수 있도록 구성된다. FND 각 자리에 대해 8개의 LED를 제어하여 원하는 숫자를 표시한다. FND를 구동하기 위한 포

트는 8개의 LED와 같이 PIC은 PORTD에 연결되어 active low로 구동하며, 각 자리에 대한 ON/OFF를 제어하는 핀은 PIC의 경우 PORTE의 0, 1, 2와 PORTC의 0을 사용하며 PNP 트랜지스터를 사용하므로 active low로 동작한다. 각 자리에 해당하는 A ~ G, DP는 〈표 6-18〉과 같다.

〈표 6-18〉 FND에 표시되는 숫자와 제어 비트의 값

표시되는 숫자	DP	G	F	E	D	C	B	A	HEX
0	1	1	0	0	0	0	0	0	0xC0
1	1	1	1	1	1	0	0	1	0xF9
2	1	0	1	0	0	1	0	0	0xA4
3	1	0	1	1	0	0	0	0	0xB0
4	1	0	0	1	1	0	0	1	0x99
5	1	0	0	1	0	0	1	0	0x92
6	1	0	0	0	0	0	1	0	0x82
7	1	1	0	1	1	0	0	0	0xD8
8	1	0	0	0	0	0	0	0	0x80
9	1	0	0	1	0	0	0	0	0x90

예제 프로그램에서는 PORTE의 0, 1, 2와 PORTC의 0번 핀을 출력으로 지정하여 상위 nibble의 출력을 low로 지정하여 4개의 FND에 모두 동일한 값이 표시되도록 한다.

```
01   #include <htc.h>
02   #define _XTAL_FREQ 20000000
03
04   int main(void)    {
05         TRISE &= 0xF8;
06         TRISC = 0xFE;
07         TRISD = 0x00;
08
09         PORTE &= 0xF8;
10         PORTC = 0xFE;
11         while(1) {
12               PORTD = 0xC0;
13               __delay_ms(500);
14               PORTD = 0xF9;
```

```
15              __delay_ms(500);
16              PORTD = 0xA4;
17              __delay_ms(500);
18              PORTD = 0xB0;
19              __delay_ms(500);
20              PORTD = 0x99;
21              __delay_ms(500);
22              PORTD = 0x92;
23              __delay_ms(500);
24              PORTD = 0x82;
25              __delay_ms(500);
26              PORTD = 0xD8;
27              __delay_ms(500);
28              PORTD = 0x80;
29              __delay_ms(500);
30              PORTD = 0x90;
31              __delay_ms(500);
32          }
33          return 0;
34  }
```

 설명

05 TRISE &= 0xF8;

PIC에서는 PORTE의 경우 0, 1, 2만 GPIO 포트로 사용되며 입·출력을 지정하는 TRISE 레지스터의 경우 0, 1, 2는 PORTE의 입·출력 방향을 지정하는 용도로 사용되지만, 4, 5, 6, 7번 비트의 경우 다른 용도로 사용되므로 원래의 값을 변경하지 않으면서 입·출력에 관계되는 비트만 조작하기 위한 방법으로 비트 연산자를 사용한다. AND 연산의 경우 1과 어떠한 값을 AND 연산할 경우 원래의 값을 유지하게 되고 0과 연산할 경우 그 결과는 항상 0이 된다. 이 경우 출력으로 지정할 때 해당 비트를 0으로 지정해야 하므로 0, 1, 2번 비트를 0으로 하고 그 외의 값은 1로 지정된 0xF8과 TRISE 레지스터에 원래 기록된 값을 AND 연산하여 다시 그 결과를 TRISE 레지스터에 기록한다. 따라서 0, 1, 2번 비트는 0으로 설정되고 그 외의 값은 원래 저장되어 있는 값을 유지한다.

예제 프로그램은 〈표 6-18〉의 출력 값을 사용하여 FND에 표시되는 데이터를 지정하며 0.5초 간격으로 숫자를 0 ~ 9로 표시한다. FND에 표시되는 자리를 별도로 지정하지 않고 4자리 모두 선택하므로 동일한 값이 4자리의 FND에 동시에 표시된다.

다음의 예제 프로그램은 4, 3, 2, 1의 값을 FND의 자리를 선택하여 한 순간에 하나의 FND만 선택하여 출력하고 나머지는 OFF 상태로 지정하는 동작을 빠르게 변화하여 동시에 켜진 것처럼 보이도록 제어한다.

```
01   #include <htc.h>
02   #define _XTAL_FREQ 20000000
03
04   int main(void)     {
05           TRISE &= 0xF8;
06           TRISC = 0xFE;
07           TRISD = 0x00;
08
09           PORTE &= 0xF8;
10           PORTC = 0xFE;
11           while(1) {
12                   PORTE &= 0xFE;    PORTC = 0xFF;
13                   PORTD = 0xF9;
14                   __delay_ms(1);
15                   PORTE &= 0xFD;    PORTC = 0xFF;
16                   PORTD = 0xA4;
17                   __delay_ms(1);
18                   PORTE &= 0xFB;    PORTC = 0xFF;
19                   PORTD = 0xB0;
20                   __delay_ms(1);
21                   PORTE |= 0x07;    PORTC = 0xFE;
22                   PORTD = 0x99;
23                   __delay_ms(1);
24           }
25           return 0;
26   }
```

6) Text LCD의 제어

실습 장치에는 2행 16열의 Text LCD가 부착되어 있다. 16×2의 Text LCD 모듈은 HD44780이라는 LCD 컨트롤러와 LCD를 실제 구동하는 드라이버인 HD44100(또는 KS0065)로 구성되어 있다. LCD 컨트롤러는 내부에 입·출력 버퍼와 Instruction Register와 Data Register를 가지고 있으며, Data Register는 DDRAM과 CGRAM에 연결되어 있다. 〈표 6-19〉는 LCD 모듈(16×2, Text 방식)의 핀 번호와 기능을 보이고 있다. 여기에 Back-light 기능을 갖는 경우에는 Back-light에 전원을 공급하는 2개의 핀이 추가된다.

〈표 6-19〉 LCD Pin Out

핀 번호	기호	레벨	기능
1	Vss		접지
2	Vdd		전원
3	Vo		LCD 밝기 조절
4	RS	H/L	L : 명령 레지스터가 선택 H : 데이터 레지스터가 선택
5	R/W	H/L	L : 쓰기, H : 읽기
6	EN	H	Enable 신호, LCM 동작 신호
7	D0	H/L	데이터 버스
8	D1	H/L	
9	D2	H/L	
10	D3	H/L	
11	D4	H/L	
12	D5	H/L	
13	D6	H/L	
14	D7	H/L	

16×2의 Text LCD 모듈은 HD44780이라는 LCD 컨트롤러와 LCD를 실제 구동하는 드라이버인 HD44100(또는 KS0065)로 구성되어 있다. LCD 컨트롤러는 내부에 입·출력 버퍼와 Instruction Register와 Data Register를 가지고 있으며, Data Register는 DDRAM과 CGRAM에 연결되어 있다. [그림 6-17]은 LCD 모듈의 간략한 구성도이다.

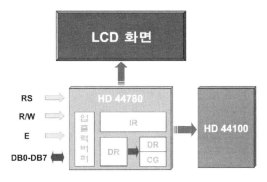

[그림 6-17] LCD 모듈의 구성

Text LCD를 사용하기 위해서는 먼저 Text LCD 내부의 제어 레지스터에 초기화 명령을 전송하여 입력되는 문자를 출력할 수 있도록 한다. 이때 제어 명령은 Text LCD의 4번 핀인 RS 핀에 대해 명령 레지스터를 선택하도록 해야 Text LCD 내부의 제어 레지스터에 지정한 데이터가 기록된다. Text LCD의 초기화 명령은 사용하는 Text LCD의 데이터시트를 참고하여 사용하며, Text LCD의 초기화 명령은 다음과 같은 순서로 사용한다.

☆ Function set (0x38)
☆ Display OFF (0x08)
☆ Display clear (0x01)
☆ Entry mode set (0x06)
☆ Display ON (0x0C)
☆ Return Home (0x03)

위와 같이 Text LCD의 제어레지스터에 대한 초기화가 끝나면 Text LCD에 출력할 문자에 해당하는 ASCII code의 값을 지정하면 해당하는 문자가 출력되고 cursor는 자동으로 1씩 증가하도록 초기화 명령에서 지정하였으므로 다음에 지정되는 출력 문자는 차례대로 하나씩 오른쪽으로 순서대로 표시된다.

```
01   #include <htc.h>
02   #define _XTAL_FREQ          20000000
03
04   void lcd_command(unsigned char a) {
05           // RC0 : D(H)/C(L), RA3 : CS
06           RA3 = 0;
07           PORTD = a;
08           RC0 = 0;
09           RA3 = 1;
10           __delay_ms(16);
11           RA3 = 0;
12   }
13
14   void lcd_data(unsigned char a)         {
15           // RC0 : D(H)/C(L), RA3 : CS
16           RA3 = 0;
17           PORTD = a;
```

```
18          RC0 = 1;
19          RA3 = 1;
20          __delay_ms(1);
21          RA3 = 0;
22  }
23
24  void text_lcd_initialize(void) {
25          lcd_command(0x38);
26          lcd_command(0x0E);
27          lcd_command(0x02);
28          lcd_command(0x01);
29          lcd_command(0x06);
30          lcd_command(0x0C);
31  }
32
33  void lcd_logo(void)          {
34          lcd_command(0x83);
35          lcd_data('P');
36          lcd_data('I');
37          lcd_data('C');
38          lcd_data('1');
39          lcd_data('6');
40          lcd_data('F');
41          lcd_data('8');
42          lcd_data('7');
43          lcd_data('4');
44          lcd_data('A');
45  }
46
47  int main(void)      {
48          TRISD = 0x00;
49          TRISC = 0xFE;
50          TRISA = 0xF7;
51          text_lcd_initialize();
52          lcd_logo();
53          while(1)   {
54          }
55          return 0;
56  }
```

memo

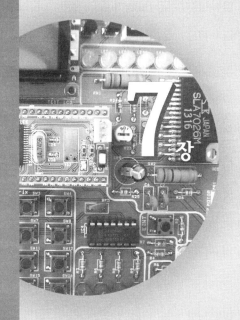

USART(직렬 통신)

7-1. ATmega128의 USART
7-2. PIC16F874A의 USART
7-3. USART 실습

이 장에서는 ATmega128과 PIC16F874A micro controller의 USART(Universal Synchronous Asynchronous Receiver and Transmitter)의 구성 및 동작, 사용 방법에 대해 설명한다.

ATmega128에는 두 개의 "Universal Synchronous and Asynchronous serial Receiver and Transmitter-USART"가 있으며 각각 독립적인 레지스터를 가지고 있다. ATmega103 호환 모드에서는 하나의 USART만을 사용할 수 있다.

가. 직렬 통신 제어기의 구조

[그림 7-1]은 USART의 블록도이다. USART는 "Clock Generator", "Transmitter", "Receiver"로 나뉘며 "USART Control and Status Register A, B, C - UCSRA, UCSRB, UCSRC"의 세 개의 제어 레지스터로 구성되어 있다.

[그림 7-1]의 "Clock Generator"는 USART의 동작에 필요한 클록을 발생시키며 외부 입력 XCK(Transfer Clock) 핀은 USART를 동기 전송 모드로 사용할 경우에만 사용된다.

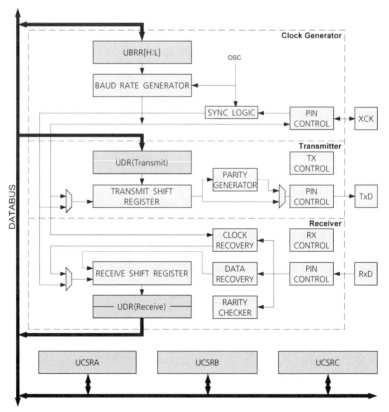

[그림 7-1] USART Block Diagram

클록 발생기는 동기식 슬레이브 동작에서 사용되는 외부 클록 입력에 대한 동기 로직과 보레이트 발생기로 구성되어 있고, XCK핀은 동기식 전송 모드에서만 사용된다.

송신기는 송신용 버퍼(UDR)와 직렬 시프트 레지스터와 패리티 발생기와 제어 로직으로 구성되어 있으며 수신기는 복구 장치, 패리티 검사기, 제어로직, 시프트 레지스터 그리고 2레벨 수신 버퍼(UDR)로 구성되어 있다. 복구 장치는 클록 및 데이터를 복구하는 장치로서 비동기식 데이터 수신에 사용된다. 수신기는 송신기와 동일한 프레임 포맷을 쓰고, 프레임 에러, 데이터 오버런, 패리티 에러 등을 검출할 수 있다.

ATmega128의 USART는 비동기 동작 모드에서 다른 AVR 제품군의 USART와 다음의 사항은 완벽히 호환된다.

- USART 내의 모든 레지스터들의 비트 위치
- 보레이트 발생
- 송신 동작
- 송신 버퍼
- 수신 동작

그러나 ATmega128의 USART는 수신 버퍼링에서 두 개의 개선 사항이 있으므로 특수한 경우에서는 호환성에 영향을 준다.

- 두 번째 버퍼 레지스터가 추가되었다. 두 개의 버퍼 레지스터는 원형 FIFO 버퍼로 동작한다. 그래서 매번 데이터가 들어올 때마다 UDR을 읽어야 한다. 에러 플래그(FE와 DOR) 및 9번째 데이터(RXB8)도 수신 버퍼내의 데이터와 함께 버퍼 된다. 그러므로 UDR 레지스터를 읽기 전에 상태 비트들부터 읽어야 한다. 그렇지 않을 경우 오류 상태가 상실될 수도 있다.
- 수신 시프트 레지스터가 제3의 버퍼로 된다. 이것은 버퍼 레지스터가 차 있는 한 새로운 start 비트가 검출될 때까지 직렬 시프트 레지스터에 머무르게 함으로써 이루어진다.

[그림 7-2]의 "Clock Generator"는 USART의 동작에 필요한 클록을 발생시키며 외부 입력 XCK(Transfer Clock) 핀은 USART를 동기 전송 모드로 사용할 경우에만 사용된다.

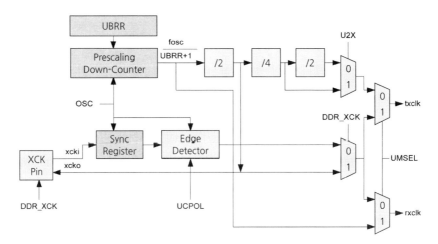

[그림 7-2] Clock Generation Logic

USART는 네 가지 동작 모드로 클록을 발생시키며, Normal Asynchronous, Double Speed Asynchronous, Master Synchronous와 Slave Synchronous 모드로 동작한다. "USART Control and Status Register C-UCSRC" 레지스터의 UMSEL 비트에 의해 동기, 비동기 동작 모드를 선택할 수 있으며, UCSRA 레지스터의 U2X 비트의 값에 따라 Normal 및 Double Speed로 동작한다. 전송 속도는 "USART Baud Rate Register - UBRR" 레지스터에 의해 결정된다.

Operating Mode	Equation for Calculating Baud Rate	Equation for Calculating UBRR Value
Asynchronous Normal Mode (U2X=0)	$BAUD = \dfrac{f_{OSC}}{16(UBRR+1)}$	$UBRR = \dfrac{f_{OSC}}{16BAUD} - 1$
Asynchronous Double Speed (U2X=1)	$BAUD = \dfrac{f_{OSC}}{8(UBRR+1)}$	$UBRR = \dfrac{f_{OSC}}{8BAUD} - 1$
Synchronous Master Mode	$BAUD = \dfrac{f_{OSC}}{2(UBRR+1)}$	$UBRR = \dfrac{f_{OSC}}{2BAUD} - 1$

USART의 동기 시리얼의 slave 모드를 사용할 경우 XCK에 입력되는 클록은 CPU 클록의 1/4보다 작은 값을 가져야 한다.

USART의 송/수신 데이터는 "USART I/O Data Register-UDR" 레지스터를 통하여 전송되며 8-bit의 크기를 가지고 있으며 수신 RXB[7..0], 송신 TXB[7..0]으로 나뉘며, UDR 레지스터의 송신 버퍼인 TXB에는 UCSRA 레지스터의 UDRE 비트가 '1'로 설정되어야 기록이 가능하며, 만약 '0'인 경우 기록을 하면 이 값은 무시된다.

동기 모드가 사용될 때(UMSEL = 1)에는 XCK 핀이 동기 클록 입력(슬레이브) 또는 동기 클록 출력(마스터)로 동작한다. 이때 클록 edge와 데이터 샘플링, 그리고 클록 edge와 데이터 변화간의 상호의존 관계는 같다. RxD상의 데이터 입력은 TxD 상의 데이터 출력이 바뀔 때의 edge와 반대 edge에서 샘플링된다.

UCRSC 레지스터의 UCPOL 비트는 어떤 XCK 클록 edge가 데이터 샘플링에 사용되고 어떤 것이 데이터 변화에 사용되는지를 지정한다. [그림 7-3]과 같이 UCPOL = 0이면 입력 데이터는 XCK의 상승 edge에서 변화하고 하강 edge에서 샘플링된다. 만일 UCPOL = 1이면 입력 데이터는 XCK의 하강 edge에서 변화하고 상승 edge 에서 샘플링된다.

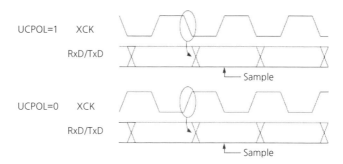

[그림 7-3] 동기 모드에서 XCK 클록의 동작 타이밍

나. USART 관련 제어 레지스터

USART의 제어 레지스터는 UCSRA, UCSRB, UCSRC의 세 개의 레지스터로 구성되며 세부적인 사항은 다음과 같다.

USART Control and Status Register A – UCSRA

Bit	7	6	5	4	3	2	1	0
	RXC	TXC	UDRE	FE	DOR	UPE	U2X	MPCM
Read/Write	R	R/W	R	R	R	R	R/W	R/W
Initial Value	0	0	0	0	0	0	0	0

- Bit 7 – RXC : USART Receive Complete

  수신 데이터 버퍼에 읽지 않은 데이터가 존재하면 '1'로 설정되며, 수신 데이터 버퍼가 비워지면 '0'으로 설정된다.

- Bit 6 – TXC : USART Transmit Complete

  송신 버퍼의 데이터가 모두 전송되고 더 이상 송신 버퍼에 데이터가 존재하지 않으면 '1'로 설정된다. 전송 완료 인터럽트가 수행되면 '0'으로 설정된다.

- Bit 5 – UDRE : USART Data Register Empty
  송신 버퍼가 새로운 데이터를 입력받을 준비가 되면 '1'로 설정된다. UDRE 비트는 Data Register Empty 인터럽트를 발생시킬 수 있다.

- Bit 4 – FE : Frame Error
  수신 버퍼의 데이터에 frame error가 발생하면 '1'로 설정된다.

- Bit 3 – DOR : Data OverRun
  수신 버퍼에 더 이상의 데이터를 수신할 수 없는 상태에서 데이터가 입력될 경우 '1'로 설정된다.

- Bit 2 – UPE : Parity Error
  수신 데이터의 parity에 에러가 발생하면 '1'로 설정된다. UCSRC 레지스터의 UPM1 비트가 '1'로 설정되어 parity를 사용하는 경우에 유효하다.

- Bit 1 – U2X : Double the USART Transmission Speed
  USART의 송신 속도를 두 배로 설정하는 비트이다.

- Bit 0 – MPCM : Multi-Processor Communication Mode
  다중 프로세서간의 통신을 지원하기 위해 사용된다.

ⓥ USART Control and Status Register B – UCSRB

Bit	7	6	5	4	3	2	1	0
	RXCIE	TXCIE	UDRIE	RXEN	TXEN	UCSZ2	RXB8	TXB8
Read/Write	R/W	R/W	R/W	R/W	R/W	R/W	R	R/W
Initial Value	0	0	0	0	0	0	0	0

- Bit 7 – RXCIE : RX Complete Interrupt Enable
  수신 완료시 인터럽트를 발생시킬 수 있다.

- Bit 6 – TXCIE : TX Complete Interrupt Enable
  송신 완료시 인터럽트를 발생시킬 수 있다.

- Bit 5 – UDRIE : USART Data Register Empty Interrupt Enable
  USART의 데이터 레지스터에 데이터가 존재하지 않으면 인터럽트를 발생시킬 수 있다.

- Bit 4 – RXEN : Receiver Enable
  USART의 수신기를 활성화시킨다.

- Bit 3 - TXEN : Transmitter Enable

  USART의 송신기를 활성화시킨다.

- Bit 2 - UCSZ2 : Chracter Size

  UCSRC 레지스터의 UCSZ1..0비트와 함께 USART의 송/수신 비트의 크기를 설정한다.

- Bit 1 - RXB8 : Receive Data Bit 8

  9-bit 동작 모드에서 마지막 9번째 비트에 해당된다.

- Bit 0 - TXB8 : Transmit Data Bit 8

  9-bit 동작 모드에서 마지막 9번째 비트에 해당된다.

◉ USART Control and Status Register C - UCSRC

Bit	7	6	5	4	3	2	1	0
	–	UMSEL	UPM1	UPM0	USBS	UCSZ1	UCSZ0	UCPOL
Read/Write	R/W	R/W	R/W	R/W	R/W	R/W	R/W	R/W
Initial Value	0	0	0	0	0	0	0	0

- Bit 7 - Reserved Bit

- Bit 6 - UMSEL : USART Mode Select

  '1'로 설정된 경우 USART는 동기 모드로, '0'으로 설정된 경우 비동기 모드로 동작한다.

- Bit 5..4 - UPM1..0 : Parity Mode

UPM1	UPM0	Parity Mode
0	0	Disabled
0	1	(Reserved)
1	0	Enabled, Even Parity
1	1	Enabled, Odd Parity

- Bit 3 - USBS : Stop Bit Select

  '0'일 경우 1-bit, '1'일 경우 2-bit의 stop bit을 사용한다.

- Bit 2..1 - UCSZ1..0 : Character Size

UCSZ2	UCSZ1	UCSZ0	Character Size
0	0	0	5-bit
0	0	1	6-bit
0	1	0	7-bit
0	1	1	8-bit
1	0	0	Reserved
1	0	1	Reserved
1	1	0	Reserved
1	1	1	9-bit

• Bit 0 - UCPOL : Clock Polarity

동기 전송 모드에서만 사용되며, '0'으로 설정된 경우 송신은 XCK의 Falling edge에서 수신은 Rising edge에서, '1'로 설정된 경우에는 송신은 Rising edge에서 수신은 Falling edge에서 실행된다.

USART Baud Rate Register - UBRR(UBRRH, UBRRL)

Baud rate 레지스터는 12-bit으로 구성되며 UBRRH의 상위 4-bit는 사용하지 않는다. Baud rate는 UBRR 레지스터의 값과 동작 모드에 따라 결정된다.

PIC16F87X에 내장되어 있는 USART(Universal Synchronous Asynchronous Receiver Transmitter)에 대해 설명한다.

가. 직렬 통신 방식(Serial Communication)

마이크로프로세서는 주변 장치를 통해서 외부와 정보를 교환할 수 있으며 일반적으로 정보를 외부와 교환하는 방법으로는 병렬 통신과 직렬 통신 두 가지로 나눌수가 있다. 일반적으로 컴퓨터내의 장치와 정보 교환을 할 때는 통상적으로 고속의 통신 속도를 필요로 하여 한꺼번에 많은 정보를 처리할 수 있는 병렬 통신 방식을 주로 쓴다.

이는 대량의 정보를 빠른 시간에 한꺼번에 처리함으로써 컴퓨터의 성능을 향상시킬 수가 있기 때문인 데 이러한 방법의 대표적인 것이 마이크로프로세서 자체의 정보 처리량을 증가시키는 것이며 이것은 데이터 비트 수로써 나타난다.

그 외 HDD, FDD, VIDEO 카드 등이 대표적인 병렬 통신 방식을 사용하는 장치라 하겠다. 하지만 모든 경우에 병렬 통신 방식을 사용할 수는 없다. 그 이유는 통신 거리의 제한성, 구현상의 기술적인 어려움과 비용이 너무 비싸다는 데 있다. 또한 어플리케이션 자체가 고속의 통신 속도를 필요로 하지 않을 경우도 많다.

이러한 이유로 컴퓨터가 외부와의 통신을 할 때는 직렬 통신 방식을 많이 사용한다. 직렬 통신 방식이란 데이터 비트를 1개의 비트 단위로 외부로 송수신하는 방식으로써 구현하기가 쉽고, 멀리 갈 수가 있고, 기존의 통신 선로(전화선 등)를 쉽게 활용할 수가 있어 비용의 절감이 크다는 장점이 있다.

직렬 통신의 대표적인 것으로 모뎀, LAN, RS232 및 X.25 등이 있다. 하지만 크게 직렬 통신을 구분하면 비동기식 방식과 동기식 방식 두 가지로 나누어진다. 많은 사람들이 비동기식 통신 방식을 RS232로 알고 있는 데 실질적으로 RS232라는 것은 비동기식 통신 컨트롤러에서 나오는 디지털 신호를 외부와 인터페이스시키는 전기적인 신호 방식의 하나일 뿐이다.

일반적으로 RS232를 비동기식 통신 방식으로 인식하고 있는 것도 큰 무리는 없다. 동기식 통신 방식을 지원하는 대표적인 컨트롤러는 NS사의 16C450과 16C550이며 그 외 호환되는 컨트롤러가 다수의 회사에서 생산되지만 성능상의 차이는 없고 호환은 되지 않는다. 비동기 통신의 기능을 갖는 컨트롤러는 수십 가지의 종류가 있다.

비동기식 통신 컨트롤러를 일반적으로 UART(Universal Asynchronous Receiver/TransmItter)라 부른다. UART에서 나오는 신호는 보통 TTL 신호 레벨을 갖기 때문에 노이즈에 약하고 통신거리에 제약이 있다. 이러한 TTL 신호를 입력받아 노이즈에 강하고 멀리 보낼 수 있게 해주는 인터페이스 IC를 LINE DRIVER/RECEIVER라 부르며 이중 대표적인 것으로 RS232, RS422 및 RS485가 있다. 이들 인터페이스 방식의 특성은 다음 〈표 7-1〉에 나타나 있다.

〈표 7-1〉에서 알 수 있듯이 RS-232(Single-Ended 통신 방식)와 RS-423 통신 방식은 RS422와 RS485에 비해서 통신 속도가 늦고 통신거리가 짧은 단점이 있으나 동작 모드에서 알 수 있듯이 하나의 신호 전송에 하나의 전송 선로가 필요하기 때문에 비용절감의 장점이 있다(RS422인 경우 하나의 신호 전송에 2개의 전송선로가 필요함). 위의 인터페이스 방식 중 RS232, RS422 및 RS485에 대해서 각각 설명하겠다.

현재의 RS422 또는 RS485칩의 경우 〈표 7-1〉에 나와 있는 Driver와 Receiver의 수보다도 훨씬 많이 지원하고 있으며 RS485인 경우 최대 256의 노드를 갖는 칩도 있다.

〈표 7-1〉 비동기 통신 방식 비교

인터페이스	RS232	RS422	RS423	RS485
신호 방식	Single-Ended	Differential	Differential	좌동
전송 방식	전이중 (Full Duplex)	전이중 (Full Duplex)	전이중 (Full Duplex)	반이중 (Half Duplex)
전송 거리	최대 15m	최대 1220m	최대 1220m	좌동
연결 방식	Point to Point	Multidrop	Multidrop	Bus
전송 속도	20K	10M	100K	10M
최대 Driver, Receiver수	1 Driver 1 Receiver	1 Driver 10 Receiver	1 Driver 10 Receiver	32 Driver 32 Receiver
최대 출력 전압	±25V	−0.25V to 6V	−0.25V to 6V	−7V to +12V
최대 입력 전압	±15V	−7V to +7V	−7V to +7V	−7V to +12V
특 징	1 : 5 ~ 15V, 0 : −5~−15	in : 200mV out : ±2 ~ 6V	1 : 4~6V 0 : −4~−6V	

1) RS232C

RS232C는 EIA(Electronic Industries Association)에 의해 규정되어졌으며 그 내용은 데이터 단말기(DTE : Data Terminal Equipment)와 데이터 통신기(DCE : Data Communication Equipment) 사이의 인터페이스에 대한 전기적인 인수, 컨트롤 핸드쉐이킹, 전송속도, 신호 대기시간, 임피던스 인수 등을 정의하였으나 전송되는 데이터의 포맷과 내용은 지정하지 않으며 DTE간의 인터페이스에 대한 내용도 포함하지 않는다. 같은 규격이 CCITT(Consultative Committee for International Telegraph and Telephony)의 CCITT V.24에서 DTE와 DCE간의 상호 접속 회로의 정의, 핀 번호와 회로의 의미에 대해서 규정을 하고 있다.

여기서는 자세한 기술적인 내용의 기술은 피하고 필요한 내용만 간략하게 기술하겠다. RS232에서 일반적인 내용은 위에서 충분히 기술되어 있으며 기본적으로 알아야 할 내용은 커넥터의 사양, RS232 신호선과 케이블 연결 결선도이다.

이 접속에는 '25핀 DSUB 커넥터'나 '9핀 미니 DSUB 커넥터'라 부르는 커넥터가 일반적으로 사용되고 있으므로 그것을 전제로 설명한다. 이들의 내용은 다음과 같다.

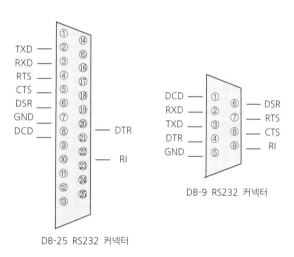

[그림 7-4] 커넥터 사양

〈표 7-2〉 RS-232C 커넥터의 구조 및 배치도

Pin 번호		신호명	입출력	Pin 번호		신호명	입출력
25Pin	9Pin			25Pin	9Pin		
1		Protected GND	–	14	–		
2	3	Transmitted data	출력	15	–		
3	2	Received data	입력	16	–		

4	7	RTS(Request to Send)	출력	17	–		
5	8	CTS(Clear to Send)	입력	18	–		
6	6	DSR(Data Set Ready)	입력	19	–		
7	5	Signal GND	–	20	4	DTR (Data Terminal Ready)	출력
8	1	DCD (Data Carrier Detect)	입력	21	–		
9	–	–	–	22	9	RI(Ring Indicator)	입력
10	–	–	–	23	–		
11	–	–	–	24	–		
12	–	–	–	25	–		
13	–	–	–				

- TXD – Transmit Data

  비동기식 직렬 통신 장치가 외부 장치로 정보를 보낼 때 직렬 통신 데이터가 나오는 신호선이다.

- RXD – Receive Data

  외부 장치에서 들어오는 직렬 통신 데이터를 입력받는 신호선이다

- RTS – Ready To Send

  컴퓨터와 같은 DTE 장치가 모뎀 또는 프린터와 같은 DCE 장치에게 데이터를 받을 준비가 되었음을 나타내는 신호선이다.

- CTS – Clear To Send

  모뎀 또는 프린터와 같은 DCE 장치가 컴퓨터와 같은 DTE 장치에게 데이터를 받을 준비가 됐음을 나타내는 신호선이다.

- DTR – Data Terminal Ready

  컴퓨터 또는 터미널이 모뎀에게 자신이 송수신 가능한 상태임을 알리는 신호선이며, 일반적으로 컴퓨터 등이 전원인가 후 통신 포트를 초기화한 후에 이 신호를 출력시킨다.

- DSR – Data Set Ready

  모뎀이 컴퓨터 또는 터미널에게 자신이 송수신 가능한 상태임을 알려주는 신호선이며, 일반적으로 모뎀에 전원인가 후 모뎀이 자신의 상태를 파악한 후 이상이 없을 때 이 신호를 출력시킨다.

- DCD – Data Carrier Detect

  모뎀이 상대편 모뎀과 전화선 등을 통해서 접속이 완료되었을 때 상대편

모뎀이 캐리어 신호를 보내오면, 이 신호를 검출하였음을 컴퓨터 또는 터미널에 알려주는 신호선이다.

- RI – Ring Indicator

상대편 모뎀이 통신을 하기 위해서 먼저 전화를 걸어오면 전화벨이 울리게 된다. 이때 이 신호를 모뎀이 인식하여 컴퓨터 또는 터미널에 알려주는 신호선이며, 일반적으로 컴퓨터가 이 신호를 받게 되면 전화벨 신호에 응답하는 프로그램을 인터럽트 등을 통해서 호출하게 된다.

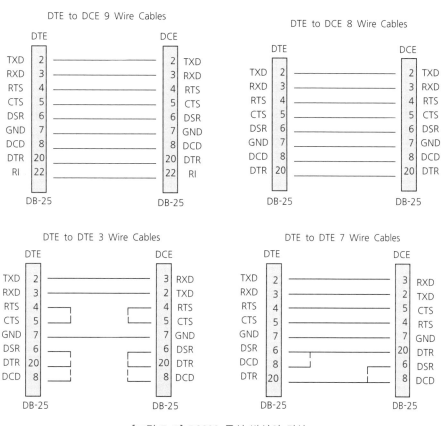

[그림 7–5] RS232 통신 방식의 결선

2) RS422

RS422는 EIA에 의해서 전기적인 사양이 규정되어 있으나 물리적인 커넥터 및 핀에 대한 사양은 아직 규정되어 있지 않다. 앞으로 나오는 이들의 내용은 시스템 베이스에서 규정하여 사용하는 사양이니 이에 대해서 오해가 없으면 한다. RS422에서는 Point To Point 모드와 Multi-Drop 모드 두 가지가 있다.

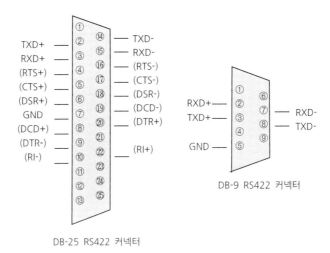

DB-25 RS422 커넥터

DB-9 RS422 커넥터

[그림 7-6] 커넥터 사양

　　Point To Point 모드인 경우 RS232와 신호선당 2개의 라인이 필요한 것만 빼고 사용하는 방법에 있어서 별다른 차이가 없다. 하지만 Multi-Drop 모드인 경우는 사용법이 좀 복잡하다. Multi-Drop의 자세한 내용에 대해서는 다음 란에서 다루고 먼저 커넥터의 사양, RS422 신호선과 케이블 결선도에 대해서 먼저 설명하겠다. 여기에서 ( )안의 신호선은 메이커마다 다를 수 있다.

　　일반적으로 사용되는 신호선은 TXD+, TXD-, RXD+ 및 RXD-이고 나머지 신호선은 거의 사용되지 않는다. GND는 연결하지 않아도 되고 + 신호선은 + 신호선과 - 신호선은 - 신호선과 연결된다.

　　[그림 7-7]은 RS422 방식의 Point to Point 통신에 대한 결선도를 보인다.

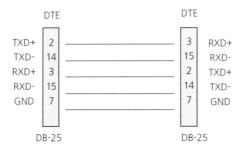

[그림 7-7] 결선도

　　[그림 7-8]에는 Multi-Drop 방식으로 구성할 경우 마스터와 슬레이브 사이의 통신선의 연결 상태를 보인다.

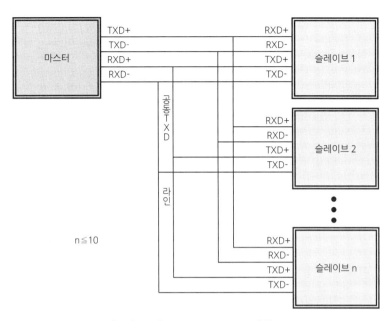

[그림 7-8] Multi-Drop 모드 결선도

신호선에 대한 설명은 RS232와 별 차이가 없고 다만 물리적으로 하나의 신호선에 두 개의 라인이 필요한 데 그들의 표현은 신호선명 뒤에 +와 −로써 구분 표기한다. 예를 들면 RS232의 TXD 신호선이 RS422에서는 TXD+와 TXD-로 나누어 질 뿐이다.

3) RS485

RS485는 EIA에 의해서 전기적인 사양이 규정되어 있으나 물리적인 커넥터 및 핀에 대한 사양은 아직 규정되어 있지 않다.

RS485인 경우 RS232나 RS422처럼 Full Duplex가 아닌 Half Duplex 전송 방식만 지원하기 때문에 RS422의 Multi-Drop 모드의 슬레이브처럼 RS485의 모든 마스터는 TXD 신호를 멀티포인트 버스(RS485의 모든 마스터가 공유하는 신호 라인을 그렇게 부른다.)에 접속 또는 단락시켜야할 뿐만 아니라 RXD 신호 역시 모드에 따라서는 접속, 단락의 제어를 하여야 한다. RS485에서는 Echo 모드와 Non Echo 모드 두 가지가 있다.

신호선에 대한 설명은 RS232와 별 차이가 없고 다만 물리적으로 하나의 신호선에 두 개의 라인이 필요한 데 그들의 표현은 신호선명 뒤에 +와 −로써 구분표기 한다. 하지만 UART의 TXD, RXD 신호선이 멀티포인트 버스에 의하여 공동으로 사용하게 됨에 유의하여야 한다. 즉 하나의 마스터는 멀티포인트 버스를 출력이면 출력, 입력이면 입력으로 구분하여 사용할 수밖에 없다. [그림 7-9]에는 RS485 통신 방식을 사용할 때 장치들 사이의 연결 상태를 보인다.

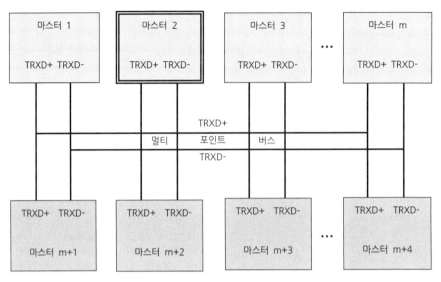

[그림 7-9] RS485 결선도

나. PIC16F874A의 USART

USART 모듈은 두 개의 시리얼 I/O 모듈의 하나이다(USART는 시리얼 통신 인터페이스 또는 SCI라고도 불리어진다). USART는 CRT 터미널과 퍼스널 컴퓨터와 같은 주변 디바이스와 통신할 수 있는 전이중 비동기 시스템으로 사용하거나 A/D 또는 D/A 적분 회로, 시리얼 EEPROM 등과 같은 주변 디바이스와 통신할 수 있는 반이중 동기 시스템으로 사용할 수 있다.

USART는 다음과 같은 모드로 구성되어질 수 있다.

① 비동기(전이중)
② 동기 : 마스터 모드(반이중)
③ 동기 : 슬레이브 모드(반이중)

SPEN 비트(RCSTA⟨7⟩)와 TRISC⟨7:6⟩ 비트는 RC6/TX/CK와 RC7/RX/DT 핀을 USART용 단자로 구성하기 위하여 세트해야 한다.

USART 모듈은 또한 9비트 어드레스 검출 방법을 사용하여 멀티-프로세서 통신을 할 수 있다.

R/W-0	R/W-0	R/W-0	R/W-0	U-0	R/W-0	R-1	R/W-0
CSRC	TX9	TXEN	SYNC	–	BRGH	TRMT	TX9D

bit 7   bit 0

R = Readable bit
W = Writable bit
U = Unimplemented bit,
     read as '0'
−n = Value at POR reset

bit 7:   CSRC: 클록 소스 선택 비트
          비동기식 모드
           사용하지 않는다.

          동기식 모드
           1 = 마스터 모드 (내부 BRG에서 클록 발생)
           0 = 슬레이브 모드 (외부 클록으로 동작)

bit 6:   TX9: 9비트 송신 인에이블 비트
          1 = 9비트 송신
          0 = 8비트 송신

bit 5:   TXEN: 송신 인에이블 비트
          1 = 송신 가능
          0 = 송신 불가능
          Note: 동기식 모드에서 TXEN보다 SREN/CREN 비트 설정이 우선

bit 4:   SYNC: USART 모드 선택 비트
          1 = 동기식 모드
          0 = 비동기식 모드

bit 3:   Unimplemented: 미실현, '0'으로 판독됨

bit 2:   BRGH: High Baud Rate 선택 비트
          비동기식 모드
           1 = 고속
           0 = 저속

          비동기식 모드
           사용하지 않는다.

bit 1:   TRMT: 송신 Shift 레지스터 상태 비트
          1 = TSR 레지스터가 비어 있다.
          0 = TSR 레지스터 풀

bit 0:   TX9D: 송신 데이터의 9번째 비트. 패리티 비트로 사용할 수 있다.

[그림 7-10] TXSTA:TRANSMIT STATUS AND CONTROL REGISTER(ADDRESS 98h)

R/W-0	R/W-0	R/W-0	R/W-0	R/W-0	R-0	R-0	R-x
SPEN	RX9	SREN	CREN	ADDEN	FERR	OERR	RX9D

bit 7   bit 0

R=Readable bit
W=Writable bit
U=Unimplemented bit,
read as '0'
−n=Value at POR reset

bit 7:   SPEN: 직렬 포트 인에이블 비트

1 = 직렬 포트를 사용(RC7/RX/DT와 RC6/TX/CK핀은 직렬 포트 핀으로 설정한다)
0 = 직렬 포트를 사용하지 않는다.

bit 6: RX9: 9비트 수신 인에이블 비트
1 = 9비트 수신
0 = 8비트 수신

bit 5: SREN: 싱글 수신(Single Receive) 인에이블 비트
비동기식 모드
　사용하지 않는다.

동기식 모드 - 마스터
　1 = 싱글 수신 가능
　0 = 싱글 수신을 하지 않는다.
　이 비트는 수신이 끝나면 '0'이 된다.

동기식 모드 - 슬레이브
　사용하지 않는다.

bit 4: CREN: 연속 수신 인에이블 비트
비동기식 모드
　1 = 연속 수신을 한다.
　0 = 연속 수신을 하지 않는다.

동기식 모드
　1 = CREN이 '0'이 될 때까지 연속 수신을 한다(CREN은 SREN 상태보다 우선).
　0 = 연속 수신을 하지 않는다.

bit 3: ADDEN: 어드레스 검출 인에이블 비트
9비트 비동기식 통신 모드 (RX9 = 1)에서 유효하다
1 = 어드레스 검출을 한다, RSR⟨8⟩이 '1'일 때 인터럽트 및 수신 버퍼 읽기 가능
0 = 어드레스 검출을 하지 않는다, 모든 바이트 수신, 9번째 비트를 패리티 비트로
　　사용 가능

bit 2: FERR: 프레밍(framing) 에러 비트
1 = 프레밍 에러(RCREG 레지스터를 읽으면 '0'이 되고, 다음부터 유효한 바이트를
　　수신)
0 = 프레밍 에러가 아니다.

bit 1: OERR: 오버런(overrun) 에러 비트
1 = 오버런 에러(CREN을 '0'으로 하면 이 비트로 '0'이 된다)
0 = 오버런 에러가 아님

bit 0: RX9D: 9번째 수신 데이터(패리티 비트로 사용할 수 있다)

[그림 7-11] RCSTA:RECEIVE STATUS AND CONTROL REGISTER(ADDRESS 18h)

1) USART 보레이트 발생기(BRG)

BRG는 USART의 비동기와 동기 모드를 모두 제공한다. 이것은 8비트 보레이트 발생기로 되어 있다. SPBRG 레지스터는 FREE RUNNING 8비트 타이머의 기간을 제어한다.

비동기 모드에서는 BRGH(TXSTA⟨2⟩) 비트로 보레이트를 제어하지만 동기 모드에서는 BRGH 비트는 무시되어 진다. ⟨표 7-3⟩은 다른 USART 모드에서 보레이트의 계산 공식을 보여주고 있다(단, 마스터 모드에 적용한다.(내부 클록)).

0 ~ 255 사이의 정수 값과를 사용하면 다음 공식에 의하여 원하는 보레이트를 만들어 낼 수 있다. 이때 공식오차에 의한 에러율도 알게 된다.

⟨표 7-3⟩ Baud Rate 공식

SYNC	BRGH = 0(저속)	BRGH = 1(고속)
0	(Asynchronous Baud Rate=$F_{OSC}/(64(X+1))$	Baud Rate = $F_{OSC}/(16(X+1))$
1	(Synchronous Baud Rate=$F_{OSC}/(4(X+1))$	NA

X=value in SPBRG(0 to 255)

다음과 같은 조건에서 보레이트 계산에 있어서 에러율을 보여준다.

F_{OSC} = 16MHz

요구된 보레이트 = 9600

BRGH = 0

SYNC = 0

요구된 보레이트 = $F_{OSC}/(64(X + 1))$

$\qquad$ 9600 = 16000000/(64(X + 1))

$\qquad$ X = [25.042] = 25

새로운 보레이트 = 16000000/(64(25 + 1))

$\qquad$ = 9615

ERROR = (새로운 보레이트 - 요구된 보레이트) / 요구된 보레이트

$\qquad$ = (9615 - 9600) / 9600

$\qquad$ = 0.16%

Baud 클록이 낮을지라도 높은 보레이트(BRGH = 1)를 사용하는 것이 유리하다. 왜냐하면 $F_{OSC}/(16(X + 1))$ 방정식이 어떤 경우에서는 에러를 줄일 수 있기 때문이다.

SPBRG 레지스터에 새로운 값을 쓰면 BRG 타이머는 리셋된다.(또는 클리어된다.) 이것은 먼저 값이 오버플로우하기 전에 새로운 BRG 보레이트가 적용된다는 것을 의미한다.

RC7/RX/DT 핀의 데이터가 '1' 혹은 '0'인지를 판단하기 위하여 검출 회로에 의하여 세 번 샘플된다.

〈표 7-4〉 보레이트 발생기와 관련된 레지스터

Address	Name	Bit 7	Bit 6	Bit 5	Bit 4	Bit 3	Bit 2	Bit 1	Bit 0	Value on: POR, BOR	Value on all other resets
98h	TXSTA	CSRC	TX9	TXEN	SYNC	–	BRGH	TRMT	TX9D	0000 –010	0000 –010
18h	RCSTA	SPEN	RX9	SREN	CREN	ADDEN	FERR	OERR	RX9D	0000 000x	0000 000x
99h	SPBRG	Baud Rate Generator Register								0000 0000	0000 0000

2) USART 비동기 모드

이 모드에서 USART는 표준 nonreturn-to-zero(NRZ) 형태(1 스타트 비트, 8 또는 9 데이터 비트 그리고 1 스톱 비트)를 사용한다. 가장 일반적인 데이터 형태는 8비트이다. 칩에 있는 8비트 보레이트 발생기는 오실레이터로부터 표준 보레이트 주파수를 사용하고 있다. USART는 먼저 LSb를 송신하고 수신한다. USART 송신과 수신은 기능적으로 독립적이지만 같은 데이터 형태와 보레이트를 사용한다. 보레이트 발생기는 BRGH(TXSTA〈2〉) 비트에 의존하여 비트 시프트 레이트의 x16 혹은 x64의 클록을 만들어 낸다. 패리티는 하드웨어에 의하여 만들어지지 않는다. 그러나 소프트웨어에서 처리되어 질 수 있다(그리고 아홉 번째 데이터 비트로서 저장된다). 비동기 모드에서는 SLEEP 동안 모든 기능이 정지된다.

비동기 모드는 SYNC 비트(TXSTA〈4〉)를 리셋하는 것에 의하여 선택되어진다.

USART 비동기 모듈은 다음과 같은 중요한 요소로 구성되어 있다.

① 보레이트 발생기 ② 샘플링 회로 ③ 비동기 송신 ④ 비동기 수신

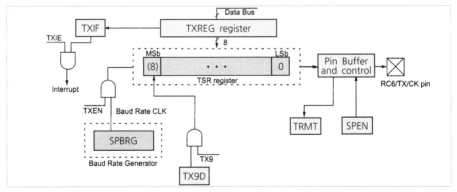

[그림 7-12] USART TRANSMIT BLOCK DIAGRAM

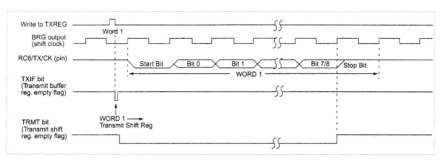

[그림 7-13] ASYNCHRONOUS TRANSMISSION

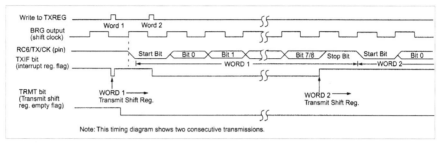

Note: This timing diagram shows two consecutive transmissions.

[그림 7-14] ASYNCHRONOUS TRANSMISSION(BACK TO BACK)

〈표 7-5〉 REGISTERS ASSOCIATED WITH ASYNCHRONOUS TRANSMISSION

Address	Name	Bit 7	Bit 6	Bit 5	Bit 4	Bit 3	Bit 2	Bit 1	Bit 0	Value on: POR, BOR	Value on all other resets
0Ch	PIR1	PSPIF(1)	ADIF	RCIF	TXIF	SSPIF	CCP1IF	TMR2IF	TMR1IF	0000 0000	0000 0000
18h	RCSTA	SPEN	RX9	SREN	CREN	ADDEN	FERR	OERR	RX9D	0000 000x	0000 000x
19h	TXREG	USART Transmit Register								0000 0000	0000 0000
8Ch	PIE1	PSPIE(1)	ADIE	RCIE	TXIE	SSPIE	CCP1IE	TMR2IE	TMR1IE	0000 0000	0000 0000
98h	TXSTA	CSRC	TX9	TXEN	SYNC	–	BRGH	TRMT	TX9D	0000 –010	0000 –010
99h	SPBRG	Baud Rate Generator Register								0000 0000	0000 0000

USART 비동기 송신

USART 송신 블록 다이어그램은 [그림 7-12]와 같다. 송신부의 핵심은 전송(직렬) 시프트 레지스터(TSR)이다. 시프트 레지스터는 read/write 전송 버퍼(TXREG)로부터 데이터를 얻는다. 소프트웨어에서는 TXREG 레지스터로 데이터를 로드한다. TSR 레지스터는 스톱 비트가 전송될 때까지 다음 데이트를 로드하지 않는다. 스톱 비트가 전송되자마자 TSR은 TXREG 레지스터로부터 새로운 데이터를 가지고 온다. TXREG 레지스터가 TSR 레지스터에 데이터를 전송하면 TXREG 레지스터는 비어있는 상태가 되고 인터럽트 비트 TXIF(PIR1〈4〉)는 세트되어진다.

이 인터럽트는 비트 TXIE(PIE1〈4〉)에 의해 인에이블 또는 디스에이블될 수 있다.

플래그 비트 TXIF는 인에이블 비트 TXIE에 무관하게 세트되어 진다. 그리고 소프트웨어적으로 리셋(클리어)할 수 없다. 그것은 새로운 데이터가 TXREG 레지스터에 로드되어질 때만 하드웨어에 의해서 자동으로 리셋될 것이다. 플래그 비트 TXIF는 TXREG 레지스터의 상태를 보여주고, 다른 비트 TRMT(TXSTA⟨1⟩)는 TSR 레지스터의 상태를 보여준다. 상태 비트 TRMT는 TSR 레지스터가 비었을 때 세트되어지는 read only 비트이다. 이 비트에 대한 인터럽트 기능은 없다. 그래서 사용자는 만약 TSR 레지스터가 비었다는 것을 확인하려면 이 비트를 참조해야 한다.

비동기 전송을 셋업하는 순서는 다음과 같다.

① SPBRG 레지스터를 적절한 보레이트로 초기화한다. 만약 고속 보레이트가 요구되면, 비트 BRGH를 세트한다.

② 비트 SYNC를 리셋하고 비트 SPEN을 세트함으로써 비동기 직렬 포트를 인에이블한다.

③ 만약 인터럽트가 필요하면 인에이블 비트 TXIE를 세트한다.

④ 9비트 전송이 필요하면 전송 비트 TX9를 세트한다.

⑤ 비트 TXEN을 세트함으로써 전송이 인에이블되고 또한 비트 TXIF도 세트될 것이다.

⑥ 만약 9비트 전송이 선택되어지면 아홉 번째 비트는 비트 TX9D에 로드되어진다.

⑦ 데이터는 TXREG 레지스터에 로드된다(전송 시작).

🔽 USART 비동기 수신

수신부 블록 다이어그램은 [그림 7-15]에서 보여준다. RC7/RX/DT 핀으로부터 들어오는 데이터는 데이터 RECOVERY 블록에 의해서 드라이브된다. 데이터 RECOVERY 블록은 실제 보레이트보다 16배 빠르게 동작하는 고속 시프트이다. 여기에서 메인 수신 시리얼 시프트는 비트 레이트 또는 FOSC로 구동하고 있다.

USART 모듈은 multi-processor 통신을 위한 특별한 기능을 갖고 있다. RCSTA 레지스터에서 RX9 비트가 세트일 때 9비트가 수신되고 아홉 번째 비트는 RCSTA 레지스터의 RX9D 상태 비트에 놓이게 된다. 포트는 스톱 비트가 수신되도록 프로그램될 수 있고, 직렬 포트 인터럽트는 단지, RX9D 비트가 1이면 활성화될 수 있다. 이 기능은 RCSTA 레지스터에서 ADDEN 비트 RCSTA⟨3⟩을 세트함으로써 인에이블 된다. 이 기능은 다음과 같은 multi-processor 시스템에서 사용된다.

마스터프로세서는 많은 슬레이브 프로세서 중 하나에게 데이터를 전송하려고 한다. 먼저 대상(target) 슬레이브를 식별하는 어드레스를 전송하여야 한다. 어드레스는 RX9D 비트를 '1'(데이터는 '0')이 됨으로써 구별되어 진다. 만약 ADDEN 비트가 슬레이브 RCSTA 레지스터에서 세트이면 모든 데이터는 무시될 것이다. 그러나 아홉 번째 수신된 비트가 즉, 수신된 데이터가 어드레스라는 것을 나타내는 '1'이면 슬레이브는 인터럽트가 걸리고 RSR 레지스터의 내용이 수신 버퍼로 보내지게 될 것이다. 이것은 단지 슬레이브가 어드레스에 의해서 인터럽트가 걸린다는 것을 의미하므로 슬레이브는 수신된 데이터가 어드레스인지를 조사한다. 대상 슬레이브는 ADDEN 비트를 리셋시키고 마스터로부터 데이터를 수신할 준비를 한다.

ADDEN 비트가 세트일 때 모든 데이터는 무시된다. 스톱 비트에 이어지는 데이터는 수신 버퍼로 로드되지 않을 것이고 인터럽트는 발생되지 않는다. 만약 다른 데이터가 RSR 레지스터로 시프트되면 앞선 데이터는 잃어버리게 된다.

ADDEN 비트는 단지 수신기가 9비트 비동기 모드에 있을 때 동작을 한다.

수신부 블록 다이어그램은 [그림 7-15]와 같다.

비동기 모드가 선택되면 수신은 CREN(RSCTA⟨4⟩) 비트를 세트함으로써 인에이블된다.

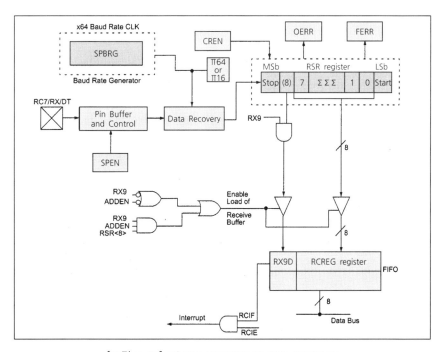

[그림 7-15] USART RECEIVE BLOCK DIAGRAM

⊘ SETTING UP 9-BIT MODE WITH ADDRESS DETECT

① 적당한 보레이트로 SPBRG 레지스터를 초기화한다. 만약 고속 보레이트가 필요하면 비트 BRGH를 세트한다.

② 비트 SYNC를 리셋하고 비트 SPEN을 세트함으로써 비동기 직렬 포트를 인에 이블한다.

③ 만약 인터럽트가 필요하면, 인에이블 비트 RCIE를 세트한다.

④ 9비트 수신을 인에이블하기 위해서 비트 RX9를 세트한다.

⑤ 어드레스 검출을 인에이블하기 위하여 ADDEN을 세트한다.

⑥ 인에이블 비트 CREN을 세트함으로써 수신을 인에이블한다.

⑦ 플래그 비트 RCIF는 수신이 종료되면 세트되고, 인에이블 비트 RCIE가 세트되어 있으면 인터럽트가 발생될 것이다.

⑧ 아홉 번째 비트를 얻기 위하여 RCSTA 레지스터를 읽고, 수신동안 에러 발생여부를 체크한다.

⑨ RCREG 레지스터를 읽는 것에 의해 수신된 데이터 8비트를 얻는다.

⑩ 만약 에러가 발생되었다면 인에이블 비트 CREN을 클리어하는 것에 의해서 에러를 클리어한다.

⑪ 만약 장치가 선택되면 데이터와 어드레스를 수신 버퍼가 읽기 위해서 ADDEN 비트를 클리어하고 CPU를 인터럽트한다.

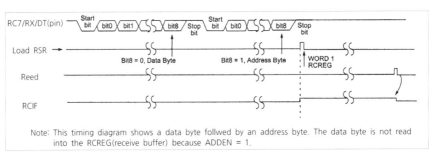

[그림 7-16] ASYNCHRONOUS RECEPTION WITH ADDRESS DETECT

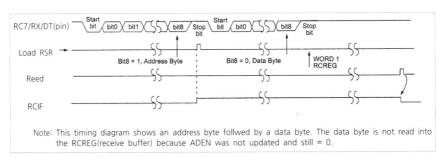

[그림 7-17] ASYNCHRONOUS RECEPTION WITH ADDRESS BYTE FIRST

〈표 7-6〉 REGISTER ASSOCIATED WITH ASYNCHRONOUS RECEPTION

〈표 7-6〉 REGISTER ASSOCIATED WITH ASYNCHRONOUS RECEPTION

Address	Name	Bit 7	Bit 6	Bit 5	Bit 4	Bit 3	Bit 2	Bit 1	Bit 0	Value on: POR, BOR	Value on all other resets
0Ch	PIR1	PSPIF(1)	ADIF	RCIF	TXIF	SSPIF	CCP1IF	TMR2IF	TMR1IF	0000 0000	0000 0000
18h	RCSTA	SPEN	RX9	SREN	CREN	ADDEN	FERR	OERR	RX9D	0000 000x	0000 000x
1Ah	RCREG	USART Receive Register								0000 0000	0000 0000
8Ch	PIE1	PSPIE(1)	ADIE	RCIE	TXIE	SSPIE	CCP1IE	TMR2IE	TMR1IE	0000 0000	0000 0000
98h	TXSTA	CSRC	TX9	TXEN	SYNC	–	BRGH	TRMT	TX9D	0000 −010	0000 −010
99h	SPBRG	Baud Rate Generator Register								0000 0000	0000 0000

3) USART 동기 마스터 모드

동기 마스터 모드에서 데이터는 반이중 전송만 허용된다. 즉 송신과 수신이 동시에 일어나지 않는다. 데이터가 전송 중일 때 수신이 금지된다. 동기 모드는 SYNC(TXSTA⟨4⟩)비트를 세트하는 것에 의해 들어갈 수 있다. 추가적으로 인에이블 비트 SPEN(RCSTA⟨7⟩)는 RC6/TX/CK와 RC7/RX/DT I/O 핀을 각각 CK(클록)과 DT (데이터) 선으로 구성하기 위해서 세트해 준다. 마스터 모드는 프로세서가 CK 라인에 마스터 클록을 발생하는 것을 의미한다. 마스터 모드는 CSRC(TXSTA⟨7⟩) 비트를 세트하는 것에 의해 들어갈 수 있다.

〈표 7-7〉 REGISTER ASSOCIATED WITH SYNCHRONOUS MASTER TRANSMISSION

Address	Name	Bit 7	Bit 6	Bit 5	Bit 4	Bit 3	Bit 2	Bit 1	Bit 0	Value on: POR, BOR	Value on all other resets
0Ch	PIR1	PSPIF(1)	ADIF	RCIF	TXIF	SSPIF	CCP1IF	TMR2IF	TMR1IF	0000 0000	0000 0000
18h	RCSTA	SPEN	RX9	SREN	CREN	ADDEN	FERR	OERR	RX9D	0000 000x	0000 000x
19h	TXREG	USART Transmit Register								0000 0000	0000 0000
8Ch	PIE1	PSPIE(1)	ADIE	RCIE	TXIE	SSPIE	CCP1IE	TMR2IE	TMR1IE	0000 0000	0000 0000
98h	TXSTA	CSRC	TX9	TXEN	SYNC	–	BRGH	TRMT	TX9D	0000 −010	0000 −010
99h	SPBRG	Baud Rate Generator Register								0000 0000	0000 0000

🌑 USART 동기 마스터 전송

USART 전송 블록 다이어그램은 [그림 7-18]에서 보여준다. 전송부의 핵심은 전송 (직렬) 시프트 레지스터(TSR)이다. 시프트 레지스터는 read/write 전송 버퍼 레지스터 TXREG로부터 데이터를 얻는다.

TXREG 레지스터는 소프트웨어적으로 액세스가 가능하다. TSR 레지스터는 가지고 있는 데이터가 마지막 비트까지 완전히 전달되기 전까지 다음 데이터를 로드하지 않는다. 마지막 비트가 전달되자마자 TSR은 TXREG로부터 새로운 데이터를 가지고 온다. 만약 TXREG 레지스터가 새로운 데이터를 TSR 레지스터에 전달했다면(하나의 T cycle에서 발생), TXREG는 빈 공간이 되고 인터럽트 비트 TXIF(PIR1⟨4⟩)는 세트된다. 인터럽트는 인에이블 비트 TXIE(PIE1⟨4⟩)에 의해서 인에이블 또는 디스에이블 될 수 있다.

플래그 비트 TXIF는 인에이블 비트 TXIE의 상태와 무관하게 세트될 것이고 이비트는 소프트웨어적으로 클리어할 수 없다. 새로운 데이터가 TXREG 레지스터로 로드되어질 때 자동으로 클리어된다. 플래그 비트 TXIF는 TXREG 레지스터의 상태를 보여주며 TRMT(TXSTA⟨1⟩) 비트는 TSR 레지스터의 상태를 보여준다. TRMT는 TSR이 비어 있을 때 세트되는 단지 read only 비트이다. 이 비트에 대한 인터럽트 기능은 없다. 그래서 사용자는 TSR 레지스터가 비어있는 지를 체크하기 위해서 이 비트를 검사하여야 한다. TSR은 데이터 메모리 상에 존재하지 않으므로 사용자가 직접 액세스할 수 없다. 다음은 동기 마스터 전송을 설정하는 순서이다.

① 적당한 보레이트를 위하여 SPREG 레지스터를 초기화한다.
② SYNC, SPEN, CSRC 비트를 세팅함으로써 동기 마스터 직렬 포트를 인에이블 한다.
③ 만약 인터럽트가 필요하면 인에이블 비트 TXIE를 세트한다.
④ 만약 9비트 전송이 필요하면 비트 TX9를 세트한다.
⑤ 전송은 비트 TXEN을 세트함으로써 이루어진다.
⑥ 9비트 전송이 선택되면 아홉 번째 비트는 비트 TX9D에 로드된다.
⑦ TXREG 레지스터에 데이터를 로드하는 것에 의해서 전송이 시작된다.

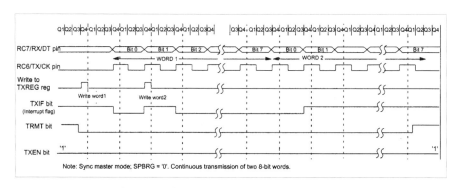

[그림 7-18] SYNCHRONOUS TRANSMISSION

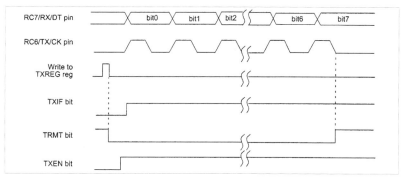

RC7/RX/DT pin

RC6/TX/CK pin

Write to
TXREG reg

TXIF bit

TRMT bit

TXEN bit

bit0 bit1 bit2 bit6 bit7

[그림 7-19] SYNCHRONOUS TRANSMISSION(THROUGH TXEN)

⚫ USART 동기 마스터 수신

동기 모드가 선택되어졌을 때 수신은 인에이블 비트 SREN(RCSTA⟨5⟩) 혹은 인에이블 비트 CREN(RCSTA⟨4⟩)를 세트하는 것에 의해 인에이블된다. RC7/RX/DT 핀으로부터 입력되는 데이터는 클록의 하강 에지에서 샘플링된다. 만약 인에이블 비트 SREN가 세트이면, 단지 single word가 수신된다. 만약, 인에이블 비트 CREN가 세트되었다면 수신은 CREN이 리셋될 때까지 계속할 것이다. 만약 두 비트 모두 세트되었다면 CREN이 선행되어진다.

다음은 동기 마스터 수신을 설정하는 순서이다.

① 적당한 보레이트를 위해 SPBRG 레지스터를 초기화한다.

② 비트 SYNC, SPEN과 CSRC를 세트함으로써 동기 마스터 직렬 포트를 인에이블한다.

③ 비트 CREN과 SREN이 리셋되었는지 확인한다.

④ 만약 인터럽트가 필요하면 인에이블 비트 RCIE를 세트한다.

⑤ 만약 9비트 수신이면 비트 RX9를 세트한다.

⑥ 만약 단 한번의 수신만 요구된다면 비트 SREN을 세트하고 지속적인 수신이 요구된다면 CREN을 세트한다.

⑦ 인터럽트 플래그 비트 RCIF는 수신이 완료되었을 때 세트된다. 그리고 인에이블 비트 RCIE가 세트되어 있다면 인터럽트가 발생된다.

⑧ RCSTA 레지스터에는 아홉 번째 비트가 들어있을 것이고(인에이블 되어 있다면), 수신 중 어떤 에러가 발생했는지도 체크해 주어야 한다.

⑨ RCREG 레지스터를 읽어서 수신된 8비트 데이터를 얻는다.

⑩ 만약, 어떤 에러가 발생했다면 비트 CREN을 클리어하는 것에 의해서 에러를 클리어한다.

Address	Name	Bit 7	Bit 6	Bit 5	Bit 4	Bit 3	Bit 2	Bit 1	Bit 0	Value on: POR, BOR	Value on all other resets
0Ch	PIR1	PSPIF(1)	ADIF	RCIF	TXIF	SSPIF	CCP1IF	TMR2IF	TMR1IF	0000 0000	0000 0000
18h	RCSTA	SPEN	RX9	SREN	CREN	ADDEN	FERR	OERR	RX9D	0000 000x	0000 000x
1Ah	RCREG	USART Receive Register								0000 0000	0000 0000
8Ch	PIE1	PSPIE(1)	ADIE	RCIE	TXIE	SSPIE	CCP1IE	TMR2IE	TMR1IE	0000 0000	0000 0000
98h	TXSTA	CSRC	TX9	TXEN	SYNC	–	BRGH	TRMT	TX9D	0000 -010	0000 -010
99h	SPBRG	Baud Rate Generator Register								0000 0000	0000 0000

4) USART 동기 슬레이브 모드

동기 슬레이브 모드는 외부에서 RC6/TX/CK 핀에 시프트 클록이 제공되어 진다는 사실에서 마스터 모드와 다르다. 이것은 SLEEP 모드에서 디바이스가 데이터를 전송 또는 수신하는 것이 가능하다는 것을 의미한다. 슬레이브 모드는 비트 CRSC (TXSTA⟨7⟩)를 클리어하는 것에 의해 들어갈 수 있다.

◉ USART 동기 슬레이브 송신

동기 슬레이브 모드는 SLEEP 모드에서도 동작한다는 점을 제외하고는 동기 마스터 모드와 동일하다. 만약 2개의 데이터가 TXREG 쓰여지고 SLEEP 명령이 실행되었다면 다음과 같은 상황이 전개된다.

① 첫 번째 데이터는 즉시 TSR 레지스터로 전달되고 송신이 이루어질 것이다.

② 두 번째 데이트는 TXREG 레지스터에 남아있게 된다.

③ 플래그 비트 TXIF는 세트되지 않는다.

④ 첫 번째 데이터가 TSR의 밖으로 완전히 출력되었을 때, TXREG 레지스터는 TSR 레지스터에 두 번째 데이터를 전송할 것이고 플래그 비트 TXIF는 그때 세트될 것이다.

⑤ 만약, 인에이블 비트 TXIE가 세트이면 인터럽트는 SLEEP 상태로부터 칩을 깨울 것이다. 그리고 글로벌 인터럽트가 인에이블되었다면 프로그램이 인터럽트 벡터(0004h)로 브랜치할 것이다.

다음은 동기 슬레이브 송신을 세트하는 순서이다.

① 비트 SYNC와 SPEN을 '1'로 CSRC가 '0'이 되도록 구성하는 것에 의해 동기 슬레이브 직렬 포트를 인에이블한다.

② 비트 CREN과 SREN을 0으로 만든다.

③ 만약, 인터럽트가 필요하면 인에이블 비트 TXIE를 세트한다.

④ 만약, 9비트 전송이 필요하면 비트 TX9를 세트한다.

⑤ 인에이블 비트 TXEN을 세트하는 것에 의해 전송을 인에이블한다.

⑥ 만약, 9비트 전송이 선택되었다면 아홉 번째 비트는 비트 TX9D에 로드한다.

⑦ 데이터를 TXREG 레지스터에 로드하는 것에 의해서 전송을 시작한다.

〈표 7-9〉 REGISTERS ASSOCIATED WITH SYNCHRONOUS SLAVE TRANSMISSION

Address	Name	Bit 7	Bit 6	Bit 5	Bit 4	Bit 3	Bit 2	Bit 1	Bit 0	Value on: POR, BOR	Value on all other resets
0Ch	PIR1	PSPIF(1)	ADIF	RCIF	TXIF	SSPIF	CCP1IF	TMR2IF	TMR1IF	0000 0000	0000 0000
18h	RCSTA	SPEN	RX9	SREN	CREN	ADDEN	FERR	OERR	RX9D	0000 000x	0000 000x
19h	TXREG	USART Transmit Register								0000 0000	0000 0000
8Ch	PIE1	PSPIE(1)	ADIE	RCIE	TXIE	SSPIE	CCP1IE	TMR2IE	TMR1IE	0000 0000	0000 0000
98h	TXSTA	CSRC	TX9	TXEN	SYNC	–	BRGH	TRMT	TX9D	0000 -010	0000 -010
99h	SPBRG	Baud Rate Generator Register								0000 0000	0000 0000

USART 동기 슬레이브 수신

동기 슬레이브 모드의 동작은 SLEEP 모드에서 동작하는 점을 제외하고 동기 마스터 모드와 동일하다. 또한 슬레이브 모드에서 비트 SREN은 필요 없는 비트가 된다.

만약, 수신 비트 CREN을 세트, 이 SLEEP 명령보다 먼저 인에이블되었다면 그 때 데이터는 SLEEP 동안 수신되어질 지도 모른다. 데이터를 완전히 수신하였을 때, RSR 레지스터는 데이터를 RCREG 레지스터에 전송할 것이고, 만약 인에이블 비트 RCIE 비트가 세트되었다면 발생된 인터럽트는 SLEEP으로부터 칩을 깨울 것이다. 만약, 글로벌 인터럽트가 인에이블되었다면 프로그램은 인터럽트 벡터(0004h)로 브랜치할 것이다.

다음은 동기 슬레이브 수신을 세트하는 순서이다.

① 비트 SYNC와 SPEN을 '1'로 비트 CSRC를 '0'으로 구성해서 동기 마스터 직렬 포트를 인에이블한다.

② 만약, 인터럽트가 필요하면 인에이블 비트 RCIE를 세트한다.

③ 만약, 9비트 수신이 필요하면 비트 RX9를 세트한다.

④ 수신을 인에이블하기 위하여 인에이블 비트 CREN을 세트한다.

⑤ 플래그 비트 RCIF는 수신이 완료되었을 때 세트될 것이다. 그리고 만약 인에이블 비트 RCIE가 세트되어 있다면 인터럽트가 발생될 것이다.

⑥ 아홉 번째 비트(만약 인에이블되어 있다면)를 얻기 위해서 RCSTA 레지스터를 읽는다. 그리고 수신하는 동안 어떤 에러가 발생했는지 체크해 본다.

⑦ RCREG 레지스터를 읽는 것에 의해서 수신된 8비트 데이터를 얻는다.

⑧ 만약, 어떤 에러가 발생했다면 비트 CREN을 클리어해서 에러를 클리어한다.

〈표 7-10〉 REGISTERS ASSOCIATED WITH SYNCHRONOUS SLAVE RECEPTION

Address	Name	Bit 7	Bit 6	Bit 5	Bit 4	Bit 3	Bit 2	Bit 1	Bit 0	Value on: POR, BOR	Value on all other resets
0Ch	PIR1	PSPIF(1)	ADIF	RCIF	TXIF	SSPIF	CCP1IF	TMR2IF	TMR1IF	0000 0000	0000 0000
18h	RCSTA	SPEN	RX9	SREN	CREN	ADDEN	FERR	OERR	RX9D	0000 000x	0000 000x
1Ah	RCREG	USART Receive Register								0000 0000	0000 0000
8Ch	PIE1	PSPIE(1)	ADIE	RCIE	TXIE	SSPIE	CCP1IE	TMR2IE	TMR1IE	0000 0000	0000 0000
98h	TXSTA	CSRC	TX9	TXEN	SYNC	–	BRGH	TRMT	TX9D	0000 –010	0000 –010
99h	SPBRG	Baud Rate Generator Register								0000 0000	0000 0000

실습 보드에는 USART를 사용하여 PC와 통신을 할 수 있도록 RS-232C 프로토콜에 따른 level converter IC를 가진다. [그림 7-20]은 실습 장치의 직렬 통신 인터페이스 회로이다.

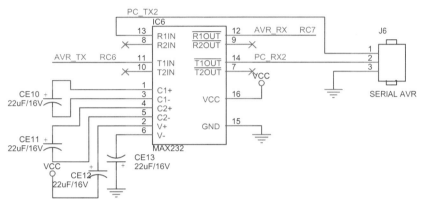

[그림 7-20] 직렬 통신 인터페이스 회로

가. AVR의 USART 실습

1) 초기화 및 데이터 전송

AVR의 USART를 사용하여 PC로 데이터를 전송하기 위해 AVR 내부의 USART 관련 레지스터에 적절한 값을 기록하여 동작을 초기화해야 한다. 직렬 통신은 송신(Tx), 수신(Rx), GND의 신호 선을 사용하므로 양측 기기 사이의 통신 속도가 설정되어야하며 한 번에 전송할 데이터의 크기, 패리티 비트에 대한 사용 유/무, 정지 비트에 대한 설정을 해야 한다.

예제에서는 직렬 통신을 위한 통신 속도를 BAUD에 지정하면 이 값을 바탕으로 시스템의 클록 F_CPU를 사용하여 계산된 결과로 통신 속도 설정 레지스터인 UBRR에 값을 기록한다. UBRR 레지스터는 UBRRH라는 상위 8-bit와 UBRRL이라는 하위 8-bit로 구성되는 16-bit 레지스터이다.

```
01    #include <avr/io.h>
02    #define F_CPU 14745600UL
03    #include <util/delay.h>
04    #define BAUD    115200   // Baudrate 115200bps
05
06    void my_putc(unsigned char data)    {
07            while(!(UCSR1A & (1<<UDRE1))); //wait for empty transmit buffer
08            UDR1 = data;            //put data into buffer, send the data
09    }
10
11    int main(void)    {
12            unsigned short int ubrr;
13            unsigned char i = 0;
14
15            ubrr = ( ( F_CPU / (16L * BAUD) ) - 1) ;
16
17            UBRR1H = (unsigned char)(ubrr >> 8);
18            UBRR1L = (unsigned char)ubrr;
19            UCSR1A = 0x00;              //asynchronous normal mode
20            UCSR1B = (1<<RXEN1)|(1<<TXEN1);    //Rx/Tx enable
21            UCSR1C = (1<<UCSZ11)|(1<<UCSZ10); //no parity, 1 stop, 8 data
22
23            while(1) {
24                    my_putc('A' + i);
25                    i++;
26                    if(i >= 26)        {
27                            i = 0;
28                    }
29                    _delay_ms(1000);
30            }
31            return 0;
32    }
```

설명

02 #define F_CPU 14745600UL

시스템의 동작 주파수를 지정한다.

04 #define BAUD 115200

통신 속도를 지정한다. PC와 동일한 속도로 지정해야 한다. 설정 가능
한 값은 115200, 57600, 38400, 19200, 9600, 2400 등이다.

06 void my_putc(unsigned char data)

직렬 통신으로 데이터를 송신할 때 사용하는 함수를 정의한다.

07 while(!(UCSR1A & (1<<UDRE1)));

송신 버퍼에 데이터가 남아 있으면 완전히 전송되어 버퍼가 비어있는 상태가 될 때까지 동작하지 않고 이 구문에서 반복하며 대기한다.

08 UDR1 = data;

전송할 데이터를 송신 버퍼에 기록한다.

15 ubrr = ((F_CPU / (16L * BAUD)) - 1);

직렬 통신을 위한 속도 설정 레지스터에 기록된 값을 계산한다.

17 UBRR1H = (unsigned char)(ubrr >> 8);

UBRR 레지스터는 16-bit 크기이며 상위 8-bit를 UBRRH에 저장한다. 따라서 계산된 값을 상위 8-bit만을 추출하여 저장하기 위해 오른쪽으로 8-bit 시프트하여 기록한다.

18 UBRR1L = (unsigned char)ubrr;

계산된 속도 값의 하위 8-bit만 저장하기 위해 캐스트 연산자로 unsigned char을 사용하여 상위 8-bit는 버리고 하위 8-bit만을 저장한다.

19 UCSR1A = 0x00;

비동기 방식으로 일반 직렬 통신 모드를 사용한다.

20 UCSR1B = (1<<RXEN1)|(1<<TXEN1);

송신과 수신이 가능하도록 설정한다.

21 UCSR1C = (1<<UCSZ11)|(1<<UCSZ10);

패리티 비트는 사용하지 않으며 정지 비트는 1-bit 구간으로 지정하고 데이터는 8-bit 송/수신 모드로 지정한다.

24 my_putc('A' + i);

데이터를 전송하기 위해 구현한 함수를 호출하며 ASCII 코드의 문자 단위로 전송한다. 'A'의 ASCII code 값에 i의 값을 더해 환산된 문자가 전송된다. 예제에서는 i값을 _delay_ms(1000)에 의해 1초 단위로 증가시키므로 PC로 전송되는 문자는 A부터 1초 단위로 하나씩 알파벳 순서로 Z까지 전송된 후 다시 A부터 반복 전송한다.

2) echo back

PC로부터 수신한 데이터를 AVR에서 읽은 후 다시 PC측으로 재전송하는 프로그램이다.

```
01   #include <avr/io.h>
02   #define F_CPU 14745600UL
03   #include <util/delay.h>
04   #define BAUD    115200   // Baudrate 115200bps
05
06   void my_putc(unsigned char data)   {
07         while(!(UCSR1A & (1<<UDRE1))); //wait for empty transmit buffer
08         UDR1 = data;          //put data into buffer, send the data
09   }
10
11   unsigned char my_getc(void){   //receive a character by USART1
12         while(!(UCSR1A & (1<<RXC1)));          //data received
13         return UDR1;
14   }
15
16   int main(void)     {
17         unsigned short int ubrr;
18         unsigned char receive_data;
19
20         ubrr = ( ( F_CPU / (16L * BAUD) ) - 1) ;
21
22         UBRR1H = (unsigned char)(ubrr >> 8);
23         UBRR1L = (unsigned char)ubrr;
24         UCSR1A = 0x00;               //asynchronous normal mode
25         UCSR1B = (1<<RXEN1)|(1<<TXEN1);   //Rx/Tx enable
26         UCSR1C = (1<<UCSZ11)|(1<<UCSZ10); //no parity, 1 stop, 8 data
27
28         while(1) {
29               receive_data = my_getc();
30               my_putc(receive_data);
31         }
32         return 0;
33   }
```

설명

11 unsigned char my_getc(void) {

직렬 통신으로 수신된 데이터를 읽어 반환하는 함수이다.

12 while(!(UCSR1A & (1⟨⟨RXC1)));

직렬 통신의 수신 버퍼가 비어 있는지 확인하여 비어 있는 경우 이 구문
에서 무한 반복하며 데이터가 수신될 때까지 대기한다.

13 return UDR1;

직렬 통신으로 수신된 데이터가 있으면 그 값을 읽어 반환한다.

3) 줄바꿈 문자의 처리

직렬 통신으로 수신된 데이터는 8-bit 단위로 입·출력 된다. 화면을 제어하는 문
자의 경우에도 8-bit 단위로 전송된다. 직렬 통신에서 다음 줄의 첫 번째 위치로 이
동하는 제어 명령은 linefeed와 carriage return 두 개의 제어 코드를 합쳐 구현된다.
일반적으로 PC 직렬 통신 프로그램에서 "Enter" 키를 입력했을 때 통신 프로그램의
설정에 따라 이들 두 문자가 모두 전송되거나 carriage return 또는 linefeed 하나만
전송된다. 예제 프로그램에서는 이러한 화면 제어 코드에 대응하여 동작하도록 구
성한다.

```
01   #include <avr/io.h>
02   #define F_CPU 14745600UL
03   #include <util/delay.h>
04   #define BAUD     115200   // Baudrate 115200bps
05
06   void my_putc(unsigned char data)   {
07       while(!(UCSR1A & (1<<UDRE1))); //wait for empty transmit buffer
08       UDR1 = data;          //put data into buffer, send the data
09   }
10
11   unsigned char my_getc(void){          //receive a character by USART1
12       while(!(UCSR1A & (1<<RXC1)));       //data received ?
13       return UDR1;
14   }
15
16   int main(void)   {
17       unsigned short int ubrr;
```

```
18          unsigned char receive_data;
19
20          ubrr = ( ( F_CPU / (16L * BAUD) ) - 1 ) ;
21
22          UBRR1H = (unsigned char)(ubrr >> 8);
23          UBRR1L = (unsigned char)ubrr;
24          UCSR1A = 0x00;              //asynchronous normal mode
25          UCSR1B = (1<<RXEN1)|(1<<TXEN1);    //Rx/Tx enable
26          UCSR1C = (1<<UCSZ11)|(1<<UCSZ10);  //no parity, 1 stop, 8 data
27
28          while(1) {
29                  receive_data = my_getc();
30                  if((receive_data == '\r') || (receive_data == '\n')) {
31                          my_putc('\r');
32                          my_putc('\n');
33                  } else {
34                          my_putc(receive_data);
35                  }
36          }
37          return 0;
38  }
```

설명

30 if((receive_data == '\r') || (receive_data == '\n')) {

화면의 줄바꿈과 관련하여 carriage return은 화면의 현재 줄의 첫 번째 위치로 커서를 이동하는 명령으로 \r의 특수 문자로 표시하며 linefeed는 커서의 위치는 변경하지 않은 상태로 다음 줄의 동일한 위치로 이동하는 명령이며 \n으로 나타낸다. 따라서 입력 받은 문자가 carriage return이거나 linefeed 일 경우 PC 화면으로 재전송하는 문자를 \r과 \n의 조합으로 두 번 전송하여 Enter 키를 누른 것과 동일한 효과를 보인다.

4) 문자열 데이터의 출력

3)의 예제에서는 한 문자 단위로 출력을 수행하는 my_putc 함수를 구현하여 사용하였으나 여기서는 문자열 데이터의 출력을 위해 my_putc 함수를 문자의 수만큼 호출하여 전송하는 my_puts 함수를 구현한다.

```
01  #include  <avr/io.h>
02  #define  F_CPU  14745600UL
03  #include  <util/delay.h>
04  #define  BAUD     115200    // Baudrate 115200bps
05
06  unsigned char logo[] ="  AVR-ATMEGA128 \r\n============\r\n";
07
08  void my_putc(unsigned char data)    {
09          while(!(UCSR1A & (1<<UDRE1)));  //wait for empty transmit buffer
10          UDR1 = data;            //put data into buffer, send the data
11  }
12
13  void my_puts(unsigned char *s) {
14          unsigned char i = 0;
15          while(s[i] != '\0'){
16                  my_putc(s[i++]);
17          }
18  }
19
20  unsigned char my_getc(void)       { //receive a character by USART1
21          while(!(UCSR1A & (1<<RXC1)));       //data received ?
22          return UDR1;
23  }
24
25  int main(void)      {
26          unsigned short int ubrr;
27          unsigned char receive_data;
28
29          ubrr = ( ( F_CPU / (16L * BAUD) ) - 1) ;
30
31          UBRR1H = (unsigned char)(ubrr >> 8);
32          UBRR1L = (unsigned char)ubrr;
33          UCSR1A = 0x00;                  //asynchronous normal mode
34          UCSR1B = (1<<RXEN1)|(1<<TXEN1);   //Rx/Tx enable
35          UCSR1C = (1<<UCSZ11)|(1<<UCSZ10); //no parity, 1 stop, 8 data
36
37          my_puts(logo);
38          while(1) {
39                  receive_data = my_getc();
40                  if((receive_data == '\r') || (receive_data == '\n')) {
41                          my_putc('\r');
```

```
42                              my_putc('\n');
43                    } else {
44                              my_putc(receive_data);
45                    }
46          }
47          return 0;
48  }
```

설명

13 void my_puts(unsigned char *s) {

문자열을 출력하는 함수를 정의한다.

15 while(s[i] != '\0') {

C 언어에서 문자열은 문자 데이터의 집합으로 구성되며 가장 마지막에 \0라는 null 문자가 포함된다. 따라서 문자열의 마지막을 구분하기 위한 방법으로 문자 배열의 가장 마지막 부분의 데이터가 \0인지 비교한다. 프로그램에서는 문자 배열의 값이 \0이 아니면 반복 동작을 하며 한 문자씩 직렬 통신으로 전송하고, 배열 인덱스를 하나씩 증가한다.

5) 입력 받은 문자의 ASCII code를 LED에 출력

직렬 통신을 사용하여 PC로부터 수신된 데이터의 값을 ASCII code로 LED에 표시한다. LED에는 2진수로 수신된 데이터를 ON, OFF로 표시하며 ON의 경우 1을 의미하고 OFF의 경우 0을 의미한다.

```
01  #include <avr/io.h>
02  #define F_CPU 14745600UL
03  #include <util/delay.h>
04  #define BAUD    115200   // Baudrate 115200bps
05
06  unsigned char logo[] ="  AVR-ATMEGA128 \r\n=============\r\n";
07
08  void my_putc(unsigned char data)    {
09          while(!(UCSR1A & (1<<UDRE1))); //wait for empty transmit buffer
10          UDR1 = data;            //put data into buffer, send the data
11  }
12
13  unsigned char my_getc(void)          {  //receive a character by USART1
```

```
14          while(!(UCSR1A & (1<<RXC1)));    //data received ?
15          return UDR1;
16  }
17
18  void my_puts(unsigned char *s) {
19          unsigned char i = 0;
20          while(s[i] != '\0'){
21                  my_putc(s[i++]);
22          }
23  }
24
25  int main(void)    {
26          unsigned short int ubrr;
27          unsigned char receive_data;
28
29          DDRA = 0xFF;
30          ubrr = ( ( F_CPU / (16L * BAUD) ) - 1) ;
31
32          UBRR1H = (unsigned char)(ubrr >> 8);
33          UBRR1L = (unsigned char)ubrr;
34          UCSR1A = 0x00;                      //asynchronous normal mode
35          UCSR1B = (1<<RXEN1)|(1<<TXEN1);  // Rx/Tx enable
36          UCSR1C = (1<<UCSZ11)|(1<<UCSZ10); // no parity, 1 stop, 8 data
37
38          my_puts(logo);
39          while(1) {
40                  receive_data = my_getc();
41                  if((receive_data == '\r') || (receive_data == '\n')) {
42                          my_putc('\r');
43                          my_putc('\n');
44                  } else {
45                          my_putc(receive_data);
46                          PORTA = ~receive_data;
47                  }
48          }
49          return 0;
50  }
```

예제 프로그램의 다른 부분은 3)의 예제와 동일하며 수신된 데이터를 처리하는 부분에서 LED가 연결된 PORTA에 출력한다. 이때 LED는 active low로 구동되므로 수신된 데이터를 각 비트 단위로 반전시켜 출력해야 ON 상태가 1을 의미한다.

6) 직렬 통신 데이터의 FND 표시

예제에서는 직렬 통신으로 수신된 숫자를 FND에 표시한다. 0 ~ 9 사이의 문자를
입력할 경우 FND에 표시되며 그 외의 문자를 입력한 경우 5)의 예제와 같이 LED에
ASCII code를 표시한다.

```
01   #include <avr/io.h>
02   #define F_CPU 14745600UL
03   #include <util/delay.h>
04   #define BAUD    115200   // Baudrate 115200bps
05
06   unsigned char logo[] = "  AVR-ATMEGA128 \r\n=============\r\n";
07   unsigned char fnd_data[] = {0xC0, 0xF9, 0xA4, 0xB0, 0x99, 0x92, 0x82,
08                          0xD8, 0x80, 0x90};
09
10   void my_putc(unsigned char data)    {
11          while(!(UCSR1A & (1<<UDRE1)));  //wait for empty transmit buffer
12          UDR1 = data;            //put data into buffer, send the data
13   }
14
15   void my_puts(unsigned char *s) {
16          unsigned char i = 0;
17          while(s[i] != '\0'){
18                  my_putc(s[i++]);
19          }
20   }
21
22   unsigned char my_getc(void){          //receive a character by USART1
23          while(!(UCSR1A & (1<<RXC1))); //data received ?
24          return UDR1;
25   }
26
27   int main(void)    {
28          unsigned short int ubrr;
29          unsigned char receive_data;
30
31          DDRA = 0xFF;
32          DDRE = 0xF0;
33
34          ubrr = ( ( F_CPU / (16L * BAUD) ) - 1) ;
35
36          UBRR1H = (unsigned char)(ubrr >> 8);
```

```
37          UBRR1L = (unsigned char)ubrr;
38          UCSR1A = 0x00;                    //asynchronous normal mode
39          UCSR1B = (1<<RXEN1)|(1<<TXEN1);   //Rx/Tx enable
40          UCSR1C = (1<<UCSZ11)|(1<<UCSZ10); //no parity, 1 stop, 8 data
41
42          my_puts(logo);
43          while(1) {
44                  receive_data = my_getc();
45                  if((receive_data == '\r') || (receive_data == '\n')) {
46                          my_putc('\r');
47                          my_putc('\n');
48                  } else {
49                          my_putc(receive_data);
50                          if((receive_data >= '0') && (receive_data <= '9')){
51                                  PORTE = 0b11101111;
52                                  PORTA = fnd_data[receive_data-'0'];
53                          } else {
54                                  PORTE = 0b11111111;
55                                  PORTA = ~receive_data;
56                          }
57                  }
58          }
59          return 0;
60  }
```

설명

07~08 unsigned char fnd_data[] = {0xC0, 0xF9, 0xA4, 0xB0, 0x99,
        0x92, 0x82, 0xD8, 0x80, 0x90};
  FND에 표시되는 0 ~ 9 사이의 숫자에 해당하는 데이터를 배열에 저장
  하고 표시될 숫자는 배열의 인덱스로 사용한다.

50 if((receive_data >= '0') && (receive_data <= '9'))   {
  직렬 통신으로 입력된 데이터는 ASCII code로 수신되므로 문자 '0' ~
  '9' 사이의 데이터인지 판단한다. ASCII code에서도 문자 '0'에서 순차
  적으로 '9'까지 코드가 증가한다.

53 PORTA = fnd_data[receive_data-'0'];
  배열의 인덱스는 숫자이므로 문자 형식으로 된 수신 데이터에서 문자
  '0'에 대한 ASCII code를 빼면 ASCII code에서 상대적인 차이가 되므
  로 숫자 형식의 인덱스로 변환된다.

나. PIC의 USART 실습

1) 초기화 및 데이터 전송

PIC의 USART를 사용하여 PC로 데이터를 전송하기 위해 PIC 내부의 USART 관련 레지스터에 적절한 값을 기록하여 동작을 초기화해야 한다. 직렬 통신은 송신(Tx), 수신(Rx), GND의 신호선을 사용하므로 양측 기기 사이의 통신 속도가 설정되어야 하며 한 번에 전송할 데이터의 크기, 패리티 비트에 대한 사용 유/무, 정지 비트에 대한 설정을 해야 한다.

예제에서는 19200bps의 통신 속도를 사용하도록 지정하였다. 통신 속도는 BRGH 비트가 1로 지정된 경우 [그림 7-21]과 같다.

BAUD RATE (K)	Fosc = 20㎒			Fosc = 16㎒			Fosc = 10㎒		
	KBAUD	% ERROR	SPBRG value (decimal)	KBAUD	% ERROR	SPBRG value (decimal)	KBAUD	% ERROR	SPBRG value (decimal)
0.3	–	–	–	–	–	–	–	–	–
1.2	–	–	–	–	–	–	–	–	–
2.4	–	–	–	–	–	–	2.441	1.71	255
9.6	9.615	0.16	129	9.615	0.16	103	9.615	0.16	64
19.2	19.231	0.16	64	19.231	0.16	51	19.531	1.72	31
28.8	29.070	0.94	42	29.412	2.13	33	28.409	1.36	21
33.6	33.784	0.55	36	33.333	0.79	29	32.895	2.10	18
57.6	59.524	3.34	20	58.824	2.13	16	56.818	1.36	10
HIGH	4.883	–	255	3.906	–	255	2.441	–	255
LOW	1250.000	–	0	1000.000	–	0	625.000	–	0

[그림 7-21] 직렬 통신의 속도 설정

[그림 7-21]에 보인 것과 같이 사용하는 시스템의 클록 주파수에 따라 직렬 통신의 속도를 지정하는 SPBRG 레지스터의 설정 값이 다르며, 오차율이 2% 미만인 경우 통신이 원활하게 진행되므로 적절한 통신 속도를 설정한다.

```
01  #include <htc.h>
02  #define _XTAL_FREQ          20000000
03  #define TXEMPTY             0x02
04
05  void my_putc(char c)        {
06          while (! (TXSTA & TXEMPTY));      /* Put char to RS-232C */
```

```
07          TXREG = c;
08  }
09
10  int main(void)    {
11          unsigned char i = 0;
12
13          TRISC = 0b10111111;
14          TXSTA = 0b00100100;
15                  // CSRC_TX9_TXEN_SYNC_SENDB_BRGH_TRMT_TX9D
16          RCSTA = 0b10010000;
17                  // SPEN_RX9_SREN_CREN_ADDEN_FERR_OERR_RX9D
18          SPBRG = 64;         // 19200
19
20          while(1) {
21                  my_putc('A' + i);
22                  i++;
23                  if(i >= 26) i = 0;
24                  __delay_ms(1000);
25          }
26          return 0;
27  }
```

설명

02 #define _XTAL_FREQ 20000000

시스템에 연결된 crystal 또는 oscillator의 주파수를 지정한다.

03 #define TXEMPTY 0x02

송신 상태 레지스터의 송신 버퍼가 비워진 상태를 알려주는 비트 값을
지정한다.

05 void my_putc(char c)

1-byte의 데이터를 직렬 통신으로 전송하기 위한 함수의 정의 부분이
다.

06 while (! (TXSTA & TXEMPTY));

송신 버퍼의 상태를 체크해서 버퍼의 내용이 모두 전송되어 비어있는
상태가 될 때까지 무한 반복한다. 즉, 전송해야할 데이터가 남아 있는
경우 송신 버퍼가 비어있지 않으므로 모두 전송될 때까지 이 구문에서
프로그램이 더 이상 동작하지 않고 대기한다.

07 TXREG = c;

송신 데이터를 전송 레지스터에 기록한다. 이 구문은 데이터가 즉시 전송되는 것이 아니라 PIC 내부의 주변 장치 레지스터 중 송신 버퍼에 데이터가 기록된다. 직렬 통신 장치는 송신 버퍼에 있는 데이터를 읽어 물리적인 전송을 수행한다. 송신 버퍼는 송신 상태 레지스터 TXSTA의 상태 플래그를 확인하여 데이터가 남아 있는지, 비어 있는지 확인할 수 있다.

13 TRISC = 0b10111111;

직렬 통신을 위해 Tx, Rx 핀이 연결된 PORTC의 입·출력 상태를 지정한다. Rx 핀은 PORTC의 7번 핀이므로 입력으로 지정하고, Tx 핀은 PORTC의 6번 핀이므로 출력으로 설정한다.

14 TXSTA = 0b00100100;

송신 상태 레지스터이며 송신 활성화에 해당하는 5번 비트인 TXEN과 통신 속도를 지정하는 BRGH 레지스터에 해당하는 2번 비트를 1로 지정한다.

16 RCSTA = 0b10010000;

수신 상태 레지스터이며 직렬 통신을 활성화하는 7번 비트인 SPEN과 연속 수신이 가능한 CREN 비트를 1로 지정한다.

21 my_putc('A' + i);

데이터를 전송하기 위해 구현한 함수를 호출하며 ASCII 코드의 문자 단위로 전송한다. 'A'의 ASCII code 값에 i의 값을 더해 환산된 문자가 전송된다. 예제에서는 i값을 __delay_ms(1000)에 의해 1초 단위로 증가시키므로 PC로 전송되는 문자는 A부터 1초 단위로 하나씩 알파벳 순서로 Z까지 전송된 후 다시 A부터 반복 전송한다.

2) echo back

PC로부터 수신한 데이터를 PIC에서 읽은 후 다시 PC측으로 재전송하는 프로그램이다.

```
01   #include <htc.h>
02   #define _XTAL_FREQ          20000000
03   #define TXEMPTY             0x02
04   #define RXFULL              0x20
```

```
05
06   void my_putc(char c)          {
07          while (! (TXSTA & TXEMPTY));      /* Put char to RS-232C */
08          TXREG = c;
09   }
10
11   unsigned char my_getc(void)             {
12          while(! (PIR1 & RXFULL));
13          return RCREG;
14   }
15
16   int main(void)     {
17          unsigned char i = 0, receive_data;
18
19          TRISC = 0b10111111;
20          TXSTA = 0b00100100;
21                  // CSRC_TX9_TXEN_SYNC_SENDB_BRGH_TRMT_TX9D
22          RCSTA = 0b10010000;
23                  // SPEN_RX9_SREN_CREN_ADDEN_FERR_OERR_RX9D
24          SPBRG = 64;              // 19200
25
26          while(1) {
27                  receive_data = my_getc();
28                  my_putc(receive_data);
29          }
30          return 0;
31   }
```

설명

11 unsigned char my_getc(void) {

직렬 통신으로 수신된 데이터를 읽어 반환하는 함수이다.

12 while(! (PIR1 & RXFULL));

직렬 통신의 수신 버퍼가 비어 있는지 확인하여 비어 있는 경우 이 구문
에서 무한 반복하며 데이터가 수신될 때까지 대기한다.

13 return RCREG;

직렬 통신으로 수신된 데이터가 있으면 그 값을 읽어 반환한다.

3) 줄바꿈 문자의 처리

직렬 통신으로 수신된 데이터는 8-bit 단위로 입·출력된다. 화면을 제어하는 문자의 경우에도 8-bit 단위로 전송된다. 직렬 통신에서 다음 줄의 첫 번째 위치로 이동하는 제어 명령은 linefeed와 carriage return 두 개의 제어 코드를 합쳐 구현된다. 일반적으로 PC 직렬 통신 프로그램에서 "Enter" 키를 입력했을 때 통신 프로그램의 설정에 따라 이들 두 문자가 모두 전송되거나 carriage return 또는 linefeed 하나만 전송된다. 예제 프로그램에서는 이러한 화면 제어 코드에 대응하여 동작하도록 구성한다.

```
01  #include <htc.h>
02  #define _XTAL_FREQ          20000000
03  #define TXEMPTY             0x02
04  #define RXFULL              0x20
05
06  void my_putc(char c) { /* Put char to RS-232C */
07          while (! (TXSTA & TXEMPTY));
08          TXREG = c;
09  }
10
11  unsigned char my_getc(void) {
12          while(! (PIR1 & RXFULL));
13          return RCREG;
14  }
15
16  int main(void)      {
17          unsigned char i = 0, receive_data;
18
19          TRISC = 0b10111111;
20          TXSTA = 0b00100100;
21          // CSRC_TX9_TXEN_SYNC_SENDB_BRGH_TRMT_TX9D
22          RCSTA = 0b10010000;
23          // SPEN_RX9_SREN_CREN_ADDEN_FERR_OERR_RX9D
24          SPBRG = 64;             // 1920
25
26          while(1) {
27                  receive_data = my_getc();
28                  if((receive_data == '\r') || (receive_data == '\n')) {
29                          my_putc('\r');
30                          my_putc('\n');
```

```
31                  } else {
32                          my_putc(receive_data);
33                  }
34          }
35      return 0;
36  }
```

설명

```
28 if((receive_data == '\r') || (receive_data == '\n')) {
```
　　　화면의 줄바꿈과 관련하여 carriage return은 화면의 현재 줄의 첫 번
　　　째 위치로 커서를 이동하는 명령으로 \r의 특수 문자로 표시하며
　　　linefeed는 커서의 위치는 변경하지 않은 상태로 다음 줄의 동일한 위
　　　치로 이동하는 명령이며 \n으로 나타낸다. 따라서 입력 받은 문자가
　　　carriage return이거나 linefeed 일 경우 PC 화면으로 재전송하는 문자
　　　를 \r과 \n의 조합으로 두 번 전송하여 Enter 키를 누른 것과 동일한 효
　　　과를 보인다.

4) 문자열 데이터의 출력

3)의 예제에서는 한 문자 단위로 출력을 수행하는 my_putc 함수를 구현하여 사용
하였으나 여기서는 문자열 데이터의 출력을 위해 my_putc 함수를 문자의 수만큼
호출하여 전송하는 my_puts 함수를 구현한다.

```
01  #include  <htc.h>
02  #define _XTAL_FREQ        20000000
03  #define TXEMPTY           0x02
04  #define RXFULL            0x20
05
06  unsigned char logo[] = "  PIC16F874A \r\n==============\r\n";
07
08  void my_putc(char c) {   /* Put char to RS-232C */
09          while (! (TXSTA & TEMPTY));
10          TXREG = c;
11  }
12
13  void my_puts(unsigned char *s) {
```

```
14          unsigned char i = 0;
15          while(s[i] != '\0'){
16                  my_putc(s[i++]);
17          }
18  }
19
20  unsigned char my_getc(void) {
21          while(! (PIR1 & RXFULL));
22          return RCREG;
23  }
24
25  int main(void)      {
26          unsigned char i = 0, receive_data;
27
28          TRISC = 0b10111111;
29
30          TXSTA = 0b00100100;
31          // CSRC_TX9_TXEN_SYNC_SENDB_BRGH_TRMT_TX9D
32          RCSTA = 0b10010000;
33          // SPEN_RX9_SREN_CREN_ADDEN_FERR_OERR_RX9D
34          SPBRG = 64;              // 1920
35
36          my_puts(logo);
37
38          while(1) {
39                  receive_data = my_getc();
40                  if((receive_data == '\r') || (receive_data == '\n')) {
41                          my_putc('\r');
42                          my_putc('\n');
43                  } else {
44                          my_putc(receive_data);
45                  }
46          }
47          return 0;
48  }
```

설명

13 void my_puts(unsigned char *s) {
문자열을 출력하는 함수를 정의한다.

```
15 while(s[i] != '\0')
```

C 언어에서 문자열은 문자 데이터의 집합으로 구성되며 가장 마지막에
\0라는 null 문자가 포함된다. 따라서 문자열의 마지막을 구분하기 위
한 방법으로 문자 배열의 가장 마지막 부분의 데이터가 \0인지 비교한
다. 프로그램에서는 문자 배열의 값이 \0이 아니면 반복 동작을 하며 한
문자씩 직렬 통신으로 전송하고, 배열 인덱스를 하나씩 증가한다.

5) 입력 받은 문자의 ASCII code를 LED에 출력

직렬 통신을 사용하여 PC로부터 수신된 데이터의 값을 ASCII code로 LED에 표시
한다. LED에는 2진수로 수신된 데이터를 ON, OFF로 표시하며 ON의 경우 1을 의미
하고 OFF의 경우 0을 의미한다.

```
01  #include <htc.h>
02  #define _XTAL_FREQ          20000000
03  #define TXEMPTY             0x02
04  #define RXFULL              0x20
05
06  unsigned char logo[] = "  PIC16F874A \r\n=============\r\n";
07
08  void my_putc(char c) {
09         while (! (TXSTA & TXEMPTY));      /* Put char to RS-232C */
10         TXREG = c;
11  }
12
13  unsigned char my_getc(void) {
14         while(! (PIR1 & RXFULL));
15         return RCREG;
16  }
17
18  int main(void)     {
19         unsigned char i = 0, receive_data;
20
21         TRISC = 0b10111111;
22         TRISD = 0x00;
23
24         TXSTA = 0b00100100;
25         // CSRC_TX9_TXEN_SYNC_SENDB_BRGH_TRMT_TX9D
```

```
26        RCSTA = 0b10010000;
27        // SPEN_RX9_SREN_CREN_ADDEN_FERR_OERR_RX9D
28        SPBRG = 64;              // 1920
29
30        my_puts(logo);
31
32        while(1) {
33                receive_data = my_getc();
34                if((receive_data == '\r') || (receive_data == '\n')) {
35                        my_putc('\r');
36                        my_putc('\n');
37                } else {
38                        my_putc(receive_data);
39                        PORTD = ~receive_data;
40                }
41        }
42        return 0;
43  }
```

예제 프로그램의 다른 부분은 3)의 예제와 동일하며 수신된 데이터를 처리하는 부분에서 LED가 연결된 PORTA에 출력한다. 이때 LED는 active low로 구동되므로 수신된 데이터를 각 비트 단위로 반전시켜 출력해야 ON 상태가 1을 의미한다.

6) 직렬 통신 데이터의 FND 표시

예제에서는 직렬 통신으로 수신된 숫자를 FND에 표시한다. 0 ~ 9 사이의 문자를 입력할 경우 FND에 표시되며 그 외의 문자를 입력한 경우 5)의 예제와 같이 LED에 ASCII code를 표시한다.

```
01  #include <htc.h>
02  #define _XTAL_FREQ        20000000
03  #define TXEMPTY           0x02
04  #define RXFULL            0x20
05
06  unsigned char logo[] = "  PIC16F874A \r\n=============\r\n";
07  unsigned char fnd_data[] = {0xC0, 0xF9, 0xA4, 0xB0, 0x99, 0x92, 0x82,
08                      0xD8, 0x80, 0x90};
09
```

```
10   void my_putc(char c) { /* Put char to RS-232C */
11         while (! (TXSTA & TXEMPTY));
12         TXREG = c;
13   }
14
15   void my_puts(unsigned char *s) {
16         unsigned char i = 0;
17         while(s[i] != '\0'){
18                 my_putc(s[i++]);
19         }
20   }
21
22   unsigned char my_getc(void) {
23         while(! (PIR1 & RXFULL));
24         return RCREG;
25   }
26
27   int main(void)     {
28         unsigned char i = 0, receive_data;
29
30         TRISC = 0b10111111;
31         TRISD = 0x00;
32         TRISE &= 0xF8;
33
34         TXSTA = 0b00100100;
35         // CSRC_TX9_TXEN_SYNC_SENDB_BRGH_TRMT_TX9D
36         RCSTA = 0b10010000;
37         // SPEN_RX9_SREN_CREN_ADDEN_FERR_OERR_RX9D
38         SPBRG = 64;                 // 1920
39
40         my_puts(logo);
41         while(1) {
42                 receive_data = my_getc();
43                 if((receive_data == '\r') || (receive_data == '\n')) {
44                         my_putc('\r');
45                         my_putc('\n');
46                 } else {
47                         my_putc(receive_data);
48                         if((receive_data >= '0') && (receive_data <= '9')) {
49                                 PORTE = 0b11101111;
50                                 PORTD = fnd_data[receive_data-'0'];
51                         } else {
```

```
52                                              PORTE = 0b11111111;
53                                              PORTD = ~receive_data;
54                              }
55                          }
56                  }
57              return 0;
58      }
```

설명

07~08 unsigned char fnd_data[] = {0xC0, 0xF9, 0xA4, 0xB0, 0x99,
    0x92, 0x82, 0xD8, 0x80, 0x90};

FND에 표시되는 0 ~ 9 사이의 숫자에 해당하는 데이터를 배열에 저장하고 표시될 숫자는 배열의 인덱스로 사용한다.

32 TRISE &= 0xF8;

PIC에서는 PORTE의 경우 0, 1, 2만 GPIO 포트로 사용되며 입·출력을 지정하는 TRISE 레지스터의 경우 0, 1, 2는 PORTE의 입·출력 방향을 지정하는 용도로 사용되지만, 4, 5, 6, 7번 비트의 경우 다른 용도로 사용되므로 원래의 값을 변경하지 않으면서 입·출력에 관계되는 비트만 조작하기 위한 방법으로 비트 연산자를 사용한다. AND 연산의 경우 1과 어떠한 값을 AND 연산할 경우 원래의 값을 유지하게 되고 0과 연산할 경우 그 결과는 항상 0이 된다. 이 경우 출력으로 지정할 때 해당 비트를 0으로 지정해야 하므로 0, 1, 2번 비트를 0으로 하고 그 외의 값은 1로 지정된 0xF8과 TRISE 레지스터에 원래 기록된 값을 AND 연산하여 다시 그 결과를 TRISE 레지스터에 기록한다. 따라서 0, 1, 2번 비트는 0으로 설정되고 그 외의 값은 원래 저장되어 있는 값을 유지한다.

48 if((receive_data >= '0') && (receive_data <= '9'))   {

직렬 통신으로 입력된 데이터는 ASCII code로 수신되므로 문자 '0'~ '9' 사이의 데이터인지 판단한다. ASCII code에서도 문자 '0'에서 순차적으로 '9'까지 코드가 증가한다.

51 PORTD = fnd_data[receive_data-'0'];

배열의 인덱스는 숫자이므로 문자 형식으로 된 수신 데이터에서 문자 '0'에 대한 ASCII code를 빼면 ASCII code에서 상대적인 차이가 되므로 숫자 형식의 인덱스로 변환된다.

Timer/PWM

8-1. ATmega128의 Timer/PWM

8-2. PIC16F874A의 Timer/PWM

8-3. Timer/PWM 제어 실습

이 장에서는 ATmega128과 PIC16F874A micro controller의 Timer/PWM의 구성 및 동작, 사용 방법에 대해 설명한다.

ATmega128에는 모두 4개의 Timer/Counter 모듈이 있으며, 두 개의 8-bit(Timer/Counter0, 2)와 두 개의 16-bit(Timer/Counter1, 3)로 구성된다. 이들은 모두 Pulse Width Modulator(PWM) 모듈과 Auto reload 기능 및 Output Compare(OC) 기능을 가지고 있다. 타이머/카운터는 내부 클록을 카운트하는 타이머나 외부 핀을 통하여 들어오는 펄스를 카운트하는 카운터로 사용할 수 있다. 이들 타이머/카운터 앞에는 10비트 프리스케일러가 놓여 있는데 이것은 내부 클록을 최대 1/1024까지 분주하는데 사용한다. 이것은 타이머/카운터에 들어오는 클록을 분주함으로써 전체적으로 카운트 값을 증가시키는 역할을 한다.

이들 타이머/카운터는 타이머나 카운터중의 하나로 사용이 가능하나 타이머/카운터0은 타이머로서만 사용이 가능하고 카운터로서는 사용할 수 없다. 이들은 오버플로 발생 시 오버플로 인터럽트를 발생하고, 비교 일치 시 비교 일치 인터럽트를 발생할 수 있으며, 타이머/카운터1과 타이머/카운터3은 캡처 인터럽트도 발생할 수 있다.

〈표 8-1〉 ATmega128의 타이머/카운터 종류 및 기능

기능 종류	TCNT 레지스터의 비트수	타이머 기능	카운터 기능	Compart 기능	Capture 기능	파형 발생 기능
타이머/카운터0	8	○	×	○	×	○
타이머/카운터1	16	○	○	○	○	○
타이머/카운터2	8	○	○	○	×	○
타이머/카운터3	16	○	○	○	○	○

가. Timer/Counter0

Timer/Counter0은 TOSC1, TOSC2에 의해 공급되는 클록, I/O 클록 및 외부 비동기 클록을 입력으로 받아 동작하며, Overflow 및 Compare match에서 인터럽트를 발생시킬 수 있다. Timer/Counter0은 "Timer/Counter Control Register -TCCR", "Timer/CouNTer Register - TCNT0", "Output Compare Register -OCR0", "Timer Interrupt Flag Register - TIFR"과 "Timer Interrupt Mask Register - TIMSK" 레지스터에 의해 제어된다.

[그림 8-1]은 Timer/Counter0에 공급되는 클록에 대한 prescaler의 블록도이다.

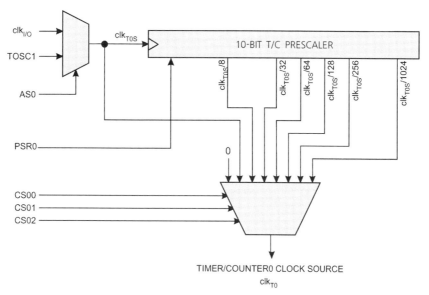

[그림 8-1] Timer/Counter0의 Prescaler 및 클록 발생 구조

Timer/Counter0에 공급되는 클록은 MCU 클록과 동일한 clkI/O 또는 외부 비동기 클록을 공급 받을 수 있으며 이는 "ASynchronous StatusRegister - ASSR"의 AS0 비트에 의해 선택될 수 있다. AS0의 값이 '0'이면 MCU 클록이 '1'이면 TOSC1과 TOSC2에 연결된 클록을 공급 받는다. 10-bit으로 구성된 Prescaler는 "Special Function IO Register - SFIOR" 레지스터의 PSR0 비트의 값이 '1'로 설정되면 모든 값이 초기화(0으로 설정)되며, '0'일 경우 정상적인 prescaler의 동작을 수행한다.

Prescaler에서 분주된 클록은 "Timer/Counter Control Register - TCCR0"의 CS02, CS01, CS00 비트의 값에 따라 Timer/Counter0에 공급되는 클록이 선택된다. 그리고 타이머/카운터0 오버플로 인터럽트는 sleep 상태에 있는 프로세서를 깨울 수 없다. 타이머/카운터0은 sleep 기간 동안 동작하지 않기 때문이다.

CS02	CS01	CS00	Description
0	0	0	No Clock Source(Timer/Counter stopped)
0	0	1	clk_{T0}/1(No prescaling)
0	1	0	clk_{T0}/8(From prescaler)
0	1	1	clk_{T0}/32(From prescaler)
1	0	0	clk_{T0}/64(From prescaler)
1	0	1	clk_{T0}/128(From prescaler)
1	1	0	clk_{T0}/256(From prescaler)
1	1	1	clk_{T0}/1024(From prescaler)

[그림 8-2]는 counter와 그 주변 회로에 대한 블록도이다. Counter는 동작 모드에 따라 매 timer clock(clkT0)마다 초기화, 증가 또는 감소 되도록 동작한다. Timer clock(clkT0)은 앞의 [그림 8-1]에서와 같이 prescaler를 거쳐 출력된다.

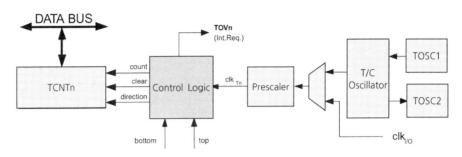

[그림 8-2] Counter Unit Block Diagram

[그림 8-3]의 Output compare unit의 블록도와 같이 8-bit "Timer/Counter Register0 - TCNT0" 레지스터와 "Output Compare Register - OCR0"를 계속 비교하여 TCNT0 레지스터의 값과 OCR0 레지스터의 값이 일치할 때마다 compare match 신호를 발생시킨다. 이 신호는 "output compare flag - OCF0"을 '1'로 설정하며 "output compare interrupt enable0 - OCIE0"가 '1'로 설정되어 있으면 인터럽트 신호를 발생시킨다. 인터럽트가 실행되면 OCF0은 자동으로 '0'으로 변경된다.

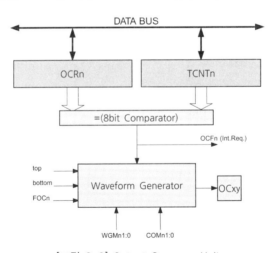

[그림 8-3] Output Compare Unit

Compare match 신호는 Waveform Generator에 입력으로 인가되며, Waveform Generator는 "waveform generation mode for timer/counter0 - WGM01:0"과 "compare output mode for timer/counter0 - COM01:0" 및 "force output compare0 - FOC0"에

의해 제어되며 이 값이 OCn으로 출력된다.

"Output Compare n - OCn" 핀은 PORT 레지스터와 DDR 레지스터 및 [그림 8-3]과 같이 "Waveform Generator"에 입력되는 "Compare Output Mode n - COMn1:0"에 영향을 받는다.

[그림 8-4]에는 Compare match output unit의 블록도를 보이고 있으며, COMn1:0의 값이 "00"일 경우 PORT 레지스터에 설정된 값이 출력되며 그 외이의 값을 가질 경우에는 "Waveform Generator"에서 출력되는 OCn의 값이 출력으로 연결된다. 최종 OCn의 핀에 출력되는 결과는 DDR 레지스터에 제어를 받는다. 이 모든 출력은 MCU 클록인 clk$_{I/O}$에 의해 동기화된다.

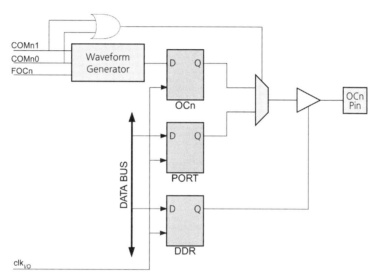

[그림 8-4] Compare Match Output Unit Schematic

Compare output mode와 Waveform generation mode는 제어 레지스터인 "Timer/Counter Control Register - TCCR0"에 의해 결정된다.

TCCR0(Timer/counter Control Register0) 및 TCCR2는 판독과 기록이 가능한 레지스터로, 주로 타이머/카운터0 및 타이머/카운터2의 클록 소스의 분주비 설정, 타이머/카운터0 및 타이머/카운터2의 비교 일치 모드 및 파형 발생 모드를 설정하는 데에도 사용된다.

TCCR0 및 TCCR2 레지스터의 구체적인 용도는 다음과 같다.

① 타이머 프리스케일러의 분주비 결정

② 타이머/카운터2를 카운터로 사용할 경우 하강 에지 또는 상승 에지에서 카운트할 것인지 결정

③ 비교 일치 시 OC0을 토글(toggle), 클리어 또는 세트 중 하나로 결정

④ 파형 생성을 PWM, CTC 또는 고속 PWM 중 하나로 결정

⑤ 비교 일치 시 파형 발생 장치를 On할 것인지 결정

Timer/Counter Control Register – TCCR0

Bit	7	6	5	4	3	2	1	0
	FOC0	WGM00	COM01	COM00	WGM01	CS02	CS01	CS00
Read/Write	W	R/W	R/W	R/W	R/W	R/W	R/W	R/W
Initial Value	0	0	0	0	0	0	0	0

• Bit 7 – FOC0 : Force Output Compare

WGM 비트가 non-PWM 모드일 때만 활성화된다. PWM 모드에서 TCCR0 레지스터에 기록될 때는 반드시 '0'으로 기록되어야 한다. FOC0가 '1'로 지정되면 waveform generation unit에 compare match가 강제로 지정된다. FOC0 비트는 쓰기 전용이며, 이 값을 읽으면 항상 '0'으로 읽힌다.

• Bit 6,3 : WGM01..00 : Waveform Generation Mode

WGM01, WGM00 비트의 값에 따라 Normal("00"), PWM-phase correct ("01"), CTC("10"), Fast PWM("11")로 Waveform generation mode가 설정된다.

• Bit 5,4 : COM01..00 : Compare Match Output Mode

Compare match output mode 비트는 WGM 비트에 의해 non-PWM, Fast PWM, PWM - phase correct 모드에 따라 각각 다르게 동작한다.

▼ non-PWM Mode

COM01	COM00	Description
0	0	Normal port operation, OC0 disconnected
0	1	Toggle OC0 on compare match
1	0	Clear OC0 on compare match
1	1	Set OC0 on compare match

▼ Fast-PWM Mode

COM01	COM00	Description
0	0	Normal port operation, OC0 disconnected
0	1	Reserved
1	0	Clear OC0 on compare match, set OC0 at TOP
1	1	Set OC0 on compare match, clear OC0 at TOP

▼ PWM-Phase Correct Mode

COM01	COM00	Description
0	0	Normal port operation, OC0 disconnected
0	1	Toggle OC0 on compare match
1	0	Clear OC0 on compare match when upcounting. Set OC0 on compare match when downcounting.
1	1	Set OC0 on compare match when upcounting. Clear OC0 on compare match when downcounting.

※ PWM 모드에서 OCR0 레지스터의 값이 TOP과 같고 COM01이 '1'의 값을 가질 경우 compare match는 무시되고 OC0의 값은 COM00의 값에 따라 TOP에서 set 또는 clear된다.

- Bit 2,1,0 – CS02..00 : Clock Select

  Timer/Counter0에 공급되는 클록을 설정하는 비트로써 [그림 8-1]의 Prescaler 부분에서 설명한 것을 참고하기 바란다.

Timer/Counter0의 "Timer/Counter Register-TCNT0", "Output Compare Register-OCR0"은 8-bit의 크기를 가진다. TCNT0 레지스터는 읽기/쓰기 모두 가능하나 타이머의 동작 중 TCNT0 레지스터에 값을 써 넣으면 TCNT0와 OCR0 레지스터사이의 비교 동작이 정상적으로 수행되지 않을 수 있다.

[그림 8-5]는 8-bit Timer/Counter0의 블록도를 나타내고 있으며, 지금까지 설명되었던 Timer/Counter0의 공급 클록에 대한 부분과 제어 로직, 비교, 파형 발생기와 비동기 클록에 의한 동작 모드의 상태 레지스터들의 구성을 간략히 보이고 있다.

Timer/Counter의 비동기 클록에 의한 동작 방식은 "Asynchronous Status Register - ASSR"의 AS0 비트에 의해 지정할 수 있으며, ASSR 레지스터의 하위 3비트에 의해 Timer/Counter0의 비동기 클록에 의한 동작 상태를 확인할 수 있다.

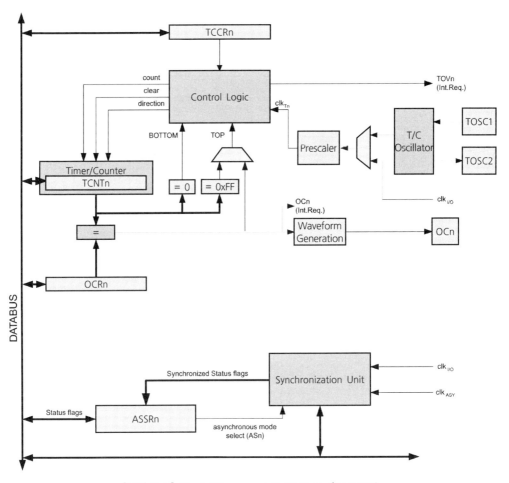

[그림 8-5] Block Diagram of 8-Bit Timer/Counter0

　　Timer/Counter0에 의해 인터럽트를 발생시키거나 발생된 인터럽트를 확인하기 위해서 "Timer/Counter Interrupt Mask Register-TIMSK" 레지스터와 "Timer/Counter Interrupt Flag Register-TIFR"을 사용한다. TIMSK, TIFR 레지스터의 하위 2비트만이 Timer/Counter0에 해당된다.

　　TIMSK(Timer/counter Interrupt Mask Register)는 타이머/카운터0, 타이머/카운터1 및 타이머/카운터2에 관련된 인터럽트를 개별적으로 허용 또는 금지하는 레지스터이다. SREG의 I 비트를 1로 세트하여 인터럽트가 전제적으로 허용되고 이 레지스터의 해당 비트가 1로 세트되어 특정의 인터럽트를 개별적으로 허용한 경우에만 해당 인터럽트가 요청되면 인터럽트가 발생한다.

Timer/Counter Interrupt Mask Register - TIMSK

Bit	7	6	5	4	3	2	1	0
	OCIE2	TOIE2	TICIE1	OCIE1A	OCIE1B	TOIE1	OCIE0	TOIE0
Read/Write	W	R/W	R/W	R/W	R/W	R/W	R/W	R/W
Initial Value	0	0	0	0	0	0	0	0

- Bit 7 - OCIE2 : Timer/Counter2 Output Compare Match Interrupt Enable

  이 비트는 타이머/카운터2 출력 비교 일치 인터럽트를 개별적으로 허용 또는 금지한다.

- Bit 6 - TOIE2 : Timer/Counter2 Overflow Interrupt Enable

  이 비트는 타이머/카운터2 오버플로 인터럽트를 개별적으로 허용 또는 금지하는데 사용된다. 그러므로 SREG의 I 비트와 TIMSK의 이 비트가 세트되어 있는 가운데 TIFR의 TOV2 플래그가 세트되면 타이머/카운터2 오버플로 인터럽트가 발생한다.

- Bit 5 - TICIE1 : Timer/Counter1 Input Capture Interrupt Enable

  이 비트는 타이머/카운터1 입력 캡처 인터럽트를 개별적으로 허용 또는 금지한다.

- Bit 4 - OCIE1A : Timer/Counter1 Output Compare A Interrupt Enable

  이 비트는 타이머/카운터1 출력 비교 일치 A 인터럽트를 개별적으로 허용 또는 금지한다.

- Bit 3 - OCIE1B : Timer/Counter1 Output Compare B Interrupt Enable

  이 비트는 타이머/카운터1 출력 비교 일치 B 인터럽트를 개별적으로 허용 또는 금지한다.

- Bit 2 - TOIE1 : Timer/Counter1 Overflow Interrupt Enable

  이 비트는 타이머/카운터1 오버플로 인터럽트를 개별적으로 허용 또는 금지한다.

- Bit 1 - OCIE0 : Timer/Counter0 Output Compare Match Interrupt Enable

  OCIE0 비트가 '1'로 설정되고 SREG의 I 비트가 '1'로 설정되면 Timer/Counter0의 Compare match 인터럽트가 허용된다. 인터럽트가 발생하면 TIFR 레지스터의 OCF0 비트를 '1'로 설정한다.

- Bit 0 - TOIE0 : Timer/Counter0 Overflow Interrupt Enable

  TOIE0 비트가 '1'로 설정되고 SREG의 I 비트가 '1'로 설정되면 Timer/Counter0의 Overflow 인터럽트가 허용된다. 인터럽트가 발생하면 TIFR 레지스터의 TOV0 비트를 '1'로 설정한다.

TIFR(Timer/counter Interrupt Flag Register)는 타이머/카운터0, 타이머/카운터1 및 타이머/카운터2의 오버플로 플래그와 출력비교 플래그 및 입력 캡처 플래그를 포함한다.

각 플래그는 해당 인터럽트 벡터를 처리할 때 하드웨어적으로 클리어 되며, 소프트웨어에 의해서는 해당 비트에 1을 기록하면 클리어 된다.

🕐 Timer/Counter Interrupt Flag Register − TIFR

Bit	7	6	5	4	3	2	1	0
	OCF2	TOV2	ICF1	OCF1A	OCF1B	TOV1	OCF0	TOV0
Read/Write	W	R/W	R/W	R/W	R/W	R/W	R/W	R/W
Initial Value	0	0	0	0	0	0	0	0

• Bit 7 − OCF2 : Timer/Counter2 Output Compare Flag

이 비트는 타이머/카운터2와 OCR2(Output Compare Register2)를 비교하여 일치될 때 세트되며, 해당 인터럽트 벡터를 처리할 때 하드웨어적으로 자동으로 클리어 된다. 또한 소프트웨어적으로도 이 비트에 1을 기록하면 이 비트는 강제적으로 클리어 되는데, AVR은 이와 같이 1을 기록해 주어야 클리어 된다는 점이 다른 마이크로 컨트롤러와 다른 점이다. SREG의 I 비트와 TIMSK의 OCIE2 비트가 세트되어 있을 때 이 비트가 세트되면 타이머/카운터2 비교 일치 인터럽트(벡터번호 10: 벡터주소 $0012)가 발생한다.

• Bit 6 − TOV2 : Timer/Counter2 Overflow Flag

이 비트는 타이머/카운터2에서 오버플로가 발생할 때 세트된다. SREG의 I 비트와 TIMSK의 TOIE2 비트가 세트되어 있을 때 이 비트가 세트되면 타이머/카운터2 오버플로(TIMER2 OVF, 벡터번호 11: 벡터주소 $0014) 인터럽트가 발생한다. PWM 모드에서는 $0000에서 타이머/카운터1이 카운트 방향을 바꾸면 세트된다.

• Bit 5 − ICF1 : Input Capture Flag 1

이 비트는 타이머/카운터1에서 입력 캡처가 이루어지면 세트된다. 입력 캡처는 TCNT1 값이 ICR1(Input Capture Register 1)로 옮겨갔음을 의미하며, 해당 인터럽트 벡터를 처리할 때 하드웨어에 의해서 자동적으로 클리어 된다. SREG의 I 비트와 TIMSK의 TICIE1 비트가 세트되어 있을 때 이 비트가 세트되면 타이머/카운터1 캡처(TIMER1 CAPT, 벡터번호 12: 벡터주소 $0016)의 인터럽트가 발생한다.

- Bit 4 - OCF1A : Output Compare Flag 1A

	이 비트는 타이머/카운터1과 OCR1A(Output Compare Register1 A) 간에 비교 일치가 발생할 때 세트된다.

- Bit 3 - OCF1B : Output Compare Flag 1B

	이 비트는 타이머/카운터1과 OCR1B(Output Compare Register B)간에 비교 일치가 발생할 때 세트된다.

	SREG의 I 비트와 TIMSK의 OCIE1B 비트가 세트되어 있을 때 이 비트가 세트되면 타이머/카운터1 비교 일치 B(TIMER1 COMP B, 벡터번호 14: 벡터주소 $001A)의 인터럽트가 발생한다.

- Bit 2 - TOV1 : Timer/counter1 Overflow Flag

	이 비트는 타이머/카운터1에서 오버플로가 발생할 때 세트된다. SREG의 I 비트와 TIMSK의 TOIE1 비트가 세트되어 있을 때 이 비트가 세트되면 타이머/카운터1 오버플로(TIMER1 OVF, 벡터번호 15: 벡터주소 $001C)의 인터럽트가 발생한다. PWM모드에서는 $0000에서 타이머/카운터1이 카운트 방향을 바꾸면 세트된다.

- Bit 1 - OCF0 : Output Compare Flag 0

	이 비트는 Timer/Counter0와 OCR0의 값이 일치할 경우 세트된다. 해당 인터럽트 벡터를 처리할 때 하드웨어에 의해서 자동적으로 클리어된다.

- Bit 0 - TOV0 : Timer/Counter0 Overflow Flag

	이 비트는 Timer/Counter0에 오버플로가 발생하면 세트된다. 해당 인터럽트 벡터를 처리할 때 하드웨어에 의해서 자동적으로 클리어된다.

다음은 8비트 타이머/카운터(타이머/카운터0, 타이머/카운터2)에 대한 요약이며, 그림은 타이머/카운터0 오버플로 인터럽트의 구조를 나타낸다.

- 8비트 타이머
- 주파수 발생기
- Auto Reload
- 프로그램이 가능한 10비트 클록 프리스케일러
- Glitch가 없는 위상변경이 가능한 PWM
- 비교 일치 시 비교 일치 인터럽트 요청(OCF0, OCF2)
- 오버플로 인터럽트 요청(TOV0, TOV2)
- I/O 클록과는 별도로 타이머/카운트0는 외부 32㎑ 크리스털로부터 클록 가능

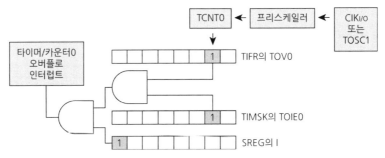

[그림 8-6] 타이머/카운터0 오버플로 인터럽트 구조

나. Timer/Counter1,3(16-bit Timer/Counter)

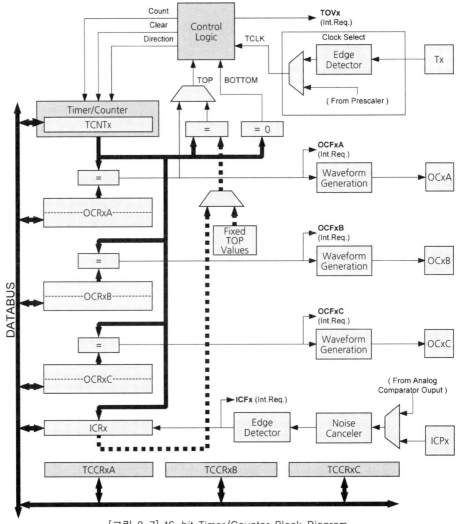

[그림 8-7] 16-bit Timer/Counter Block Diagram

ATmega128은 16-bit의 Timer/Counter1과 Timer/Counter3이 있으며, 16-bit의 PWM과 각 세 개의 독립적인 output compare unit가 하나의 input capture unit을 가지고 있다. 또한 16-bit의 Timer/Counter 모듈은 10개의 독립적인 인터럽트를 발생시킬 수 있으며 PWM의 주기를 가변시킬 수 있고 외부 이벤트를 카운트할 수 있다.

[그림 8-7]은 16-bit Timer/Counter의 블록도이다.

Timer/Counter1,2,3은 분주기를 거친 내부 클록이나 Tx 핀에 의한 외부 클록을 입력으로 받아 Timer/Counter 클록인 TCLK로 사용할 수 있다. [그림 8-8]에는 Tx 핀의 입력을 샘플링하는 회로와(그림에서는 Tx를 Tn으로 표시) [그림 8-9]에서는 내부 클록의 Prescaler의 블록도를 보이고 있다.

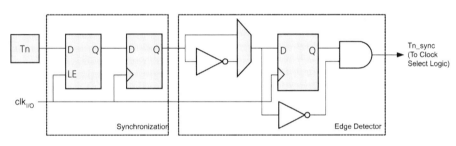

[그림 8-8] 입력 Tx 핀의 sampling

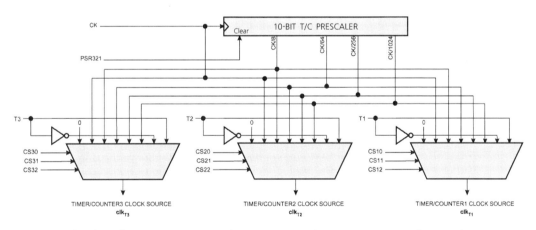

[그림 8-9] Prescaler for Timer/Counter1, Timer/Counter2 and Timer/Counter3

Tx핀으로 들어오는 입력 신호는 MCU 사이클마다 샘플링되고, 이러한 동기 회로를 거친 신호는 Edge detector로 넘어간다. Edge detector는 "Timer/Counter x Control Register B - TCCRxB" 레지스터의 CSn2..0의 값이 "111"이면 positive edge에서, "110"이면 negative edge에서 검출한다.

CSn2..0의 값이 "000"이면 No clock이 선택되고 "001"이면 clk$_{I/O}$/1, "010"이면 clk$_{I/O}$/8, "011"이면 clk$_{I/O}$/64, "100"이면 clk$_{I/O}$/256, "101"이면 clk$_{I/O}$/1024의 값이 선택된다. [그림 8-9]와 같은 분주 회로를 거쳐 입력으로 선택된 클록은 [그림 8-10]의 Counter Unit으로 입력된다. 16-bit counter인 TCNTn은 상위 8-bit의 TCNTnH와 하위 8-bit의 TCNTnL로 나뉜다.

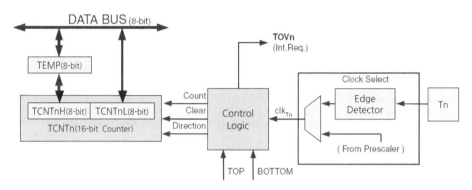

[그림 8-10] Counter Unit Block Diagram

16-bit Timer/Counter에는 Input Capture unit이 존재하며 이는 외부에서 발생한 이벤트에 발생한 시간을 함께 기록하는 것으로 ICPn 핀에 이벤트가 발생하면 이때의 TCNTn의 값을 읽어 ICRn 레지스터에 기록한다. [그림 8-11]은 Input Capture Unit의 블록도이다.

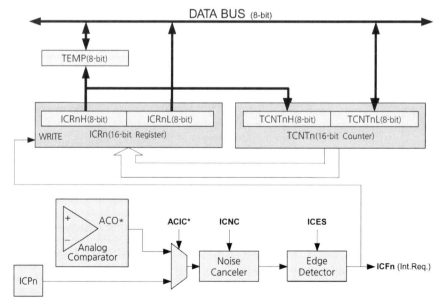

[그림 8-11] Input Capture Unit Block Diagram

Timer/Counter1의 경우 Analog comparator의 출력을 외부 이벤트로 감지할 수 있으며, 이 기능은 Timer/Counter3에는 적용되지 않는다. Input capture는 "Input Capture Pin - ICPn"을 주 신호원으로 하고 Timer/Counter1의 경우 Analog comparator의 출력("Analog Comparator Output - ACO")을 사용하기 위해 "Analog Comparator Control and Status Register - ACSR" 레지스터의 "Analog Comparator Input Capture - ACIC"를 설정하면 된다.

ICPn과 ACO는 ACIC에 의해 선택되며, 이 신호는 "Timer/Counter Control Register B - TCCRnB"의 "Input Capture Noise Canceler - ICNCn"에 의해 잡음 제거기의 사용 유무를 결정하고, TCCRnB 레지스터의 "Input Capture Edge Select - ICESn"의 설정에 따라 상승/하강 edge가 선택되어 ICRn에 TCNTn의 값이 기록된다.

[그림 8-12]는 Output compare unit의 블록도를 나타내고 있으며, TCNTn의 값이 OCRnx의 값과 비교되어 waveform generator를 거쳐 OCnx로 출력된다. 16-bit Timer/Counter1,3에는 각각 A, B, C 세 개의 output compare unit이 있으며 OCnx의 'x'는 A, B, C 중 하나를 의미한다.

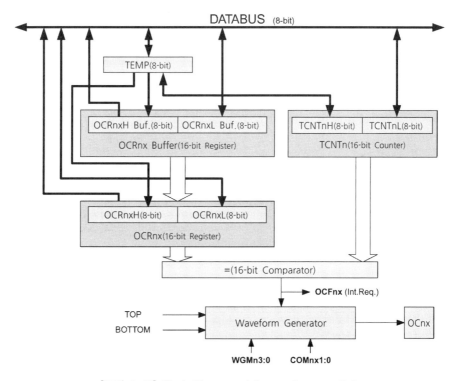

[그림 8-12] Block Diagram of Output Compare Unit

16-bit Timer/Counter control register는 A, B 두 개의 레지스터로 구성되며 A 레지스터는 compare output mode와 waveform generation mode를 선택할 수 있다.

Compare output mode는 waveform generation mode에 따라 non-PWM, Fast PWM, Phase correct and Phase and Frequency correct PWM mode에 따라 각각 다른 동작을 한다. OCnA, OCnB, OCnC의 output compare 출력 핀은 각 해당되는 포트의 "Data Direction Register x - DDRx"의 값을 출력으로 설정해야 한다.

◐ Timer/Counter1 Control Register A – TCCR1A

Bit	7	6	5	4	3	2	1	0
	COM1A1	COM1A0	COM1B1	COM1B0	COM1C1	COM1C0	WGM11	WGM10
Read/Write	R/W	R/W	R/W	R/W	R/W	R/W	R/W	R/W
Initial Value	0	0	0	0	0	0	0	0

◐ Timer/Counter3 Control Register A – TCCR3A

Bit	7	6	5	4	3	2	1	0
	COM3A1	COM3A0	COM3B1	COM3B0	COM3C1	COM3C0	WGM31	WGM30
Read/Write	R/W	R/W	R/W	R/W	R/W	R/W	R/W	R/W
Initial Value	0	0	0	0	0	0	0	0

- Bit 7..6 – COMnA1..0 : Compare Output Mode for Channel A
- Bit 5..4 – COMnB1..0 : Compare Output Mode for Channel B
- Bit 3..2 – COMnC1..0 : Compare Output Mode for Channel C

▼ Non–PWM mode

COMnA1 COMnB1 COMnC1	COMnA0 COMnB0 COMnC0	Description
0	0	Normal port operation, OCnA/OCnB/OCnC disconnected.
0	1	Toggle OCnA/OCnB/OCnC on compare match
1	0	Clear OCnA/OCnB/OCnC on compare match (Set output to low level)
1	1	Set OCnA/OCnB/OCnC on compare match (Set output to high level)

▼ Fast PWM mode

COMnA1 COMnB1 COMnC1	COMnA0 COMnB0 COMnC0	Description
0	0	Normal port operation, OCnA/OCnB/OCnC disconnected.
0	1	WGMn3=0 : Normal port operation, OCnA/OCnB/OCnC disconnected. WGMn3=1 : Toggle OCnA on compare match, OCnB/ OCnC reserved.
1	0	Clear OCnA/OCnB/OCnC on compare match set OCnA/OCnB/OCnC at TOP
1	1	Set OCnA/OCnB/OCnC on compare match clear OCnA/OCnB/OCnC at TOP

▼ Phase correct and Phase and Frequency correct PWM mode

COMnA1 COMnB1 COMnC1	COMnA0 COMnB0 COMnC0	Description
0	0	Normal port operation, OCnA/OCnB/OCnC disconnected.
0	1	WGMn3=0 : Normal port operation, OCnA/OCnB/OCnC disconnected. WGMn3=1 : Toggle OCnA on compare match, OCnB/ OCnC reserved.
1	0	Clear OCnA/OCnB/OCnC on compare match when up- counting. Set OCnA/OCnB/OCnC on compare match when down- counting.
1	1	Set OCnA/OCnB/OCnC on compare match when up-counting. Clear OCnA/OCnB/OCnC on compare match when down- counting.

- Bit 1..0 - WGM1..0 : Waveform Generation Mode

  TCCTnB 레지스터의 WGM3..2비트와 함께 8가지의 waveform 발생 모드로 동작한다. Normal, PWM, CTC, Fast PWM, Phase and Frequency correct PWM, Phase correct PWM 모드를 선택할 수 있다. 단, WGM3..0 이 "1101"은 사용할 수 없다.

Timer/Counter1 Control Register B - TCCR1B

Bit	7	6	5	4	3	2	1	0
	ICNC1	ICES1	–	WGM13	WGM12	CS12	CS11	CS10
Read/Write	R/W	R/W	R	R/W	R/W	R/W	R/W	R/W
Initial Value	0	0	0	0	0	0	0	0

Timer/Counter3 Control Register B – TCCR3B

Bit	7	6	5	4	3	2	1	0
	ICNC3	ICES3	–	WGM33	WGM32	CS32	CS31	CS30
Read/Write	R/W	R/W	R	R/W	R/W	R/W	R/W	R/W
Initial Value	0	0	0	0	0	0	0	0

- Bit 7 – ICNCn : Input Capture Noise Canceler

  '1'로 설정되면 ICPn 핀의 입력이 필터를 통과하게 되며 4개의 MCU 클록 주기의 지연이 발생한다.

- Bit 6 – ICESn : Input Capture Edge Select

  '0'일 경우 falling edge, '1'로 설정된 경우 rising edge에서 동작한다.

- Bit 5 – Reserved Bit

- Bit 4,3 – WGMn3..2 : Waveform generation mode

  TCCRnA 레지스터의 WGMn1..0 비트와 함께 사용되어 waveform generation mode를 설정한다.

- Bit 2..0 – CSn2..0 : Clock Select

CSn2	CSn1	CSn0	Description
0	0	0	No clock source(Timer/Counter stopped)
0	0	1	$clk_{I/O}$/1(No prescaling)
0	1	0	$clk_{I/O}$/8(From prescaler)
0	1	1	$clk_{I/O}$/64(From prescaler)
1	0	0	$clk_{I/O}$/256(From prescaler)
1	0	1	$clk_{I/O}$/1024(From prescaler)
1	1	0	External clock source on Tn pin. Clock on falling edge
1	1	1	External clock source on Tn pin. Clock on rising edge

Timer/Counter1 Control Register C – TCCR1C

Bit	7	6	5	4	3	2	1	0
	FOC1A	FOC1B	FOC1C	–	–	–	–	–
Read/Write	W	W	W	R	R	R	R	R
Initial Value	0	0	0	0	0	0	0	0

Timer/Counter3 Control Register C – TCCR3C

Bit	7	6	5	4	3	2	1	0
	FOC3A	FOC3B	FOC3C	–	–	–	–	–
Read/Write	W	W	W	R	R	R	R	R
Initial Value	0	0	0	0	0	0	0	0

- Bit 7 – FOCnA : Force Output Compare for Channel A

- Bit 6 – FOCnB : Force Output Compare for Channel B

- Bit 5 – FOCnC : Force Output Compare for Channel C

16-bit Timer/Counter1,3 레지스터인 TCNT1, TCNT3은 각각 8-bit의 High, Low 로 나뉘어 8-bit 단위로는 TCNT1H, TCNT1L과 TCNT3H, TCNT3L로 접근할 수 있 으며, output compare register도 마찬가지로 16-bit 크기의 레지스터인 OCRnA, OCRnB, OCRnC는 8-bit 단위로 OCR1AH, OCR1AL, OCR1BH, OCR1BL, OCR1CH, OCR1CL과 OCR3AH, OCR3AL, OCR3BH, OCR3BL, OCR3CH, OCR3CL로 접근할 수 있다. 또한 Input capture register도 16-bit로는 ICR1, ICR3으로, 8-bit으로는 ICR1H, ICR1L과 ICR3H, ICR3L로 접근할 수 있다.

"Timer/Counter Interrupt Mask Register-TIMSK"는 Timer/Counter0, Timer/ Counter1, Timer/Counter2는 TIMSK에서 제어할 수 있으며, Timer/Counter는 "Extended Timer/Counter Interrupt Mask Register - ETIMSK"에서 제어할 수 있 다. 발생한 인터럽트는 Flag 레지스터를 통하여 확인할 수 있다.

ⓥ Timer/Counter Interrupt Mask Register – TIMSK

Bit	7	6	5	4	3	2	1	0
	OCIE2	TOIE2	TICIE1	OCIE1A	OCIE1B	TOIE1	OCIE0	TOIE0
Read/Write	R/W	R/W	R/W	R/W	R/W	R/W	R/W	R/W
Initial Value	0	0	0	0	0	0	0	0

- Bit 5 – TICIE1 : Timer/Counter1, Input Capture Interrupt Enable

- Bit 4 – OCIE1A : Timer/Counter1, Output Compare A Match Interrupt Enable

- Bit 3 – OCIE1B : Timer/Counter1, Output Compare B Match Interrupt Enable

- Bit 2 – TOIE1 : Timer/Counter1, Overflow Interrupt Enable

ⓥ Extended Timer/Counter Interrupt Mask Register – ETIMSK

Bit	7	6	5	4	3	2	1	0
	–	–	TICIE3	OCIE3A	OCIE3B	TOIE3	OCIE3C	OCIE1C
Read/Write	R	R	R/W	R/W	R/W	R/W	R/W	R/W
Initial Value	0	0	0	0	0	0	0	0

- Bit 7..6 : Reserved

- Bit 5 – TICIE3 : Timer/Counter3, Input Capture Interrupt Enable.

- Bit 4 – OCIE3A : Timer/Counter3, Output Compare A Match Interrupt Enable
- Bit 3 – OCIE3B : Timer/Counter3, Output Compare B Match Interrupt Enable
- Bit 2 – TOIE3 : Timer/Counter3, Overflow Interrupt Enable
- Bit 1 – OCIE3C : Timer/Counter3, Output Compare C Match Interrupt Enable
- Bit 0 – OCIE1C : Timer/Counter1, Output Compare C Match Interrupt Enable

Timer/Counter Interrupt Flag Register – TIFR

Bit	7	6	5	4	3	2	1	0
	OCF3	TOV2	ICF1	OCF1A	OCF1B	TOV1	OCF0	TOV0
Read/Write	R/W	R/W	R/W	R/W	R/W	R/W	R/W	R/W
Initial Value	0	0	0	0	0	0	0	0

Extended Timer/Counter Interrupt Flag Register – ETIFR

Bit	7	6	5	4	3	2	1	0
	–	–	ICF3	OCF1A	OCF3B	TOV3	OCF3C	OCF1C
Read/Write	R/W	R/W	R/W	R/W	R/W	R/W	R/W	R/W
Initial Value	0	0	0	0	0	0	0	0

다음은 타이머/카운터1과 타이머/카운터3에 대한 요약이며, 그림은 타이머/카운터1,3의 오버플로 인터럽트의 구조를 나타낸다.

- 하나의 16비트 카운터 레지스터(TCNTn, 단 n=1 또는 3), 3개의 16비트 출력 비교 레지스터(OCRn/A/B/C), 하나의 16비트 입력 캡처 레지스터(ICRn) 등 여러 레지스터로 구성된 16비트 타이머/카운터
- TCNTn 레지스터는 판독 및 기록이 가능함
- 클록 소스는 타이머는 내부 클록을 카운터는 외부 클록을 사용
- 프리스케일러는 타이머/카운터1, 2, 3이 공유하며, 내부 클록을 1, 8, 64, 256 또는 1024로 분주하여 사용함
- 캡처 기능(하나의 입력 캡처 장치 및 입력 캡처 잡음 제거기)
- 비교 기능(3개의 독립된 출력 비교 장치 및 2중 버퍼의 출력 비교 레지스터)
- 파형 발생 기능(Glitch 없는 위상 변경의 PWM 및 가변 PWM 기간)
- 주파수 발생 기능

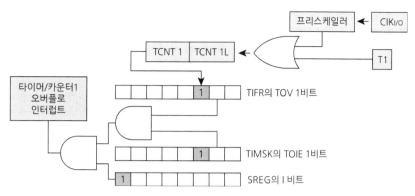

[그림 8-13] 타이머/카운터1.3 오버플로 인터럽트 구조

다. Timer/Counter2(8-bit Timer/Counter)

Timer/Counter2는 8-bit Timer/Counter로 [그림 8-14]와 같다.

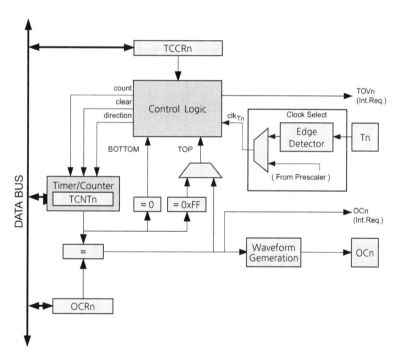

[그림 8-14] Timer/Counter2 Block Diagram

Timer/Counter0에 비하여 비동기 클록에 의한 입력에 관련된 부분이 다르며 외부 Tn 핀으로부터 입력되는 신호와 내부 MCU 클록을 분주한 신호를 선택하는 부분은 Timer/Counter1,3과 같이 구성되어 있다. [그림 8-15]는 Counter Unit Block Diagram 을 나타낸다.

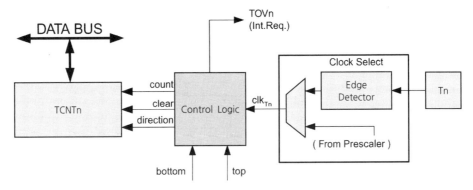

[그림 8-15] Counter Unit Block Diagram

Output compare unit은 [그림 8-16]과 같이 구성되어 있으며 TCNTn 레지스터의 값이 OCRn 레지스터의 값과 일치하면 OCFn 인터럽트 요청 신호를 발생하며 waveform generation unit에서 WGMn1..0과 COMn1..0 신호에 의해 OCn 핀에 출력된다. 모든 동작은 Timer/Counter0과 동일하다.

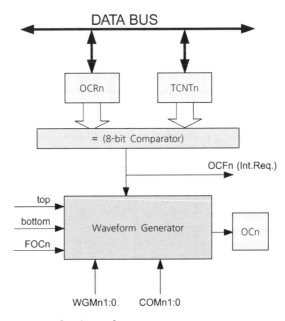

[그림 8-16] Output Compare Unit.

Timer/Counter2에는 "Timer/Counter Control Register-TCCR2" 레지스터와 "Timer/Counter Register - TCNT2", "Output Compare Register - OCR2" 레지스터 및 "Timer/Counter Interrupt Mask Register - TIMSK", "Timer/Counter Interrupt Flag Register -TIFR" 레지스터가 사용되며 이들에 대한 설명은 앞에서 Timer/Counter0, 1, 3에 대한 설명을 참고하기 바란다.

라. Output Compare Modulator(OCM1C2)

Output Compare Modulator(OCM)은 [그림 8-17]과 같이 OC1C와 OC2 두 개의 output compare 출력을 함께 변조하여 출력한다.

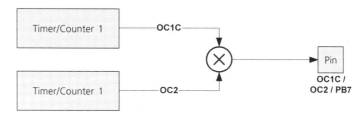

[그림 8-17] Output Compare Modulator, Block Diagram

Output compare modulator는 COM21, COM20과 COM1C1, COM1C0 제어 비트와 PORTB7, DDRB7 비트에 의해 OC1C와 OC2의 output compare 출력을 변조하게 된다. [그림 8-18]은 output compare modulator의 schematic diagram이다.

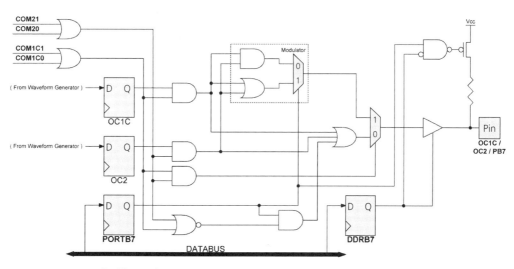

[그림 8-18] Schematic Diagram of Output Compare Modulator

[그림 8-19]는 Timer/Counter1이 fast PWM mode로 동작하고 Timer/Counter2는 CTC mode에서 toggle compare output mode로 출력되고 있을 때 OC1C/OC2/PB7 핀에 출력되는 파형이다.

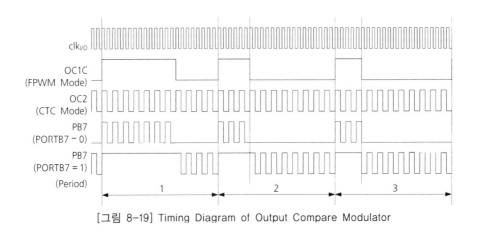

[그림 8-19] Timing Diagram of Output Compare Modulator

마. PWM(Pulse Width Modulation)

PWM이라는 것은 일정한 제어 주기를 가지고 신호의 폭의 크기를 가변하는 방식이다. PWM 제어에서는 아래의 그림과 같이 일정한 제어 주기를 표현하는 PWM 제어 주파수 또는 PWM 주파수라는 용어와 일정한 제어 주기 내에서 신호가 high와 low를 가지는 pulse 폭의 비율을 duty ratio라는 용어로 부른다. 아래 그림에서는 Square wave를 표시하고 있으며 여기에서 0~T까지의 구간을 PWM의 제어 주기라고 부르며 매번 동일한 주기 안에서 신호가 high를 나타내는 구간인 $0 \sim D \cdot T$, $T \sim T + D \cdot T$, $2T \sim 2T + D \cdot T$, ... 등과 같이 표시되는 부분이 한 주기에서 차지하는 비율을 duty ratio라고 부른다.

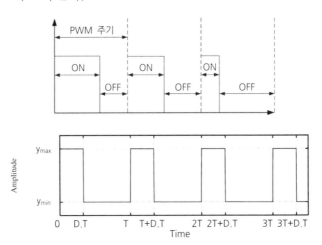

PWM 제어 방식에 대한 수학적 표현을 보이고 있다. 수식에서는 위의 그림과 같이 표현되는 신호에서 일정한 주기 안에서 high 구간에 대한 값과 low 구간에 대한 값을 적분하여 표현한다. 이때 신호의 high일 때 표현되는 값을 $y_{\max}$로 표현하고

low일 때 표현되는 값을 $y_{\min}$ 으로 나타낸다.

$$\overline{y} = \frac{1}{T}\int_0^T f(t)dt = \frac{1}{T}\left\{\int_0^{D\cdot T} y_{\max}dt + \int_{D\cdot T}^T y_{\min}dt\right\}$$

$$= \frac{D\cdot T\cdot y_{\max} + T\cdot(1-D)\cdot y_{\min}}{T} = D\cdot y_{\max} + (1-D)\cdot y_{\min}$$

만약 $y_{\max}$ 의 값이 전압으로 5V를 의미하고 $y_{\min}$ 의 값이 전압으로 0V를 가질 경우, 신호의 high 구간을 나타내는 $D\cdot T$의 구간이 제어 주기 T의 절반인 경우에는 $\overline{y}$로 표시되는 평균값은 2.5V가 된다. 일반적으로 $y_{\min}$ 이 0V인 경우에는 평균 출력 $\overline{y}$는 $D\cdot y_{\max}$가 된다. PWM 제어 방식을 사용하는 경우 low의 값을 0V로 사용하면 출력은 PWM 제어 신호의 high로 표시되는 전압 레벨과 high 상태를 유지하는 비율의 곱으로 나타낼 수 있다. 즉, PWM 제어에서 duty ratio와 high 상태의 전압의 곱으로 출력 전압을 얻을 수 있다.

다음의 그림에서는 바이폴라 방식으로 +1V, 0V, -1V를 사용하는 시스템에서 PWM을 사용하여 V로 나타내는 신호를 출력할 경우 일정한 적분 회로를 거치면 B로 표시되는 값을 얻을 수 있음을 보인다. 디지털 값으로 출력되는 신호를 일정한 출력 주기를 가지고 high와 low를 출력하는 비율을 조절함으로써 적분 회로를 거쳐 아날로그와 같은 출력 전압을 얻을 수 있는 방법이 PWM 제어이다.

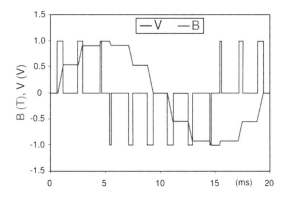

PWM 제어는 디지털 소자를 사용하여 아날로그 출력을 얻을 수 있는 방식으로 일반적으로 아날로그 출력을 얻기 위해서는 디지털 소자의 출력에 적분 회로를 연결하여 사용한다. 또한 그림에 보이는 것과 같이 PWM의 제어 주기의 구간을 넘어갈 때마다 출력 신호에 나타나는 급격한 변화가 생기므로 적절한 필터를 함께 사용해서 이를 제거해야 한다.

PIC16F874A에는 모두 3개의 Timer/Counter 모듈이 있다.

가. Timer0

타이머0 모듈 타이머/카운터는 다음과 같은 특징이 있다.

① 8비트 타이머/카운터
② 읽거나 쓰기 기능
③ 내부/외부 클록 선택
④ 외부 클록의 에지 선택
⑤ 8비트로 프로그램할 수 있는 프리스케일러
⑥ 인터럽트는 FFh에서 00h로 바뀔 때 발생

[그림 8-20]은 타이머0 모듈의 간단한 블록 다이어그램이다.

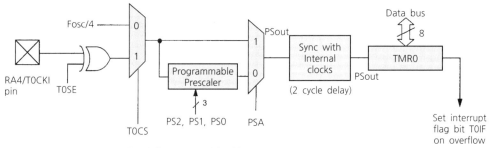

Note 1: T0CS, T0SE, PSA, PS2:PS0(OPTION_REG⟨5:0⟩).
　　 2: The prescaler is shared with Watchdog Timer

[그림 8-20] 타이머0 블록 다이어그램

〈표 8-2〉 타이머0과 관련된 레지스터

Address	Name	Bit 7	Bit 6	Bit 5	Bit 4	Bit 3	Bit 2	Bit 1	Bit 0	Value on: POR, BOR	Value on all other resets
01h,101h	TMR0	Timer0 module's register								xxxx xxxx	uuuu uuuu
0Bh,8Bh, 10Bh,18Bh	INTCON	GIE	PEIE	T0IE	INTE	RBIE	T0IF	INTF	RBIF	0000 000x	0000 000u
81h,181h	OPTION_REG	RBPU	INTEDG	T0CS	T0SE	PSA	PS2	PS1	PS0	1111 1111	1111 1111
85h	TRISA	–	–	PORTA Data Direction Register						––11 1111	––11 1111

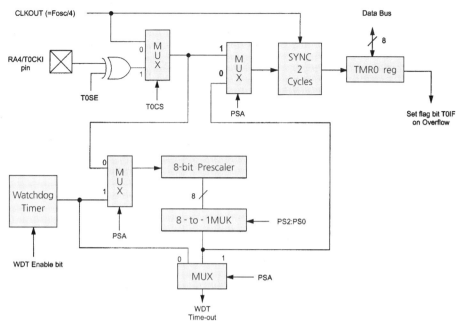

Note: T0CS, T0SE, PSA, PS2:PS0 are (OPTION_REG<5:0>).

[그림 8-21] 타이머0/WDT 프리스케일러의 블록 다이어그램

1) Timer0 동작

타이머0은 타이머 혹은 카운터로 동작할 수 있다. 타이머 모드는 T0CS 비트 (OPTION_REG〈5〉)를 클리어 하는 것에 의해 선택되어질 수 있다. 타이머 모드에서 타이머0 모듈은 매 명령 사이클(프리스케일러가 없을 경우)마다 증가할 것이다. 타이머(timer)로서의 기능은 내부 클록을 이용하여 일정시간 경과 후에 인터럽트를 발생하고, 카운터(counter)로서의 기능은 외부 핀 RA4/T0CKI를 통하여 들어오는 펄스를 계수하는 카운터(event counter)로서 동작한다.

타이머로 사용되는 경우에는 내부 발진 클록(OSC/4)이 들어올 때마다, 즉 발진자의 클록이 4개 들어올 때마다 그 내용을 하나 증가한다. 8비트 타이머 앞에는 8비트 프리스케일러(prescaler)가 있어서 내부 클록을 최대 1/256까지 분주하므로, 이 경우에는 결과적으로 16비트 타이머로 된다.

카운터로 사용되는 경우에는 외부의 RA4/T0CKI 핀을 통하여 펄스가 들어올 때마다 그 상승 에지 또는 하강 에지에서 그 내용을 증가한다. 상승 에지에서 증가하느냐, 하강 에지에서 증가하느냐는 T0SE(OPTION〈4〉)에 의해서 결정된다. 만약 TMR0 레지스터에 값이 쓰였다면 증가는 다음 두 명령 사이클 동안 금지된다. 사용자는 TMR0 레지스터에 미리 조정된 값을 써 넣음으로써 이 부분을 피해갈 수 있다.

2) Timer0 prescaler

이 8비트 카운터는 Timer0 모듈을 위한 prescaler 또는 워치독 타이머를 위한 postscaler로써 사용할 수 있다. 간단하게 '프리스케일러'라고 부르기도 한다. 이 프리스케일러는 Timer0 모듈이나 워치독 중 하나에만 사용할 수 있다. 따라서 프리스케일러를 Timer0 모듈에 할당하면 워치독 타이머는 프리스케일러를 사용할 수 없게 된다. 프리스케일러는 읽거나 쓸 수 없다.

PSA와 PS2:PS0 비트(OPTION_REG⟨3:0⟩)는 프리스케일러 할당과 분주비를 결정한다.

PSA 비트를 클리어하면 프리스케일러는 Timer0 모듈에 할당된다. 프리스케일러가 Timer0 모듈에 할당되면, 1:2, 1:4, …, 1:256의 분주비가 선택될 수 있다.

PSA 비트를 세트하면 프리스케일러는 워치독 타이머에 할당된다. 프리스케일러가 WDT에 할당되면, 1:1, 1:2, …, 1:128의 분주비가 선택될 수 있다.

Timer0 모듈에 할당되었을 때, Timer0에 대한 기록 명령(즉, CLRF TMR0, MOVWF TMR0, BSF TMR0 등)은 프리스케일러만을 클리어할 것이다. WDT에 할당되었을 때, CLRWDT 명령은 워치독 타이머와 함께 프리스케일러를 클리어할 것이다.

프리스케일러는 소프트웨어적으로 제어된다. 그것은 프로그램 실행 중에 자유자재로 변경이 가능하다는 것을 의미한다.

3) Timer0 Interrupt

TMR0 인터럽트는 TMR0 레지스터가 FFh에서 00h로 넘어갈 때 발생한다. 이 인터럽트 플래그는 T0IF(INTCON⟨2⟩) 비트이다. 이 인터럽트는 T0IE(INTCON⟨5⟩) 비트를 클리어하면 금지된다. T0IF 비트는 이 인터럽트가 다시 인에이블되기 전에 Timer0 모듈 인터럽트 서비스 루틴에서 소프트웨어적으로 클리어되어야 한다. TMR0 인터럽트는 SLEEP으로부터 프로세서를 깨울 수 없다. 왜냐하면 타이머는 SLEEP 기간 동안 동작하지 않기 때문이다.

4) 인터벌 타이머

일정시간 간격으로 타이머로부터 인터럽트를 받아 처리하는 경우는 의외로 많이 있다. 그래서 이 일정 간격으로 타이머 인터럽트를 발생시키는 방법을 설명한다.

🔽 카운터의 설정 값을 구하는 방법

PIC16 시리즈의 타이머(TMR0)는 CPU 칩의 클록을 토대로 하여 카운터하도록 되어 있다. 따라서 어떤 인터벌 시간을 내기 위한 카운터 값을 다음과 같이 하여 구한다.

(인터벌시간)/(CPU 클록×4)

CPU의 수정 발진자가 10㎒때에 20ms의 인터벌로 하기 위해서는,

20ms /(0.1㎲ × 4) = 50000

🔽 프리스케일러와의 관계

TMR0에는 8비트의 prescaler가 접속되어 있다. 따라서 8비트+8비트(합계 16비트)로 65,535까지 카운터를 할 수 있다. 프리스케일러를 동작시키는 방법은 2, 4, 8, 16, 32, 64, 128, 256 카운터의 8종류로 되어 있다. 따라서 카운터의 설정 방법은 다음과 같이 구한다.

TMR0의 카운터값 = 필요한 카운터값/프리스케일러 설정 값

위의 예에서 20ms의 타이머로 하기 위해서는,

50000/256 = 약 195(16진으로 C3H)

로 된다. 따라서, 카운터의 설정 값은 결국 다음과 같이 된다.

프리스케일러 ➜ 256을 카운터하고 그 이외에서는 TMR0이 오버플로 한다. TMR0 ➜ 카운터는 업-카운터이기 때문에 FFH-C3H=3CH에서 3C가 설정 값으로 된다.

🔽 카운터의 설정

실제로 카운터에 설정 값을 출력하기 위해서는 다음과 같이 한다.

▼ 프리스케일러의 설정

```
BSF       STATUS,RP0      ; 뱅크1로 전환
MOVLW     087H            ; 256 카운터 모드 값
MOVWF     OPTION_REG      ; 모드 설정 출력
BCF       STATUS,RP0      ; 뱅크0으로 전환
```

▼ TMR0으로 출력

```
MOVLW    03CH     ; 카운터 값 로드
MOVWF    TMR0     ; TMR0으로 출력
```

🕐 인터벌 타이머로서의 동작

Interval timer로 동작시키기 위해서는 타이머의 카운트 업에 의해 인터럽트로 들어 왔을 때에 재차 타이머를 설정하고, 계속 다음 동작을 하도록 한다.

나. TIMER1 MODULE

타이머1 모듈 타이머/카운터는 다음과 같은 특징이 있다.

① 16비트 타이머/카운터(두 개의 8비트 레지스터 : TMR1H와 TMR1L)
② 두 레지스터는 읽거나 쓸 수 있다.
③ 내부/외부 클록 선택
④ 인터럽트는 FFFFh에서 0000h로 바뀔 때 발생
⑤ CCP 모듈 트리거에 의해 리셋된다.

타이머1은 [그림 8-22]의 제어 레지스터가 있다. 타이머1은 TMR1ON (T1CON⟨0⟩) 비트를 세트 혹은 클리어함으로써 인에이블 혹은 디스에이블할 수 있다.

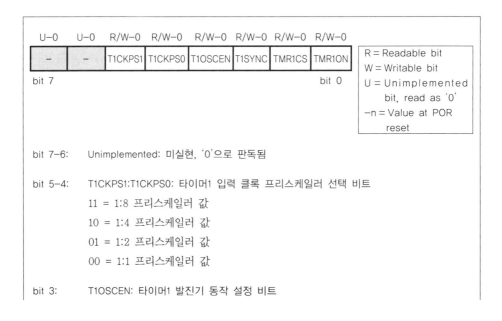

U-0	U-0	R/W-0	R/W-0	R/W-0	R/W-0	R/W-0	R/W-0
–	–	T1CKPS1	T1CKPS0	T1OSCEN	T1SYNC	TMR1CS	TMR1ON

bit 7 .... bit 0

R = Readable bit
W = Writable bit
U = Unimplemented bit, read as '0'
−n = Value at POR reset

bit 7-6:   Unimplemented: 미실현, '0'으로 판독됨

bit 5-4:   T1CKPS1:T1CKPS0: 타이머1 입력 클록 프리스케일러 선택 비트
            11 = 1:8 프리스케일러 값
            10 = 1:4 프리스케일러 값
            01 = 1:2 프리스케일러 값
            00 = 1:1 프리스케일러 값

bit 3:   T1OSCEN: 타이머1 발진기 동작 설정 비트

1 = 외부 발진기가 동작한다.

0 = 외부 발진기가 동작하지 않는다.

Note: The oscillator inverter and feedback resistor are turned off to eliminate power drain

bit 2: $\overline{\text{T1SYNC}}$: 타이머1 외부 클록 입력 동기화 제어 비트

TMR1CS = 1(타이머1은 외부 클록을 씀)

1 = 외부 클록 입력에 동기화하지 않는다.

0 = 외부 클록 입력에 동기화

TMR1CS = 0(타이머1이 내부 클록을 쓸 때)

이 비트는 무시됨

bit 1: TMR1CS: 타이머1 클록 소스 선택 비트

1 = 외부 클록(RC0/T1OSO/T1CKI핀)(상승 에지 동작의 카운터)

0 = 내부 클록(FOSC/4)(타이머)

bit 0: TMR1ON: 타이머1 온 비트

1 = Timer1 동작

0 = Timer1 정지

[그림 8-22] T1CON : TIMER1 CONTROL REGISTER(ADDRESS 10h)

1) Timer1 Operation

타이머1은 다음 모드 중 하나에서 동작한다.

① 타이머
② 동기 카운터
③ 비동기 카운터

동작 모드는 클록 선택 비트, TMR1CS(T1CON⟨1⟩)에 의해 결정되어진다. 타이머 모드에서 타이머1은 매 명령 사이클마다 증가한다. 카운터 모드에서 외부 클록 입력의 매 상승 에지에서 증가한다.

타이머1에 오실레이터가 인에이블되었을 때(T1OSCEN은 세트), RC1/T1OSI/CCP2와 RC0/T1OSO/T1CKI 핀은 입력이 된다. 즉, TRISC⟨1:0⟩ 값은 무시된다.

타이머1은 또한 내부 'Reset Input'을 가진다. 이 리셋은 CCP 모듈에 의해서 발생되어질 수 있다.

⚙ Timer1 Counter Operation

이 모드에서 타이머1은 외부 클록에 의해서 증가된다. 증가는 상승 에지에서 이루어진다.

타이머1은 카운터 모드에서 인에이블된 후 모듈은 카운터가 증가를 시작하기 전에 첫 번째 하강 에지에 있어야 한다.

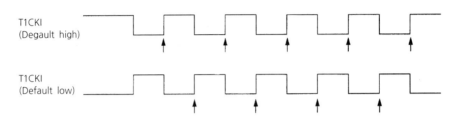

Note: Arrows indicate counter increments.

[그림 8-23] 타이머1 증가 에지

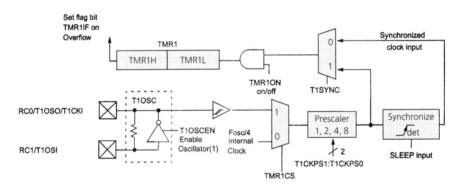

Note 1: When the T1OSCEN bit is cleared, the inverter and feedback resistor are turned off. This eliminates power drain.

[그림 8-24] TIMER1 블록 다이어그램

2) Timer1 Oscillator

크리스털 오실레이터 회로는 핀 T1OSI(입력)과 T1OSO(증폭기 출력) 사이에 구성한다. 그것은 제어 비트 T1OSCEN(T1CON⟨3⟩)를 세트하는 것에 의해 인에이블된다. 오실레이터는 200㎑까지 사용하는 저전력 오실레이터이다. 그것은 SLEEP 기간 중에도 계속 동작한다. 기본적으로 32㎑ 크리스털을 사용한다. 타이머1 오실레이터를 위한 콘덴서 선택사양을 보여주고 있다.

〈표 8-3〉 CAPACITOR SELECTION FOR THE TIMER1 OSCILLATOR

Osc Type	Freq	C1	C2
LP	32kHz	33pF	33pF
	100kHz	15pF	15pF
	200kHz	15pF	15pF

타이머1 오실레이터는 LP 오실레이터와 동일하다. 사용자는 오실레이터가 적절히 start-up되도록 하기 위하여 소프트웨어적으로 time delay를 고려해야만 한다.

〈표 8-4〉 타이머/카운터에서 타이머1과 관련된 레지스터

Address	Name	Bit 7	Bit 6	Bit 5	Bit 4	Bit 3	Bit 2	Bit 1	Bit 0	Value on: POR, BOR	Value on all other resets
0Bh,8Bh, 10Bh,18Bh	INTCON	GIE	PEIE	T0IE	INTE	RBIE	T0IF	INTF	RBIF	0000 000x	0000 000u
0Ch	PIR1	PSPIF(1)	ADIF	RCIF	TXIF	SSPIF	CCP1IF	TMR2IF	TMR1IF	0000 0000	0000 0000
8Ch	PIE1	PSPIE(1)	ADIE	RCIE	TXIE	SSPIE	CCP1IE	TMR2IE	TMR1IE	0000 0000	0000 0000
0Eh	TMR1L	16비트 TMR1 레지스터의 하위 바이트								xxxx xxxx	uuuu uuuu
0Fh	TMR1H	16비트 TMR1 레지스터의 상위 바이트								xxxx xxxx	uuuu uuuu
10h	T1CON	–	–	T1CKPS1	T1CKPS0	T1OSCEN	T1SYNC	TMR1CS	TMR1ON	--00 0000	--uu uuuu

3) Timer1 Interrupt

TMR1 레지스터 쌍(TMR1H:TMR1L)은 0000h부터 FFFFh까지 증가하고, 0000h부터 다시 시작한다. 만약 인터럽트가 인에이블되었다면 오버플로우가 발생했을 때 인터럽트 플래그 비트 TMR1IF(PIR1⟨0⟩)에 래치 되어진다. 이 인터럽트는 TMR1 인터럽트 인에이블 비트 TMR1IE(PIE1⟨0⟩)를 세트 혹은 클리어함으로써 인에이블 또는 디스에이블시킬 수 있다.

4) Resetting Timer1 using CCP Trigger Output

만약 CCP 모듈이 'Special Event Trigger'(CCP1M3:CCP1M0 = 1011)를 발생하기 위하여 compare 모드로 구성되었다면 이 신호는 타이머1을 리셋할 것이고, 단지 CCP2에서는 A/D 변환(만약 A/D 모듈이 인에이블인 경우)을 시작할 것이다. 이때 타이머1은 타이머와 동기식 카운터 모드로 동작되어야만 한다. 만약 타이머1이 비동기식 카운터 모드로 동작하고 있다면 이 리셋 동작은 발생하지 않을 것이다.

타이머1에 기록을 하는 것과 CCP1으로부터 'Special Event Trigger'가 동시에 발생한다면 기록이 먼저 이루어진다.

이 모드의 동작에서 CCPR1H:CCPR1L 레지스터 쌍은 타이머1을 위한 기간 레지스터로 사용된다.

다. TIMER2 MODULE

타이머2 모듈은 다음과 같은 특징이 있다.

① 8비트 타이머(TMR2 register)
② 8비트 주기 타이머(PR2)
③ 두 개의 레지스터는 읽고 쓸 수 있다.
④ 소프트웨어적으로 프로그램할 수 있는 프리스케일러(1:1, 1:4, 1:16)
⑤ 소프트웨어적으로 프로그램할 수 있는 포스트스케일러(1:1~1:16)
⑥ 인터럽트는 TMR2와 PR2가 일치할 때 발생
⑦ SSP 모듈에서 TMR2 출력은 선택적으로 시프트 클록을 발생시키기 위해 사용

타이머2는 [그림 8-25]와 같은 제어 레지스터를 갖고 있다. 타이머2는 power 손실을 줄이기 위하여 TMR2ON(T2CON⟨2⟩) 제어 비트를 클리어함으로써 OFF할 수 있다.

U-0	R/W-0	R/W-0	R/W-0	R/W-0	R/W-0	R/W-0	R/W-0
-	TOUTPS3	TOUTPS2	TOUTPS1	TOUTPS0	TMR2ON	T2CKPS1	T2CKPS0

bit 7   bit 0

R = Readable bit
W = Writable bit
U = Unimplemented bit, read as '0'
-n = Value at POR reset

bit 7:   Unimplemented: 미실현, '0'으로 판독됨

bit 6-3:   TOUTPS3:TOUTPS0: 타이머2 출력 포스트스케일러 선택 비트000
                        0000 = 1:1 포스트스케일러
                        0001 = 1:2 포스트스케일러
                           ⋮
                        1111 = 1:16 포스트스케일러

bit 2:   TMR2ON: 타이머2 온 비트
                        1 = 타이머2 ON
                        0 = 타이머2 OFF

bit 1–0:	T2CKPS1:T2CKPS0: 타이머2 클록 프리스케일러 선택 비트 00 = 프리스케일러 1 01 = 프리스케일러 4 1x = 프리스케일러 16

[그림 8–25] T2CON:TIMER2 CONTROL REGISTER(ADDRESS 12h)

[그림 8-26]은 Timer2의 블록도이다.

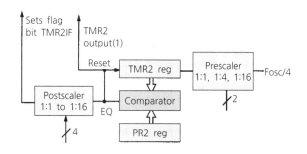

Sets flag
bit TMR2IF
TMR2
output(1)
Reset
TMR2 reg
Prescaler
1:1, 1:4, 1:16
Fosc/4
2
Postscaler
1:1 to 1:16
Comparator
EQ
4
PR2 reg
Note 1: TMR2 register output can be software selected
by the SSP Module as a baud clock.

[그림 8–26] 타이머2 블록 다이어그램

〈표 8–5〉 타이머/카운터로서 타이머2와 관련된 레지스터

Address	Name	Bit 7	Bit 6	Bit 5	Bit 4	Bit 3	Bit 2	Bit 1	Bit 0	Value on: POR, BOR	Value on all other resets
0Bh,8Bh, 10Bh,18Bh	INTCON	GIE	PEIE	T0IE	INTE	RBIE	T0IF	INTF	RBIF	0000 000x	0000 000u
0Ch	PIR1	PSPIF(1)	ADIF	RCIF	TXIF	SSPIF	CCP1IF	TMR2IF	TMR1IF	0000 0000	0000 0000
8Ch	PIE1	PSPIE(1)	ADIE	RCIE	TXIE	SSPIE	CCP1IE	TMR2IE	TMR1IE	0000 0000	0000 0000
11h	TMR2	타이머2 레지스터(8비트 시정수 레지스터)								xxxx xxxx	uuuu uuuu
12h	T2CON	–	TOUTPS3	TOUTPS2	TOUTPS1	TOUTPS0	TMR2ON	T2CKPS1	T2CKPS0	-000 0000	-000 0000
92h	PR2	타이머2 주기 레지스터								1111 1111	1111 1111

1) Timer2 Operation

타이머2는 CCP 모듈의 PWM 모드에서 PWM의 기준 시간으로 사용된다. TMR2 레지스터는 읽고 쓸 수 있고, 일부 디바이스 리셋 시에 클리어된다.

입력 클록은 1:1, 1:4 혹은 1:16의 프리스케일 옵션을 가지고 있고, T2CKPS1:T2CKPS0(T2CON〈1:0〉) 제어 비트에 의해서 선택된다.

TMR2의 일치 출력은 4비트 postscaler를 통하여(1:1에서 1:16 스케일링을 준다.) TMR2 인터럽트를 발생한다.(인터럽트 플래그는 TMR2IF(PIR1〈1〉 비트에 래치된다.)

프리스케일러와 포스트스케일러 카운터는 다음의 조건에서 클리어된다.

① TMR2 레지스터에 쓰기
② T2CON 레지스터에 쓰기
③ 일부 디바이스 리셋 상황 시

TMR2는 T2CON이 쓰기가 이루어졌을 때 클리어되지 않는다.

2) Timer2 Interrupt

타이머2 모듈에는 8비트 주기 레지스터 PR2가 있다. 타이머2는 00h부터 PR2와 같을 때까지 증가하고 같으면 00h로 리셋된다. PR2는 읽고 쓸 수 있는 레지스터이다. PR2 레지스터는 리셋 시에 FFh로 초기화된다.

3) Output of TMR2

TMR2의 출력(포스트스케일러 이전)은 선택적으로 시프트 클록 발생에 사용하기 위하여 동기식 직렬 포트에 공급된다.

Timer/Counter는 시스템의 내부 클록을 분주하여 사용하거나 외부 입력 펄스를 카운트하여 일정한 시간 간격 또는 정해진 숫자만큼 측정된 값에 따라 특정한 동작을 발생시킨다. 일반적으로 Timer는 시스템의 클록을 기준으로 일정한 시간 간격으로 제어 동작을 발생시킬 때 주로 사용되며, Counter는 외부 입력 신호의 변화된 수를 카운트하여 정해진 수가 되었을 때 특정한 동작을 발생시킬 때 사용된다. PWM은 Timer를 사용하여 일정한 시간 간격으로 제어 펄스의 폭을 조절하는 방식으로 LED의 밝기 제어 및 DC motor의 회전 제어 또는 출력 부분에 적분 회로를 사용하여 아날로그 출력을 얻을 때 사용한다.

가. AVR의 Timer/PWM 제어 실습

AVR-ATmega128의 Timer는 8-bit timer 0과 timer 2가 있으며 16-bit timer 1과 timer3이 있다. 각각의 timer는 timer/counter 및 PWM 동작이 가능하며 AVR에 공급되는 클록 신호와 이를 분주한 신호를 사용하여 그 변화를 계수하거나 외부에서 공급되는 신호의 변화를 카운트할 수 있다.

1) 외부 신호 Counter

예제에서는 Timer1을 사용하여 T1 핀에 연결된 스위치의 눌린 수에 따라 PORTB의 5번 핀에 연결된 LED를 점멸한다.

```
01   #include <avr/io.h>
02   #define F_CPU 14745600UL
03
04   int main(void)      {
05           DDRB = 0x20;
06
07           TCCR1A = 0x40;    // COM1A1,COM1A0 = 01,
08           // COM1B1,COM1B0 = 00, COM1C1,COM1C0 = 00,
09           // WGM11, WGM10 = 00
10           TCCR1B = 0x0F;    // WGM13, WGM12 = 01,
11           // CS12, CS11, CS10 = 111
```

```
12          TCCR1C = 0x80;     // FOC1A, FOC1B, FOC1C = 100
13          TCNT1 = 0x00;      // Clear Timer/Counter A count register
14          OCR1A = 0x03;
15
16          while(1) {
17          }
18          return 0;
19  }
```

설명

05 DDRB = 0x20;

Timer1의 OC1A 핀이 PORTB의 5번 핀에 연결되어 있으므로 이를 출력으로 사용하기 위해 DDRB 레지스터의 5번 비트를 1로 지정한다.

07 TCCR1A = 0x40;

Timer/Counter Control Register 1 A 레지스터에 대한 설정으로 Compare Match 동작을 수행 하도록 COM1A1, COM1A0의 비트를 01로 지정한다. Output Compare Register에 기록된 값과 Timer/Counter 레지스터의 값이 일치할 경우 OC1A 핀(PORTB의 5번 핀)이 0과 1의 값을 번갈아 가진다.

10 TCCR1B = 0x0F;

CTC 모드로 동작하도록 WGM13, WGM12 비트를 01로 지정한다. WGM11, WGM10 비트는 TCCR1A 레지스터의 1번과 0번 핀이며 이 값은 00으로 지정된다. CTC 모드는 카운트 값이 증가하되 OCR1A에 지정한 값을 최대로 하며, 최댓값에 도달하면 자동으로 0으로 카운트 값을 초기화한다. Timer/Counter에 공급되는 클록을 외부 핀에 의해 설정되도록 CS12, CS11, CS10은 111로 지정한다. 외부 클록의 상승 에지에서 값을 카운트한다.

13 TCNT1 = 0x00;

Timer/Counter 1의 카운터 레지스터의 값을 0으로 초기화시킨다. Timer/Counter 1의 레지스터 초기화 설정 과정에서 의도하지 않은 값으로 증가될 수 있으므로 프로그램의 오동작을 방지하기 위해 레지스터 설정이 완료된 후 카운터 레지스터의 값을 0x00으로 지정한다.

예제 프로그램은 OCR1A 레지스터에 0x03을 기록하여 T1에 발생하는 Timer/Counter의 외부 클록 펄스의 상승 에지를 검출하여 그 수가 0x03이 될 때마다

OC1A 핀의 상태를 반전시킨다. Timer/Counter1 하드웨어에서 동작을 수행하도록 초기화하므로 프로그램에서는 초기 설정 값을 기록하는 것 외에는 다른 동작을 하지 않도록 while(1) 구문에는 아무 내용도 기록하지 않아도, SW17의 눌림 동작이 4회가 될 때마다 OC1A의 값은 반전되므로 PORTB의 5번 핀에 연결된 LED의 상태가 반전된다.

2) 외부 펄스 카운트 수 표시

1)의 예제에 외부 펄스의 카운트 수를 표시하기 위해 Timer/Counter의 계수 레지스터의 값을 PORTA에 연결된 LED에 표시한다. 카운트 값은 TCNT1 레지스터에 기록되며 이 값을 active low 구동되는 LED가 연결된 PORTA에 비트 반전하여 출력한다.

```
01  #include <avr/io.h>
02  #define F_CPU 14745600UL
03
04  int main(void)    {
05          DDRB = 0x20;
06          DDRA = 0xFF;
07
08          TCCR1A = 0x40;    // COM1A1,COM1A0 = 01,
09          // COM1B1,COM1B0 = 00, COM1C1,COM1C0 = 00,
10          // WGM11, WGM10 = 00
11          TCCR1B = 0x0F;
12          // WGM13, WGM12 = 01, CS12, CS11, CS10 = 111
13          TCCR1C = 0x80;    // FOC1A, FOC1B, FOC1C = 100
14          TCNT1 = 0x00;
15          OCR1A = 10;
16
17          while(1) {
18                  PORTA = ~TCNT1L;
19          }
20          return 0;
21  }
```

설명

15 OCR1A = 10;

Timer/Counter1의 Output Compare Match 레지스터에 10을 기록하여 CTC 모드에서 외부 펄스의 입력이 9가 되면 0으로 초기화되도록 설정한다.

> 18 PORTA = ~TCNT1L;
>
> PORTA에 TCNT1 레지스터의 하위 8-bit의 값을 비트 반전하여 출력한
> 다.

3) Timer 동작

AVR-ATmega128에 공급되는 시스템 클록을 카운트하여 16-bit Timer1에서 OC1A
비트를 overflow가 발생할 때마다 반전시킨다.

```
01   #include  <avr/io.h>
02   #define F_CPU 14745600UL
03
04   int main(void)      {
05           DDRB = 0x20;
06           DDRA = 0xFF;
07
08           TCCR1A = 0x40;    // COM1A1,COM1A0 = 01,
09           // COM1B1,COM1B0 = 00, COM1C1,COM1C0 = 00,
10           // WGM11, WGM10 = 00
11           TCCR1B = 0x05;
12           // WGM13, WGM12 = 00, CS12, CS11, CS10 = 101
13           TCCR1C = 0x80;    // FOC1A, FOC1B, FOC1C = 100
14
15           OCR1A = 0x80;
16
17           while(1) {
18                   PORTA = ~(TCNT1>>8);
19           }
20           return 0;
21   }
```

설명

> 11 TCCR1B = 0x05;
>
> Timer/Counter1에 공급되는 클록을 시스템 클록의 1/1024로 지정한
> 다. WGM의 동작 모드는 0000으로 normal로 지정한다.

15 OCR1A = 0x80;

Output Compare Match 동작에서 비교 값을 지정한다. 이 경우 Timer/Counter1은 16-bit 레지스터이며 normal 모드에서는 최대 0xFFFF까지 값을 증가시키는 상태에서 TCNT1 레지스터의 값이 0x80과 일치할 때만 출력 OC1A 핀의 상태를 반전시킨다. 따라서 OC1A는 OCR1A 레지스터와 무관하게 시스템 클록을 1/1024한 신호를 입력받아 이 값이 0에서 65535까지 변하는 동작을 수행하고 출력 비트의 변화는 TCNT1의 값이 0x80과 같을 때 출력 OC1A 핀의 상태를 반전한다.

18 PORTA = ~(TCNT1)>8);

TCNT1 레지스터의 상위 8-bit를 PORTA에 비트 반전하여 출력한다.

4) PWM 출력

예제에서는 PWM 펄스를 발생하여 PORTE의 3번 핀에 연결된 LED의 밝기를 변화시키거나 이와 함께 사용 가능한 DC motor의 회전 속도를 변경한다.

```
01  #include <avr/io.h>
02  #define F_CPU 14745600UL
03
04  int main(void)      {
05          DDRE = 0x08;
06          DDRA = 0xFF;
07
08          TCCR3A = 0xAB;   // COM3A1,COM3A0 = 10,
09          // COM3B1,COM1B0 = 10, COM3C1,COM3C0 = 10,
10          // WGM31, WGM30 = 11
11          TCCR3B = 0x0C;
12          // WGM33, WGM32 = 01, CS32, CS31, CS30 = 100
13          TCCR3C = 0x80;   // FOC1A, FOC1B, FOC1C = 100
14
15          OCR3A = 0x0FF;
16
17          while(1) {
18          }
19          return 0;
20  }
```

설명

08 TCCR3A = 0xAB;

PORTE의 3번 핀은 Timer/Counter3의 OC3A 핀이므로 Timer/Counter3과 관련된 레지스터에 설정 값을 기록한다. 16-bit 동작을 하며 각 비트별 동작은 Timer/Counter1과 동일하다. 출력 펄스는 OCR 레지스터와 일치할 때 0으로 되며 TCNT3의 값이 0이 될 때 1이 되도록 COM3A1, COM3A0 레지스터를 11로 지정한다.

11 TCCR3B = 0x0C;

동작 모드를 fast PWM의 10-bit로 설정하기 위해 WGM33, WGM32, WGM31, WGM30 비트는 0111로 설정한다. fast PWM 동작 모드는 Timer/Counter3의 TCNT3 레지스터의 값을 증가시키고 10-bit의 최 댓값인 0x3FF가 되면 0으로 초기화된다. TCNT3 레지스터와 OCR 레지스터의 내용과 비교하여 값이 일치할 때 출력 펄스를 0으로 하고 TCNT3 레지스터의 값이 0이 되었을 때 출력을 1로 하거나 이와 반대로 OCR 레지스터의 내용과 일치할 때 출력 펄스를 1로 하고 TCNT3 레지스터의 값이 0이 되었을 때 출력 펄스를 0으로 하는 방식 중 선택하여 지정할 수 있으며 이 모드는 TCCR3A 레지스터의 COM 비트로 선택한다. Timer/Counter3은 시스템 클록의 1/256을 사용하도록 CS32, CS31, CS30 비트의 값은 100으로 지정한다.

13 TCCR3C = 0x80;

OC3A 핀에 대해서만 출력이 발생할 수 있도록 지정한다.

예제 프로그램은 Timer/Counter3을 10-bit 모드로 시스템 클록 14,745,700Hz에 대해 1/1,024로 분주한 57,600Hz에 대해 TCNT3 레지스터의 값을 증가시킨다. 이 주파수를 PWM 제어 주파수라고 부르며 57,600Hz 내에서 High 펄스의 구간과 Low 펄스 구간의 비율을 duty ratio라고 부른다. 예제 프로그램에서는 OCR3A 레지스터의 내용이 0x0FF이므로 10진수로 환산하면 255이며 10-bit의 최댓값 1,024와 비교하여 256/1,024 * 100 ≒ 24.9%가 된다. 57,600Hz(17.361μs)에 대해 약 25% 구간 동안 High 펄스가 발생한다. COM3A1, COM3A0 레지스터의 설정을 11로 변경하면 25% 구간은 Low 펄스가 된다.

OCR3A 레지스터의 값을 0x000에서 0x3FF 사이로 변경할 수 있으며 이 값이 0x3FF에 가까울수록 PWM의 duty ratio가 커지므로 PWM 출력에 연결된 LED의 밝기 및 DC 모터의 회전 속도가 변한다.

나. PIC의 Timer/PWM 제어 실습

PIC-PIC16F874A에는 Timer0과 Timer2 두 개의 8-bit Timer와 Timer1의 16-bit timer가 존재한다.

1) 외부 신호 Counter

예제에서는 T0CKI에 연결된 스위치의 입력 펄스를 측정하여 PORTB의 4, 5, 6, 7번 핀에 연결된 LED에 표시한다.

```
01  #include <htc.h>
02  #define _XTAL_FREQ 20000000
03
04  int main(void)    {
05          TRISB = 0x0F;
06          OPTION_REG = 0b00111000;
07          while(1) {
08                  PORTB = TMR0 << 4;
09                  if(TMR0 > 9)
10                          TMR0 = 0;
11          }
12          return 0;
13  }
```

설명

05 TRISB = 0x0F;

　　PORTB의 4, 5, 6, 7번 비트를 출력으로 지정한다.

06 OPTION_REG = 0b00111000;

　　Timer0의 T0CKI 핀을 입력으로 지정하고, T0CKI 핀의 하강 에지에서 동작하도록 설정하며 입력된 펄스를 분주하지 않고 그대로 사용한다. 각각의 비트별 의미는 OPTION_REG의 설명 부분을 참조하며 간략히 요약하면 다음과 같다.

　　7. $\overline{\text{RBPU}}$: PORTB pull-up enable bit

　　　　　　1 - disable

　　　　　　0 - enable

　　6. INTEDG : Interrupt Edge Select bit

1 - rising edge of PORTB0/INT

0 - falling edge of PORTB0/INT

5. T0CS : Timer0 Clock Source Select bit

   1 - PORTA4/T0CKI pin

   0 - Internal Instruction Cycle Clock (FOSC/4)

4. T0SE : Timer0 Source Edge Select bit

   1 - High to Low on PORTA4/T0CKI pin

   0 - Low to High on PORTA4/T0CKI pin

3. PSA : Prescaler Assignment bit

   1 : Prescaler assigned to the WDT

   0 : Prescaler assigned to the Timer0

2-0. PS2:PS0 : Prescaler Ratio

Bit Value	Timer0	WDT
000	1:2	1:1
001	1:4	1:2
010	1:8	1:4
011	1:16	1:8
100	1:32	1:16
101	1:64	1:32
110	1:128	1:64
111	1:256	1:128

08 PORTB = TMR0 << 4;

T0CKI 핀의 입력은 TMR0 레지스터에 기록되며 설정된 에지 상태에 따라 자동으로 1씩 증가한다. PORTB에 연결된 LED는 4, 5, 6, 7번 핀에 4-bit이므로 TMR0 레지스터의 내용을 4비트 왼쪽으로 시프트하여 PORTB에 출력한다.

19 if(TMR0 > 9)

TMR0 레지스터의 값이 9를 초과할 경우 0으로 초기화한다. PORTB에 연결된 LED가 4-bit 이므로 표시 가능한 수의 범위가 0~15이며 그 중 0~9까지의 값을 표시한다.

2) 분주비를 사용한 T0CKI 계수

예제에서는 prescaler를 사용하여 T0CKI 핀의 변화에 대한 TMR0 레지스터의 변화를 확인한다.

```
01   #include <htc.h>
02   #define _XTAL_FREQ 20000000
03
04   int main(void)    {
05        TRISB = 0x0F;
06        OPTION_REG = 0b00110001;
07        while(1) {
08             PORTB = TMR0 << 4;
09             if(TMR0 > 9)
10                    TMR0 = 0;
11        }
12        return 0;
13   }
```

설명

06 OPTION_REG = 0b00110001

PSA bit를 0으로 지정하여 Timer0에 공급되는 클록을 prescaler의 출력으로 지정한다. Prescaler는 001로 지정하여 1:4의 비율로 동작한다. 따라서 T0CKI 핀의 4번 변화가 생길 때 TMR0 레지스터의 값을 1씩 증가시킨다.

3) PWM 동작

PIC-PIC16F874A는 CCP1, CCP2 핀을 사용하여 PWM 제어를 할 수 있다. 실습장치에서는 CCP2를 사용하여 PORTC의 1번 핀에 연결된 LED의 밝기 또는 이와 함께 스위칭 소자로 연결된 DC Motor의 회전 속도를 제어할 수 있다.

PWM 제어를 수행하기 위해 PIC에서는 Timer/Counter2를 사용하므로 Timer2의 동작에 대해서 설정해야 한다. Timer2의 설정은 T2CON 레지스터를 통해 지정할 수 있다.

```
01   #include <htc.h>
02   #define _XTAL_FREQ 20000000
03
04   int main(void)    {
```

```
05          unsigned char i = 0;
06          TRISC = 0b11111101;
07          T2CON = 0b00000111;
08          CCP2CON = 0b00001111;
09          CCPR2L = 0x00;
10          CCPR2H = 0x00;
11
12          while(1) {
13                  CCPR2L = i++;
14                  __delay_ms(20);
15          }
16          return 0;
17  }
```

설명

06 TRISC = 0b11111101;

사용하려는 CCP2의 핀이 PORTC의 1번 핀에 연결되어 있으므로 출력
으로 사용하기 위해 PORTC의 1번 핀을 output으로 지정한다. PWM 동
작을 제어할 때는 CCP1, CCP2의 기능을 가지는 핀에 대해 반드시 출력
모드로 설정해야 정상 동작한다.

07 T2CON = 0b00000111;

Timer2를 PWM에 사용하기 위해 제어 명령을 지정한다. Timer2를 On
시키기 위해 2번 째 bit를 1로 지정하고 클록을 분주하기 위해 1, 0번째
비트를 사용한다. 여기서는 1/16으로 지정한다.

08 CCP2CON = 0b00001111;

PWM 동작을 수행하도록 CCP2M3, CCP2M2, CCP2M1, CCP2M0 비트
에 대해 11xx를 지정할 수 있으므로 여기서는 1111로 설정한다.

09 CCPR2L = 0x00;

Timer2의 Period register와 비교하여 PWM의 출력값을 high가 되도
록 설정하는 구간의 값이다.

10 CCPR2H = 0x00;

Timer2의 Period register와 비교하여 PWM의 출력값을 low가 되도록
설정하는 구간의 값이다.

예제에서는 20ms마다 CCPR2L의 값을 1씩 증가시켜 LED의 밝기를 증가시킨다.
마찬가지로 스위칭 소자에 연결된 DC motor의 회전 속도를 증가시킨다.

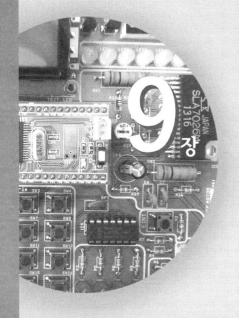

ADC(Analog to Digital Converter)

9-1. ATmega128의 ADC
9-2. PIC16F874A의 ADC
9-3. ADC 제어 실습

이 장에서는 ATmega128과 PIC16F874A micro controller의 ADC의 구성 및 동작, 사용 방법에 대해 설명한다.

ATmega128에는 10-bit의 ADC가 있으며 8개의 입력을 MUX하여 받을 수 있다. [그림 9-1]은 ADC의 블록도이다.

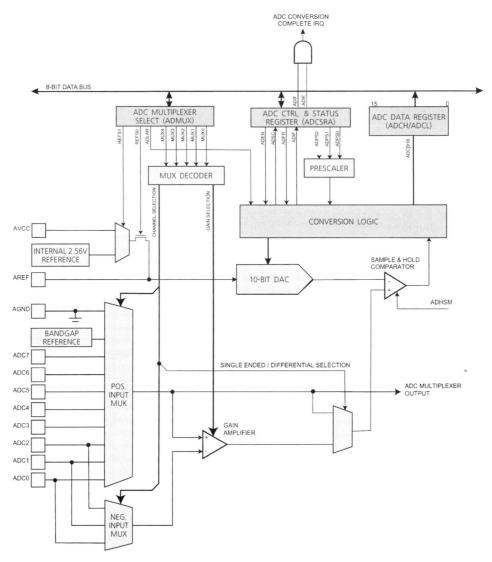

[그림 9-1] Analog to Digital Converter Clock Schematic

ADC에 사용되는 클록은 ADC Prescaler를 통해 공급되며 [그림 9-2]와 같이 구성되어 있다. Prescaler에서 분주된 클록은 "ADC Control and Status Register A -

ADCSRA"의 ADPS2..0 비트의 값에 의해 설정된다.

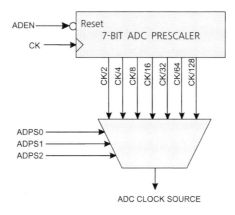

[그림 9-2] ADC Prescaler

ADC에 의해 변환된 데이터는 다음 식 (10-1)과 같은 값으로 변환된다.

$$\mathrm{ADC} = \frac{\mathrm{V_{IN}} \times 1024}{\mathrm{V_{REF}}}$$ ·· (10-1)

가. AD Converter 관련 레지스터

◉ ADC Multiplexer Selection Register – ADMUX

Bit	7	6	5	4	3	2	1	0
	REFS1	REFS0	ADLAR	MUX4	MUX3	MUX2	MUX1	MUX0
Read/Write	R/W	R/W	R/W	R/W	R/W	R/W	R/W	R/W
Initial Value	0	0	0	0	0	0	0	0

- Bit 7..6 – REFS1..0 : Reference Selection Bits

    ADC의 변환 비교 값을 선택하는 비트이다. "00"으로 설정되면 외부 VREF
    핀의 입력을 비교 기준으로 선택하고, "01"이면 capacitor가 연결된 VREF
    와 연결된 아날로그 공급전압 AVCC를 사용하고, "10"은 지정할 수 없으
    며, "11"은 capacitor가 연결된 VREF 핀과 내부 2.56V의 전압을 사용한
    다.

    ADC에서 reference로 설정된 값을 가장 큰 값으로 변환하기 때문에
    reference 전압보다 높은 전압이 입력되면 변환 값은 최댓값으로 된다.

- Bit 5 – ADLAR : ADC Left Adjust Result

  ADC 데이터 레지스터의 데이터 정렬 방식을 설정한다. '1'로 설정되면 왼쪽으로, '0'이면 오른쪽으로 배열된 결과를 얻는다.

- Bit 4..0 – MUX4..0 : Analog Channel and Gain Selection Bits

  "00000"에서 "00111"까지는 ADC0에서 ADC7의 입력을 선택하여 이득 조절 없이 AD 변환에 사용하며, "01000"에서 "01111"은 설정에 따라 10배, 200배의 이득이 주어진다. "11110"은 1.22V의 입력이 설정되며, "11111"은 0V(GND)로 지정된다. 보다 자세한 내용은 ATmega128의 매뉴얼을 참고하기 바란다.

ADC Control and Status Register – ADCSR

Bit	7	6	5	4	3	2	1	0
	ADEN	ADSC	ADIFR	ADIF	ADIE	ADPS2	ADPS1	ADPS0
Read/Write	R/W	R/W	R/W	R/W	R/W	R/W	R/W	R/W
Initial Value	0	0	0	0	0	0	0	0

- Bit 7 – ADEN : ADC Enable

  ADC 동작을 활성화시킨다. '1'이 기록되면 ADC가 동작한다.

- Bit 6 – ADSC : ADC Start Conversion

  각 변환마다 이 비트가 '1'로 설정되면 AD 변환을 시작한다. AD 변환이 완료되면 ADSC 비트는 '0'으로 설정된다.

- Bit 5 – ADIFR : ADC Free Running Select

  '1'로 설정되면 ADC가 free running mode로 동작하여 연속적으로 sampling하고 변환을 수행한다.

- Bit 4 – ADIF : ADC Interrupt Flag

  ADC 인터럽트가 활성화되어 있는 상태에서 AD 변환이 끝나면 '1'로 설정 된다. ADC에 대한 인터럽트 루틴이 실행되면 '0'으로 설정된다.

- Bit 3 – ADIE : ADC Interrupt Enable

  ADC 인터럽트를 활성화시킨다.

- Bit 2..0 – ADPS2..0 : ADC Prescaler Select Bit

  "000"일 때는 XTAL 클록의 1/2, "001"~"111"까지는 순서대로 1/2, 1/4, 1/8, 1/16, 1/32, 1/64, 1/128의 비율로 클록이 분주되어 공급된다.

나. Analog Comparator

Analog comparator는 positive 입력 AIN0과 negative 입력 AIN1을 비교한다. 비교기의 출력은 Timer/Counter1의 Input capture에 입력으로 사용할 수 있다. negative 입력은 AIN1 외에 ADC MUX의 출력을 사용할 수 있다. [그림 9-3]은 analog comparator의 블록도로 AIN0과 AIN1의 입력을 비교기의 입력으로 사용하며 이 비교기의 출력은 Timer/Counter1의 Input Capture에 입력으로 사용된다. "Analog Comparator Control and Status Register - ACSR"의 ACIS1, ACIS0 비트에 따라 인터럽트 모드를 선택할 수 있다.

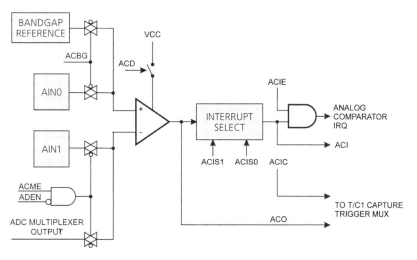

[그림 9-3] Analog Comparator Block Diagram

Special Function IO Register - SFIOR

Bit	7	6	5	4	3	2	1	0
	TSM	–	–	ADHSM	ACME	PUD	PSR2	PSR10
Read/Write	R/W	R	R	R/W	R/W	R/W	R/W	R/W
Initial Value	0	0	0	0	0	0	0	0

• Bit 3 - ACME : Analog Comparator Multiplexer Enable

ADCSRA 레지스터의 ADEN 비트가 '0'으로 설정되고 ACME 비트가 '1'로 설정되면 negative 입력 AIN1 대신 ADC mux의 출력을 사용한다.

Analog Comparator Control and Status Register - ACSR

Bit	7	6	5	4	3	2	1	0
	ACD	ACBG	ACO	ACI	ACIE	ACIC	ACIS1	ACIS0
Read/Write	R/W	R/W	R	R/W	R/W	R/W	R/W	R/W
Initial Value	0	0	N/A	0	0	0	0	0

- Bit 7 – ACD : Analog Comparator Disable

    '1'로 설정되면 Analog comparator가 동작하지 않는다.

- Bit 6 – ACBG : Analog Comparator Bandgap Select

    '1'로 설정되면 고정된 bandgap 비교 전압이 AIN0 입력 대신 비교기의 입력으로 사용된다. '0'으로 설정되면 AIN0 입력이 비교기의 입력으로 사용된다.

- Bit 5 – ACO : Analog Comparator Output

    동기화된 아날로그 비교기의 출력으로, 동기화를 위해 1-2 클록 주기 동안 지연되어 나타난다.

- Bit 4 – ACI : Analog Comparator Interrupt Flag

    ACIS1, ACIS0에 지정한 인터럽트 모드에 해당하는 신호가 아날로그 비교기의 출력으로 발생하면 하드웨어에 의해 '1'로 설정되며, 해당되는 인터럽트 루틴이 실행되면 '0'으로 설정된다.

- Bit 3 – ACIE : Analog Comparator Interrupt Enable

    아날로그 비교기 인터럽트를 활성화시킨다.

- Bit 2 – ACIC : Analog Comparator Input Capture Enable

    아날로그 비교기 출력을 Timer/Counter1의 Input capture의 입력으로 사용 가능 하도록 설정한다.

- Bit 1,0 – ACIS1, ACIS0 : Analog Comparator Interrupt Mode Select

ACIS1	ACIS0	Description
0	0	Comparator Interrupt on Output Toggle
0	1	Reserved
1	0	Comparator Interrupt on Falling Output Edge
1	1	Comparator Interrupt on Rising Output Edge

다. ADC의 기본 구조

마이크로프로세서와 같은 디지털 신호를 처리하는 시스템에서 아날로그 신호를 디지털로 변환하기 위해 사용하는 소자가 ADC(Analog to Digital Converter)로써 ADC를 구현하는 방법에는 여러 가지가 있으나 본 교재에서는 아날로그 신호의 디지털 변환에 대한 개념을 이해하기 위한 간이 회로를 제시한다.

1) DAC(Digital to Analog Converter)의 이해

아래의 회로는 4-bit Ladder 저항을 사용한 DAC(Digital to Analog Converter)로 4-bit counter로 DAC에 입력을 주고 counter의 "0000", "0001" ~ "1110", "1111"의 16 가지의 입력에 대한 출력을 보이고 있다.

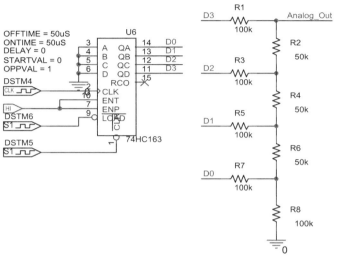

[그림 9-4] 4-bit Ladder 저항을 사용한 DAC 회로

[그림 9-4]는 4-bit counter의 디지털 출력에 따른 Ladder 저항을 사용한 4-bit DAC 의 출력 전압이 표시되고 있으며 이는 회로의 입력 각 단에 +5V의 전압원과 0V의 GND를 각각의 경우에 따라 연결하고 저항에 의한 분압 저항으로 등가 회로를 구성 하여 Analog_Out의 전압을 계산하면 그림과 같은 출력 결과를 얻을 수 있다.

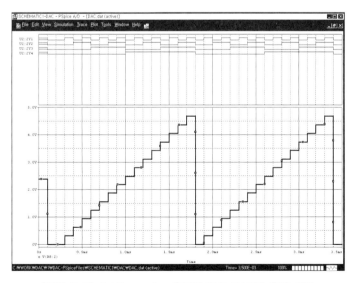

[그림 9-5] 4-bit counter 출력에 따른 DAC의 출력 전압

다음과 같이 "1000"의 값이 출력된다면 4-bit DAC는 아래의 회로와 같이 연결되며 이 회로를 해석하면 다음의 내용과 같이 된다.

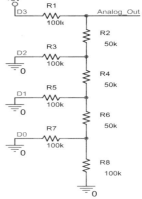

$$\frac{R7 \times R8}{R7 + R8} = \frac{100k\Omega \times 100k\Omega}{100k\Omega + 100k\Omega} = \frac{10000k\Omega}{200k\Omega} = 50k\Omega$$

$$50k\Omega + R6 = 100k\Omega$$

$$\frac{R5 \times 100k\Omega}{R5 + 100k\Omega} = 50k\Omega$$

$$50k\Omega + R4 = 100k\Omega$$

$$\frac{R3 \times 100k\Omega}{R3 + 100k\Omega} = 50k\Omega$$

$$50k\Omega + R2 = 100k\Omega$$

다음과 같은 등가 회로가 만들어진다.

[그림 9-6] 4-bit DAC "1000"의 등가 회로

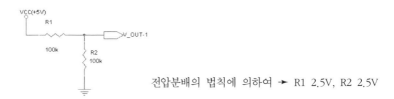

전압분배의 법칙에 의하여 ➤ R1 2.5V, R2 2.5V

마찬가지로 다른 입력에 대해서도 Analog_Out의 출력 전압 값을 계산하면 앞 페이지의 출력 파형과 같은 결과를 얻게 된다.

Ladder 저항의 입력 비트를 늘일 경우 보다 세밀한 구간의 아날로그 값의 표현이 가능해지고 따라서 DAC의 정밀도가 향상된다.

2) DAC를 사용한 ADC의 구현

[그림 9-7]은 앞에서 구현한 4-bit DAC의 출력 전압과 Analog_Input을 비교기(comparator)를 이용하여 DAC의 출력 전압과 Analog_Input의 값이 일치할 때 comparator의 출력이 high가 되도록 구성한 간이형 ADC 회로이다.

[그림 9-7]의 회로에서 입력 클록에 따라 4-bit counter의 값이 하나씩 증가하고 이에 해당하는 analog 신호가 전압으로 출력된다. 따라서 이 전압과 Analog_Input

에 해당하는 전압을 비교하고 이 값이 일치하는 순간의 4-bit counter의 출력 값을 읽으면 이 값이 Analog_Input에 대한 디지털 변환 값이 된다.

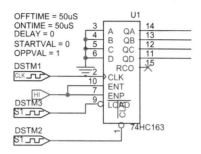

[그림 9-7] DAC를 사용한 ADC 기본 회로

[그림 9-8]은 간이형 4-bit DAC 회로의 출력 파형으로 붉은색으로 표시된 3.0V의 전압이 Analog_Input 전압이 되며 DAC의 출력이 이 전압보다 높아지는 순간에 파란색으로 표시된 신호가 출력되며 이 경우 디지털 값을 읽으면 "1010"이 된다. "1010"이 analog 입력에 대한 digital로 변환한 값이 된다. ADC의 구현에 사용되는 DAC의 비트 수를 늘일 경우 입력 전압에 대해 보다 세밀한 구간으로 구분하여 변환된 디지털 값을 얻을 수 있으나 비트 수가 늘어난 것에 대한 만큼의 변환 시간에 지연이 발생한다.

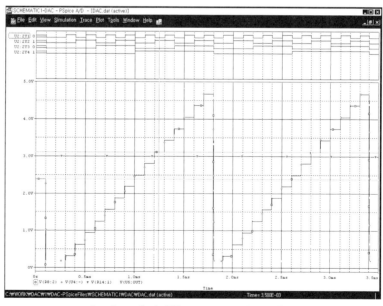

[그림 9-8] 간이형 4-bit DAC 회로의 출력

이와 같은 원리로 ADC를 구성하며 실제로는 지연 시간을 최소화하기 위해 카운터 출력을 0에서 시작하지 않고 1/2에 해당하는 값을 출력하고 입력이 이 값보다 크다면 남은 구간의 1/2을 더한 1/2 + 1/2 * 1/2 = 3/4에 해당하는 값을 출력하는 방식으로 입력에 해당하는 디지털 값을 찾는 방식으로 구현한다. 이렇게 구현된 ADC를 SAR(Successive Approximation Register) type ADC라고 부른다. 또한 이러한 방식은 아날로그 입력 값을 비교하는 방식 때문에 디지털 값의 마지막 1-bit의 오차가 발생한다.

[그림 9-9]는 ADC 변환 실습을 위한 회로로써 counter의 입력 클록으로 스위치를 사용하고 이 스위치를 누름에 따라 counter의 값이 한 단계씩 증가하고 이 결과를 LED를 통해 확인할 수 있도록 구성하였으며, 아날로그 입력이 DAC의 출력을 넘어서는 순간에 결과를 확인하는 LED가 점등된다.

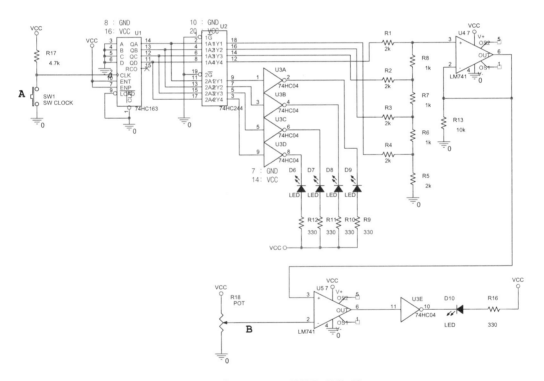

[그림 9-9] 4-bit ADC 실험을 위한 회로

PIC16F87X에는 10비트 A/D 컨버터 모듈이 있다. A/D 컨버터 모듈은 28핀 디바이스에서는 5개의 입력이 있고 그 이외에는 8개의 입력을 갖고 있다.

아날로그 입력은 샘플/홀드 캐패시터에 충전된다. 샘플/홀드 캐패시터의 출력은 컨버터의 입력이 되고 컨버터는 이 아날로그를 디지털 근사치로 변환한다. 아날로그 입력 신호의 이 A/D 변환은 10비트 디지털 값으로 된다.

A/D 컨버터는 디바이스가 SLEEP 모드에 있는 동안에도 동작을 할 수 있는 독특한 기능을 가지고 있다. 슬립 모드에서도 동작하기 위해서 A/D 클록은 내부 RC 오실레이터이어야 한다. A/D 모듈의 블록 다이어그램은 [그림 9-10]과 같다.

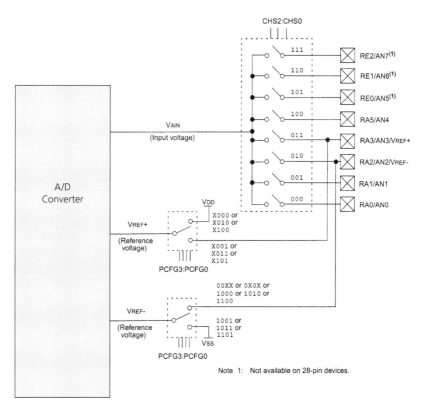

[그림 9-10] A/D 블록 다이어그램

A/D 모듈은 다음과 같이 4개의 레지스터를 가지고 있다.

① A/D 결과 상위 레지스터(ADRESH)

② A/D 결과 하위 레지스터(ADRESL)

③ A/D 제어 레지스터0(ADCON0)

④ A/D 제어 레지스터1(ADCON1)

[그림 9-11]에서 보여준 ADCON0 레지스터는 A/D 모듈의 동작을 제어한다.

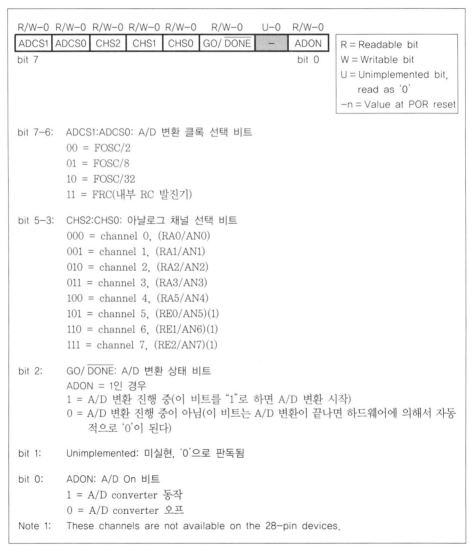

[그림 9-11] ADCON0 REGISTER(ADDRESS:1Fh)

[그림 9-12]에서 보여준 ADCON1 레지스터는 포트 핀의 기능을 구성한다. 포트 핀은 아날로그 입력(RA3는 voltage reference로도 사용) 또는 디지털 입출력으로 구성할 수 있다.

	U-0	U-0	R/W-0	U-0	R/W-0	R/W-0	R/W-0	R/W-0
	ADFM	—	—	—	PCFG3	PCFG2	PCFG1	PCFG0
	bit 7							bit 0

R = Readable bit
W = Writable bit
U = Unimplemented bit,
　read as '0'
−n = Value at POR reset

bit 7:　ADFM: A/D 결과 포맷 선택
　　　　1 = 오른쪽 정렬, ADRESH의 상위 6개 비트는 '0'
　　　　0 = 왼쪽 정렬, ADRESL의 하위 6개 비트는 '0'

bit 6-4:　Unimplement: 비실현, '0'으로 판독됨

bit 3-0:　PCFG3:PCFG0: A/D 포트 설정 제어 비트

PCFG3 : PCFG0	AN7(1) RE2	AN6(1) RE1	AN5(1) RE0	AN4 RA5	AN3 RA3	AN2 RA2	AN1 RA1	AN0 RA0	VREF+	VREF−	CHAN/ REFS
0000	A	A	A	A	A	A	A	A	V_{DD}	V_{SS}	8/0
0001	A	A	A	A	V_{REF+}	A	A	A	RA3	V_{SS}	7/1
0010	D	D	D	A	A	A	A	A	V_{DD}	V_{SS}	5/0
0011	D	D	D	A	V_{REF+}	A	A	A	RA3	V_{SS}	4/1
0100	D	D	D	D	A	D	A	A	V_{DD}	V_{SS}	3/0
0101	D	D	D	D	V_{REF+}	D	A	A	RA3	V_{SS}	2/1
011x	D	D	D	D	D	D	D	D	V_{DD}	V_{SS}	0/0
1000	A	A	A	A	V_{REF+}	V_{REF-}	A	A	RA3	RA2	6/2
1001	D	D	A	A	A	A	A	A	V_{DD}	V_{SS}	6/0
1010	D	D	A	A	V_{REF+}	A	A	A	RA3	V_{SS}	5/1
1011	D	D	A	A	V_{REF+}	V_{REF-}	A	A	RA3	RA2	4/2
1100	D	D	D	A	V_{REF+}	V_{REF-}	A	A	RA3	RA2	3/2
1101	D	D	D	D	V_{REF+}	V_{REF-}	A	A	RA3	RA2	2/2
1110	D	D	D	D	D	D	D	A	V_{DD}	V_{SS}	1/0
1111	D	D	D	D	V_{REF+}	V_{REF-}	D	A	RA3	RA2	1/2

A = Analog input
D = Digital I/O
Note 1: These channels are not available on the 28-pin devices.

[그림 9-12] ADCON1 REGISTER(ADDRES 9Fh)

ADRESH:ADRESL 레지스터는 A/D 변환의 결과 값을 10비트로 저장한다. A/D 변환이 완료되었을 때 결과는 A/D 결과 레지스터 쌍에 로드되고, 비트(ADCON0 〈2〉)는 클리어되며 A/D 인터럽트 플래그 비트 ADIF는 세트된다.

A/D 모듈이 구성되어진 후 변환이 시작되기 전에 채널이 선택되어야만 한다. 아날로그 입력 채널들은 해당 TRIS 비트를 입력으로 선택해야 한다. 샘플 시간이 경과한 후 A/D 변환은 시작될 수 있다. 다음의 단계는 A/D 변환을 하기 위한 순서이다.

1 A/D 모듈을 구성한다.

① 아날로그 핀/기준 전압/디지털 I/O(ADCON1⟨3:0⟩)를 구성한다.

② A/D 입력 채널(ADCON0⟨5:3⟩)을 선택한다.

③ A/D 변환 클록(ADCON0⟨7:6⟩)을 선택한다.

④ A/D 모듈(ADCON0⟨0⟩)을 turn-on한다.

2 A/D 인터럽트를 구성한다.(필요시)

① ADIF 비트를 클리어한다.

② ADIE 비트를 세트한다.

③ GIE 비트를 세트한다.

3 샘플링(취득) 시간을 기다린다.

4 변환을 시작한다.

① GO/$\overline{\text{DONE}}$ 비트(ADCON0⟨2⟩)를 세트한다.

5 A/D 변환이 끝나기를 기다린다(2가지 방법).

① GO/$\overline{\text{DONE}}$ 비트가 '0'이 될 때까지 기다린다.

② A/D 변환, 완료 인터럽트를 기다린다.

6 A/D 결과 레지스터 쌍(ADRESH:ADRESL)을 읽고, 필요하다면 ADIF 비트를 클리어한다.

7 다음 변환을 위해 스텝 (1) 또는 스텝 (2)로 간다. 비트 당 A/D 변환 시간은 TAD로 정의된다. 다음 취득이 시작되기 전에(샘플링 전에) 최소한 $2T_{AD}$의 시간은 경과되어야 한다.

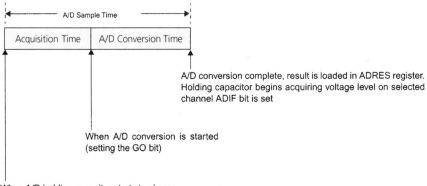

[그림 9-13] A/D Conversion Sequence

[그림 9-13]은 변환 순서와 사용된 기간을 보여준다. 취득시간(Acquisition time)은 A/D 모듈 홀드 캐패시터가 외부 전압에 연결되어 있는 시간이다. 변환은 GO 비트가 세트되었을 때 시작되고, 변환시간은 $12T_{AD}$이다. 이 두 개의 시간 합이 샘플링 시간이다. 최소 취득시간은 홀딩 캐패시터가 정확한 A/D 변환을 할 수 있을 레벨까지 충전되어야 한다.

가. A/D 취득 필요 조건

A/D 변환기가 정확성을 유지하기 위해서 충전 홀딩 커패시터(CHOLD)가 입력 채널 전압 레벨까지 충분하게 충전할 수 있도록 해주어야 한다. 아날로그 입력 모델은 [그림 9-14]에서 보여주고 있다.

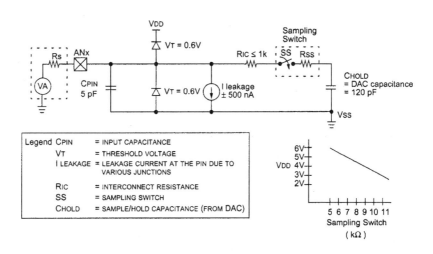

[그림 9-14] 아날로그 입력 모델

소스 임피던스(R_S)와 내부 샘플링 스위치(R_{SS}) 임피던스는 디바이스 전압에 따라 변화한다.([그림 9-14] 참조). 아날로그 소스를 위한 최대요구 임피던스는 10kΩ이다. 임피던스가 줄어들면 취득 시간도 줄어든다. 아날로그 입력 채널이 선택된 후 (충전된 후), 변환을 시작하기에 앞서 이 취득시간은 반드시 유지되어야 한다.

최소 취득시간을 계산하기 위해서 다음식이 사용된다. 이 식은 1/2 LSB 에러(A/D 에서 1024 스텝)를 가정한다. 1/2 LSB 에러는 정의된 A/D 분해능에서 허락되는 최대 에러이다.

$$T_{ACQ} = \text{Amplifier Setting Time} + \text{Holding Capacitor Charging Time}$$

$$+ \text{Temperature Coefficient} = \text{TAMP} + \text{TC} + \text{TCOFF}$$

아래의 예는 최소로 요구되는 취득시간 T_{ACQ}의 계산 예를 보여주고 있다. 이 계산은 다음과 같은 상황을 가정했을 때의 결과이다.

$C_{HOLD} = 120\,pF$

$R_S = 10k\Omega$

Conversion Error $R_{SS} \leq 1/2\text{LSB}$

$V_{DD} = 5V \rightarrow R_{SS} = 7k\Omega$

Temperature = 50℃ (system max)

$V_{HOLD} = 0V$ @ time = 0

최소 요구 취득시간 계산

$T_{ACQ} = T_{AMP} + T_C + T_{COFF}$

온도 계수는 단지 온도 〉25℃에서 필요하다.

$T_{ACQ} = 2\mu s + T_C + [(\text{Temp} - 25℃)(0.05\mu s/℃)]$

$T_C = -C_{HOLD}(R_{IC} + R_{SS} + R_S)\ln(1/2047)$

$\quad -120\,pF(1k\Omega + 7k\Omega + 10k\Omega)\ln(0.0004885)$

$\quad -120\,pF(18k\Omega)\ln(0.0004885)$

$\quad -2.16\mu s(-7.6241)$

$\quad\ 16.47\mu s$

$T_{ACQ} = 2\mu s + 16.47\mu s + [(50℃-25℃)(0.05\mu s/℃)]$

$\qquad 18.447\mu s + 1.25\mu s$

$\qquad 19.72\mu s$

다음 식은 A/D 최소 충전 시간을 나타낸다.

$$V_{HOLD} = (V_{REF} - (V_{REF}/2048)) * (1 - e^{(T_C/C_{HOLD}(R_{IC} + R_{SS} + R_S))})$$

또는

$$T_C = -(120\,pF)(1k\Omega + R_{SS} + R_S)\ln(1/2047)$$

Note 1 : 기준 전압(V_{REF})은 식에 영향을 미치지 않는다.

Note 2 : 충전 홀딩 캐패시터(C_{HOLD})는 각 변환 후에 방전되지 않는다.

Note 3 : 아날로그 소스를 위한 최대 요구 임피던스는 10㎄이다. 이것은 핀 손실 규격을 맞추기 위해서 필요하다.

Note 4 : 변환이 완료된 후, $2T_{AD}$시간은 다음 취득을 시작하기 전에 필요하다. 이 시간동안 홀딩 커패시터는 선택된 A/D 입력 채널과 연결되지 않는다.

나. A/D 변환 클록 선택

비트당 A/D 변환시간은 T_{AD}로 정의된다. A/D 변환은 10 비트 변환에 최소 $12T_{AD}$를 필요로 한다. A/D 변환 클록의 소스는 소프트웨어로 선택되어진다. T_{AD}는 다음 4개 중 하나를 선택할 수 있다.

① $2T_{OSC}$

② $8T_{OSC}$

③ $32T_{OSC}$

④ 내부 RC 오실레이터

정확한 A/D 변환을 위하여 A/D 변환 클록(T_{AD})은 최소 1.6μs보다 커야 한다.

〈표 9-1〉과 〈표 9-2〉는 디바이스 동작 주파수에서 A/D 클록 소스를 선택 시 T_{AD}를 보여준다.

〈표 9-1〉 T_{AD} vs. 디바이스 동작 주파수(표준 디바이스(C))

AD Clock Source(T_{AD})		Device Frequency			
Operation	ADCS1:ADCS0	20㎒	5㎒	1.25㎒	333.33㎑
$2T_{OSC}$	00	100ns(2)	400ns(2)	1.6μs	6μs
$8T_{OSC}$	01	400ns(2)	1.6μs	6.4μs	24μs(3)
$32T_{OSC}$	10	1.6μs	6.4μs	25.6μs(3)	96μs(3)
RC	11	2 – 6μs(1,4)	2 – 6μs(1,4)	2 – 6μs(1,4)	2 – 6μs(1,4)

Address	Name	Bit 7	Bit 6	Bit 5	Bit 4	Bit 3	Bit 2	Bit 1	Bit 0	POR, BOR	$\overline{\text{MCLR}}$, WDT
1Bh	INTCON	GIE	PEIE	T0IE	INTE	RBIE	T0IF	INTF	RBIF	0000 000x	0000 000u
0Ch	PIR1	PSPIF(1)	ADIF	RCIF	TXIF	SSPIF	CCP1IF	TMR2IF	TMR1IF	0000 0000	0000 0000
8Ch	PIE1	PSPIE(1)	ADIE	RCIE	TXIE	SSPIE	CCP1IE	TMR2IE	TMR1IE	0000 0000	0000 0000
1Eh	ADRESH	A/D 결과 레지스터 상위 바이트								xxxx xxxx	uuuu uuuu
9Eh	ADRESL	A/D 결과 레지스터 하위 바이트								–	–
1Fh	ADCON0	ADCS1	ADCS0	CHS2	CHS1	CHS0	GO/$\overline{\text{DONE}}$	–	ADON	0000 00–0	0000 00–0
9Fh	ADCON1	ADFM	–	–	–	PCFG3	PCFG2	PCFG1	PCFG0	––0– 0000	––0– 0000
85h	TRISA	–	–	PORTA 데이터 방향 레지스터						––11 1111	––11 1111
05h	PORTA	–	–	PORTA 데이터 래치						––0x 0000	––0u 0000
89h(1)	TRISE	IBF	OBF	IBOV	PSPMODE	–	PORTE 데이터 방향 비트			0000 –111	0000 –111
09h(1)	PORTE	–	–	–	–	–	RE2	RE1	RE0	–––– –xxx	–––– –uuu

다. 아날로그 포트 핀의 구성

ADCON1, TRIS 레지스터는 A/D 포트 핀의 동작을 제어한다. 아날로그 입력으로 요구되는 포트 핀은 대응되는 TRIS 비트를 세트(input)해야만 한다. 만약 TRIS 비트가 클리어(output)되면 디지털 출력 레벨(V_{OH} 또는 V_{OL})은 바뀌게 될 것이다.

A/D 동작은 CHS2:CHS0 비트와 TRIS 비트의 상태와는 서로 독립적이다.

실습 회로의 ADC 동작을 제어한다. ATmega128과 PIC16F874A는 모두 10-bit의 ADC를 가지고 있으며, 각종 센서의 입력을 디지털로 변환하여 마이크로컨트롤러에서 센서로부터 인식된 상황에 따른 제어 동작을 수행한다.

가. AVR의 ADC 제어

예제 프로그램에서는 AVR-ATmega128의 ADC ch. 0을 사용하여 입력된 값을 Digital로 변환한 후 그 결과를 PORTA에 연결된 LED, FND 및 Text LCD에 표시하며 FND 및 Text LCD에 출력하기 위한 제어 설정을 수행한다.

1) ADC 결과의 LED 표시

예제에서는 ADC로 변환된 10-bit의 디지털 값에 대해 상위 8-bit의 값을 8개의 LED에 표시한다.

```
01   #include <avr/io.h>
02   #define F_CPU 14745600UL
03
04   int main(void)     {
05           DDRA = 0xFF;
06
07           ADMUX = 0x60;
08           //bit 7,6  REFS1~REFS0 : 01(AVCC w/External cap.at AREF pin)
09                   //bit 5    ADLAR        : 1
10                   //bit4~0   MUX4~MUX0   :   00000(ADC ch# 0.)
11           ADCSRA = 0xE7;    //0xEF = 11100111
12                   //bit7    ADEN     :   1(ADC enable)
13                   //bit6    ADSC    :   1(start conversion)
14                   //bit5    ADFR    :   1(free running mode)
15                   //bit4    ADIF    :   0(interrupt flag)
16                   //bit3    ADIE    :   1(interrupt enable)
17                   //bit2,1,0 ADPS2~0 :   111(128prescaler)
18                   //ADC CLOCK = system clock / 128 = 115.2KHz
19
```

```
20          while(1) {
21                  while(!(ADCSRA & 0x10));
22                  PORTA = ~ADCH;
23          }
24          return 0;
25  }
```

 설명

07 ADMUX = 0x60;

ADC 변환에 사용될 reference 전압을 지정한다. 여기서는 IC 외부에서
공급되는 Vref 단자를 사용한다. AVR의 ADC는 10-bit의 크기를 가지
므로 변환에 사용되는 데이터의 정렬 방식을 ADLAR 비트로 설정한다.
이 값이 1로 지정된 경우 오른쪽으로 데이터가 정렬되어 ADC 레지스터
의 15..8번 비트까지 ADC의 9..2번째 비트가 할당되고 이 값은 ADCH
로 8-bit로 읽을 수 있다. 하위 2비트는 ADC 레지스터 또는 ADCL 레
지스터의 7, 6번째 비트에 위치한다. AD 변환에 사용될 채널을 지정하
며 예제에서는 ch. 0에 연결된 가변 저항의 입력을 받는다.

11 ADCSRA = 0xE7;

ADC를 활성화시키고, 변환을 시작하며 연속 변환 모드로 지정한다. 인
터럽트는 사용하지 않으며, ADC에는 시스템 클록을 1/128 분주한
115.2㎑가 공급되도록 설정한다.

21 while(!(ADCSRA & 0x10));

AD 변환이 완료되면 ADCSRA 레지스터의 ADIF 플래그가 1로 세트된
다. 데이터를 읽을 때는 이 비트가 1로 설정되었는지 확인한 후 ADC 레
지스터에 저장된 결과를 읽어야 정상적인 값이 된다.

22 PORTA = ~ADCH;

10-bit로 변환된 결과 값 중에서 상위 8비트만을 읽어 PORTA에 연결
된 LED에 출력한다. LED는 active low로 구동되므로 비트 반전하려
출력한다.

2) ADC 결과의 FND 표시

예제 프로그램에서는 ADC로 변환된 10-bit의 데이터를 FND 4자리에 각각 1,000
의 자리, 100의 자리, 10의 자리, 1의 자리 순서로 표시한다. ADC는 10-bit의 디지털
로 변환되므로 그 결과의 최솟값은 0이며 최댓값은 1,023이다.

```
01    #include <avr/io.h>
02    #define F_CPU 14745600UL
03    #include <util/delay.h>
04
05    int main(void)     {
06          unsigned char fnd_data[] = {0xC0, 0xF9, 0xA4, 0xB0, 0x99, \
07                                       0x92, 0x82, 0xD8, 0x80, 0x90};
08          unsigned char a, b, c, d;
09          unsigned int adc_result;
10
11          DDRA = 0xFF;
12          DDRE = 0xF0;
13
14          ADMUX = 0x40;
15          //bit 7,6   REFS1~REFS0 : 01(AVCC w/External cap.at AREF pin)
16                  //bit 5     ADLAR           : 0
17                  //bit4~0    MUX4~MUX0    :    00000(ADC ch# 0.)
18          ADCSRA = 0xE7;     //0xEF = 11100111
19                  //bit7       ADEN      :    1(ADC enable)
20                  //bit6       ADSC      :    1(start conversion)
21                  //bit5       ADFR      :    1(free running mode)
22                  //bit4       ADIF      :    0(interrupt flag)
23                  //bit3       ADIE      :    1(interrupt enable)
24                  //bit2,1,0 ADPS2~0 :    111(128prescaler)
25                  //ADC CLOCK = system clock / 128 = 115.2KHz
26
27          while(1) {
28                  while(!(ADCSRA & 0x10));
29                  adc_result = ADC;
30
31                  a = adc_result / 1000;
32                  b = (adc_result - a * 1000) / 100;
33                  c = (adc_result - a * 1000 - b * 100) / 10;
34                  d = adc_result % 10;
35                  PORTE = 0xE0;
36                  PORTA = fnd_data[d];
37                  _delay_ms(1);
38                  PORTE = 0xD0;
39                  PORTA = fnd_data[c];
40                  _delay_ms(1);
41                  PORTE = 0xB0;
42                  PORTA = fnd_data[b];
```

```
43              _delay_ms(1);
44              PORTE = 0x70;
45              PORTA = fnd_data[a];
46              _delay_us(700);
47          }
48      return 0;
49  }
```

프로그램 설명

06 unsigned char fnd_data[] =

FND에 출력될 숫자 0 ~ 9에 해당하는 값을 배열로 표시하며 각각 배열 요소 0에 0xC0, 배열요소 1에 0xF9의 순서로 할당한다. 6장의 [그림 6-13]과 표를 참조하여 표시될 문자에 해당하는 값을 구성한 후 각각의 배열 요소에 그 값을 할당한다.

08 unsigned char a, b, c, d;

ADC로 변환된 결과는 10-bit의 크기이므로 0에서 1023 사이의 값을 가진다. 이를 숫자를 1,000의 자리, 100의 자리, 10의 자리, 1의 자리로 나누어 각 자리에 해당하는 숫자를 저장할 변수를 a, b, c, d로 정의한다.

09 unsigned int adc_result;

ADC 변환된 결과를 저장할 변수를 정의한다.

14 ADMUX = 0x40;

ADC 변환기에 대한 설정으로 AREF 단자에 공급된 전압을 최댓값으로 사용하며 변환 결과는 16-bit 레지스터에 오른쪽 정렬한다. 입력 채널은 0번으로 지정한다.

18 ADCSRA = 0xE7;

ADC를 활성화시키고, 변환을 시작하며 연속 변환 모드로 지정한다. 인터럽트는 사용하지 않으며, ADC에는 시스템 클록을 1/128 분주한 115.2㎑가 공급되도록 설정한다.

28 while(!(ADCSRA & 0x10));

AD 변환이 완료되면 ADCSRA 레지스터의 ADIF 플래그가 1로 세트된다. 데이터를 읽을 때는 이 비트가 1로 설정되었는지 확인한 후 ADC 레지스터에 저장된 결과를 읽어야 정상적인 값이 된다.

29 adc_result = ADC;

ADC에서 10-bit의 디지털 값으로 변환된 결과는 ADC 레지스터에 저장되며 오른쪽으로 정렬되므로 하위 10-bit의 유효한 값과 상위 6-bit의 값은 0으로 기록된다. 따라서 adc_result에 저장된 값은 0 ~ 1,023이 된다.

31 a = adc_result / 1000;

ADC로 변환된 결과의 1,000의 자리에 해당하는 숫자를 a 변수에 저장하기 위해 1,000으로 나눈 몫을 기록한다.

32 b = (adc_result - a * 1000) / 100;

100의 자리의 숫자를 변수 b에 저장하기 위해 변환 결과에서 1,000의 자리에 해당하는 수를 뺀 후 그 결과를 100으로 나누어 그 몫을 저장한다.

33 c = (adc_result - a * 1000 - b * 100) / 10;

10의 자리에 해당하는 숫자를 변수 c에 저장한다.

34 d = adc_result % 10;

1의 자리에 해당하는 숫자를 변수 d에 저장하기 위해 10으로 나눈 나머지를 저장한다.

35 PORTE = 0xE0;

FND에 출력될 자리를 지정하기 위해 1의 자리에 해당하는 위치를 ON 시킨다. 그 외의 자리에 대해서는 표시하지 않도록 OFF한다.

36 PORTA = fnd_data[d];

FND의 1의 자리에 표시될 데이터를 지정한다. 배열로 지정된 fnd_data 변수에는 0에 해당하는 숫자는 0번째 배열 인덱스에 위치하므로 자리에 해당하는 숫자를 배열 인덱스로 지정하면 그 숫자에 해당하는 값이 표시된다.

37 _delay_ms(1);

일정한 시간동안 FND에 데이터가 표시된 상태로 정지한다. 숫자가 클수록 한 자리에 해당하는 숫자가 오래 켜지므로 전체적인 4자리 숫자의 반복되는 시간 간격이 길어져 깜빡거리는 현상을 볼 수 있다.

46 _delay_us(700);

시간 지연 함수로 사용되는 _delay_ms/() 보다 더 짧은 시간 지연을 사용하기 위해서는 _delay_us() 함수를 사용한다. 매개 변수의 값은 1/1,000,000에 해당한다. 여기서는 ADC의 동작 후 그 결과에 대해 나눗셈 연산, 나머지 연산 등을 수행하여 각 자리에 해당하는 값으로 변환하기위한 연산을 수행하므로 마지막 표시는 1ms보다 짧은 700us의 지연을 사용한다. 만약 이 부분을 _delay_ms(2)와 같이 사용할 경우 다른 FND보다 1,000의 자리만 더 밝게 표시된다.

3) ADC 결과의 Text LCD 표시

ADC를 사용하여 10-bit의 디지털로 변환한 결과를 Text LCD에 표시한다. Text LCD의 동작에 관련된 설명은 6장을 참고한다. 2)의 예제와 같이 ADC를 설정한다.

```
01  #include <avr/io.h>
02  #define F_CPU 14745600UL
03  #include <util/delay.h>
04
05  #define sbi(x, n)  ( x = (x | ( 0x01 << (n) )) )
06  #define cbi(x, n)  ( x = (x & ~( 0x01 << (n) )) )
07
08  void lcd_command(unsigned char a) {
09          // PORTE7 : D(H)/C(L), PORTF3 : CS
10          cbi(PORTF, 3);
11          PORTA = a;
12          cbi(PORTE, 7);
13          sbi(PORTF, 3);
14          _delay_ms(16);
15          cbi(PORTF, 3);
16  }
17
18  void lcd_data(unsigned char a)        {
19          // PORTE7 : D(H)/C(L), PORTF3 : CS
20          cbi(PORTF, 3);
21          PORTA = a;
22          sbi(PORTE, 7);
23          sbi(PORTF, 3);
24          _delay_ms(1);
25          cbi(PORTF, 3);
26  }
27
28  void text_lcd_initialize(void) {
29          lcd_command(0x38);
30          lcd_command(0x0E);
31          lcd_command(0x02);
32          lcd_command(0x01);
33          lcd_command(0x06);
34          lcd_command(0x0C);
35  }
36
```

```
37    void lcd_logo(void)          {
38            lcd_command(0x83);
39            lcd_data('A');
40            lcd_data('T');
41            lcd_data('m');
42            lcd_data('e');
43            lcd_data('g');
44            lcd_data('a');
45            lcd_data(' ');
46            lcd_data('1');
47            lcd_data('2');
48            lcd_data('8');
49    }
50
51    int main(void)      {
52            unsigned char a, b, c, d;
53            unsigned int adc_result;
54
55            DDRA = 0xFF;
56            DDRE = 0xF0;
57
58            ADMUX = 0x40;
59            //bit 7,6  REFS1~REFS0 : 01(AVCC w/External cap.at AREF pin)
60                    //bit 5      ADLAR          : 0
61                    //bit4~0    MUX4~MUX0    :    00000(ADC ch# 0.)
62            ADCSRA = 0xE7;    //0xEF = 11100111
63                    //bit7      ADEN    :    1(ADC enable)
64                    //bit6      ADSC    :    1(start conversion)
65                    //bit5      ADFR    :    1(free running mode)
66                    //bit4      ADIF    :    0(interrupt flag)
67                    //bit3      ADIE    :    1(interrupt enable)
68                    //bit2,1,0 ADPS2~0 :    111(128prescaler)
69                    //ADC CLOCK = system clock / 128 = 115.2KHz
70            sbi(DDRF, 3);
71            sbi(DDRE, 7);
72
73            text_lcd_initialize();
74            lcd_logo();
75
76            while(1)   {
77                    while(!(ADCSRA & 0x10));
78                    adc_result = ADC;
```

```
79
80                    a = adc_result / 1000;
81                    b = (adc_result - a * 1000) / 100;
82                    c = (adc_result - a * 1000 - b * 100) / 10;
83                    d = adc_result % 10;
84                    lcd_command(0xC5);
85                    lcd_data('0' + a);
86                    lcd_data('0' + b);
87                    lcd_data('0' + c);
88                    lcd_data('0' + d);
89            }
90        return 0;
91  }
```

프로그램 설명

84 lcd_command(0xC5);

Text LCD의 두 번째 줄의 6번째 칸부터 숫자를 표시한다. 매번 반복할 때마다 같은 자리에 표시되는 숫자를 지정하므로 새로운 값으로 갱신된다.

85 lcd_data('0' + a);

Text LCD에 표시되는 데이터는 ASCII 코드를 사용하므로 변수 a에 저장된 숫자를 ASCII 문자로 변환하기 위해 문자 '0'을 더하여 Text LCD에 표시되도록 한다.

나. PIC의 ADC 제어

PIC-PIC16F874A에는 10-bit의 ADC가 있으며 AIN0~AIN7까지 8개의 analog 입력 채널을 사용할 수 있다.

1) ADC 결과의 LED 표시

실습 장치에서는 AIN0에 해당하는 PORTA의 0번 핀에 가변 저항을 사용한 분압 저항 회로를 가지고 있으며 예제에서는 이 값을 디지털로 변환하여 PORTD에 연결된 LED에 표시한다.

```
01   #include <htc.h>
02   #define _XTAL_FREQ 20000000
03
04   int main(void)    {
05          TRISD = 0x00;
06          ADCON0 = 0b10000101;
07          ADCON1 = 0b01001110;
08          while(1) {
09                  while((ADCON0 & 0b00000100)==0b00000100);
10                  PORTD = ~ADRESH;
11                  ADCON0 |= 0b00000100;
12          }
13          return 0;
14   }
```

설명

05 TRISD = 0x00;

　　PORTD를 출력으로 지정한다.

06 ADCON0 = 0b10000101;

　　ADC를 설정하기 위한 내용으로 7, 6번째 비트는 ADC에 공급되는 클록을 설정한다. 이 값은 시스템에 공급되는 클록을 분주하여 사용하며 10으로 설정된 경우 ADCON1의 6번 비트와 함께 참조되어(여기서는 '1'로 설정되어 클록 설정 값은 "110"이 된다.) FOSC/64가 된다. 5, 4, 3번째 비트는 입력 채널을 설정하며 000은 AIN0 채널을 의미하고 111은

AIN7번 채널을 의미한다. 2번째 비트는 AD 변환의 시작을 지시할 때 1
을 기록하고 변환이 완료되면 이 값이 0으로 설정된다. 만약 변환 시작
을 설정하고 이 비트의 값을 읽었을 때 1로 읽히면 아직 변환이 진행 중
을 뜻한다. 결과를 읽을 때는 반드시 이 비트가 0으로 설정된 상태에서
읽어야 정상적인 값이 된다. 1번째 비트는 구현되어 있지 않고 읽으면
항상 0으로 읽힌다. 0번째 비트는 ADC를 활성화시키는 비트이다. 1로
지정되어야 ADC가 동작한다.

07 ADCON1 = 0b01001110;

10-bit의 변환 결과는 ADRESH, ADRESL 두 개의 레지스터에 저장된
다. 이때 결과 값을 저장하는 정렬 방식을 지정하기 위해 7번째 비트가
사용된다. 0으로 지정된 경우 왼쪽으로 정렬되어 ADRESL 레지스터의
하위 6비트는 모두 0으로 읽히며 1로 설정된 경우 오른쪽으로 정렬되어
ADRESH 레지스터의 상위 6비트가 0으로 읽힌다. 6번째 비트는
ADCON0 레지스터의 7, 6번째 비트와 함께 사용되며 ADC에 공급되는
클록의 분주 비를 설정한다. 5, 4번째 비트는 구현되어 있지 않으며 항
상 0으로 읽힌다. 3, 2, 1, 0번째 비트는 입력 채널에 대해 설정한다.
1110인 경우 AIN0 하나만 analog 입력으로 사용하며 아날로그 입력에
대해 변환될 범위의 상한은 VDD, 하한은 VSS로 사용한다.

09 while((ADCON0 & 0b00000100)==0b00000100);

ADCON0 레지스터의 GO/ DONE 비트의 상태를 체크하여 AD 변환이
완료되었는지 확인한다. 완료되지 않았다면 이 구문에서 완료될 때까지
대기한다.

11 ADCON0 |= 0b00000100;

AD 변환이 완료되면 그 결과값이 저장된 레지스터에서 값을 읽은 후 다
음 변환을 시작하기 위해 ADCON0 레지스터의 변환 시작 비트인 GO/
DONE을 1로 지정한다.

2) ADC 결과의 FND 표시

예제 프로그램에서는 ADC로 변환된 10-bit의 데이터를 FND 4자리에 각각 1,000
의 자리, 100의 자리, 10의 자리, 1의 자리 순서로 표시한다. ADC는 10-bit의 디지털
로 변환되므로 그 결과의 최솟값은 0이며 최댓값은 1,023이다.

```
01  #include <htc.h>
02  #define _XTAL_FREQ 20000000
03
04  int main(void)    {
05          unsigned char fnd_data[] = {0xC0, 0xF9, 0xA4, 0xB0, 0x99,\
06                                      0x92, 0x82, 0xD8, 0x80, 0x90};
07          unsigned char a, b, c, d;
08          unsigned int adc_result;
09          TRISE &= 0xF8;
10          TRISC = 0xFE;
11          TRISD = 0x00;
12          ADCON0 = 0b10000101;
13          ADCON1 = 0b01001110;
14          while(1)  {
15                  while((ADCON0 & 0b00000100)==0b00000100);
16
17                  adc_result = (ADRESH << 2) | (ADRESL & 0x03);
18                  a = adc_result / 1000;
19                  b = (adc_result - a * 1000) / 100;
20                  c = (adc_result - a * 1000 - b * 100) / 10;
21                  d = adc_result % 10;
22                  ADCON0 |= 0b00000100;
23                  PORTD = fnd_data[d];
24                  PORTE = 0xFE;    PORTC = 0xFF;
25                  __delay_ms(1);
26                  PORTD = fnd_data[c];
27                  PORTE = 0xFD;    PORTC = 0xFF;
28                  __delay_ms(1);
29                  PORTD = fnd_data[b];
30                  PORTE = 0xFB;    PORTC = 0xFF;
31                  __delay_ms(1);
32                  PORTD = fnd_data[a];
33                  PORTE |= 0x07;    PORTC = 0xFE;
34                  __delay_us(500);
35          }
36          return 0;
37  }
```

05 unsigned char fnd_data[] =

FND에 출력될 숫자 0 ~ 9에 해당하는 값을 배열로 표시하며 각각 배열 요소 0에 0xC0, 배열요소 1에 0xF9의 순서로 할당한다. 6장의 [그림 6-13]과 표를 참조하여 표시될 문자에 해당하는 값을 구성한 후 각각의 배열 요소에 그 값을 할당한다.

07 unsigned char a, b, c, d;

ADC로 변환된 결과는 10-bit의 크기이므로 0에서 1023 사이의 값을 가진다. 이를 숫자를 1,000의 자리, 100의 자리, 10의 자리, 1의 자리로 나누어 각 자리에 해당하는 숫자를 저장할 변수를 a, b, c, d로 정의한다.

08 unsigned int adc_result;

ADC 변환된 결과를 저장할 변수를 정의한다.

09 TRISE &= 0xF8;

PORTE의 하위 3비트를 출력으로 지정한다. PORTC의 0번 비트와 함께 FND에 표시될 자리를 지정한다.

10 TRISC = 0xFE;

PORTC의 하위 1비트를 출력으로 지정한다. PORTE의 0, 1, 2번 핀과 함께 사용하여 FND에 표시될 자리를 지정한다.

11 TRISD = 0x00;

FND에 표시될 데이터로 사용되는 PORTD를 모두 출력으로 지정한다.

12 ADCON0 = 0b10000101;

ADC를 설정하기 위한 내용으로 7, 6번째 비트는 ADC에 공급되는 클록을 설정한다. 이 값은 시스템에 공급되는 클록을 분주하여 사용하며 10으로 설정된 경우 ADCON1의 6번 비트와 함께 참조되어(여기서는 '1'로 설정되어 클록 설정 값은 "110"이 된다.) FOSC/64가 된다. 5, 4, 3번째 비트는 입력 채널을 설정하며 000은 AIN0 채널을 의미하고 111은 AIN7번 채널을 의미한다. 2번째 비트는 AD 변환의 시작을 지시할 때 1을 기록하고 변환이 완료되면 이 값이 0으로 설정된다. 만약 변환 시작을 설정하고 이 비트의 값을 읽었을 때 1로 읽히면 아직 변환이 진행 중을 뜻한다. 결과를 읽을 때는 반드시 이 비트가 0으로 설정된 상태에서 읽어야 정상적인 값이 된다. 1번째 비트는 구현되어 있지 않고 읽으면 항상 0으로 읽힌다. 0번째 비트는 ADC를 활성화시키는 비트이다. 1로 지정되어야 ADC가 동작한다.

13 ADCON1 = 0b01001110;

10-bit의 변환 결과는 ADRESH, ADRESL 두 개의 레지스터에 저장된다. 이때 결과 값을 저장하는 정렬 방식을 지정하기 위해 7번째 비트가 사용된다. 0으로 지정된 경우 왼쪽으로 정렬되어 ADRESL 레지스터의 하위 6비트는 모두 0으로 읽히며 1로 설정된 경우 오른쪽으로 정렬되어 ADRESH 레지스터의 상위 6비트가 0으로 읽힌다. 6번째 비트는 ADCON0 레지스터의 7, 6번째 비트와 함께 사용되며 ADC에 공급되는 클록의 분주 비를 설정한다. 5, 4번째 비트는 구현되어 있지 않으며 항상 0으로 읽힌다. 3, 2, 1, 0번째 비트는 입력 채널에 대해 설정한다. 1110인 경우 AIN0 하나만 analog 입력으로 사용하며 아날로그 입력에 대해 변환될 범위의 상한은 VDD, 하한은 VSS로 사용한다.

15 while((ADCON0 & 0b00000100)==0b00000100);

ADCON0 레지스터의 GO/DONE 비트의 상태를 체크하여 AD 변환이 완료되었는지 확인한다. 완료되지 않았다면 이 구문에서 완료될 때까지 대기한다.

17 adc_result = (ADRESH << 2) | (ADRESL & 0x03);

ADC에서 10-bit의 디지털 값으로 변환된 결과는 ADRESH 레지스터에 상위 8-bit가 저장되며 하위 2비트는 ADRESL 레지스터에 기록된다. 시프터 연산자와 비트 마스크, 비트 OR 연산자를 사용하여 10-bit의 데이터로 변환하여 adc_result 변수에 저장한다.

18 a = adc_result / 1000;

ADC로 변환된 결과의 1,000의 자리에 해당하는 숫자를 a 변수에 저장하기 위해 1,000으로 나눈 몫을 기록한다.

19 b = (adc_result - a * 1000) / 100;

100의 자리의 숫자를 변수 b에 저장하기 위해 변환 결과에서 1,000의 자리에 해당하는 수를 뺀 후 그 결과를 100으로 나누어 그 몫을 저장한다.

20 c = (adc_result - a * 1000 - b * 100) / 10;

10의 자리에 해당하는 숫자를 변수 c에 저장한다.

21 d = adc_result % 10;

1의 자리에 해당하는 숫자를 변수 d에 저장하기 위해 10으로 나눈 나머지를 저장한다.

22 ADCON0 |= 0b00000100;

AD 변환이 완료되면 그 결과값이 저장된 레지스터에서 값을 읽은 후 다음 변환을 시작하기 위해 ADCON0 레지스터의 변환 시작 비트인 GO/

DONE을 1로 지정한다.

23 PORTD = fnd_data[d];

FND에 표시될 값을 PORTD에 출력하며 그 값은 앞의 연산에서 1의 자리에 해당하는 값이 저장된 d 변수를 FND에 표시될 값이 저장된 배열의 인덱스로 사용한다. 배열로 지정된 fnd_data 변수에는 0에 해당하는 숫자는 0번째 배열 인덱스에 위치하므로 자리에 해당하는 숫자를 배열 인덱스로 지정하면 그 숫자에 해당하는 값이 표시된다.

24 PORTE = 0xFE;   PORTC = 0xFF;

FND에 출력될 자리를 지정하기 위해 1의 자리에 해당하는 위치를 ON 시킨다. 그 외의 자리에 대해서는 표시하지 않도록 OFF 한다.

25 __delay_ms(1);

일정한 시간동안 FND에 데이터가 표시된 상태로 정지한다. 숫자가 클수록 한 자리에 해당하는 숫자가 오래 켜지므로 전체적인 4자리 숫자의 반복되는 시간 간격이 길어져 깜빡거리는 현상을 볼 수 있다.

34 __delay_us(500);

시간 지연 함수로 사용되는 _delay_ms/() 보다 더 짧은 시간 지연을 사용하기 위해서는 _delay_us() 함수를 사용한다. 매개 변수의 값은 1/1,000,000에 해당한다. 여기서는 ADC의 동작 후 그 결과에 대해 나눗셈 연산, 나머지 연산 등을 수행하여 각 자리에 해당하는 값으로 변환하기 위한 연산을 수행하므로 마지막 표시는 1ms보다 짧은 700us의 지연을 사용한다. 만약 이 부분을 _delay_ms(2)와 같이 사용할 경우 다른 FND보다 1,000의 자리만 더 밝게 표시된다.

3) ADC 결과의 Text LCD 표시

ADC를 사용하여 10-bit의 디지털로 변환한 결과를 Text LCD에 표시한다. Text LCD의 동작에 관련된 설명은 6장을 참고한다. 2)의 예제와 같이 ADC를 설정한다.

```
01  #include <htc.h>
02  #define _XTAL_FREQ 20000000
03
04  void lcd_command(unsigned char a) {
05          // RC0 : D(H)/C(L), RA3 : CS
06          RA3 = 0;
07          PORTD = a;
```

```
08          RC0 = 0;
09          RA3 = 1;
10          __delay_ms(16);
11          RA3 = 0;
12  }
13
14  void lcd_data(unsigned char a)          {
15          // RC0 : D(H)/C(L), RA3 : CS
16          RA3 = 0;
17          PORTD = a;
18          RC0 = 1;
19          RA3 = 1;
20          __delay_ms(1);
21          RA3 = 0;
22  }
23
24  void text_lcd_initialize(void) {
25          lcd_command(0x38);
26          lcd_command(0x0E);
27          lcd_command(0x02);
28          lcd_command(0x01);
29          lcd_command(0x06);
30          lcd_command(0x0C);
31  }
32
33  void lcd_logo(void)          {
34          lcd_command(0x83);
35          lcd_data('P');
36          lcd_data('I');
37          lcd_data('C');
38          lcd_data('1');
39          lcd_data('6');
40          lcd_data('F');
41          lcd_data('8');
42          lcd_data('7');
43          lcd_data('4');
44          lcd_data('A');
45  }
46
47  int main(void)          {
48          unsigned char fnd_data[] = {0xC0, 0xF9, 0xA4, 0xB0, 0x99, \
49                                      0x92, 0x82, 0xD8, 0x80, 0x90};
```

```
50        unsigned char a, b, c, d;
51        unsigned int adc_result;
52        TRISA = 0xF7;
53        TRISC = 0xFE;
54        TRISD = 0x00;
55        TRISE &= 0xF8;
56        ADCON0 = 0b10000101;
57        ADCON1 = 0b01001110;
58        text_lcd_initialize();
59        lcd_logo();
60        while(1) {
61                while((ADCON0 & 0b00000100)==0b00000100);
62
63                adc_result = (ADRESH << 2) | (ADRESL & 0x03);
64                a = adc_result / 1000;
65                b = (adc_result - a * 1000) / 100;
66                c = (adc_result - a * 1000 - b * 100) / 10;
67                d = adc_result % 10;
68                ADCON0 |= 0b00000100;
69                lcd_command(0xC5);
70                lcd_data('0'+a);
71                lcd_data('0'+b);
72                lcd_data('0'+c);
73                lcd_data('0'+d);
74        }
75        return 0;
76 }
```

프로그램 설명

69 lcd_command(0xC5);

　　Text LCD의 두 번째 줄의 6번째 칸부터 숫자를 표시한다. 매번 반복
할 때마다 같은 자리에 표시되는 숫자를 지정하므로 새로운 값으로 갱
신된다.

70 lcd_data('0'+a);

　　Text LCD에 표시되는 데이터는 ASCII 코드를 사용하므로 변수 a에 저
장된 숫자를 ASCII 문자로 변환하기 위해 문자 '0'을 더하여 Text LCD
에 표시되도록 한다.

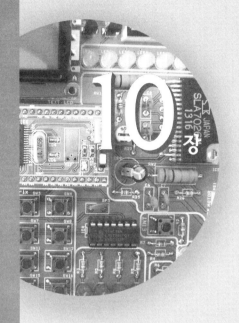

Interrupt

이 장에서는 ATmega128과 PIC16F874A micro controller의 Interrupt 제어기의 구성 및 동작, 사용 방법에 대해 설명한다.

ATmega128에는 8개의 외부 인터럽트를 사용할 수 있으며, 내부 인터럽트로는 Timer, SPI, USART, UART, ADC, Analog Comparator, TWI 등의 모듈에서 발생되는 신호를 인터럽트로 처리할 수 있다. Reset 신호는 인디럽트의 하나로 볼 수 있으며 인터럽트들 중 가장 우선순위가 높다.

인터럽트가 발생하면 AVR에서는 현재 실행 중인 프로그램의 주소를 저장한 후 발생한 인터럽트가 어떤 종류의 인터럽트인지 판단하여 해당되는 인터럽트 벡터에 기록된 주소로 이동하여 지정된 명령어를 수행하고 인터럽트 처리에 필요한 작업이 종료되면 인터럽트가 발생하였던 지점으로 되돌아와 인터럽트 발생 이전에 처리하던 프로그램을 정상적으로 실행하게 된다. Reset은 우선순위가 가장 높은 외부 인터럽트의 하나로 간주되며 Reset에 의해 발생되는 인터럽트는 현재 실행 중인 프로그램의 주소를 저장하지 않고 무조건 0x0000번지에 있는 명령을 실행하고 실행이 종료되어도 인터럽트 발생 이전으로 되돌아가지 않는다.

인터럽트는 인터럽트 소스와 인터럽트 벡터, 인터럽트 우선순위의 3가지 요소를 사용하여 인터럽트에 대한 처리 여부를 판단한다. 인터럽트 소스(interrupt source)는 인터럽트 신호를 발생시킨 주변 장치 또는 외부 입력 핀을 구분하며, 인터럽트 벡터(interrupt vector)는 인터럽트가 신호가 발생한 경우 해당되는 인터럽트를 처리할 수 있는 프로그램 코드가 기록된 곳의 시작 위치를 보관한 테이블이다. 인터럽트 우선순위는 동시에 2개 이상의 인터럽트가 요청되는 경우 우선적으로 처리해야 할 인터럽트를 구분하여 실행할 때 판단 근거로 사용한다.

가. Interrupt Source

ATmega128의 인터럽트 소스(interrupt source)는 리셋과 외부 인터럽트 및 내장된 주변 장치에서 발생하는 것을 합하여 35개의 인터럽트를 지원하며 그 내용은 다음과 같다.

☆ 리셋(RESET)
☆ 외부 인터럽트 0(INT0)
☆ 외부 인터럽트 1(INT1)

☆ 외부 인터럽트 2(INT2

☆ 외부 인터럽트 3(INT3)

☆ 외부 인터럽트 4(INT4)

☆ 외부 인터럽트 5(INT5)

☆ 외부 인터럽트 6(INT6)

☆ 외부 인터럽트 7(INT7)

☆ 타이머/카운터2 비교 일치 인터럽트(TIMER2 COMP)

☆ 타이머/카운터2 오버플로 인터럽트(TIMER2 OVF)

☆ 타이머/카운터1 캡처 인터럽트(TIMER1 CAPT)

☆ 타이머/카운터1 비교 일치A 인터럽트(TIMER1 COMPA)

☆ 타이머/카운터1 비교 일치B 인터럽트(TIMER1 COMPB)

☆ 타이머/카운터1 오버플로 인터럽트(TIMER1 OVF)

☆ 타이머/카운터0 비교 일치 인터럽트(TIMER0 COMP)

☆ 타이머/카운터0 오버플로 인터럽트(TIMER0 OVF)

☆ SPI 직렬 전송 완료 인터럽트(SPI STC)

☆ UART0 수신 완료 인터럽트(UART0, RX)

☆ UART0 데이터레지스터 엠프티 인터럽트(UART0, UDRE)

☆ UART0 송신 완료 인터럽트(UART0, TX)

☆ ADC 변환 완료 인터럽트(ADC)

☆ EEPROM 레디 인터럽트(EE READY)

☆ 아날로그 비교기 인터럽트(ANALOG COMP)

☆ 타이머/카운터1 비교 일치C 인터럽트(TIMER1 COMPC)

☆ 타이머/카운터3 캡처 사건 인터럽트(TIMER3 CAPT)

☆ 타이머/카운터3 비교 일치A 인터럽트(TIMER3 COMPA)

☆ 타이머/카운터3 비교 일치B 인터럽트(TIMER3 COMPB)

☆ 타이머/카운터3 비교 일치C 인터럽트(TIMER3 COMPC)

☆ 타이머/카운터3 오버플로 인터럽트(TIMER3 OVF)

나. Interrupt Vector

인터럽트 벡터란 인터럽트가 발생하는 경우 수행할 프로그램 코드의 시작 위치를 보관한 테이블이다. 인터럽트 벡터는 마이크로컨트롤러에 따라 어떤 특정의 번지로 고정되어 있는 것도 있고, 인터럽트를 요구한 외부 장치가 데이터 버스를 통하여 지정하는 것도 있는데, AVR에서는 고정된 특정 번지를 사용한다. AVR은 〈표 10-1〉과 같이 인터럽트 종류에 따라 실행할 프로그램의 코드가 정의되어 있다.

인터럽트 벡터가 인터럽트 종류에 따라 특정 번지에 고정되므로, 이들 번지에서부터 인터럽트 서비스 루틴을 두든지, 아니면 이곳에 jump 명령을 둠으로써 다른 곳으로 점프하여 그곳에서부터 인터럽트 서비스 루틴을 두어야 하는데, 〈표 10-1〉에 보인 것과 같이 인터럽트 벡터의 주소 간격이 2-Byte(16-bit) 단위이므로 실행 코드를 직접 기록하기에는 공간이 부족하므로 사용자가 해당 인터럽트가 발생했을 때 처리할 내용을 정의한 프로그램 영역으로 jump하도록 jump 명령과 실행할 공간의 주소를 기록한다.

〈표 10-1〉 인터럽트 벡터 및 벡터 번호

벡터 NO.	벡터 주소	인터럽트 소스	인터럽트
1	$0000	RESET	External Pin, Power-on Reset, Brown-out Reset, Watchdog Reset, and JTAG AVR Reset
2	$0002	INT0	외부 인터럽트 0
3	$0004	INT1	외부 인터럽트 1
4	$0006	INT2	외부 인터럽트 2
5	$0008	INT3	외부 인터럽트 3
6	$000A	INT4	외부 인터럽트 4
7	$000C	INT5	외부 인터럽트 5
8	$000E	INT6	외부 인터럽트 6
9	$0010	INT7	외부 인터럽트 7
10	$0012	TIMER2 COMP	타이머/카운터2 비교 일치
11	$0014	TIMER2 OVF	타이머/카운터2 오버플로
12	$0016	TIMER1 CAPT	타이머/카운터1 캡처
13	$0018	TIMER1 COMPA	타이머/카운터1 비교 일치 A
14	$001A	TIMER1 COMPB	타이머/카운터1 비교 일치 B
15	$001C	TIMER1 OVF	타이머/카운터1 오버플로
16	$001E	TIMER0 COMP	타이머/카운터0 비교 일치
17	$0020	TIMER0 OVF	타이머/카운터0 오버플로
18	$0022	SPI, STC	SPI 직렬 전송 완료
19	$0024	USART0, RX	USART0, Rx 완료
20	$0026	USART0, UDRE	USART0, Data Register Empty
21	$0028	USART0, TX	USART0, Tx 완료
22	$002A	ADC	ADC 변환 완료
23	$002C	EE READY	EEPROM 준비

24	$002E	ANALOG COMP	아날로그 비교
25	$0030	TIMER1 COMPC	타이머/카운터1 비교 일치 C
26	$0032	TIMER3 CAPT	타이머/카운터3 캡처
27	$0034	TIMER3 COMPA	타이머/카운터3 비교 일치 A
28	$0036	TIMER3 COMPB	타이머/카운터3 비교 일치 B
29	$0038	TIMER3 COMPC	타이머/카운터3 비교 일치 C
30	$003A	TIMER3 OVF	타이머/카운터 오버플로
31	$003C	USART1, RX	USART, Rx 완료
32	$003E	USART1, UDRE	USART1, Data Register Empty
33	$0040	USART1, TX	USART1, Tx 완료
34	$0042	TWI	2선 직렬 인터페이스
35	$0044	SPM READY	Store Program Memory Ready

다. 인터럽트 우선순위

인터럽트 우선순위는 동시에 2개 이상의 인터럽트가 발생하는 경우에 먼저 처리할 인터럽트를 판단하기 위한 근거로 사용된다. 인터럽트 우선순위를 결정하기 위해서 하드웨어로 처리하는 방법과 소프트웨어로 처리하는 방법이 있다.

하드웨어로 처리할 경우 Daisy-chain이라는 회로를 써서 상위의 인터럽트 소스로부터 인터럽트 요청이 없는 경우에 한해서 하위의 인터럽트가 허용되도록 구성한다.

소프트웨어로 처리할 경우 Polling 방식으로 어느 인터럽트 플래그가 세트되어 있는지를 차례로 조사하는데, 이때 먼저 체크되는 인터럽트가 우선적으로 처리되고 그 동작이 완료된 후 다음 인터럽트를 실행하므로 먼저 체크하는 인터럽트 플래그를 가진 인터럽트의 우선순위가 높다.

AVR은 우선순위가 하드웨어적으로 미리 지정되어 있다. 〈표 10-1〉과 같이 벡터 번호(Vector no.)가 고정되어 있으며 이 값이 낮을 수록 우선순위가 높다. 그러므로 〈표 10-1〉과 같이 RESET이 가장 높고 그 다음이 INT0(외부 인터럽트0)이며 나열된 순서대로 우선순위를 가지며 SPM READY 인터럽트가 가장 낮다.

라. 인터럽트 관련 레지스터

AVR의 인터럽트를 사용하기 위해서는 AVR Status Register인 SREG의 7번 비트인 I register의 비트 값을 '1'로 지정하고, 사용하려는 인터럽트에 해당되는 각각의 인터럽트 활성 레지스터를 '1'로 지정해야 한다.

AVR은 모든 인터럽트를 사용하거나 사용하지 않도록 선택하는 "Global Interrupt Enable" 비트가 있고, 각 인터럽트 종류별로 설정하는 "Interrupt Mask Register"가 별도로 존재하여 개별 인터럽트의 사용 여부를 지정할 수 있다.

외부 인터럽트의 경우 "External Interrupt Mask Register - EIMSK"와 현재 발생한 인터럽트가 어떤 종류의 인터럽트인지 판단할 수 있도록 해주는 "External Interrupt Flag Register - EIFR"가 있다. 앞에서도 설명한 것과 같이 SREG의 I 비트는 cli와 sei(assembler) 또는 _CLI()와 _SEI() (C언어)로 해제/설정할 수 있다.(c 컴파일러에 따라 cli(), sei()의 함수를 제공하는 경우도 있다.)

⊙ The AVR Status Register – SREG

Bit	7	6	5	4	3	2	1	0
	I	T	H	S	V	N	Z	C
Read/Write	R/W	R/W	R/W	R/W	R/W	R/W	R/W	R/W
Initial Value	0	0	0	0	0	0	0	0

외부 인터럽트를 사용하기 위해서는 "Global Interrupt Enable" 비트가 '1'로 설정되어야 하고, 각 외부 인터럽트에 해당되는 "External Interrupt Mask Register - EIMSK"의 비트가 설정되어야 한다.

⊙ External Interrupt Mask Register – EIMSK

Bit	7	6	5	4	3	2	1	0
	INT7	INT6	INT5	INT4	INT3	INT2	INT1	INT0
Read/Write	R/W	R/W	R/W	R/W	R/W	R/W	R/W	R/W
Initial Value	0	0	0	0	0	0	0	0

인터럽트가 발생한 경우 어떤 인터럽트가 발생하였는지 확인할 수 있는 "External Interrupt Flag Register - EIFR" 레지스터가 있으며 EIFR 레지스터는 외부 인터럽트가 발생하면 해당되는 비트가 '1'로 설정되며, 인터럽트 루틴이 종료되면 자동으로 '0'으로 설정된다.

⊙ External Interrupt Flag Register – EIFR

Bit	7	6	5	4	3	2	1	0
	INTF7	INTF6	INTF5	INTF4	INTF3	INTF2	INTF1	INTF0
Read/Write	R/W	R/W	R/W	R/W	R/W	R/W	R/W	R/W
Initial Value	0	0	0	0	0	0	0	0

ATmega128의 외부 인터럽트는 모두 8개가 존재하며 이들은 INT3..0의 4개의 외부 인터럽트와 INT7..4의 4개의 두 그룹으로 나뉘게 되며 제어 레지스터도 "External Interrupt Control Register A - EICRA"와 "EICRB"로 구분된다.

External Interrupt Control Register A - EICRA

Bit	7	6	5	4	3	2	1	0
	ISC31	ISC30	ISC21	ISC20	ISC11	ISC10	ISC01	ISC00
Read/Write	R/W	R/W	R/W	R/W	R/W	R/W	R/W	R/W
Initial Value	0	0	0	0	0	0	0	0

ISCn1	ISCn0	Description
0	0	The low level of INTn generates an interrupt request
0	1	Reserved
1	0	The falling edge of INTn generates asynchronously an interrupt request
1	1	The rising edge of INTn generates asynchronously an interrupt request

외부 인터럽트 3..0에서 발생하는 인터럽트 신호는 AVR의 내부 클록과는 비동기 방식으로 동작하며 최소 50ns 이상 신호가 유지되어야 정상적으로 AVR에서 인식할 수 있다.

외부 인터럽트 7..4는 AVR의 내부 클록과 동기되어 인터럽트 발생 신호를 인식하는 방식으로 동작하며, 인터럽트 발생 이전 CPU의 최소 1cycle 이상의 시간동안 신호가 변하지 않고 유지되어야 발생한 인터럽트를 정상적으로 인식할 수 있다.

External Interrupt Control Register B - EICRB

Bit	7	6	5	4	3	2	1	0
	ISC71	ISC70	ISC61	ISC60	ISC51	ISC50	ISC41	ISC40
Read/Write	R/W	R/W	R/W	R/W	R/W	R/W	R/W	R/W
Initial Value	0	0	0	0	0	0	0	0

ISCn1	ISCn0	Description
0	0	The low level of INTn generates an interrupt request.
0	1	Any logic change on INTn generates an interrupt request.
1	0	The falling edge between two samples of INTn generates an interrupt request.
1	1	The rising edge between two samples of INTn generates an interrupt request.

마. SREG 레지스터

SREG(Status Register) 상태 레지스터의 비트7의 I(global interrupt enable)는 인터럽트를 전체적으로 허용 또는 금지 시킨다. 이 비트가 "0"이면 어떤 인터럽트도 "금지(disable)"된다. 그러므로 각종 인터럽트 소스 중 단 하나라도 허용(enable)하려면 SEI(set interrupt enable, 컴파일러에 따라 sei(), _SEI() 등) 명령으로 반드시 이 비트를 1로 해야 한다.

Power on 리셋 후에 이 비트는 자동적으로 0으로 클리어된다. 그러므로 리셋 후에는 따로 이 비트를 세트시키지 않는 한 모든 인터럽트를 금지된다. 그리고 CPU가 인터럽트 요구를 허용하여 인터럽트 서비스에 들어가도 이 비트는 자동적으로 클리어 된다. 다른 인터럽트가 발생되는 것을 금지하기 위함이다. 그러나 해당 인터럽트 루틴을 마치고 그 마지막에 있는 인터럽트로부터의 복귀명령인 RETI이 실행되면 이 비트는 자동적으로 1로 세트된다.

바. EICRA(External Interrupt Control Register A) 레지스터

이 레지스터는 INT3:0의 인터럽트 요청 레벨 및 에지를 결정한다. ISCn1과 ISCn0가 00이면 INTn의 저 레벨에서 인터럽트가 요청되고, 10이면 하강 에지에서 요청되며, 11이면 상승 에지에서 요청된다. ATmega103 호환 모드에서는 이 레지스터에 접근할 수 없지만 초기 값이 저 레벨 인터럽트로 된다.

펄스를 INT3:0에 인가할 때에는 그 기간이 50ns 이상 유지되어야 인식된다. 저 레벨 인터럽트를 선택했을 경우에는 저 레벨 상태가 현재 실행 중인 명령이 마칠 때까지는 지속되어야 한다.

ISCn 비트를 바꾸면 인터럽트가 발생될 수도 있다. 그러므로 이 비트를 바꾸려면 그 이전에 EIMSK 레지스터의 인터럽트 허용 비트를 클리어함으로써 INTn을 불능(disable)으로 해야 한다. 인터럽트를 다시 허용하기 위해서는 EIFR 레지스터의 해당 플래그 비트에 1을 기록함으로써 이를 클리어해야 한다.

사. EICRB(External Interrupt Control Register B) 레지스터

INT7:4 인터럽트 요청 레벨 및 에지를 결정한다. 에지나 논리 레벨 변화를 선택했을 경우에는 하나의 클록기간 동안은 펄스가 지속되어야 하고, 저 레벨을 선택했을 경우에는 저 레벨이 현재 실행중인 명령이 끝날 때까지는 지속되어야 한다. 이 레지스터가 EICRA 레지스터와 다른 점은 논리 변화에서도 인터럽트가 요청 될 수 있다.

아. EIMSK(External Interrupt Mask Register)

외부 인터럽트를 개별적으로 허용/금지한다. 이 레지스터의 어느 비트를 1로 하면 해당 외부 인터럽트는 개별적으로 허용되고, 0으로 하면 해당 외부 인터럽트는 금지된다. 외부 인터럽트가 핀 INTn의 상태에 따라(상승 또는 하강 에지 또는 레벨 상태에 따라) 인터럽트가 발생되느냐는 앞에서 설명한 EICRA 및 EICRB의 내용에 의해서 결정된다. 외부 인터럽트의 경우 미리 지정한 변화가 발생하면 핀 INTn이 출력으로 설정되어 있어도 인터럽트는 요청된다.

자. EIFR 레지스터

앞에서 설명한 것들은 "외부 인터럽트 허용(enable) 여부"를 결정하는 레지스터들이지만, EIFR 레지스터는 인터럽트 발생 상태를 표시하는 "인터럽트 발생 표시용 플래그"이다. 인터럽트 허용 여부를 결정하는 비트들은 프로그램에서 CBI 또는 SBI 등의 명령으로 소프트웨어 클리어 또는 세트 되지만, 인터럽트 발생 상태를 표시하는 플래그들은 CPU가 직접 세트한다. INTn을 통하여 인터럽트가 요청되면 CPU가 자동적으로 이들을 세트한다.

이들 인터럽트 플래그들은 SREG의 I 비트나 EIMSK의 개별 인터럽트 허용 비트와는 아무 상관이 없이 세트된다. INTn 외부 인터럽트 조건만 성립하면 이들과는 상관없이 자동적으로 세트된다. 실제 인터럽트가 발생되느냐 그렇지 않느냐는 개별 인터럽트 허용 비트와 전체 허용 비트에 의해서 경정된다. 실제 인터럽트가 발생하면 이들 플래그 비트는 자동적으로 클리어 된다. 따라서 인터럽트 루틴에서 별도로 이들을 클리어할 필요가 없다.

인터럽트 플래그는 모든 인터럽트에 대해 인터럽트 벡터로 이동하는 순간 자동으로 클리어 된다. 따라서 인터럽트 처리 루틴에서 해당 인터럽트에 대해 처리하고 있음을 알리기 위해 해당 플래그를 클리어하는 명령 단계가 필요 없다. 불필요한 동작이지만 강제로 해당 인터럽트 플래그를 클리어 시킬 수 있으며 이 경우에는 '1'을 기록해야 해당 플래그가 클리어 된다. 논리 0을 기록하지 않는다는 것을 유의해야한다.

특히 주의할 것은 INT7:0을 저 레벨 인터럽트로 했을 경우에 이들 플래그는 항상 클리어 된다는 것이다. 그러므로 이 경우에는 플래그를 이용하는 프로그램이 불가능하다. 또 SLEEP모드로 들어갔을 때는 INT3:0 인터럽트는 금지된다.

차. 외부 인터럽트

외부 인터럽트는 핀 INT7~핀 INT0의 레벨 또는 에지 트리거 인터럽트이다. 즉 이 인터럽트는 외부 장치가 ATmega128의 핀 INT7~INT0에 전압 레벨을 바꿀 때 low level(0 Volt)이나 논리 레벨의 변화나 상승 에지나 하강 에지에서 발생되는데, low level에서 발생되느냐, 논리 레벨의 변화에서 발생되느냐, 상승 에지(rising edge)에서 발생되느냐 아니면 하강 에지(falling edge)에서 발생되느냐는 EICRA 및 EICRB 레지스터의 내용에 따라 결정된다. 아무튼 INT7 ~ INT0에 유효한 레벨 또는 에지가 들어오면 [그림 10-1]과 같이, EIFR 레지스터의 INTF7 ~ INTF0 비트는 1로 세트되고, 그 이전에 I(SREG 비트7)=1, INT7~INT0의 외부 인터럽트가 발생되며, 3~4 명령 사이클 후에는 I 비트가 0으로 자동적으로 클리어되어 또 다른 인터럽트의 발생을 금지시킨다. 이 인터럽트는 EIMSK의 INT7~INT0 비트를 클리어함으로써 금지(disable)시킬 수 있다.

인터럽트 서비스 루틴에서는 명령에 의해서 INTF7 또는 INTF0를 클리어 할 필요가 없다. 이들 플래그는 인터럽트가 인정될 때 자동적으로 클리어 되기 때문이다.

INT 외부 인터럽트는 SLEEP으로부터 프로세서를 깨울 수 있는데, 이것은 SLEEP으로 들어가기 전에 EIMSK의 INT7~INT0 비트가 세트되어 있는 경우에 한한다. INT⟨7:0⟩가 SLEEP 이전에 세트되어 있고, I=1이면 SLEEP으로부터 깨어난 후 INTx 인터럽트로 들어간다.

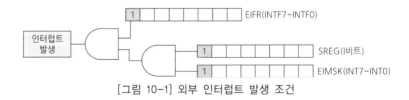

[그림 10-1] 외부 인터럽트 발생 조건

인터럽트는 메인 함수에서 다른 일을 하고 있다가 인터럽트 요청이 발생하면 메인 함수의 일을 잠시 중지하고 인터럽트 루틴으로 점프해서 인터럽트 루틴의 일을 처리한 다음 다시 메인 함수로 와서 인터럽트가 발생하기 전의 일을 다시 계속하는 기법으로 마이크로프로세서의 기법 중 아주 유용하게 활용되는 기법이다.

Key Features	PIC16F873A	PIC16F874A	PIC16F876A	PIC16F877A
Operating Frequency	DC-10㎒	DC-20㎒	DC-20㎒	DC-20㎒
Resets(and Delays)	POR, BOR (PWRT, OST)	POR, BOR (PWRT, OST)	POR, BOR (PWRT, OST)	POR, BOR (PWRT, OST)
Flash Program Memory (14-bit words)	4k	4k	8k	8k
Data Memory(bytes)	192	192	368	368
EEPROM Data Memory(bytes)	128	128	256	256
Interrupts	14	15	14	15
I/O Ports	Ports A, B, C	Ports A, B, C, D, E	Ports A, B, C	Ports A, B, C, D, E
Timers	3	3	3	3
Capture/Compare/ PWM modules	2	2	2	2
Serial Communications	MSSP, USART	MSSP, USART	MSSP, USART	MSSP, USART
Parallel Communications	–	PSP	–	PSP
10-bit Analog-to-Digital Module	5 input channels	8 input channels	5 input channels	8 input channels
Analog Comparators	2	2	2	2
Instruction Set	35 Instructions	35 Instructions	35 Instructions	35 Instructions
Packages	28-pin PDIP 28-pin SOIC 28-pin SSOP 28-pin QFN	40-pin PDIP 44-pin PLCC 44-pin TQFP 44-pin QFN	28-pin PDIP 28-pin SOIC 28-pin SSOP 28-pin QFN	40-pin PDIP 44-pin PLCC 44-pin TQFP 44-pin QFN

[그림 10-2] PIC16F87x 계열의 자원 요소

PIC16F874A에는 [그림 10-2]와 같이 PORTB 0번 핀의 외부 인터럽트, PORTB의 핀 상태 변화, Timer0의 overflow, 병렬 slave 포트 인터럽트, ADConverter 인터럽트, 비동기 직렬 통신의 수신 인터럽트, 비동기 직렬 통신의 송신 인터럽트, 동기식 직렬 통신 인터럽트, Capture Compare PWM 1 인터럽트, Timer2의 값이 PR2가 일치할 때 발생하는 인터럽트, Timer1의 overflow, 비교기 인터럽트, EEPROM의 쓰기 인터럽트, 버스 충돌 인터럽트, Capture Compare PWM 2 인터럽트 등 모두 15개의 인터럽트 소스를 가지고 있다.

가. 인터럽트 제어 레지스터(INTCON register)

인터럽트를 처리하기 위해 사용되는 제어 레지스터는 INTCON이며 [그림 10-3]과 같이 Global Interrupt Enable bit을 '1'로 지정하여 PIC16F874A 내부의 모든 인터럽트를 개별 설정에 따라 사용할 수 있도록 지정한다.

🔽 INTCON REGISTER(ADDRESS 0Bh, 8Bh, 10Bh, 18Bh)

R/W-0	R/W-0	R/W-0	R/W-0	R/W-0	R/W-0	R/W-0	R/W-x
GIE	PEIE	TMR0IE	INTE	RBIE	TMR0IF	INTF	RBIF

bit 7   bit 0

[그림 10-3] 인터럽트 제어 레지스터

INTCON 레지스터의 각 비트별 의미는 다음과 같다.

- bit 7 GIE: Global Interrupt Enable bit
    - 1 = Enables all unmasked interrupts
    - 0 = Disables all interrupts

- bit 6 PEIE: Peripheral Interrupt Enable bit
    - 1 = Enables all unmasked peripheral interrupts
    - 0 = Disables all peripheral interrupts

- bit 5 TMR0IE: TMR0 Overflow Interrupt Enable bit
    - 1 = Enables the TMR0 interrupt
    - 0 = Disables the TMR0 interrupt

- bit 4 INTE: RB0/INT External Interrupt Enable bit
    - 1 = Enables the RB0/INT external interrupt
    - 0 = Disables the RB0/INT external interrupt

- bit 3 RBIE: RB Port Change Interrupt Enable bit
    - 1 = Enables the RB port change interrupt
    - 0 = Disables the RB port change interrupt

- bit 2 TMR0IF: TMR0 Overflow Interrupt Flag bit

    1 = TMR0 register has overflowed(must be cleared in software)

    0 = TMR0 register did not overflow

- bit 1 INTF: RB0/INT External Interrupt Flag bit

    1 = The RB0/INT external interrupt occurred(must be cleared in software)

    0 = The RB0/INT external interrupt did not occur

- bit 0 RBIF: RB Port Change Interrupt Flag bit

    1 = At least one of the RB7:RB4 pins changed state; a mismatch condition will continue to set the bit. Reading PORTB will end the mismatch condition and allow the bit to be cleared(must be cleared in software).

    0 = None of the RB7:RB4 pins have changed state

[그림 10-3]의 INTCON 레지스터의 GIE 비트가 '0'으로 지정되면 개별 인터럽트의 설정과 무관하게 PIC16F874A는 모든 인터럽트 신호에 대해서 무시한다. 또한 주변 장치에서 발생되는 인터럽트 전체에 대해 설정하는 비트로 PEIE가 있으며 PIE1, PIE2에 의해 지정되는 인터럽트에 대해 활성 또는 비활성을 지정할 수 있다.

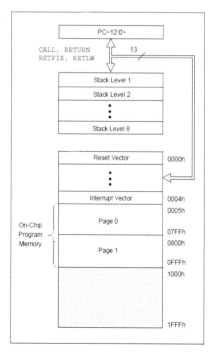

[그림 10-4] PIC16F874A Memory Map

PIC16F874A는 0x0000 번지를 reset vector로 가지며 인터럽트 벡터는 0x0004에 위치한다. [그림 10-4]은 PIC16F874A의 메모리 맵이며 reset 신호가 발생했을 때 0x0000번지에서 프로그램이 시작되며 인터럽트를 처리하는 루틴의 시작 위치는 0x0004에 기록되는 것을 보인다. 주변 장치에 대한 인터럽트를 설정하는 PIE1 레지스터는 [그림 10-5]와 같다.

R/W-0	R/W-0	R/W-0	R/W-0	R/W-0	R/W-0	R/W-0	R/W-x
PSPIE(1)	ADIE	TRCIE	TXIE	SSPIE	CCP1IE	TMR2IE	TMR1IE

bit 7   bit 0

[그림 10-5] PIE1 레지스터의 구성

PIE1 레지스터의 각 비트별 의미는 다음과 같다.

- bit 7 PSPIE: Parallel Slave Port Read/Write Interrupt Enable bit(1)

    1 = Enables the PSP read/write interrupt

    0 = Disables the PSP read/write interrupt

    Note 1: PSPIE is reserved on PIC16F873A/876A devices; always
            maintain this bit clear.

- bit 6 ADIE: A/D Converter Interrupt Enable bit

    1 = Enables the A/D converter interrupt

    0 = Disables the A/D converter interrupt

- bit 5 RCIE: USART Receive Interrupt Enable bit

    1 = Enables the USART receive interrupt

    0 = Disables the USART receive interrupt

- bit 4 TXIE: USART Transmit Interrupt Enable bit

    1 = Enables the USART transmit interrupt

    0 = Disables the USART transmit interrupt

- bit 3 SSPIE: Synchronous Serial Port Interrupt Enable bit

    1 = Enables the SSP interrupt

    0 = Disables the SSP interrupt

- bit 2 CCP1IE: CCP1 Interrupt Enable bit

    1 = Enables the CCP1 interrupt

    0 = Disables the CCP1 interrupt

- bit 1 TMR2IE: TMR2 to PR2 Match Interrupt Enable bit

    1 = Enables the TMR2 to PR2 match interrupt

    0 = Disables the TMR2 to PR2 match interrupt

- bit 0 TMR1IE: TMR1 Overflow Interrupt Enable bit

    1 = Enables the TMR1 overflow interrupt

    0 = Disables the TMR1 overflow interrupt

PIE2 레지스터는 [그림 10-6]과 같이 CCP2, SSP, EEPROM의 기록을 제어한다.

U-0	R/W-0	U-0	R/W-0	R/W-0	U-0	U-0	R/W-0
–	CMIE	–	EEIE	BCLIE	–	–	CCP2IE

bit 7 .... bit 0

[그림 10-6] PIE2 레지스터의 구성

PIE2 레지스터의 각 비트별 내용은 다음과 같다.

- bit 7 Unimplemented: Read as '0'

- bit 6 CMIE: Comparator Interrupt Enable bit

    1 = Enables the comparator interrupt

    0 = Disable the comparator interrupt

- bit 5 Unimplemented: Read as '0'

- bit 4 EEIE: EEPROM Write Operation Interrupt Enable bit

    1 = Enable EEPROM write interrupt

    0 = Disable EEPROM write interrupt

- bit 3 BCLIE: Bus Collision Interrupt Enable bit

    1 = Enable bus collision interrupt

    0 = Disable bus collision interrupt

- bit 2-1 Unimplemented: Read as '0'

- bit 0 CCP2IE: CCP2 Interrupt Enable bit

    1 = Enables the CCP2 interrupt

    0 = Disables the CCP2 interrupt

인터럽트를 사용하여 실습 회로의 동작을 제어한다. ATmega128은 리셋을 포함하여 35개의 인터럽트를 사용할 수 있으며 PIC16F874A는 모두 15개(리셋 제외)의 인터럽트를 사용할 수 있다.

가. ATmega128의 Interrupt

ATmega128의 인터럽트를 사용하여 실습 장치를 제어하는 실습을 진행한다.

1) External Interrupt Control

INT0의 외부 인터럽트를 인식하여 인터럽트가 발생할 때마다 변수의 값을 하나씩 증가시키고 그 값을 8개의 LED에 표시한다.

```
01  #include <avr/io.h>
02  #define F_CPU 14745600UL
03  #include <avr/interrupt.h>
04
05  volatile unsigned char interrupt_count=0;
06
07  void initialize(void);
08
09  SIGNAL(SIG_INTERRUPT0)   {    //External Interrupt0
10          interrupt_count++;
11  }
12
13  int main(void)     {
14          initialize();
15          DDRA = 0xFF;
16          while(1) {
17                  PORTA = ~interrupt_count;
18          }
19  }
20
21  void initialize(void)             {
```

```
22          EIMSK = 0x01;   //외부 인터럽트 0(INT0) 사용
23          EICRA = 0x02;   //falling edge interrupt request
24          sei();    //SREG의 최상의 비트 I를 1로 설정 - enable all interrupt
25    }
```

 설명

03 #include 〈avr/interrupt.h〉

인터럽트 벡터와 인터럽트 사용에 필요한 사항에 대해 설정된 헤더 파
일로 인터럽트를 사용하기 위해 지정한다.

05 volatile unsigned char interrupt_count=0;

인터럽트 서비스 루틴에서 증가 또는 감소시키는 변수를 전역 변수로
지정할 경우 volatile 키워드를 지정한다.

09 SIGNAL(SIG_INTERRUPT0)

인터럽트 처리 루틴으로 AVR-Gcc에서는 SIGNAL을 지시어로 사용하
고 해당되는 인터럽트 소스를 "SIG_인터럽트 종류"로 지정한다. 여기서
는 외부 인터럽트 0번을 사용하기 위해 SIG_INTERRUPT0을 지정한다.
이와 같은 사항은 avr/interrupt.h 파일에 정의되어 있다.

10 interrupt_count++;

외부 인터럽트가 발생할 때마다 변수의 값을 1씩 증가시킨다.

15 DDRA = 0xFF;

메인 함수에서는 PORTA를 출력으로 지정한다.

17 PORTA = ~interrupt_count;

무한 반복 구문에서 interrupt_count 변수의 값을 PORTA에 연결된
LED에 출력한다. LED는 active low이므로 각 비트의 값을 반전하여
출력하기 위해 비트 반전 연산자("~")를 사용한다.

22 EIMSK = 0x01;

외부 인터럽트 0(INT0) 사용하도록 지정한다.

23 EICRA = 0x02;

외부 인터럽트 0번이 falling edge에서 발생하도록 지정한다. 실습 회
로에서 switch가 pull-up되어 있으므로 스위치를 누르지 않았을 때
high 상태이며 스위치를 누를 때 low가 되므로 falling edge에서 발생
하도록 지정하면 스위치를 누르는 순간 interrupt가 발생하여 변수를
증가시킨다. 이 값을 rising edge로 설정할 경우 스위치를 눌렀다 놓는
순간 값이 증가되는 것을 확인할 수 있다.

2) Timer1의 외부 클록에 대한 interrupt

예제에서는 Timer1의 외부 클록 입력을 사용하며 오버플로우가 발생할 때 동작하는 인터럽트 루틴을 구성한다.

```
01  #include <avr/io.h>
02  #define F_CPU 14745600UL
03  #include <avr/interrupt.h>
04
05  volatile unsigned char count = 0;
06  SIGNAL(SIG_OVERFLOW1)  {  // timer/count1 Overflow interrupt
07        TCNT1H = 0xff;
08        TCNT1L = 0xff;
09        count++;
10  }
11
12  int main(void)  {
13        TCNT1H = 0xff;
14        TCNT1L = 0xff;
15        TCCR1B = 0x07;  //counter mode; falling edge counter request
16        TIMSK = 0x04;   //TOIE1=1; timer/counter1 overflow interrupt
17        DDRA = 0xff;
18        sei();
19        while(1)  {
20                PORTA = ~count;
21        }
22  }
```

 설명

06 SIGNAL(SIG_OVERFLOW1)
 Timer1의 오버플로우가 발생할 때 동작하는 인터럽트 서비스 루틴을 지정한다.

07 TCNT1H = 0xff;, TCNT1L = 0xff;
 Timer1 Counter register 값을 0xFFFF의 최댓값으로 지정한다.

09 count++;
 count 변수의 값을 1씩 증가시킨다.

15 TCCR1B = 0x07;
 Timer 1 control register 1B의 값을 0x07로 지정하며 이 경우 외부 클록 입력에 대해 Timer1이 동작하며, 외부 클록은 상승 에지에서 인식된다.

```
16 TIMSK = 0x04;
```

Timer1의 overflow가 발생할 때 인터럽트 신호를 AVR core로 전송하기 위한 설정이다. 예제에서는 Timer1에서 계수하는 레지스터의 값이 0xffff에서 다음 클록 신호에 의해 1이 증가 될 때 overflow 인터럽트가 발생하는 것을 사용한다.

예제 프로그램에서는 Timer1의 counter 레지스터(16-bit)의 값이 0xffff에서 1이 증가해서 0x0000이 될 때 overflow 인터럽트가 발생하는 것을 사용한다. 따라서 TCNT1H, TCNT1L 레지스터(각각 8-bit)에 최댓값을 기록하고 외부 T1 클록 핀의 변화에 따라 그 값을 증가시키면 overflow 인터럽트가 발생되는 것을 사용한다.

3) Timer0 overflow interrupt를 사용한 LED 점멸

예제에서는 Timer0를 사용하여 10ms마다 overflow 인터럽트가 발생하도록 설정하고 인터럽트가 발생한 수를 체크하여 1초 단위로 LED에 표시되는 값을 증가시킨다.

```
01  #include <avr/io.h>
02  #define F_CPU 14745600UL
03  #include <avr/interrupt.h>
04
05  volatile unsigned char count=0,interrupt_count=0;
06
07  SIGNAL(SIG_OVERFLOW0)   { //timer0 Overflow interrupt
08          interrupt_count--;
09          if(!interrupt_count) { //10ms * 100 = 1000ms delay = 1s
10                  interrupt_count = 100;
11                  count++;
12                  PORTA = ~count;
13          }
14          TCNT0 = 0x70;
15  }
16
17  int main(void)    {
18          TCNT0 = 0x70;//{(0xff-0x70)+1} * 1024 * (1/14.7456Mhz) = 10ms
19          TCCR0 = 0x07; //timer0 prescaler=1024
20          TIMSK = 0x01; //OCIE0=1; timer0 overflow interrupt
21          interrupt_count = 100;
```

```
22        DDRA = 0xff;
23        sei();              //enable all interrupts
24        while(1);
25    }
```

예제에서는 Timer0는 8-bit timer이며 시스템 클록을 1/1,024로 나누어 공급하며 Timer0의 overflow가 발생하는 상태를 10ms가 되도록 지정하기 위해 TCNT0 레지스터에 0x70의 값을 기록한다. 0x70에서 0xff까지 계수한 후 다음 클록 입력에서 TCNT0의 값이 0x00이 되는 순간 overflow가 발생한다. 이때 overflow가 발생하는 시간 간격은 다음과 같이 계산된다.

$$\{(0xff - 0x70)+1\} \times \cfrac{1}{\cfrac{14,745,600}{1,024}} = 144 \times \frac{1,024}{14,745,600} = 0.01$$

예제 프로그램에서 Timer0 overflow interrupt는 0.01초 간격으로 발생하므로 인터럽트 서비스 루틴에서는 100번 overflow 인터럽트가 발생될 때마다 count 변수의 값을 증가시켜 LED가 연결된 PORTA에 출력한다.

4) Timer1의 Compare Match Interrupt

예제 프로그램은 Timer1의 compare A match를 사용하며 프리스케일러를 정한 후 OCR1A 시정수를 저장하면 일정한 시간마다 인터럽트 서비스 루틴이 실행된다. 프리스케일러가 1이라면 16비트 레지스터인 TCNT1H, TCNT1L는 클록이 들어올 때마다 1씩 증가하며 OCR1A의 값과 비교하여 두 값이 같으면 (TCNT1 = OCR1A) 인터럽트 서비스 루틴을 실행한다. 따라서 1초마다 1씩 증가된 값을 사용하여 LED에 표시한다.

```
01    #include <avr/io.h>
02    #define F_CPU 14745600UL
03    #include <avr/interrupt.h>
04
05    volatile unsigned char count=0;
06
07    SIGNAL(SIG_OUTPUT_COMPARE1A)    {
08    //Output Compare1(A) Interrupt
09            count++;
```

```
10      PORTA = ~count;
11  }
12
13  int main(void)    {
14          TCCR1A = 0x00;
15  //bit7,6-COM1A1,COM1A0 : 00(normal port operation)
16  //bit1,0-WGM11,WGM10  : 00(CTC-Clear Timer on Compare Match)
17          TCCR1B = 0x0D; //bit4,3-WGM13,WGM12    : 01(CTC mode)
18  //bit2,1,0-CS12,CS11,CS10  : 101(1024 prescaler)
19          TCCR1C = 0x00; //bit7-FOC1A   : 0
20          TIMSK = 0x10;
21  //bit4-OCIE1A : timer1 output compare A match interrupt enable
22          OCR1A = 14400; //(1024 * OCR1A) / 14.7456Mhz = time
23  //OCR1A = (time * 14.7456Mhz)/1024, 1s일 때 OCR1A = 14400
24          sei();               //enable all interrupts
25          DDRA = 0xff;
26          PORTA = 0xff;
27          while(1);
28  }
```

5) ADC interrupt

예제에서는 AD 변환이 완료되었을 때 인터럽트가 발생하도록 설정하여 인터럽트 서비스 루틴에서는 변환 완료된 값을 변수로 가져오는 동작을 수행한다.

```
01  #include <avr/io.h>
02  #define F_CPU 14745600UL
03  #include <avr/interrupt.h>
04
05  volatile unsigned char  adc_result = 0;
06
07  void initialize_adc(void);
08
09  SIGNAL(SIG_ADC) {
10          adc_result = ADCH;          //ADC 변환값 save
11  }
12
13  int main(void)    {
14          ADMUX = 0x60;    //0x60 = 01100000
15          //bit 7,6  REFS1~REFS0 : 01(AVCC w/External cap.at AREF pin)
```

```
16      //bit 5      ADLAR        :  1
17      //bit4~0    MUX4~MUX0    :  00000(ADC ch# 0.)
18      ADCSR = 0xEF;     //0xEF = 11101111
19      //bit7      ADEN        :  1(ADC enable)
20      //bit6      ADSC        :  1(start conversion)
21      //bit5      ADFR        :  1(free running mode)
22      //bit4      ADIF        :  0(interrupt flag)
23      //bit3      ADIE        :  1(interrupt enable)
24      //bit2,1,0 ADPS2~0      :  111(128prescaler)
25      //ADC CLOCK = system clock / 128 = 115.2kHz
26      DDRA = 0xff;               //상위 4비트 출력, 7-Segment-1
27      sei();                     //enable all interrupts
28      while(1)  {
29              PORTA = ~adc_result;
30      }
31   }
```

설명

ADC의 동작을 제어하기 위해 ADMUX 레지스터와 ADCSR 레지스터의 값을 각각 설정한다. ADMUX는 아날로그 값을 디지털로 변환할 때 비교의 기준으로 사용될 비교 전압과 변환된 10-bit 값에 대한 데이터 표현 방법 및 입력으로 사용할 핀을 지정한다. ADCSR 레지스터는 AD 변환의 동작 클록과 활성화, 변환 시작, 인터럽트 활성화 등을 지정한다.

09 SIGNAL(SIG_ADC)

AD 변환이 완료될 때마다 실행할 인터럽트 서비스 루틴을 지정한다. SIG_ADC는 interrupt.h 파일에 기술되어 있다.

14 ADMUX = 0x60;

Aref 핀에 공급되는 전압을 기준으로 동작하며 10-bit 변환 데이터는 16-bit register에 왼쪽 정렬로 표시하며, 입력 채널은 0번으로 지정한다.

18 ADCSR = 0xEF;

ADC를 활성화하며 변환을 즉시 시작하고, 입력 채널에 대한 디지털 변환을 완료한 후 즉시 다음 변환을 시작하도록 지정한다. 변환이 완료되면 인터럽트가 발생하도록 지정하고 AD 변환기는 시스템 클록의 1/128배의 주파수로 동작하도록 지정한다.

27 sei(); : 시스템의 인터럽트를 활성화한다.

나. PIC16F874A의 Interrupt

PIC16F874A의 외부 인터럽트는 B포트를 이용하는 방법으로 두 가지가 있다. 하나는 RB0 인터럽트이고 다른 하나는 RB4~RB7까지의 포트 변화 인터럽트이다. RB0 외부 인터럽트는 외부에서 펄스 신호가 발생하면 그의 상승 에지 또는 하강 에지를 잡아서 그에 따라 인터럽트가 발생하는데 반하여 포트 변화 인터럽트는 펄스가 아닌 신호 레벨 값이 변하면 인터럽트가 발생한다.

PORTB의 4번 핀에서 7번 핀의 입력 변화에 대응하는 인터럽트는 INTCON 레지스터의 bit 3에 의해 지정할 수 있으며 이들 입력 핀 중 한 핀이라도 그 값이 변하면 인터럽트가 발생한다.

1) External Interrupt Control

PORTB의 0번 핀에 연결된 외부 인터럽트는 OPTION_REG의 bit 6번의 INTEDG에 따라 상승 또는 하강 에지에서 인터럽트가 발생한다. 예제에서는 하강 에지에서 동작하도록 구성한다.

```
01   #include <htc.h>
02   #define _XTAL_FREQ 20000000
03
04   volatile unsigned char eint_count = 0;
05
06   void interrupt ISR()          {
07           if(INTF == 1)        {
08                   INTF = 0;
09                   eint_count++;
10           }
11   }
12
13   int main(void)     {
14           TRISD = 0x00;
15           INTEDG = 0;
16           INTE = 1;
17           ei();
18           while(1)   {
19                   PORTD = ~eint_count;
20                   __delay_μs(10);
21           }
```

```
22        return 0;
23  }
```

 설명

06 void interrupt ISR()

PIC16F874A의 인터럽트가 처리되는 루틴으로 PIC은 모든 인터럽트가 이 서비스 루틴에서 처리된다. void interrupt 구문은 항상 동일하게 사용해야 하며 ISR() 부분은 사용자 임의로 이름을 붙일 수 있다.

07 if(INTF == 1)

PIC16F874A의 15개의 인터럽트가 모두 void interrupt ISR()에서 실행되므로 어떤 종류의 인터럽트가 발생했는지 판단해야 하므로 interrupt flag를 체크하여 해당되는 인터럽트가 발생했을 때만 동작하도록 구성한다.

08 INTF = 0;

인터럽트를 처리하면 발생한 상태를 지워야 처리 루틴이 종료된 후 동일한 인터럽트에 의해 반복적으로 다시 인터럽트 처리 요청이 발생하지 않으므로 해당 플래그를 지운다.

09 eint_count++;

인터럽트 서비스 루틴에서 해당되는 인터럽트가 발생했을 때 동작할 내용을 기술한다. 여기서는 변수의 값을 1씩 증가시킨다.

14 TRISD = 0x00;

PORTD의 모든 핀을 출력으로 지정한다.

15 INTEDG = 0;

OPTION_REG의 6번째 비트에 대한 내용으로 외부 인터럽트 신호의 변화를 감지하는 시점을 지정한다. 0으로 지정한 경우 falling edge에서 인터럽트를 인식한다. 1로 지정한 경우 rising edge에서 인식한다.

16 INTE = 1;

외부 인터럽트를 활성화시킨다.

17 ei();

PIC16F874A 칩 내부의 모든 인터럽트를 사용 가능한 상태로 지정한다.

19 PORTD = ~eint_count;

PORTD에 연결된 LED는 active low 구동이므로 증가된 변수 값을 비트 반전하여 출력한다.

2) Timer0의 외부 클록 입력에 대한 Interrupt

예제에서는 Timer0을 외부 클록 입력으로 지정하고 overflow 인터럽트가 발생할 때 마다 변수의 값을 증가시킨 후 LED에 표시한다.

```
01    #include <htc.h>
02    #define _XTAL_FREQ 20000000
03
04    volatile unsigned char t0int_count = 0;
05
06    void interrupt ISR()        {
07            if (T0IF == 1)        {
08                    T0IF = 0;
09                    t0int_count++;
10                    TMR0 = 0xFF;
11            }
12    }
13
14    int main(void)      {
15            TRISD = 0x00;
16            OPTION_REG = 0b11101111;
17            INTCON = 0b00100000;
18            TMR0 = 0xFF;
19            ei();
20            while(1)  {
21                    PORTD = ~t0int_count;
22                    __delay_μs(10);
23            }
24            return 0;
25    }
```

설명

06 void interrupt ISR()

인터럽트 처리를 위한 서비스 루틴을 지정한다.

07 if (T0IF == 1)

Timer0의 overflow 인터럽트가 발생했음을 확인한다.

08 T0IF = 0;

Timer0 overflow 인터럽트를 처리하므로 발생했음을 알리는 플래그를

0으로 클리어한다.

09 t0int_count++;

변수의 값을 1씩 증가시킨다.

10 TMR0 = 0xFF;

Timer 0 counter register에 0xFF를 기록하여(8-bit timer이므로 최 댓값인 0xFF를 기록한다.) T0CKI 입력이 한번 발생하면 overflow 인 터럽트를 발생하도록 지정한다.

16 OPTION_REG = 0b11101111;

T0CKI 핀을 Timer0의 입력으로 지정한다. prescaler의 출력은 WDT (Watch Dog Timer)로 연결한다.

17 INTCON = 0b00100000;

Timer0의 overflow가 발생하면 인터럽트 신호에 대해 동작하도록 지정 한다.

18 TMR0 = 0xFF

Timer0 counter 레지스터의 초깃값을 0xFF로 지정하여 다음 T0CKI에 의해 바로 overflow가 발생하도록 지정한다.

19 ei();

PIC16F874A 칩 전체의 인터럽트를 활성화한다.

3) Timer0 overflow Interrupt를 사용한 LED 점멸

예제에서는 Timer0에 시스템 클록을 분주하여 입력 받도록 지정한 후 overflow가 발생한 수를 카운트하여 1초에 하나씩 LED를 점멸한다.

```
01   #include <htc.h>
02   #define _XTAL_FREQ 20000000
03
04   volatile unsigned int t0int_count = 0;
05   volatile unsigned char time_count = 0;
06
07   void interrupt ISR()        {
08           if (T0IF == 1)        {
09                   T0IF = 0;
10                   t0int_count++;
11                   TMR0 = (0xFF-0x7D)+1;
```

```
12              if(t0int_count >= 625)        {
13                      t0int_count = 0;
14                      time_count++;
15              }
16      }
17  }
18
19  int main(void)      {
20          TRISD = 0x00;
21          OPTION_REG = 0b11010101;
22          INTCON = 0b00100000;
23          TMR0 = (0xFF-0x7D)+1;
24          ei();
25          while(1)    {
26                  PORTD = ~time_count;
27                  __delay_μs(10);
28          }
29          return 0;
30  }
```

설명

Timer0은 외부 T0CKI 핀의 입력 신호 또는 칩 내부의 시스템 클록을 사용할 수 있다. PIC16F874A는 외부에 연결한 20㎒를 1/4로 분주한 값을 시스템 클록으로 사용하며 Timer0에 공급된다. 따라서 Timer0는 5㎒의 클록을 공급 받아 동작한다. Timer0은 시스템 클록을 그대로 사용하거나 1/2, 1/4, 1/8, 1/16, 1/32, 1/64, 1/128, 1/256으로 분주한 값을 사용할 수 있으며 OPTION_REG에서 지정할 수 있다.

21 OPTION_REG = 0b11010101;

Timer0에 대해 내부 클록을 사용하도록 지정하며 prescaler를 활성화하여 지정된 분주비로 나누어진 클록을 Timer0에 공급한다. 이 경우 1/64 클록을 공급한다.

22 INTCON = 0b00100000;

Timer0 overflow 인터럽트가 발생하도록 INTCON 레지스터를 설정한다.

23 TMR0 = (0xFF-0x7D)+1;

Timer0의 클록에 따라 증가하는 TMR0 레지스터의 초깃값을 지정한다. Timer0의 경우 8-bit이므로 최댓값은 0xff이며 overflow 인터럽트는 그 값이 0xff에서 0x00이 되는 순간 발생한다. Timer0은 시스템 클록 5,000,000Hz에 대해 1/64한 78,125Hz로 동작하며 TMR0의 값은 0xff에서 0x7d를 뺀 값 (255-125)에 1을 더하여 overflow가 발생하기까지 Timer0에 의해 증가된 시간 간격이 125회가 되도록 지정한다. 이 경우 overflow의 발생 주기는 625Hz가 된다. 다음의 수식과 같이 계산된다.

$$\frac{F_{OSC}}{4} = F_{SYSTEM} = \frac{20,000,000}{4} = 5,000,000$$

$$\frac{5,000,000}{64} \times 125 = 625$$

07 void interrupt ISR()

인터럽트가 발생되면 수행될 코드를 기록한다.

08 if (T0IF == 1)

Timer0의 overflow 인터럽트가 발생했는지에 대해 판단한다.

09 T0IF = 0;

Timer0 인터럽트를 처리하므로 기존에 발생한 인터럽트 플래그는 클리어한다.

11 TMR0 = (0xFF-0x7D)+1;

overflow 인터럽트가 발생할 때마다 TMR0의 값은 0으로 기록되므로 반복하여 초깃값을 기록한다.

12 if(t0int_count >= 625)

overflow 인터럽트는 1초에 625회 발생하므로 매번 인터럽트가 발생할 때마다 t0int_count 변수의 값을 1씩 증가하여 625회 동작하면 변수를 0으로 초기화한 후 time_count의 값을 1씩 증가하여 1초 단위의 증가 동작을 수행한다.

4) Timer2의 Compare Match Interrupt

예제에서는 Timer2의 compare match interrupt를 사용하여 1ms(1/1,000s) 간격으로 인터럽트를 발생시켜 ms_count 변수의 값을 증가시키고 그 값이 1,000이 될 때마다 time_count 변수의 값을 증가시킨다. time_count 변수는 결과적으로 1초 단위로 증가한다.

Timer2의 구성은 [그림 10-7]과 같이 시스템 클록(PIC16F874A에 연결된 크리스털 클록의 1/4 배수)을 입력으로 사용하며 prescaler에 의해 분주된 주파수 단위로 TMR2 레지스터를 증가시킨다. TMR2 레지스터의 값은 PR2 레지스터에 설정 값과 비교하여 일치할 때 마다 신호가 발생하며 그 신호는 postscaler에 의해 분주된 후 TMR2IF를 1로 설정한다.

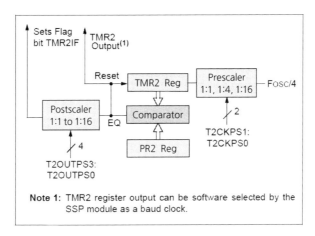

[그림 10-7] Timer2 구성 블록

예제 프로그램은 Timer2의 prescaler를 1/4로 설정하고 PR2 레지스터는 250, postscaler는 5로 지정한다.

```
01   #include <htc.h>
02   #define _XTAL_FREQ 20000000
03
04   volatile unsigned int ms_count = 0;
05   volatile unsigned char time_count = 0;
06
07   void interrupt ISR()          {
08          if (TMR2IF == 1)   {
09                  TMR2IF = 0;
10                  TMR2 = 0;
11                  ms_count++;
12                  if(ms_count >= 999)          {
13                          ms_count = 0;
14                          time_count++;
15                  }
16          }
17   }
18
19   int main(void)    {
20          TRISD = 0x00;
```

```
21        INTCON = 0b01000000;
22        PIE1 = 0b00000010;
23        T2CON = 0b00100101;
24        PR2 = 249;
25        ei();
26        while(1)  {
27                PORTD = ~time_count;
28                __delay_µs(10);
29        }
30        return 0;
31  }
```

 설명

07 void interrupt ISR()

interrupt가 발생하면 실행되는 인터럽트 서비스 루틴을 구현한다.

08 if (TMR2IF == 1)

Timer2에 의해 증가되는 TMR2 레지스터의 값과 PR2 레지스터의 값이 일치할 때 발생한 인터럽트를 확인한다.

09 TMR2IF = 0;

TMR2에 의해 발생된 인터럽트를 처리했다는 것을 알리기 위해 interrupt flag를 0으로 설정한다.

10 TMR2 = 0;

Timer2의 TMR2 레지스터를 0으로 초기화하여 prescaler에 의해 분주된 클록에 따라 증가되도록 한다.

11 ms_count++;

인터럽트가 발생할 때마다 증가시키며 앞의 계산식에 따라 1ms 간격으로 증가된다.

12 if(ms_count >= 999)

ms 간격으로 증가된 변수가 0~999까지 1,000번 증가되는 1초 시간 간격으로 time_count 변수를 증가한다.

21 INTCON = 0b01000000;

INTCON 레지스터의 6번 비트인 PEIE(Peripheral Interrupt Enable bit)을 1로 지정하여 주변 장치 인터럽트를 사용 가능하도록 지정한다.

22 PIE1 = 0b00000010;

Peripheral Interrupt 1 설정 레지스터의 1번 비트인 TMR2IE를 1로 지정하여 Timer2에 의해 증가되는 TMR2 레지스터의 값과 PR2 레지스터의 값이 일치할 때 인터럽트가 발생하도록 지정한다.

23 T2CON = 0b00100101;

Timer2 레지스터의 prescaler(bit 1, bit 0)를 1/4, postscaler(bit 6, 5, 4, 3)를 1/5로 지정하고 Timer2 on 비트(bit 2)를 1로 지정한다.

24 PR2 = 249;

PR2 레지스터는 249로 지정하여 TMR2 레지스터의 값과 비교되도록 지정한다. TMR2 레지스터는 $\dfrac{F_{OSC}/4}{prescaler}$ 주파수에 의해 증가되며 PR2에 설정한 249와 일치하도록 0~249까지 모두 250번 카운트되면 EQ 신호가 발생된다. EQ 신호는 postscaler에 의해 다시 분주되며 1/5 배로 설정되어 있으므로 다음의 수식에 의해 TMR2IF를 1로 설정하는 주파수가 계산된다.

$$\frac{\dfrac{F_{OSC}/4}{prescaler}}{\dfrac{(PR2+1)}{postscaler}} = \frac{\dfrac{20,000,000/4}{4}}{\dfrac{249+1}{5}} = \frac{20,000,000}{4 \times 4 \times (249+1) \times 5} = 1,000\text{Hz}$$

5) ADC Interrupt

예제에서는 Analog Input 채널 0인 PORTA의 0번 핀에 연결된 가변 저항을 조절할 때 저항에 의한 분압 저항으로 나타나는 전압을 디지털로 변환하여 LED에 표시한다.

```
01   #include <htc.h>
02   #define _XTAL_FREQ 20000000
03
04   volatile unsigned char ad_result = 0;
05
06   void interrupt ISR()          {
07           if (ADIF == 1)       {
08                   ADIF = 0;
09                   ad_result = ADRESH;
10                   ADCON0 |= 0b00000100;
```

```
11                    PIE1 = 0b01000000;
12          }
13  }
14
15  int main(void)    {
16          TRISD = 0x00;
17          ADCON0 = 0b10000101;
18          ADCON1 = 0b01001110;
19          INTCON = 0b01000000;
20          PIE1 = 0b01000000;
21          ei();
22          ADCON0 |= 0b00000100;
23          while(1) {
24                  PORTD = ~ad_result;
25                  __delay_μs(10);
26          }
27          return 0;
28  }
```

설명

07 if (ADIF == 1)

인터럽트 서비스 루틴에서 AD 변환이 완료되었을 때 체크되는 ADIF 플래그를 확인하여 AD 변환 완료에 의해 발생된 인터럽트를 확인한 후 플래그를 클리어하고 변환 결과를 변수로 읽는다.

17 ADCON0 = 0b10000101;

ADC를 설정하기 위한 내용으로 7, 6번째 비트는 ADC에 공급되는 클록을 설정한다. 이 값은 시스템에 공급되는 클록을 분주하여 사용하며 10으로 설정된 경우 ADCON1의 6번 비트와 함께 참조되어(여기서는 '1'로 설정되어 클록 설정 값은 "110"이 된다.) FOSC/64가 된다. 5, 4, 3번째 비트는 입력 채널을 설정하며 000은 AIN0 채널을 의미하고 111은 AIN7번 채널을 의미한다. 2번째 비트는 AD 변환의 시작을 지시할 때 1을 기록하고 변환이 완료되면 이 값이 0으로 설정된다. 만약 변환 시작을 설정하고 이 비트의 값을 읽었을 때 1로 읽히면 아직 변환이 진행 중을 뜻한다. 인터럽트를 사용하지 않고 polling 방식으로 결과를 읽을 때는 반드시 이 비트가 0으로 설정된 상태에서 읽어야 정상적인 값이 된다. 1번째 비트는 구현되어 있지 않고 읽으면 항상 0으로 읽힌다. 0번째 비트는 ADC를 활성화시키는 비트이다. 1로 지정되어야 ADC가 동작한

다. 인터럽트를 사용할 경우 ADCON0, ADCON1 레지스터에 대한 설정
을 완료하고, global interrupt enable을 지정한 후 ADCON0의 2번째
비트인 GO/nDONE 비트를 1로 지정해서 AD 변환의 시작을 지정해야
정상적으로 프로그램이 동작한다.

18 ADCON1 = 0b01001110;

10-bit의 변환 결과는 ADRESH, ADRESL 두 개의 레지스터에 저장된
다. 이때 결과 값을 저장하는 정렬 방식을 지정하기 위해 7번째 비트가
사용된다. 0으로 지정된 경우 왼쪽으로 정렬되어 ADRESL 레지스터의
하위 6비트는 모두 0으로 읽히며 1로 설정된 경우 오른쪽으로 정렬되어
ADRESH 레지스터의 상위 6비트가 0으로 읽힌다. 6번째 비트는
ADCON0 레지스터의 7, 6번째 비트와 함께 사용되며 ADC에 공급되는
클록의 분주 비를 설정한다. 5, 4번째 비트는 구현되어 있지 않으며 항
상 0으로 읽힌다. 3, 2, 1, 0번째 비트는 입력 채널에 대해 설정한다.
1110인 경우 AIN0 하나만 analog 입력으로 사용하며 아날로그입력에
대해 변환될 범위의 상한은 VDD, 하한은 VSS로 사용한다.

19 INTCON = 0b01000000;

Peripheral Interrupt Enable을 지정하는 6번 비트를 1로 설정한다.
AD 변환 인터럽트는 PIE1 레지스터에 의해 지정할 수 있으며 PIE1 레
지스터에 의해 설정된 인터럽트는 INTCON 레지스터의 6번 비트에 영
향을 받는다.

20 PIE1 = 0b01000000;

PIE1 레지스터의 6번 비트는 ADIE로 ADC의 변환이 완료될 때 인터럽
트가 발생하도록 지정한다.

21 ei();

Global Interrupt Enable을 지정하는 함수로 INTCON 레지스터의 7번
비트를 1로 지정한다.

22 ADCON0 |= 0b00000100;

인터럽트 및 ADC의 동작에 대한 설정이 완료된 후 global interrupt
enable을 지정한 후 AD 변환의 시작을 지시해야 정상적으로 프로그램
이 동작한다. ADCON0 레지스터의 2번째 비트를 1로 지정하여 AD 변
환의 시작을 지시한다.

memo

모터의 구조와 제어

11-1. DC 모터의 구조
11-2. Stepper 모터의 구조
11-3. 모터 제어 실습

이 장에서는 DC 모터와 Stepper 모터의 구조와
동작 원리를 이해하고 ATmega128과 PIC16F874A
microcontroller를 사용하여 제어하는 방법을 실습
한다.

DC motor는 전기에너지를 자기에너지로 변환한 후 이를 이용하여 운동에너지로 변환하는 가장 기본적인 원리를 사용한 구동체로서, 자계(자기장) 속의 도체에 전류를 흐르게 함으로써 발생하는 전자기력을 응용하여 전기 에너지를 기계적인 에너지로 변환하는 원리를 사용하여 회전자는 코일, 고정자는 영구자석으로 구성되어 있으며, 급격한 가속성, 큰 시동 토크의 특성을 가지고 있다.

DC 모터는 자기장속의 도체에 전류를 흐르게 함으로써 발생하는 전자기력의 응용(플레밍의 왼손법칙)한 것으로 이때 전류가 흐르는 자기장 속의 도체에 발생하는 전자기력은 식 (11-1)과 같이 자기장의 세기와 도체의 길이, 전류의 곱으로 계산된다.

$$F = B \times i \times l \quad \cdots\cdots\cdots\cdots\cdots\cdots\cdots\cdots\cdots\cdots\cdots\cdots\cdots\cdots \quad (11\text{-}1)$$

식 (11-1)에서 보듯이 DC 모터의 회전력에 영향을 주는 요소는 전류와 자기장의 세기, 도체의 길이이나 DC 모터가 제조되면서 자기장의 세기와 도체의 길이가 결정되므로 제어할 수 있는 대상은 흐르는 전류의 양 뿐이다.

[그림 11-1]은 자기장속에 도체가 놓인 상태에서 전류가 흐를 경우 이 도체는 전류와 자기력선에 대해 수직의 방향으로 힘을 받는다는 플레밍의 왼손 법칙을 보이고 있으며 이와 같은 원리를 사용하여 [그림 11-2]에서는 DC 모터의 기본 동작 원리를 실험하는 그림이다.

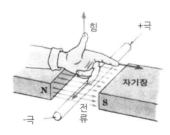

[그림 11-1] 플레밍의 왼손 법칙

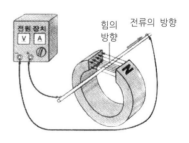

[그림 11-2] DC 모터의 구동 원리

[그림 11-3]은 DC 모터의 개념적인 구조도를 보인 것으로 그림 전류 i가 G2를 통해 d → c → b → a로 흘러 G1으로 빠져나가는 경우에 전선 a-b는 F 방향으로, 전선 c-d는 반대방향으로 힘을 받는다.

도선에 가해지는 힘에 의해 도선이 회전되어 도선의 끝 부분이 접촉하는 G1과 G2가 바뀌면 흐르는 전류의 방향이 바뀌고, 이에 따라 힘을 받는 방향이 바뀌게 된다. 이런 과정을 반복하여 DC 모터는 외부에서 공급한 전류의 방향에 따라 한 방향으로 계속 회전하게 된다. 공급전류 i의 방향이 반대라면 모터는 지금과 반대 방향의 힘을 받아 역회전을 하게 된다. G1과 G2는 DC 모터에서 brush라고 하며 이 brush는 모터가 회전할 때 계속하여 접점의 연결/탈락이 반복되므로 장시간 사용할 경우 기계적인 회전마찰에 의해 마모되며 동시에 전류가 흐르고 있는 접점으로 스파크가 발생하여 이에 의해서도 마모되어 DC 모터의 수명에 가장 큰 영향을 끼치는 요소이다. 최근에는 이러한 brush를 사용하지 않는 Brush-Less DC motor인 BLDC 모터를 사용하기도 하나 이 모터는 제어가 DC 모터에 비해 복잡한 단점을 가진다.

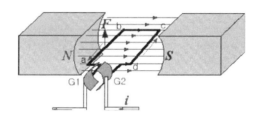

[그림 11-3] DC 모터의 동작 개념도

앞에서도 설명한 것과 같이 DC 모터의 회전력은 모터에 흐르는 전류에 비례하며 이를 수식으로 표현하면 다음과 같다. 회전축으로부터 권선의 중심까지의 거리를 r 이라고 하면 토크는 식 (11-2)와 같다.

$$T = 2 \times F \times r = 2 \times B \times i \times l \quad or \quad T = K_T \times i \quad \cdots\cdots\cdots\cdots\cdots (11\text{-}2)$$

DC 모터의 가장 간단한 구조는 초등학교 교과서에 나오는 다음 실험을 통해서 살펴볼 수 있다. 실험 과정은 다음과 같다.

① 에나멜선을 7-8회 정도 둥글게 감고 양 끝을 평행하게 빼 놓는다.
② 에나멜선의 한 쪽을 칼이나 사포 등을 이용하여 완전히 벗겨낸다.
③ 에나멜선의 다른 한 쪽은 방향에 주의하여 1/2만 벗겨준다.

④ 전지 소켓 양쪽에 구리판을 꽂은 후 건전지를 끼운다.

⑤ 전지 중앙에 네오디뮴 자석을 붙이고 에나멜선을 구리판 위에 건다.

⑥ 에나멜선을 조금 건드려 회전시킨다.

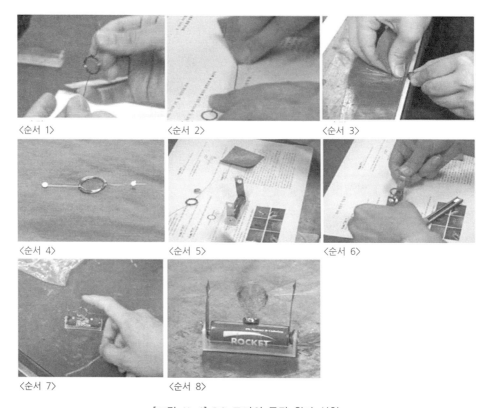

〈순서 1〉　〈순서 2〉　〈순서 3〉
〈순서 4〉　〈순서 5〉　〈순서 6〉
〈순서 7〉　〈순서 8〉

[그림 11-4] DC 모터의 동작 원리 실험

이 경우 네오디뮴 자석은 모터의 고정자 역할을 하고 에나멜선이 회전자 역할을 한다. 또한 1/2만 벗겨진 에나멜선이 모터의 브러시와 같은 역할을 하게 된다.

일반적인 DC 모터는 크게 회전자와 고정자 브러시의 세 가지 요소로 구성된다. [그림 11-5]는 실제 DC모터에 사용되는 회전자로써 금속에 코일이 감겨진 형태로 코일에 전류가 흐르면 금속에 자기력선이 지나가고 이로 인하여 자석이 되는 원리를 이용하여 영구자석이 부착된 고정자 부분과의 반발력에 의해 회전하게 된다. 앞의 식 (11-1)과 식 (11-2)에서 보여진 것과 같이 도체의 길이에 따라 DC 모터가 발생하는 회전력이 커지므로 가능한 많은 양의 도체를 감기 위해 DC 모터의 회전자의 내부 구조는 모터 제조 회사에 따라 코일을 감는 방법에 대해 별도의 특허를 출원할 정도로 특별한 방법을 사용한다.

[그림 11-5] DC 모터의 회전자

[그림 11-5]의 오른쪽 부분이 모터의 회전축이며 왼쪽 부분에서 축을 감싸고 코일의 끝에 연결된 금속 부분은 brush와 접촉하는 부분으로 매번 회전할 때마다 brush에 접촉되어 코일에 전류를 공급한다. 따라서 기계적인 마찰과 스파크로 인해 모터 고정자 측의 brush뿐만 아니라 회전자의 접점 또한 마모되므로 이 부분의 재료의 특성과 마모도 등이 DC 모터의 수명에 많은 영향을 끼친다.

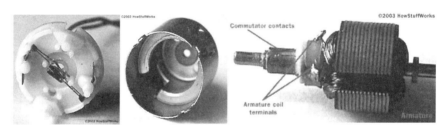

[그림 11-6] DC 모터의 구조

최근에는 DC 모터 내부의 회전자의 철심을 사용하지 않는 core-less 구조의 모터가 개발/보급되는 추세이며, core-less DC 모터를 사용할 경우 회전자의 무게가 감소하여 초기 기동할 때 필요한 정지 마찰력을 이기기 위해 요구되는 회전력과 회전 중에 전류 공급을 끊었을 때 관성에 의해 계속하여 움직이는 것을 방지하기 위한 제동 장치에서 받는 힘이 줄어들어 전체적인 시스템의 경량화가 가능하고, 초기 회전할 때 작은 전류로도 회전이 가능한 장점을 가진다.

[그림 11-7]은 core-less DC motor의 사진으로 core-less의 글자의 의미처럼 회전자 부분의 철심을 사용하지 않고 비어있는 공간에 코일을 감고, 고정자의 케이스에 붙어있는 영구자석 대신 철심에 해당하는 공간을 영구자석으로 채운 고정자를 만들어 [그림 11-7]에서 보듯이 회전자 내부에 고정자의 영구자석이 위치하는 구조를 가진다. 이와 같이 회전하는 부분의 무게를 줄임으로 관성과 관련된 여러 가지 면에서 이득을 볼 수 있다.

[그림 11-7] Core-less DC motor

DC 모터를 사용하여 제어하기 위해서는 DC 모터에 대한 수학적 모델이 필요하며 식 (11-3)과 같이 표시 된다.

$$L\dot{i}_a(t) + Ri_a(t) + K_b\dot{\theta}(t) = v_a(t)$$

$$J\ddot{\theta}(t) + B\dot{\theta}(t) + T_l(t) = K_T i_a(t) = T_a(t) \quad\text{.....................................}\quad (11\text{-}3)$$

v_a : 입력전압		i_a	: 전기자전류
θ : 회전각		T_a	: 출력토크
T_l : 부하토크		L	: 전기자 인덕턴스
R : 전기자저항		K_T	: 토크상수
K_b : 역기전력상수	B		: 마찰계수
J : 모터관성			

가. DC motor의 특성

DC 모터의 특성은 속도-토크, 전류, 출력으로 나타내며 일반적으로는 하나의 그림에 이들 특성을 표시해 주고 모터를 선정할 때 중요한 요소로 작용한다.

1) speed-torque line

일정한 전압(U)에서 속도와 토크의 관계를 표시한다. 일반적으로는 반비례하는 직선이 되며 [그림 11-8]에 이와 같은 관계를 표시하고 있다. 세로축이 속도를 나타내며 가로축이 회전력을 표시한다.

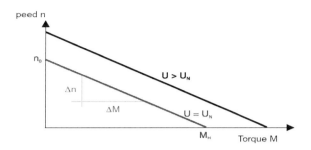

[그림 11-8] Speed-torque line of DC motor

2) current curve

무부하 전류(I_O)와 무부하 토크(M_R), 실속 토크(stall torque(M_H)), 기동 전류(I_A)와의 관계를 그린 곡선이다.

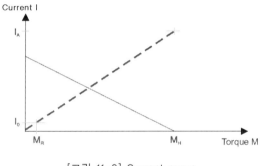

[그림 11-9] Current curve

3) output power vs. efficiency curve

모터의 출력, 효율, 토크와의 관계를 그린 곡선이다.

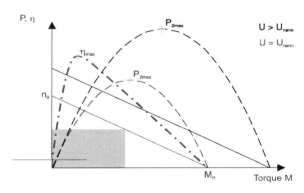

[그림 11-10] output power vs. efficiency curve

일반적으로 DC 모터의 특성은 [그림 11-11]과 같이 하나의 그래프에 X축은 토크,
Y축 왼쪽은 전류(Amp)와 속도(RPM)를 표시하며 Y축 오른쪽은 출력(W)과 효율(%)
을 표시하여 해당하는 모터의 성능을 나타낸다.

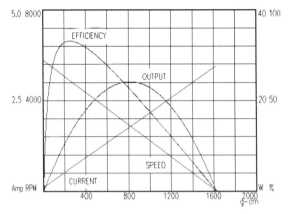

[그림 11-11] DC 모터의 특성 곡선

나. DC motor의 구동

DC motor는 앞에서 설명한 것과 같이 모터 코일에 흐르는 전류에 비례하여 속도
와 회전력(torque)이 변하며 좋은 모터일수록 선형적인 비례 관계를 가진다. DC
motor는 그 구조에서 볼 수 있듯이 회전자에 감긴 코일의 길이는 모터가 만들어지
면서 결정되는 것으로 이 코일의 인덕턴스와 저항 그리고 주변 물체와의 사이에 형
성되는 커패시턴스로 전기적으로는 R, L, C의 모델로 구성되며 각 소자의 값들이
고정되어 있으므로 DC 전류는 공급 전압에 비례하여 증가한다. 따라서 전류는 결국
공급 전압의 크기에 비례하여 변하며, 전류의 변화는 속도, 회전력의 변화에 영향을
준다. [그림 11-12]는 DC motor의 가장 간단한 구동 회로이며 단방향 회전을 제어할
경우에 사용한다. 실습 보드에서는 [그림 11-12]와 같은 형태의 단방향 속도 제어만
가능한 회로를 내장하고 있다.

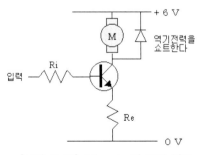

[그림 11-12] DC motor의 구동 회로

DC motor의 회전은 전자 회로에서 공급되는 전압의 크기를 임의로 변화시키는 것은 쉽지 않으며 [그림 11-12]와 같은 구동 회로에서도 공급 전압은 +6V로 고정되어 "입력"에 해당하는 신호를 high/low로 제어하여 DC motor를 회전/정지시키는 제어 밖에는 할 수 없다. 그러나 DC motor의 속도를 제어하기 위해서는 전압의 크기를 변화시켜야 하며, 디지털 회로에서 아날로그적인 제어를 할 때 주로 사용되는 PWM(Pulse Width Modulation)을 사용하여 짧은 시간 간격동안 ON, OFF 구간을 달리함으로 그 출력 결과를 적분하여 전체적인 시간에서 결과는 적분된 값의 시간 평균값으로 나타나도록 하여 전압을 변경하는 것과 동일한 효과를 얻는다.

[그림 11-13]과 같이 일정한 PWM 제어 주기를 간격으로 ON되는 구간과 OFF되는 구간을 제어하며, ON되는 구간의 면적을 PWM 주기로 나누어 시간 평균값을 구하면 그 결과가 제어 대상에는 평균 전압으로 반영된다. 특히 DC motor와 같이 L 성분을 가지고 있는 대상의 경우에는 별도의 적분회로를 추가하지 않더라도 소자 자체의 특성으로 평균값을 얻을 수 있다.

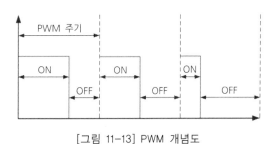

[그림 11-13] PWM 개념도

PWM 제어 방법은 디지털 소자를 사용한 각종 제어에서 아날로그적 효과를 얻는 데 사용하는 매우 유용한 방법으로 [그림 11-13]과 같은 출력 신호를 LED 구동 회로에 연결할 경우 매우 짧은 시간 간격으로 PWM 주기를 설정하면 사람 눈의 잔상효과에 의해 적분되는 것과 동일한 효과를 보여 LED의 밝기를 조절하는 것과 동일한 결과를 얻을 수 있으며, 이는 LED에 공급되는 전압을 변화시킨 것과 동일하게 된다.

PWM 제어와 동일한 효과를 얻기 위한 방법으로 선형 증폭기를 사용하여 전압을 가변하는 방법이 있으나 이 방법은 [그림 11-14]와 같이 구성되며, 제어 회로에 선형 증폭기를 사용하여 모터에 인가되는 전압을 바꾸어 모터의 토크를 제어(전압 U_T를 조절하여 모터 전압 U_M를 조절)하는 구조를 가지므로 단순한 저가의 구동 방식에 주로 사용되고, 모터의 회전력과 관계없이 큰 전류를 소비하므로 효율이 낮고 열이 많이 발생하는 단점을 가진다. 즉, 항상 일정한 전압과 전류가 공급되는 전원 회로와 가변 저항의 저항 값을 변경하여 모터와 함께 구성되는 저항 분압 회로에 의한 효과로 모터에 공급되는 전압을 조절하는 것으로 모터에서 많은 회전력을 요구할 때는 제어 저항의 값을 작게 하여 모터에 큰 전압이 공급되도록 하는 경우에는 모터의 회전력으로 공급되는 전기 에너지가 변환되어 사용되지만, 모터에서 상대적으로 작은 회전력을 요구할 경우 제어 저항의 값을 크게 하여 모터에 공급되는 전압을 낮게 하는 경우에는 저항에 많은 전류가 흘러 저항체의 발열로 공급되는 에너지가 소모된다.

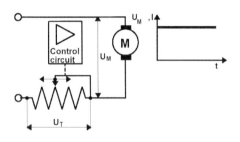

[그림 11-14] 선형 증폭기를 사용한 회로

DC motor에는 [그림 11-12]와 [그림 11-13]의 제어 방법을 사용하여 회전 속도를 변화시킬 수 있으나 회전 방향을 변경하기 위해서는 DC motor의 단자에 공급되는 전압의 극성을 +, -에서 -, +로 바꾸어야 한다. 공급되는 전원의 극성을 변경하면서 PWM 제어를 사용하여 회전 속도를 변경할 수 있는 제어 회로는 H-bridge를 사용한다. H-bridge라는 이름은 회로의 생긴 모양이 영문 알파벳 'H'와 같이 생긴 것에서 유래한다. [그림 11-15]는 H-bridge의 모습을 보이고 있으며 4개의 스위칭 소자로 구성되고 그 가운데에 DC motor가 위치한다.

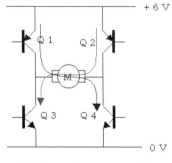

[그림 11-15] H-bridge 회로

H-Bridge 회로는 4개의 트랜지스터로 구성되어 이들 각각은 스위치로 동작하며, [그림 11-15]에서 보듯이 Q1과 Q4가 ON되고 나머지 Q2와 Q3이 OFF되면 전류는 공급 전압에서 Q1을 거쳐 모터 왼쪽의 단자에 + 전압이 공급되고 모터의 오른쪽 단자는 Q4를 통해 GND에 연결된다. 이 경우 모터가 시계 방향으로 회전한다고 하면, Q1과 Q4가 OFF되고 Q2와 Q3이 ON되는 경우 모터에는 Q2를 통해 + 전압이 모터의 오른쪽 단자에 공급되고 Q3을 통해 GND가 모터의 왼쪽 단자에 연결되어 반시계 방향으로 회전한다. 이와 같이 H-Bridge 회로는 공급 전원의 극성을 변경하지 않고 회로에서 전자 제어 방식으로 모터에 공급되는 전원의 극성을 변경하는 효과를 나타내어 정/역 회전이 가능하다. H-Bridge 회로의 특징을 요약하면 아래와 같다.

☆ 음의 공급 전압이 없이 모터의 정/역회전이 가능한 회로
☆ Q2 & Q3 OFF, Q1 & Q4 ON : 정회전
☆ Q1 & Q4 OFF, Q2 & Q3 ON : 역회전

또한 H-Bridge 회로는 모터 단자에 연결되는 전원의 ON, OFF를 쉽게 제어할 수 있어 짧은 시간 주기로 모터를 ON, OFF하는 시간 간격을 조절함으로써 회전 속도를 제어할 수 있는 장점을 가진다.

H-bridge와 PWM을 사용한 DC motor의 제어 방법은 크게 bipolar 방식과 unipolar 방식의 두 가지로 구분된다.

1) Bipolar PWM

회전 방향에 대한 별도의 설정 없이 PWM 펄스의 간격으로 제어하며 ON 구간과 OFF 구간이 50:50일 경우 모터가 정지하며 ON 〉 OFF일 경우 정회전을 ON〈OFF의 경우 역회전한다. 동일한 조건에서 unipolar PWM에 비해 회전 속도 제어의 정밀도가 1/2가 된다.

[그림 11-16]의 왼쪽과 같은 H-bridge 회로의 VDD에 +5V를 공급하고 PWM 제어 신호를 입력하면 오른쪽과 같이 PWM 파형의 ON 구간의 펄스폭에 따라 점선으로 나타난 V_{MOTOR}와 I_{MOTOR}의 값에 해당하는 전압과 전류가 공급되는 효과를 얻게 되어 DC motor의 단자에 공급되는 전압의 극성과 크기를 변경하여 회전을 제어하는 역할을 하게 된다.

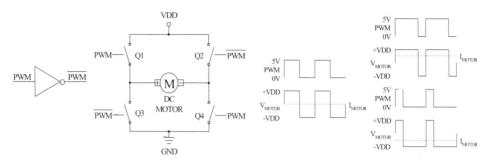

[그림 11-16] H-bridge를 사용한 Bipolar PWM 제어 방법

이 회로에서는 high 구간과 low 구간의 비율이 80:20인 경우에는 DC motor는 PWM 주기의 80%에 해당하는 시간 동안 시계방향으로 회전하고, 나머지 20%에 해당하는 시간동안은 반시계 방향으로 회전하여 실제로는 80 - 20 = 60% 만큼 시계 방향으로 회전하며, 동일하게 high:low의 비율이 90:10인 경우에는 90 - 10 = 80% 만큼 회전한다. 극단적으로 100:0인 경우에는 최고의 속도로 시계 방향으로 회전하게 되며, 반대로 0:100인 경우에는 최고의 속도로 반시계 방향으로 회전한다. 이와 같이 bipolar PWM 제어에서는 ON과 OFF의 간격을 50:50으로 동일하게 유지하면 DC motor에 PWM 제어 주기 동안 절반은 시계 방향으로 회전하고 나머지 절반은 반시계 방향으로 회전하도록 하여 결과적으로는 정지된 효과와 함께 모터의 회전력을 사용한 전기적은 브레이크 시스템으로도 사용할 수 있다. 다만, 이 경우 PWM 제어 주기가 길 경우 정지 위치에서의 진동으로 나타날 수 있으므로 설계된 시스템과 driver IC의 특성에 맞추어 적절한 PWM 제어 주기를 선정하여 사용한다.

2) Unipolar PWM

Unipolar PWM은 모터 회전 방향에 대한 별도의 제어 신호가 존재하며 bipolar PWM에 비해 2배의 제어 정밀도를 가진다. 다만, 이 경우에는 bipolar PWM에서 얻을 수 있는 전기적인 브레이크 효과는 사용할 수 없는 단점을 가진다.

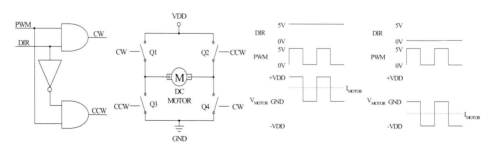

[그림 11-17] H-bridge를 사용한 Unipolar PWM 제어 방법

Unipolar PWM은 bipolar PWM에 비해 회전 방향을 제어하는 'DIR' 제어신호가 PWM 신호와 별도로 존재하며 이 신호에 의해 [그림 11-17]의 왼쪽의 gate들과 연산되어 H-bridge에 TR의 ON, OFF에 각각 입력되어 [그림 11-17]의 오른쪽과 같은 결과를 얻게 된다. DIR 신호가 high인 경우에는 CW에 입력되는 PWM 신호가 나타나며 CCW에는 AND gate의 특성상 항상 low의 값이 출력되어 H-bridge는 PWM 신호에 의해 Q1과 Q4만 제어되며, Q2와 Q3는 항상 OFF된 상태가 된다. 따라서 bipolar PWM 방식에 비해 PWM 신호의 high 구간 0%에서 100%까지의 모든 범위를 한 방향의 속도 제어에 사용할 수 있다. 결과적으로 bipolar PWM 방식에 비해 제어 정밀도를 2배 향상시킨 것과 같은 효과를 얻는다. DIR 신호가 low인 경우에는 이와는 반대로 Q2와 Q3만 PWM 신호에 의해 제어되며, Q1과 Q4는 항상 OFF된 상태가 된다. Unipolar PWM 제어 방법은 PWM 신호의 high 구간이 0%가 되면 DIR의 신호에 상관없이 정지하며 이때 H-bridge의 모든 TR은 OFF 상태가 되어 DC motor에는 공급되는 전원이 없는 상태가 된다. 따라서 bipolar PWM에서와 같은 전기적인 브레이크 효과는 얻을 수 없다.

3) Unipolar PWM vs. Bipolar PWM

Unipolar PWM과 Bipolar PWM을 비교하면 다음과 같이 요약된다.

- ☆ 제어 해상도는 Unipolar PWM 방식이 2배 높다.
- ☆ Q1과 Q4, Q2와 Q3 사이에 순간 단락 전류가 생길 경우 Bipolar PWM의 전류 소모가 커진다.
- ☆ Bipolar PWM 방식의 회로가 간단하다.
- ☆ Bipolar PWM 방식은 전기적인 브레이크를 사용할 수 있다.

다. DC motor의 제어 회로

DC motor의 제어 회로는 H-bridge 회로를 transistor나 FET 등의 스위칭 소자를 사용하여 직접 구현하는 방법과 IC 제품 안에 회로를 내장하고 있는 소자를 구입하여 주변 회로를 구성하여 사용하는 방법이 있다. 일반적으로는 3A 미만의 경우 H-bridge 회로가 내장된 전용 IC를 구입하여 주변 회로를 구성하여 사용하며, 모터 구동에 더 많은 전류가 필요한 경우에는 FET 등을 사용하여 직접 H-bridge 회로를 구성하여 사용한다.

DC motor의 제어 소자로는 앞에서 stepper motor의 설명에 사용한 L298이라는 하나의 IC 안에 2개의 H-bridge 회로를 내장한 bipolar 방식의 구동 소자와 LDM1800 이라는 1개의 H-bridge를 가진 unipolr 방식의 구동 소자를 주로 사용한다.

1) L298

STMicroclcctronics사의 H-Bridge 모터 느라이버로 누 개의 H-Bridge를 가지고 있어 동시에 2개의 DC 모터를 구동할 수 있을 뿐만 아니라 두 개의 H-Bridge를 사용하여 2상 스텝 모터도 구동할 수 있다.

① 사양

☆ 공급 전압 최대 46V

☆ 최대 4A까지 DC 모터 구동 전류 공급 가능

☆ 과열 방지 보호회로 내장

☆ 논리 '0' 입력을 1.5V까지 인식하여 잡음이 심한 환경에서 사용이 쉬움

② 내부 회로 구성

☆ L298은 [그림 11-18]과 같이 내부에 2개의 H-Bridge 회로가 내장되어 있다.

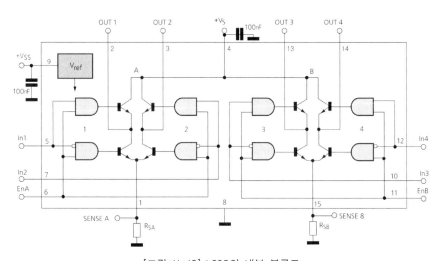

[그림 11-18] L298의 내부 블록도

③ DC 모터 구동 회로

[그림 11-19]는 L298을 사용한 DC 모터의 구동 회로로써 Ven 및 C, D 단자의 논리 값에 따른 모터 구동을 보이고 있다.

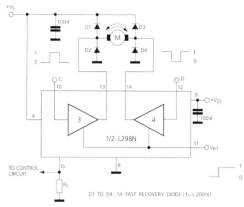

Inputs		Function
$V_{en} = H$	C = H ; D = L	Forward
	C = L ; D = H	Reverse
	C = D	Fast Motor Stop
$V_{en} = L$	C = X ; D = X	Free Running Motor Stop

L = Low H = High X = Don't care

[그림 11-19] L298을 사용한 DC 모터의 구동 회로

[그림 11-20]은 L298을 사용한 DC motor의 구동 회로이며, 하나의 DC motor에 전류가 흐를 때 R1과 R2의 0.5ohm 저항에도 동일한 흐르므로 전압이 발생하며 이 값은 op-amp의 8.2k의 고정 저항과 2k의 가변 저항으로 구성된 분압 회로에서 최대 0.98V가 op-amp의 비교 입력에 가해지므로 [그림 11-20]의 회로에서는 DC motor 하나에 흐르는 전류를 1.96A로 제한하게 된다. 이 값은 L298의 각 2A, 합계 4A의 최대 전류 규격을 만족시킨다. R3과 C2, R4와 C3은 저역통과 필터로 전류 흐름을 검출할 때 발생하는 고주파 잡음을 필터링하는 역할을 한다.

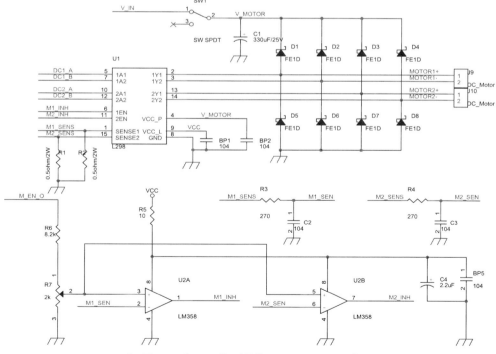

[그림 11-20] L298을 사용한 DC motor 구동 회로

2) LMD18200

National Semiconductor사의 H-Bridge 모터 드라이버로 한 개의 H-Bridge 회로를 가지고 있으며, 유니폴라 방식의 PWM 제어가 가능하며 brake 기능을 가지고 있다.

① 사양

☆ Delivers up to 3A continuous output

☆ Operates at supply voltages up to 55V

☆ Low RDS (ON) typically 0.3W per switch

☆ TTL and CMOS compatible inputs

☆ No "shoot-through" current

☆ Thermal warning flag output at 145°C

☆ Thermal shutdown (outputs off) at 170°C

☆ Internal clamp diodes

☆ Shorted load protection

☆ Internal charge pump with external bootstrap capability

② LMD18200 내부 블록도

LMD18200은 [그림 11-21]과 같이 하나의 H-bridge 회로를 가지고 있으며 이외에 회전 방향, PWM 신호, 정지에 대한 신호를 입력받아 정지 신호가 입력되면 내부에 구성된 별도의 제어 회로에 의해 모터가 정지할 수 있도록 전기적인 브레이크를 구성하여 앞에서 설명한 unipolar PWM 방식에서 구현하지 못했던 동작을 수행하도록 한다.

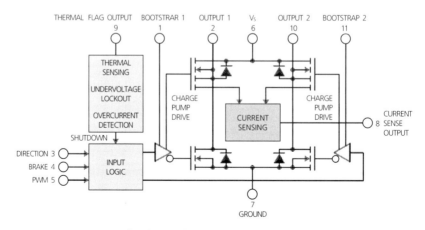

[그림 11-21] LMD18200 내부 블록도

LMD18200에 입력되는 제어 신호의 동작은 [그림 11-22]와 같이 되어 있으며 brake 신호는 L을 유지해야 DIR이나 PWM 신호가 출력 OUTPUT1, OUTPUT2에 영향을 주며, brake 신호가 H인 경우에는 DIR 신호에 따라 출력이 모두 공급 전원이 되거나, 모두 GND가 되어 DC motor의 양 단자에 공급되는 전위차가 발생하지 않는 상태로 만들어준다.

PWM	Dir	Brake	Active Output Drivers
H	H	L	Source 1, Sink 2
H	L	L	Sink 1, Source 2
L	X	L	Source 1, Source 2
H	H	H	Source 1, Source 2
H	L	H	Sink 1, Sink 2
L	X	H	NONE

[그림 11-22] LDM18200의 제어 신호 규격

[그림 11-23]은 LMD18200을 사용한 DC motor의 구동 회로이다.

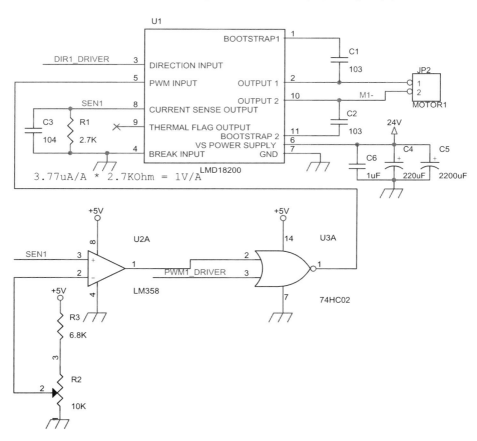

[그림 11-23] LMD18200을 사용한 DC motor 구동 회로

LMD18200에서 1A의 전류가 흐를 때 8번 핀에서는 377μA의 전류가 출력되도록 규정되어 있으며, 이 전류를 2.7kΩ의 저항에 흘리면 V = I × R의 수식에 의해 전압으로 변환되며, 이때 얻을 수 있는 전압과 DC motor에 흐르는 전류는 약 1.0V/A의 관계를 가진다. [그림 11-23]의 응용 회로에서는 LMD18200을 사용한 DC motor의 구동 회로에서 전류 제한을 위해 8번 핀의 출력 전류를 2.7kΩ의 저항을 거쳐 전압으로 변환하고, 이 변환된 전압 값과 +5V가 가해진 6.8kΩ의 저항과 10 kΩ의 가변저항으로 구성된 저항 분압 회로의 출력 전압을 비교하여 최대 허용 전류인 3A를 넘지 않도록 구성하였다.

즉, 6.8kΩ의 저항과 10kΩ의 가변저항의 분압 회로에서 얻을 수 있는 최대 전압은 3V를 넘지 않으므로 1.0V/A로 변환되는 LMD18200의 출력 전류와 비교기를 통하여 비교 연산한 출력을 얻으며, 그 연산 값이 저항 분압회로의 출력보다 크지 않으면 비교기는 low를 출력하며 이때 NOR gate와 PWM 제어 신호를 연산하여 그 출력을 LMD18200에서 입력되도록 한다. 만약, 전류가 제한 범위를 초과하면 비교기의 출력은 high가 되며 이 신호와 PWM 신호가 NOR gate를 통하여 연결되면 항상 출력은 low가 되어 LMD18200의 PWM 신호의 입력은 항상 low가 되어 모터가 움직이지 않는다. [그림 11-23]의 응용 회로를 사용할 경우에는 PWM 출력의 값이 NOR gate를 거지면서 high와 low 구간이 반전되므로 MCU나 CPLD 등에서 발생하는 제어 신호는 이를 고려하여 반전된 PWM 신호를 출력하도록 한다.

라. Gear의 구성

일반적으로 DC 모터는 회전 속도는 빠르나 torque가 적어 모터 회전축에 직접 부하를 연결하여 사용하지 못하며 감속 gear를 연결하여 속도를 떨어뜨리는 대신 torque를 증가시켜 사용한다. DC 모터에 연결하여 사용하는 gear는 크게 spur gear와 planetary gear로 나뉘며 힘의 분배와 편마모 등의 특성으로는 planetary gear가 spur gear보다 우수한 특성을 가지나 가격과 복잡도가 높으나, planetary gear는 단위 체적당 동력 전달 비율이 매우 커서 같은 사이즈 대비 몇 배의 동력을 전달할 수 있다.

1) Spur Gear

Spur gear는 두 축의 중심이 일치하지 않고 평행한 축에 사용하여 축에 평행하게 절삭한 이를 가지며, 가장 흔히 사용되는 기어로 평기어라고 불린다. 바깥물림의 경우에는 축의 회전은 서로 역방향이 되며 회전을 동일한 방향으로 하고자 할 때에는 안쪽 기어를 사용한다. 어느 경우에나 두 축 사이의 회전수는 기어의 지름에 반비례하는 특성을 가진다.

Spur gear는 [그림 11-24]와 같은 모습을 가지며, [그림 11-25]는 maxon motor사에서 사용하는 spur gear head로 DC motor에 결합하여 사용하는 것의 단면도이다.

[그림 11-24] Spur gear　　　　[그림 11-25] maxon motor의 spur gear head

2) Planetary gear

Planetary gear는 epicyclic gear라고도 불린다. Planetary gear는 행성이 항성을 중심으로 공전과 자전을 하는 것과 동일한 형태로 구성되어 유성 기어라는 이름으로 번역되어 불리는 것으로 [그림 11-26]과 같이 모터에 연결된 회전 중심축과 외부 기어, 내부 기어들이 존재하여 모터에 연결된 축을 중심으로 내부 기어들은 외부 기어를 따라 회전하며 동시에 그 스스로도 회전하는 구조를 가진다. Planetary gear는 한 쌍의 gear에서 한쪽은 고정되어 있고 다른 쪽의 gear가 고정되어 있는 gear를 중심으로 그 주위를 회전하는 형태의 모양을 가진 기어 열을 의미한다.

[그림 11-26] Planetary gear의 개념도

Planetary gear는 입력축과 출력축을 어느 요소가 담당하느냐에 따라 여러 형식이 있으며 shaft가 회전하는 형태, 링기어(외통)가 회전하는 형태, 감속을 하는 장치, 증속을 하는 장치 등 여러 가지 유형으로 응용되고 있는 감속기이다. Spur gear는 출력 shaft에 하나의 gear가 붙어 있어 모든 힘이 출력축에 붙어 있는 하나의 gear에 많은 힘이 전달되는 반면에 planetary gear는 선기어를 중심으로 그 주위를 회전하는 planetary gear에 힘이 분배될 뿐 아니라 충격도 분배되기 때문에 단위 체적당 동력 전달 비율이 크다. 또한 여러 개의 planetary gear가 힘을 분배하면서 회전하기 때문에 작은 사이즈로 높은 출력을 낼 수 있다. Planetary gear는 힘의 분배와 편마모 등의 특성이 spur gear에 비해 우수하며 작은 크기에서 큰 torque를 얻을 수 있는 장점이 있으나, 구조가 복잡하다는 단점이 있다.

여러 개의 planetary gear를 사용함으로써 전달 하중이 분포되어 기어의 크기를 줄일 수 있으며, 구조상 입력축과 출력축을 일직성상에 배치할 수 있고 planetary gear가 대칭적으로 배치되었을 때 planetary gear에 작용하는 접선 하중이 서로 상쇄 되므로 기구 구성물을 설계할 때 축방향 하중만을 고려해도 된다. 또한 gear의 크기가 작아 체적을 줄일 수 있으므로 각 기어가 담당하는 전달하중과 속도가 줄어들어 마찰 손실이 적어 효율이 증가하며 각 step별 감속 장치를 따로 분리할 수 있어 한 개의 감속기로 2~3개의 감속비가 다른 제품을 연결할 수 있다. Planetary gear를 사용할 때 torque의 계산은 spur gear를 사용할 때의 torque 계산과 동일하며 최대 허용 torque만 증가한다.

[그림 11-27]은 Maxon사의 DC motor에 연결하여 사용되는 Planetary gear의 구성도로 DC motor의 회전축에 연결하여 사용되며, 회전축과 gear의 최종 출력축이 동일한 직선상에 위치하는 것을 볼 수 있다.

[그림 11-27] Maxon motor의 Planetary gear head의 구조

Stepper motor는 DC 모터와 달리 +, - 전원 공급으로 동작하지 않고 모터의 고정자에 감긴 coil에 전류를 ON/OFF하여 회전자의 영구자석과의 반발력을 이용하여 구동한다. Stepper motor의 구조와 동작 원리에 대해 설명한다.

가. Stepper motor의 구조와 동작 원리

Stepper motor는 DC 모터와 달리 +, - 전원 공급으로 동작하는 것이 아니라 [그림 11-28]과 같이 모터의 고정자에 감긴 coil에 전류를 ON/OFF하여 회전자의 자석과의 반발력을 이용하여 구동하는 원리로 동작하기 때문에 [그림 11-28]과 같은 순서로 Stepper motor의 고정자 전류를 제어해야 한다. Stepper motor는 제어 신호에 따라 모터가 만들면서 정해진 스텝 각(step angle)으로만 회전하기 때문에 Step motor 또는 Stepper motor라고 불린다. [그림 11-28]에서는 스텝 각이 45°로 정해져 있어 하나의 제어 펄스에 모터는 45°만큼 회전하며 일반적으로 사용하는 스텝 모터는 1.8° 또는 0.9°, 3.6°의 제품과 15° 혹은 30°의 스텝 각을 가지도록 만들어진다.

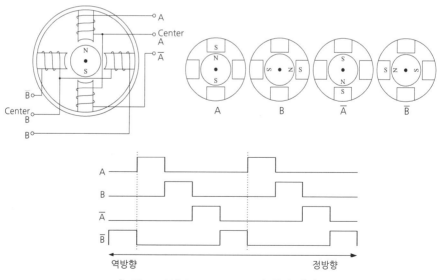

[그림 11-28] Stepper motor의 동작 개념도

Stepper motor는 일반적인 DC motor나 RC-servo motor에 비해 저렴하면서 정확한 제어가 가능하기 때문에 공장 자동화, 사무 자동화 기기 등에 많이 사용되고 있

다. 스텝 모터는 개루프 제어(open loop control)로 위치 제어나 속도 제어를 할 수 있어 제어가 용이하며, 큰 정지 토크를 가지고 있다. 일반적인 DC 모터와는 달리 회전자는 영구자석으로 되어 있고, 고정자는 여러 개의 코일로 구성되며 구성형태에 따라 VR형(Variable Reluctance type), PM형(Permanent Magnet type), HB형(Hybrid type)으로 분류된다.

Motor의 구동은 기계적 특성에 따라 분당 최대 회전수(rpm)가 결정되며 stepping motor에서는 pulse per second(pps)라는 단위를 사용하며 step motor의 특성상 하나의 제어 펄스에 대해 한 스텝 각(step angle) 만큼 회전하기 때문에 1초 동안 [그림 11-28]과 같은 제어 신호의 입력 pulse의 수를 사용하여 회전수를 표현하며 스텝 각이 15°인 경우 1회전이 360°이므로 360[°]/15[°/pulse] = 24[pulse]가 되어 24pulse에 1회전하므로 stepping motor의 경우 스텝각과 pps를 사용하여 초당 혹은 분당 회전수를 산출한다. 예를 들어 스텝 각 15°의 stepper motor의 경우 480pps인 경우 480[pps] × 15[°/pulse] = 7200[°/sec]가 되어 1초에 20회전을 하며 rpm으로 환산하면 20회전 × 60[sec] = 1200[rpm]이 된다.

Stepper motor는 기계적 특성을 [그림 11-29]와 같이 표현하며 pulse speed에 따른 출력 torque의 상관관계를 표시하고 있다. 이 그래프에서 stepper motor의 기동 시 사용할 수 있는 pps와 최대 구동 가능한 pps를 알 수 있으며, 모터를 사용할 대상에 적용할 수 있는 동작 속도에 따른 torque를 확인할 수 있다.

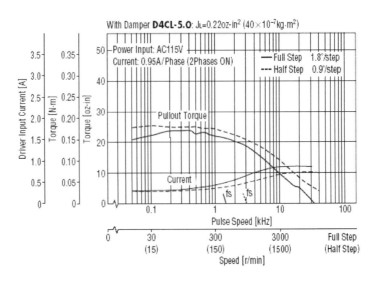

[그림 11-29] step motor의 속도-토크 특성 그래프

Stepper motor를 설명하는데 사용하는 [그림 11-29]는 stepper motor의 특성 곡선이며 [그림 11-30]은 특성을 표시하는데 사용하는 용어 설명이다.

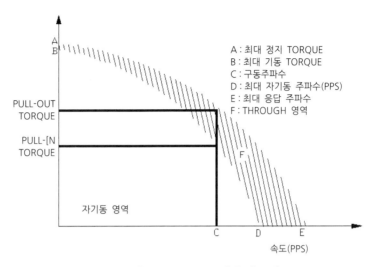

A : 최대 정지 TORQUE
B : 최대 기동 TORQUE
C : 구동주파수
D : 최대 자기동 주파수(PPS)
E : 최대 응답 주파수
F : THROUGH 영역

[그림 11-30] Stepper motor의 특성 그래프

Stepper motor를 사용할 경우 각각 다음과 같은 용어가 있으니 상식적인 측면에서 알아두기 바란다.

용어설명

- **pps(pulse per second)** : 일반 모터의 회전 속도는 1분당 회전수(rpm)를 나타내는데, Stepping motor의 경우는 회전수보다 입력 펄스를 주파수로 나타내는 일이 많고 이것을 pulse rate 혹은 스테핑 rate라고 한다.

- **정지 최대 토크(holding torque)** : 각 상에 정격 전류를 흘리고, 모터 축에 외력에 의한 각도 변화를 주었을 때 발생하는 최대의 토크. 이 토크보다 작은 외력일 경우는, 외력을 떼면 모터 축은 원래의 정지 위치로 되돌아간다.

- **자기동 영역** : 외부에서 주어진 신호로 동기에서 기동, 정지할 경우 스텝 모터의 응답 가능한 영역

- **최대 기동 토크(maximum running torque)** : Stepping motor가 움직일 수 있는 최대의 토크. 일반적으로는 10pps의 주파수로 모터를 구동시켰을 때의 값으로 정의

- **최대 기동 주파수(maximum starting pulse rate)** : 무부하 상태에서 모터의 회전이 입력 펄스 수와 완전히 1대 1로 대응해서 기동하는 최대 주파수

- **스타팅 특성(starting characteristic)** : 모터의 회전이 입력 펄스와 완전히 1대 1로 대응해서 기동할 수 있는 모터의 최대 발생 토크와 입력 펄스와의 관계. 풀인 토크(pull in torque)라고 표현하는 경우도 있다.

- slew 영역 : 자기동 영역을 넘어서 주파수를 서서히 올릴 경우, 또는 부하 토크를 서서히 가할 경우 모터가 동기를 이탈하지 않고 응답 가능한 영역
- 스루잉 특성(slewing characteristic) : 스타팅 특성의 범위 내에서 기동시킨 모터를, 입력 펄스의 주파수를 서서히 증가시켰을 경우 모터의 회전이 입력 펄스와 1대 1로 대응할 수 있는, 최대 발생 토크 입력 펄스의 관계. 풀 아웃 토크(pull out torque)라고 표현하는 경우도 있다.
- 최대 연속 응답 주파수(maximum slewing pulse rate) : 무부하 상태로 slewing 특성으로 들어간 모터를 입력 펄스와 1대 1로 대응해서 회전시킬 수 있는 최대의 입력 주파수
- 탈조 : 스타팅 특성 또는 slewing 특성을 벗어난 주파수의 펄스를 주었을 경우, 모터의 회전이 불규칙하게 되거나 정지하게 되는 상태
- 풀인 토크 : 동기 인출 토크, 자기동 영역에서 기동할 때 발생하는 토크
- 풀 아웃 토크 : 자기동 영역을 넘어서 주파수를 서서히 올릴 경우, 또는 부하 토크를 증가시킬 경우 모터가 동기를 이탈하지 않고 발생하는 토크

Stepper motor는 그 구성에 따라 VR(Variable Reluctance) type, PM(Permanent Magnet) type, Hybrid type의 세 종류로 구분되며 각각의 종류에 따라 구조와 동작 원리를 설명한다.

1) VR(Variable Reluctance) type

Reluctance는 자기저항으로 불리는 것으로 [그림 11-31]과 같이 고정자와 회전자로 구성되며 고정자에는 톱니가 나와 있고 이들 각각에는 코일이 감겨있어 각각의 코일에 흐르는 전류에 따라 전자석의 원리와 같이 자화되는 원리를 이용한다.

VR type의 stepper motor의 경우 회전자에는 영구자석을 사용하지 않으며 그 대신 고정자의 톱니의 극 보다 하나씩 적은 톱니를 가지도록 구성된다. [그림 11-31]과 같이 고정자는 12개의 극을 가지며 각각 A, B, C의 순서로 반복하여 코일이 감겨있고, 회전자는 8개를 가지도록 되어 있어 각각 3:2의 비율을 가져 회전자가 고정자에 비해 하나 작은 비율의 극을 가지도록 구성된다.

[그림 11-31]에서 A 코일에 전류가 흘러 코일이 감긴 극이 자화되어 자석의 극을 형성하게 되면 자기력선이 발생한다. 이때 발생한 자기력선은 전류가 도체를 따라 흐르듯이 일반 공기 중 보다 자성체를 따라 흐를 때 보다 많은 자기력선이 흐를 수 있기 때문에, 이때 자기력선의 흐름에 의해 발생하는 힘에 의해 회전자의 톱니가 A극에 일치되도록 이동한다. 즉, 회전자는 철(Fe)과 같이 자석에 붙는 물질을 사용

하고, 고정자의 극이 전자석의 원리와 같이 자석으로 자화되면 자석에 철이 붙는 것과 같은 원리에 의해 발생하는 힘을 사용하여 회전자를 이동시킨다. 이러한 동작 원리 때문에 Variable Reluctance type이라고 불리며, 영구자석을 가지고 있지 않음으로 큰 회전력을 낼 수 없는 단점을 가지나 PM(Permanent Magnet) type에 비해 스텝 각을 작게 만들 수 있는 장점을 가진다.

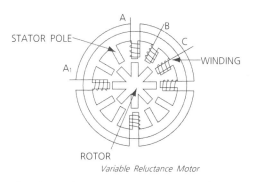

[그림 11-31] VR type stepping motor의 구조

VR type의 모터를 회전시키기 위해 다음으로 B 코일에 전류를 흘려 B 코일이 감긴 극이 자화되면 회전자의 톱니가 B극에 일치하도록 이동하여 시계 방향으로 회전하게 된다. 반대 방향의 회전을 시킬 경우에는 A, B, C, A, B, C, …의 순서로 감긴 코일의 극에서 B 대신 C 코일을 자화시키면 반시계 방향으로 회전한다. [그림 11-31] 과 같이 구성된 VR type의 stepper motor는 12개의 극을 가지고 있으므로 360°/12 = 30°의 스텝 각(step angle)을 가지며 하나의 제어 신호마다 30°씩 회전한다.

2) PM(Permanent Magnet) type

PM(permanent magnet) type stepper motor는 회전자에 영구자석을 사용하여 만든 것으로 [그림 11-32]와 같이 고정자에 코일이 감긴 극이 만들어져 있고, 회전자는 영구자석으로 구성된다. [그림 11-32]의 경우 스텝 각 90°의 A, B, C, D 4개의 극을 가지고 있으며 회전자의 경우 N극과 S극으로 만들어진 영구자석으로 A, B, C, D 중 하나에 전류를 흘려 N극으로 자화시키면 회전자의 N극은 반발력으로 밀려나가고 S극은 인력에 의해 A 코일이 감긴 극으로 이동하게 된다. PM type의 stepper motor는 이와 같은 원리로 회전력을 발생시키며 A극을 N극으로 C극을 S극으로 자화시키는 경우 A극 하나만을 자화시키는 경우에 비해 더욱 큰 회전력을 발생시킬 수 있다. 다만, 이러한 구조에서는 스텝 각을 크게 만들 수밖에 없는 구조로 VR type에 비해 큰 스텝 각을 가지게 되는 단점이 있으나 영구자석이 없는 VR type에 비해 보다 큰 회전력을 얻을 수 있는 장점을 가진다. 또한 [그림 11-32]에서 보듯이 구조를 단순화시킬 수 있는 장점을 가진다.

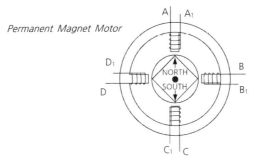

[그림 11-32] PM type stepping motor 구조

3) Hybrid type

VR type의 장점과 PM type의 각각의 장점만을 취해서 만든 stepper motor가 Hybrid type의 stepper motor로서 [그림 11-33]과 같이 복잡한 구조를 가지나, 미세한 스텝 각을 가지며, 상대적으로 큰 회선력을 얻을 수 있다.

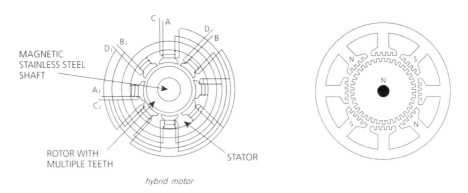

hybrid motor

[그림 11-33] Hybrid type stepper motor의 구조

[그림 11-33]은 hybrid type의 stepper motor의 구조로 고정자는 $45°$ 간격으로 배치되어 있으며 이들 고정자의 이빨에는 작은 톱니 여러 개가 추가로 붙어 있으며, 회전자는 영구자석으로 구성되며 회전자에도 일반적인 hybrid type의 stepper motor는 $1.8°$의 스텝 각을 가지며 제품에 따라 $3.6°$와 $0.9°$의 스텝 각을 가지는 것도 있다.

[그림 11-34]는 hybrid type stepper motor의 회전자의 구조를 보이고 있으며, 이 회전자는 2개의 영구자석으로 구성되며 그림에서 보듯이 서로 다른 두 개의 영구자석은 절반의 톱니 간격만큼 어긋난 상태로 서로 맞물려 있다.

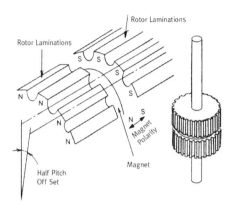

[그림 11-34] 회전자의 구조

[그림 11-34]와 같이 N극과 S극이 절반의 이빨 간격만큼 어긋난 상태로 맞물려있는 회전자의 톱니와 고정자의 이빨 간격으로 인해 실제 회전각은 7.2°로 만들어진 이빨 간격의 1/4가 되어 1.8°의 스텝 각을 가지게 된다.

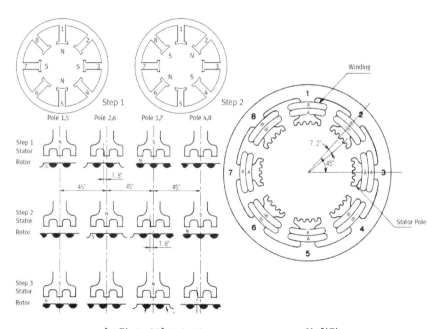

[그림 11-35] Hybrid type stepper motor의 회전

[그림 11-35]는 Shinano Kenshi사에서 생산되는 hybrid type의 stepper motor 구조이며, 고정자는 그림의 오른쪽과 같이 코일이 감긴 8개의 극으로 구성되며 각각의 간격은 45°를 이룬다. 또한 이 8개의 극 각각에는 5개씩의 작은 톱니가 있으며 이들 톱니 사이의 간격은 7.2°로 구성되고 회전자는 N극 50개, S극 50개가 서로 절반의 톱니 극 간격만큼 어긋난 상태로 맞물려 있다. 각각의 스텝 각 변화 신호가 발생할 때마다 1번과 5번의 고정자가 N극으로 자화되고 이때 Step1과 같이 회전자의 S극은 고정자 극에 일치하게 맞물린 상태로 위치하게 된다. 두 번째로 2번과 6번의 고정자가 N극으로 자화될 경우 Step2와 같이 회전자의 S극이 N극으로 자화된 고정자에 일치하게 되며, 이 경우 Step1에 표시된 것과 같이 회전자가 1.8°만큼 이동하여 위치하게 된다. Hybrid type의 stepper motor는 이와 같이 회전자의 영구자석의 어긋난 상태의 맞물림과 고정자에 감긴 코일과 하나의 고정자 극에 7.2°의 간격을 이루는 작은 톱니를 5개씩 구성하는 기구적으로 많이 복잡하지 않은 구조를 유지하면서도 1.8°의 미세한 스텝 각을 이루도록 만들어졌다. 이러한 Hybrid type의 stepper motor는 산업용으로 상대적으로 높은 회전력과 미세한 회전각을 요구하는 분야에 주로 사용된다. 스텝 각 1.8°의 stepper motor는 제어 방식에 따라 0.9°로 구동할 수 있으며, micro-step driving 방식을 사용할 경우 보다 미세한 각도로 제어할 수 있다.

나. Stepper motor의 제어 방법

Stepper motor는 그 구동 방법에 따라 unipolar 방식과 bipolar 구동방식으로 나뉘게 되며, 일반적으로 bipolar 방식의 경우 unipolar 구동 방식에 비해 큰 회전력을 얻을 수 있으며, unipolar 방식의 경우 bipolar 방식에 비해 상대적으로 빠른 속도로 회전할 때 유리하다.

각각의 stepper motor의 구동 방식에 대해 설명하기에 앞서 stepper motor의 단순화한 모델을 구성하고 이 모델에 대해 각각의 구동 방식을 적용하면서 설명한다. [그림 11-36]은 A, $\overline{A}$, B, $\overline{B}$의 2상(제조사에 따라 4상이라고도 불림), 스텝 각 90°의 stepper motor의 단순 모델이다.

[그림 11-36]의 stepper motor의 단순 모델은 A와 $\overline{A}$, Center A로 구성되는 한 상과 B와 $\overline{B}$, Center B로 구성되는 두 개의 상을 가지는 2상 스텝 모터로 unipolar 구동 방식의 경우 Center A와 Center B에 전원을 공급하고 A와 $\overline{A}$, B와 $\overline{B}$ 코일의 끝 단자들을 0V로 스위칭하여 공급하는 상 신호에 따라 모터의 회전 방향과 full-step

및 half-step 등의 구동 방식에 따라 1.8° 또는 0.9°의 스텝 각을 지정할 수 있으며 bipolar 구동 방식의 경우 각 코일의 center tap을 이용하지 않고, 끝 단자들에 H-bridge 회로를 연결하여 공급 전압과 0V로 스위칭하여 제어한다.

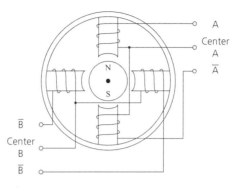

[그림 11-36] stepper motor의 단순 모델

또한 stepper motor는 고정자 코일의 자력 유도 방식에 따라 1상, 2상 또는 1-2상 구동 방식으로 구분되며 1상 방식의 경우 한 번에 하나의 코일을 자화시켜 구동하며 한 번에 하나의 스텝 각만큼 이동하며, 2상 방식의 경우에는 한 번에 두 개의 코일을 자화시켜 구동하는 방법으로 1상 방식에 비해 $\sqrt{2}$ 배의 회전력을 얻을 수 있으나 회전각은 한 스텝 각 만큼 이동한다. 반면 1-2상 방식의 경우 1상 방식과 2상 방식을 혼합하여 사용함으로 각각 1개의 코일을 자화시키고 그 다음번에는 2개의 코일을 자화시키고 다음번에는 다시 1개의 코일만을 자화시켜 사용하는 방법으로 코일이 자화되는 수에 따라 발생하는 회전력의 변화가 발생하지만 회전각은 1/2 스텝 각을 얻을 수 있어 half-step 구동 방식이라고도 불린다.

1) Unipolar 1 phase excitation

Unipolar 1상 구동 방식은 [그림 11-37]과 같이 center 코일에 전원을 공급하고 motor driver 회로에서 입력받은 상 제어 신호를 바탕으로 A, $\overline{A}$ 또는 B, $\overline{B}$의 코일의 단자를 0V로 스위칭하여 각각의 극을 자화시켜 구동한다.

[그림 11-37]의 제어 신호와 같이 unipolar 1상 구동 방식의 경우 한 순간에 하나의 코일이 자화되며, 그 순서에 따라 시계방향 또는 반시계 방향으로 회전하게 된다. 이 경우 발생하는 회전력은 자화된 1개의 고정자와 회전자 사이에 발생하는 인력이며, 하나의 제어 신호에 한 스텝 각만큼 이동한다.

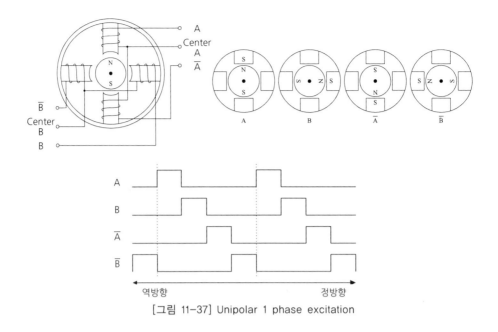

[그림 11-37] Unipolar 1 phase excitation

2) Unipolar 2 phase excitation

Unipolar 2상 구동 방식은 unipolar 1상 구동 방식과 동일하게 연결하여 사용하나, 한번에 2개의 고정자 극을 자화시켜 [그림 11-38]의 개념도와 같이 자화된 2개의 고정자 극 사이에 회전자가 위치하게 되며 이때 발생하는 회전력은 2개의 고정자 극에서 하나의 회전자 극을 끌어당기는 것과 같은 구조로 unipolar 1상 구동 방식에 비해 $\sqrt{2}$ 배 더 큰 힘이 발생하게 된다.

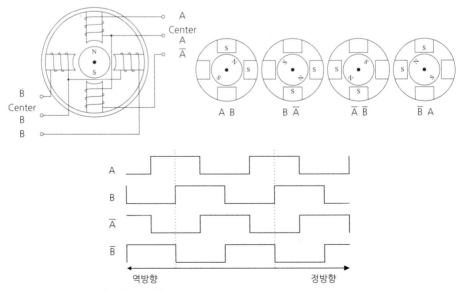

[그림 11-38] Unipolar 2 phase excitation

Unipolar 2상 구동 방식은 [그림 11-38]의 제어 신호에서 보듯이 동시에 2개의 고정자 코일이 자화되도록 제어 신호를 발생시키며 신호의 순서에 따라 시계 방향 또는 반시계 방향으로 회전하게 되며 제어 신호를 발생하는 시간 간격에 따라 모터의 회전 속도가 결정된다.

3) Unipolar 1-2 phase excitation

Unipolar 1-2상 구동 방식은 그 이름에서 알 수 있듯이 1상 구동 방식과 2상 구동 방식을 섞어 사용하는 방법으로 각각 4가지 상태를 혼합하므로 1-2상 구동의 경우 모두 8가지 상태를 가지게 되며 이로 인하여 1상 또는 2상 구동 방식에서는 각 제어 신호마다 한 스텝 각씩 이동했지만, 1-2상 구동 방식에서는 반 스텝 각씩 이동이 가능하므로 보다 정밀한 제어가 가능하다. 모터의 스텝 각이 1.8°인 경우 1-2상 구동 방식을 적용할 경우 0.8°의 스텝 각으로 회전이 가능하다.

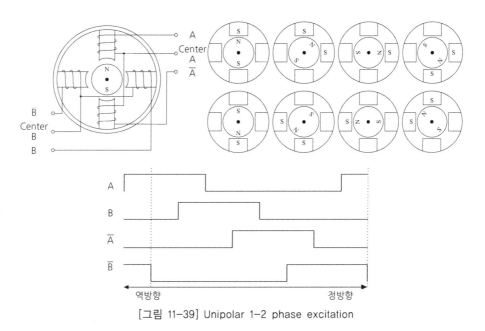

[그림 11-39] Unipolar 1-2 phase excitation

[그림 11-39]에서 보듯이 1-2상 구동 방식의 제어 신호는 gray code와 같이 각 단계가 변할 때마다 신호의 값은 아래의 표와 같이 하나씩만 변하도록 구성되며 절반의 스텝 각으로 정밀하게 제어가 가능하지만, 고정자 코일 1개만 자화되는 경우에 비해 2개가 자화되는 경우 $\sqrt{2}$ 배의 회전력이 발생하여 이 경우 회전력에 변화가 발생하므로 1상 구동방식에서 얻을 수 있는 회전력을 최대 회전력으로 설계하여 사용한다.

4) Bipolar 1 phase excitation

Bipolar 구동 방식의 경우 center tap을 사용하지 않고 A, $\overline{A}$ 또는 B, $\overline{B}$ 코일을 사용한다. Unipolar 구동 방식에 비해 bipolar 구동 방식의 경우 A와 $\overline{A}$를 동시에 자화시키며, 또는 B와 $\overline{B}$를 동시에 자화시켜 사용하므로 unipolar 구동 방식에 비해 2배의 회전력을 얻을 수 있다.

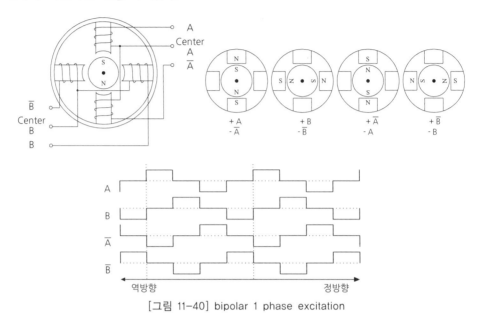

[그림 11-40] bipolar 1 phase excitation

[그림 11-40]에서 보듯이 bipolar 구동 방식에서는 A, $\overline{A}$ 또는 B, $\overline{B}$의 각각의 한 쌍으로 구성된 코일에 흐르는 전류를 각각 반대 방향이 되도록 제어하여 한 쌍의 코일이 감긴 고정자 극을 각각 N극과 S극으로 자화시켜 영구자석으로 구성된 회전자가 이에 끌려 해당되는 위치로 이동하도록 제어하는 방법이다. Unipolar 구동 방식에 비해 2배의 회전력을 얻을 수 있는 제어 방법으로 큰 힘을 요구할 때 사용하기 적절한 제어 방법이다.

5) Bipolar 2 phase excitation

Bipolar 2상 구동 방식은 [그림 11-41]과 같이 A, $\overline{A}$와 B, $\overline{B}$를 모두 자화시켜 사용하며, bipolar 1상 구동 방식에 비해 $\sqrt{2}$ 배의 회전력을, unipolar 1상 구동 방식에 비해서는 이론적으로 $2\sqrt{2}$ 배의 회전력을 얻을 수 있으며, unipolar 2상 구동 방식에 비해서는 이론적으로 2배의 회전력을 얻을 수 있는 구동 방식이다. Stepper motor의 구동 방식 중 가장 큰 회전력을 얻을 수 있는 구동 방식이며, 저속 회전에 유리한 구동 방식이다.

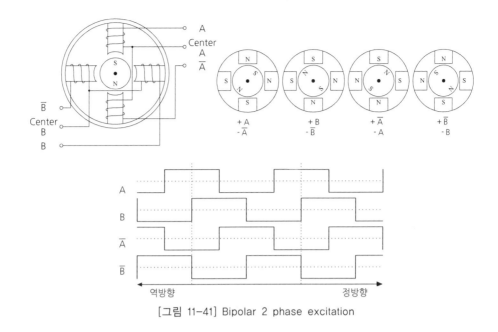

[그림 11-41] Bipolar 2 phase excitation

6) Bipolar 1-2 phase excitation

Bipolar 1-2상 구동 방식은 1상 구동 방식과 2상 구동 방식의 각각의 단계별로 서로 혼합하여 사용하는 것으로 unipolar 1-2상 구동 방식과 마찬가지로 스텝 각은 1/2 스텝씩 회전 가능하지만 회전력에는 변동이 발생하므로 시스템을 설계할 때 1-2상 구동 방식을 사용할 계획이라면 회전력은 1상 구동 방식에서 발생하는 회전력을 최대로 계산하여 구성한다.

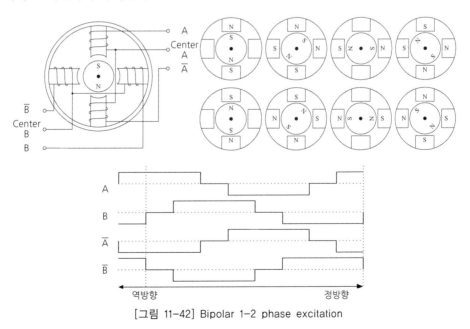

[그림 11-42] Bipolar 1-2 phase excitation

Stepper motor는 그 구동 방식에 따라 얻을 수 있는 특성이 다르게 되므로 사용하려는 시스템의 특성에 따라 고속 회전이 주요한 요소로 사용되는 곳이라면 unipolar 구동 방식을 사용하며, 속도보다 큰 회전력이 더 큰 비중을 차지하는 경우에는 bipolar 구동 방식을 사용한다. 또한 각각의 구동 방식에 따라 1phase 또는 2phase를 선택하여 2phase 구동의 경우 1phase에 비해 $\sqrt{2}$ 배의 회전력을 발생하므로 이를 고려하여 적절한 구동 방식을 선택하며, 1-2phase 구동 방식은 1phase 구동 방식에서 얻을 수 있는 회전력에 stepper motor가 제조될 때 결정된 스텝 각의 1/2의 각도 단위로 회전시킬 수 있으므로 이러한 특성들을 고려하여 사용하려는 시스템에 맞는 구동 방식을 선택하여 사용한다.

7) Micro-Stepping

Micro-Stepping 구동 방식은 1phase, 2phase 또는 1-2phase 구동 방식과는 달리 고정자의 각 극에 흐르는 전류를 적절히 조절함으로써 회전자의 위치를 제어하는 방식으로 1phase 구동 방식에서 얻을 수 있는 회전력을 유지하면서 1-2phase 구동에서의 1/2 스텝 각보다 정밀하게 제어할 수 있는 방법이다. 일반적으로 Micro-stepping 구동 방식에서는 사용되는 driver에 따라 다르지만 보통 한 스텝 각의 1/16까지 미세한 단위로 제어할 수 있다. [그림 11-43]은 Unipolar micro-stepping driver로 사용되는 SLA7062의 내부 블록도이다.

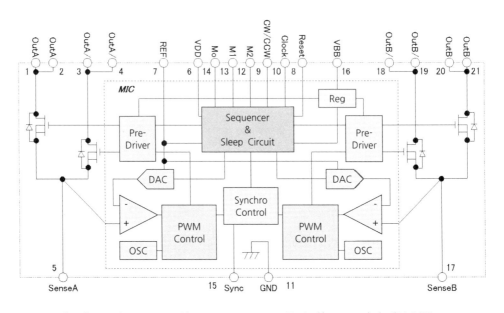

[그림 11-43] Unipolar 2상 Micro-stepping 구동 소자(SLA7062)의 내부 블록도

Micro-stepping 구동 방식은 고정자 코일의 각 상에 흐르는 전류와 이에 따라 발생하는 자속에 의해 회전자가 이동하는 인력을 발생시키는 방식으로 각 상에 흐르는 전류를 검출하고 각 상에 흐르는 전류를 제어하기 위해 각 상에 흐르는 전류를 DAC를 사용하여 제어 신호에 따른 출력 전류 값을 찾아 PWM을 사용하여 제어 대상이 되는 고정자 코일의 각 상에 흐르는 전류의 양을 조절하여 전류에 비례하여 발생하는 자속을 제어함으로 회전자와의 사이에 발생하는 인력을 조절하고 있다.

[그림 11-44]는 micro-stepping 구동 방식을 적용할 경우 각 상에 흐르는 전류와 이 전류로부터 발생하는 자속과 그로 인하여 회전자와의 사이에 발생하는 인력에 의해 생성되는 회전력과의 관계를 보이는 벡터도이다.

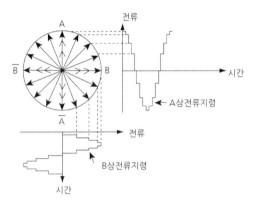

[그림 11-44] 각 상의 전류와 토크 벡터와의 관계

[그림 11-45]는 micro-stepping 구동 드라이버 IC인 SLA7062에서 A와 B 코일의 각 상에 흐르는 전류를 표시한 것으로 sine wave의 형태로 A상과 B상에 90° 만큼의 위상차를 가지고 전류의 흐름을 제어한다.

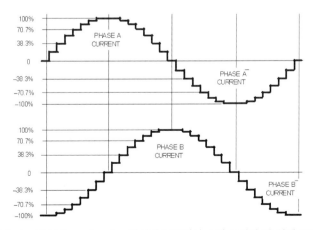

[그림 11-45] Unipolar 2상 Micro-stepping 방식의 구동에서 스텝 모터의 각 상에 흐르는 전류 파형

Micro-stepping 구동 방식은 복잡하지만 stepper motor를 가장 정밀하게 구동하는 방법이다. 다만, 이 경우에도 최대 회전력은 1상 구동 방식에서 얻을 수 있는 값이 최대이므로 설계할 때 이를 충분히 고려하여 전체 시스템에 반영해야 한다. 특히 SLA7062와 같은 소자를 사용할 경우에는 unipolar 방식이므로 이에 준하여 설계값을 반영해야 한다. 제어 회로의 구성과 그 동작에 대해서는 뒤여서 자세히 설명한다.

다. Stepper motor의 구동 회로

Stepper motor의 구동 회로는 구동 방식에 따라 크게 정전류 구동과 정전압 구동으로 나뉘며, 여기에서 각각 고정자 코일의 자화 방식에 따라 unipolar, bipolar 및 micro-stepping 방식으로 구분되며 각각 사용되는 driver IC가 구분된다.

정전압 구동 방식은 stepper motor에 공급되는 전압을 일정하게 하여 제어하는 방법으로 전원으로부터 특별한 전력 변환 없이 상변환 스위치만을 가지고 제어하는 방식으로 소용량의 stepper motor 혹은 낮은 주파수의 회전 속도를 제어할 경우에 사용한다. 그러나 과전류의 문제가 있기 때문에 많이 사용되지 않는다.

정전류 구동 방식은 stepper motor에 공급되는 전류를 일정하게 제어하는 방법으로 전원의 인가전압을 PWM chopper를 이용하여 stepper motor에 공급하여 전류를 제어한다. 상변환을 하는 스위칭 소자 이외에 정전류를 제어하는 소자가 필요하다.

1) Unipolar driver circuit

[그림 11-46]은 unipolar 구동 방식에 사용되는 SLA7026 소자의 내부 블록도이며, 상변환을 하는 스위칭 소자와 함께 전류를 제한하는 블록으로 함께 구성되어 있다.

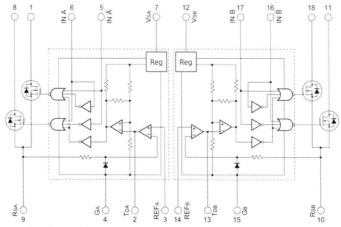

[그림 11-46] Unipolar 구동 소자인 SLA7026의 내부 블록도

[그림 11-47]은 unipolar stepper motor 구동에 사용되는 SLA7024/SLA7026의 회로도로서 1, 8, 11, 18번 핀에 연결된 코일이 stepper motor의 고정자의 코일에 해당하며 INA, IN/A, INB, IN/B는 제어 신호의 입력 단자이다. [그림 11-49]는 SLA7024를 사용한 실제 회로도이다.

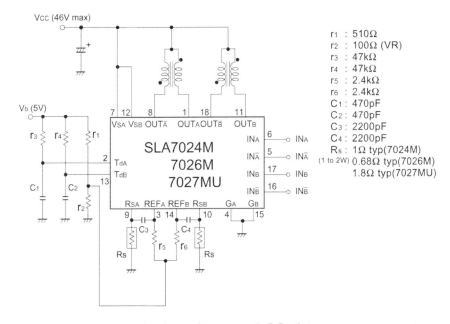

[그림 11-47] SLA7026의 응용 회로

[그림 11-47]의 회로는 SLA7024, SLA7026, SLA7027에 대해 적용 가능한 응용 회로이며, 각각의 소자는 stepper motor에 흐리는 최대 전류 값에 차이가 있으며, RS의 저항 값에 따라 각 소자별 최대 출력 전류를 제한하도록 구성된다.

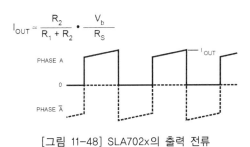

$$I_{OUT} \approx \frac{R_2}{R_1 + R_2} \cdot \frac{V_b}{R_S}$$

[그림 11-48] SLA702x의 출력 전류

SLA7024의 경우 1.5A가 최대 출력 전류로서 RS 저항은 1Ω으로 규정되어 있으며, 이 저항은 1.5A의 전류를 흘려야 하므로 정격 전력은 2W를 선정하여 사용한다. 또한 흐르는 전류는 [그림 11-48]의 수식에서와 같이 R1이 510Ω인 경우 R2의 가변 저항의 최댓값은 1.5A의 전류가 최대인 경우에 대해서는 식 (11-4)에 의해 그 최댓 값을 결정한다. 식 (11-4)에 Vb와 R1, IOUT에 대해 각각 +5V와 510Ω, 1.5A를 대입 하면 R2는 218.5xx의 값이 되므로 200Ω을 최대로 가지는 가변 저항을 사용한다.

$$I_{OUT} \approx \frac{R2}{R_1 + R_2} \times \frac{V_b}{R_S} \quad \cdots\cdots\cdots\cdots\cdots\cdots\cdots\cdots\cdots\cdots\cdots\cdots\cdots\cdots\cdots\cdots \quad (11\text{-}4)$$

$$\frac{R_1}{\dfrac{V_b}{I_{OUT}} - 1} \approx R_2$$

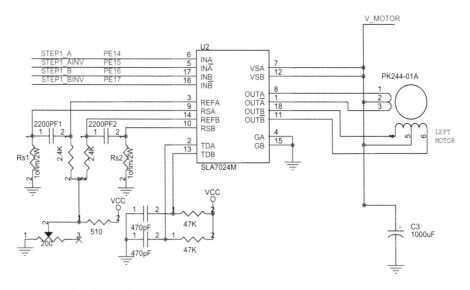

[그림 11-49] PK244 stepper motor와 SLA7024를 사용한 응용 회로

사용하려는 stepper motor의 종류와 특성에 따라 전류값이 다르게 되므로 [그림 11-50]과 같은 stepper motor의 spec.을 참조하여 사용하려는 시스템에 맞는 모터를 선정하고, 선정된 모터의 특성을 바탕으로 driver IC를 선정한다. Driver IC의 선정 은 stepper motor에서 사용하는 최대 전류를 충분히 흘릴 수 있는지 여부를 판단하 며 약 15~20% 정도의 여유를 두어 선정한다.

SPECIFICATIONS (at 2-phase excitation)

Model (Single Shaft / Double Shaft)	Holding Torque oz-in N·m	Current A/phase	Voltage VDC	Resistance Ω/phase	Inductance mH/phase	Rotor Inertia J oz-in² kg·m²
PK243-01AA PK243-01BA	22.2 0.16	0.95	4	4.2	2.5	0.192 35×10^{-7}
PK243-02AA PK243-02BA	22.2 0.16	0.4	9.6	24	15	0.192 35×10^{-7}
PK243-03AA PK243-03BA	22.2 0.16	0.31	12	38.5	21	0.192 35×10^{-7}
PK244-01AA PK244-01BA	36.1 0.26	1.2	4	3.3	3.2	0.296 54×10^{-7}
PK244-02AA PK244-02BA	36.1 0.26	0.8	6	7.5	6.7	0.296 54×10^{-7}
PK244-03AA PK244-03BA	36.1 0.26	0.4	12	30	30	0.296 54×10^{-7}
PK244-04AA PK244-04BA	36.1 0.26	0.2	24	120	107	0.296 54×10^{-7}
PK245-01AA PK245-01BA	44.4 0.32	1.2	4	3.3	2.8	0.372 68×10^{-7}
PK245-02AA PK245-02BA	44.4 0.32	0.8	6	7.5	7.1	0.372 68×10^{-7}
PK245-03AA PK245-03BA	44.4 0.32	0.4	12	30	25	0.372 68×10^{-7}

[그림 11-50] Stepper motor의 spec.

Stepper motor driver IC에 입력되는 제어 신호는 MICOM이나 CPLD 등의 제어 소자로부터 출력되며 이 값은 [그림 11-51]과 같이 구동 방식에 따라 해당되는 제어 신호가 'H'가 되도록 한다.

WAVE DRIVE (FULL STEP)
for SLA7024M and SLA7026M

Sequence	0	1	2	3	0
Input A	H	L	L	L	H
Input $\overline{A}$	L	L	H	L	L
Input B	L	H	L	L	L
Input $\overline{B}$	L	L	L	H	L
Output ON	A	B	$\overline{A}$	$\overline{B}$	A

2-PHASE (FULL STEP) OPERATION
for SLA7024M and SLA7026M

Sequence	0	1	2	3	0
Input A	H	L	L	H	H
Input $\overline{A}$	L	H	H	L	L
Input B	H	H	L	L	H
Input $\overline{B}$	L	L	H	H	L
Outputs ON	AB	$\overline{A}$B	$\overline{AB}$	A$\overline{B}$	AB

HALF-STEP OPERATION (2-1-2 SEQUENCE)
for SLA7024M, SLA7026M, and SMA7029M

Sequence	0	1	2	3	4	5	6	7	0
Input A	H	H	L	L	L	L	L	H	H
Input $\overline{A}$ or t_{dA}*	L	L	L	H	H	H	L	L	L
Input B	L	H	H	H	L	L	L	L	L
Input $\overline{B}$ or t_{dB}*	L	L	L	L	L	H	H	H	L
Output(s) ON	A	AB	B	$\overline{A}$B	$\overline{A}$	$\overline{AB}$	$\overline{B}$	A$\overline{B}$	A

[그림 11-51] Driver IC의 제어 신호

2) Bipolar driver circuit

Bipolar 방식의 stepper motor driver는 H-bridge 회로 2개를 사용하여 2상 stepper motor의 고정자 코일 각각을 제어하는 방법으로 하나의 stepper motor를 구동할 수 있다. 여기서는 하나의 package안에 2개의 H-bridge 회로를 가진

STMicroelectronics 사의 L298을 사용하는 방법에 대해 설명한다. [그림 11-52]는 L298 내부 블록도를 보이고 있는 것이며, 하나의 IC 안에 2개의 H-bridge를 가지고 있어 하나의 H-bridge에서 stepper motor의 고정자 코일 하나를 제어할 수 있어 일반적으로 A, A와 B, B로 구성되는 2상 stepper motor의 bipolar 구동에 사용할 수 있다.(주: 일본의 일부 stepper motor 제조사에서는 A, A와 B, B로 구성되는 stepper motor를 4상 stepper motor라고 부르기도 한다.) L298은 DC 모터의 H-Bridge 제어 회로를 구성하는 용도로 사용되며 동시에 2개의 DC 모터를 제어할 수 있다. 반면 stepper motor의 구동의 경우 2개의 H-Bridge가 필요하므로 L298 소자 하나로 한 개의 stepper motor를 제어한다.

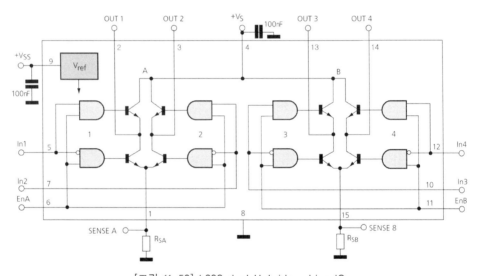

[그림 11-52] L298 dual H-bridge drive IC

[그림 11-52]의 블록도에서도 모터 코일에 흐르는 전류를 검출하기 위해 SENSE 단자에 저항을 연결하고 이 저항에 흐르는 전류로부터 $V = I \times R$에 의해 전압으로 변환된 값을 비교 값으로 사용하여 최대 전류를 제한하도록 구성한다.

[그림 11-53]은 L298을 사용한 stepper motor 구동 회로이며, stepper motor 코일 하나에 최대 2A씩 흘릴 수 있도록 구성되어 있으며 stepper motor의 구동에 필요한 상 신호를 MCU나 CPLD와 같은 제어 소자에서 직접 발생하지 않고 L297이라는 stepper motor 전용 상 신호 발생 소자를 사용하고 있다. L297은 회전 방향과 회전 속도를 결정하는 clock 신호를 입력하면 그에 따라 stepper motor 구동에 적절한 상 신호가 발생된다.

This circuit drives bipolar stepper motors with winding currents up to 2 A. The diodes are fast 2 A types.

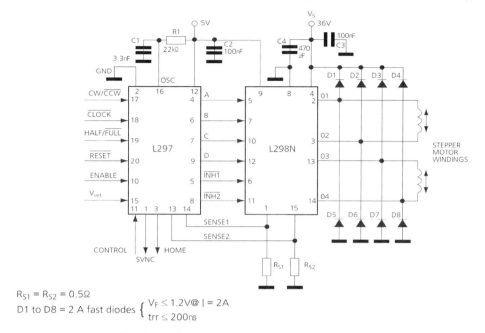

$R_{S1} = R_{S2} = 0.5\Omega$
D1 to D8 = 2 A fast diodes $\left\{ \begin{array}{l} V_F \le 1.2V@ \mid = 2A \\ trr \le 200ns \end{array} \right.$

[그림 11-53] Bipolar stepper motor driver circuit

L297은 state machine으로 구성되어 있으며 사용자의 선택 모드에 따라 각각 다른 stepper motor용 상 신호가 발생되며 1상 구동인 경우 [그림 11-54]와 같은 신호를 출력하며 2상 구동인 경우 [그림 11-55]와 같은 신호를 출력한다.

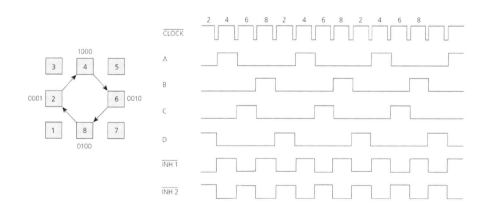

[그림 11-54] 1상 구동에 대한 L297에서 발생되는 stepper motor 제어용 상 신호

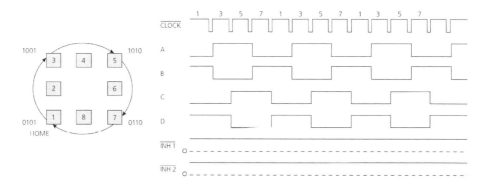

[그림 11-55] 2상 구동에 대한 L297에서 발생되는 stepper motor 제어용 상 신호

[그림 11-54]와 [그림 11-55]에서 A, B, C, D는 각각 stepper motor의 상 신호에 A, $\overline{A}$, B, $\overline{B}$로 대응된다. [그림 11-56]은 1-2상 구동 방식에 대해 L297에서 발생하는 상 신호이다.

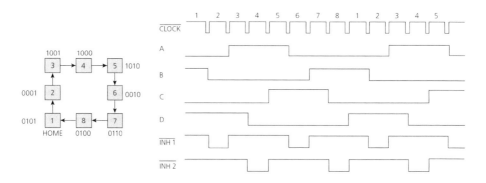

[그림 11-56] 1-2상 구동에 대한 L297에서 발생되는 stepper motor 제어용 상 신호

[그림 11-54]에서 [그림 11-56]까지 L297에서 발생되는 stepper motor 제어 상 신호의 파형과 각각의 상태에 대해 state diagram으로 표시되어 있는 것을 볼 수 있다. 이와 같이 stepper motor를 제어하기 위한 상 신호는 전용 소자를 사용할 수 있으며, MCU나 CPLD 같은 제어 소자에서 직접 상 신호를 발생할 수 있으면 L297과 같은 소자를 사용하지 않고 직접 stepper motor drive IC에 제어 신호를 입력할 수 있다.

3) Micro-stepping driver circuit

Micro-stepping 방식의 stepper motor driver는 한 순간에 고정자의 코일의 특정

상에 해당하는 부분만을 자화시키는 unipolar driver나 bipolar driver와 달리 한 순간에 두 개의 상을 동시에 자화시키되, 각 상에 자화되는 양을 조절하여 stepper motor의 회전자의 위치를 미세하게 제어하는 방법으로 SLA7062와 같은 drvier IC를 사용하여 구현한다. [그림 11-57]은 SLA7062 driver IC의 내부 블록도이며 [그림 11-58]은 SLA7062를 사용한 응용 회로이다.

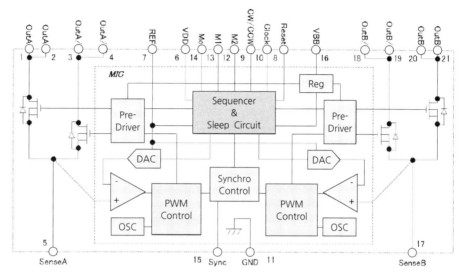

[그림 11-57] Micro-stepping driver IC의 블록도

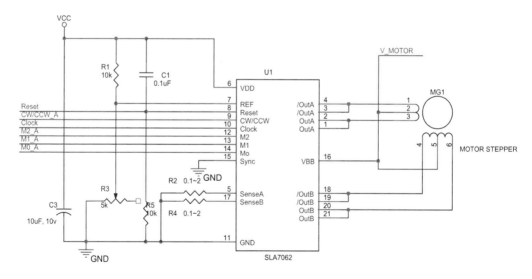

[그림 11-58] SLA7062를 사용한 micro-stepping driver circuit

SLA7062는 clock 신호와 시계 방향 또는 반시계 방향으로의 stepper motor의 회전 방향에 대한 신호 CW/CCW와 stepper motor의 한 스텝 각의 1/2, 1/4, 1/8, 1/16

의 각도로 움직이도록 지정하는 M1, M2 단자와 reset 신호를 사용하며, clock의 주파수에 따라 모터의 회전 속도가 빠르게 되거나 혹은 느리게 된다. 단, 한 스텝 각의 1/2, 1/4, 1/8, 1/16과 같은 동작 모드에 따라 한 스텝 각을 이동하는데 16개의 clock 펄스가 필요하거나 혹은 2개의 clock 펄스가 필요하게 되므로 스텝 각의 지정에 따라 clock 주파수도 이에 맞추어 적절한 변경이 필요하다.

Micro-stepping driver는 기본적으로 sine wave를 A상과 B상에 각각 90°의 위상 차이를 두어 입력함으로 A상에 해당하는 코일과 B상에 해당하는 코일의 자화되는 정도에 따라 회전자를 미세하게 이동하는 방식으로 [그림 11-59]는 1/2 스텝 각과 1/4 스텝 각을 사용하도록 하고 있으며 각각 8개, 16개의 clock 신호에 대해 한 주기의 동작을 완성하는 것을 볼 수 있다.

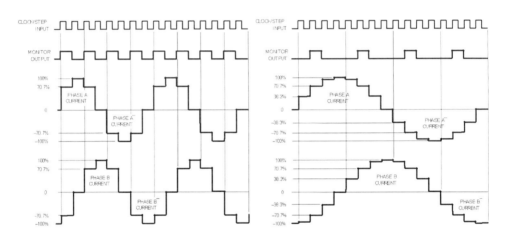

[그림 11-59] 1/2 step mode(좌), 1/4 step mode(우)

[그림 11-59]에서 보듯이 1/2 step mode보다 1/4 step mode가 보다 sine wave에 가까운 파형으로 코일에 흐르는 전류를 90°의 위상차로 제어하고 있으며, 한 주기 회전에 1/2 step mode는 8개의 clock이 필요하나, 1/4 step mode의 경우 16개의 clock이 필요하다. 따라서 동일한 200Hz의 clock을 공급할 경우 1/2 step mode보다 1/4 step mode는 절반의 속도로 회전하게 된다. 스텝 각 1.8°의 stepper motor에 대해 기존의 unipolar 또는 bipolar 방식으로 구동할 경우 200개의 제어 신호로 1회전을 할 수 있었으나, 1/2 step mode로 구동할 경우 1회전에 200×2 = 400개의 clock 펄스가 필요하나, 1/4 step mode로 제어할 경우 200×4 = 800개의 clock 펄스가 입력되어야 한다.

[그림 11-60]은 1/8 스텝 각과 1/16 스텝 각을 사용하도록 하고 있으며 각각 16개,

32개의 clock 신호에 대해 한 주기의 동작을 완성하는 것을 볼 수 있다. 1/16 step mode의 경우 한 스텝 각을 1/16의 정밀도로 제어하기 때문에 스텝 각 1.8°의 모터에 대해 1.8°/16 = 0.1125°의 정밀도로 제어할 수 있다.

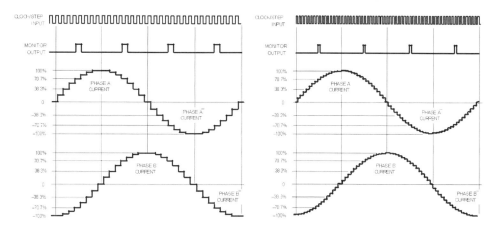

[그림 11-60] 1/8 step mode(좌), 1/16 step mode(우)

Micro-step driver는 이와 같이 stepper motor를 정밀하게 제어하기 위한 방법이나, 모터의 회전력은 unipolar 1상 구동 방식에서 얻을 수 있는 회전력이 한계이므로 큰 회전력을 얻고자 하는 경우에는 적용하기에 적절하지 않으나, 정밀한 제어를 위해서는 현재까지 고안된 stepper motor의 구동 방법 중 가장 우수한 구동 방식이다.

ATmega128과 PIC16F874A를 사용하여 DC 모터와 stepper 모터를 제어한다. 각각의 microcontroller에 대해 제어 프로그램을 작성하고, ADC, Timer 등의 인터럽트를 사용한 제어 프로그램에 대해 설명한다.

가. ATmega128의 모터 제어

PWM을 사용한 DC 모터의 속도 제어 및 stepper motor의 속도, 회전수 등을 제어하는 프로그램을 작성한다.

1) PWM을 사용한 DC 모터의 속도 제어

실습 장치에는 [그림 11-12]와 같은 제어 회로를 가지며 PWM을 사용한 회전 속도를 제어할 수 있다. PWM 제어 회로는 PORTC의 1번 핀에 연결되어 있다. 예제 프로그램은 timer2를 사용하여 PWM 제어 신호를 발생한다. PWM 제어 신호의 high 구간은 CCPR2L 레지스터에 기록된 값에 의해 조절 되며 예제에서는 20ms 간격으로 1씩 증가한다. 실습 회로의 동작을 확인하기 위해서 J7 단자에 DC 모터를 연결한다.

```
01   #include <avr/io.h>
02   #define F_CPU 14745600UL
03   #include <util/delay.h>
04
05   int main(void)    {
06           unsigned int i = 0;
07           DDRE = 0x08;
08
09           TCCR3A = 0xAB;   // COM3A1,COM3A0 = 10,
10           // COM3B1,COM1B0 = 10, COM3C1,COM3C0 = 10,
11           // WGM31, WGM30 = 11
12           TCCR3B = 0x0C;
13           // WGM33, WGM32 = 01, CS32, CS31, CS30 = 100
14           TCCR3C = 0x80;    // FOC1A, FOC1B, FOC1C = 100
15
16           while(1) {
17                   i++;
18                   if(i > 1023)
```

```
19                        i = 0;
20                 OCR3A = i;
21                 _delay_ms(20);
22         }
23         return 0;
24 }
```

프로그램 설명

02 #define F_CPU 14745600UL

_delay_ms() 함수를 사용하기 위해 사용하는 크리스털 발진 소자의 주
파수를 정의한다.

03 #include 〈util/delay.h〉

시간 지연 함수를 사용하기 위한 헤더 파일을 포함한다. 이 구문은 반드
시 "#define F_CPU 14745600UL" 다음에 위치해야 한다.

09 TCCR3A = 0xAB;

PORTE의 3번 핀은 Timer/Counter3의 OC3A 핀이므로 Timer/
Counter3과 관련된 레지스터에 설정 값을 기록한다. 16-bit 동작을 하
며 각 비트별 동작은 Timer/Counter1과 동일하다. 출력 펄스는 OCR
레지스터와 일치 할 때 0으로 되며 TCNT3의 값이 0이 될 때 1이 되도
록 COM3A1, COM3A0 레지스터를 11로 지정한다.

12 TCCR3B = 0x0C;

동작 모드를 fast PWM의 10-bit로 설정하기 위해 WGM33, WGM32,
WGM31, WGM30 비트는 0111로 설정한다. fast PWM 동작 모드는
Timer/Counter3의 TCNT3 레지스터의 값을 증가시키고 10-bit의 최
댓값인 0x3FF가 되면 0으로 초기화 된다. TCNT3 레지스터와 OCR 레
지스터의 내용과 비교하여 값이 일치할 때 출력 펄스를 0으로 하고
TCNT3 레지스터의 값이 0이 되었을 때 출력을 1로 하거나 이와 반대로
OCR 레지스터의 내용과 일치할 때 출력 펄스를 1로 하고 TCNT3 레지
스터의 값이 0이 되었을 때 출력 펄스를 0으로 하는 방식 중 선택하여
지정할 수 있으며 이 모드는 TCCR3A 레지스터의 COM 비트로 선택한
다. Timer/Counter3은 시스템 클록의 1/256을 사용하도록 CS32, CS31,
CS30 비트의 값은 100으로 지정한다.

14 TCCR3C = 0x80;

OC3A 핀에 대해서만 출력이 발생할 수 있도록 지정한다.

예제 프로그램은 Timer/Counter3을 10-bit 모드로 시스템 클록 14,745,700Hz에 대해 1/1,024로 분주한 57,600Hz에 대해 TCNT3 레지스터의 값을 증가시킨다. 이 주파수를 PWM 제어 주파수라고 부르며 57,600Hz 내에서 High 펄스의 구간과 Low 펄스 구간의 비율을 duty ratio라고 부른다. 예제 프로그램에서는 OCR3A 레지스터의 값을 0 ~ 1023 사이의 값으로 매 20ms마다 1씩 증가하여 반영하므로 PWM의 high 펄스 구간은 0 ~ 100% 사이가 된다. 따라서 모터는 서서히 속노를 증가하여 최대 속노에 도달하면 다시 0이 출력되므로 정지한 후 서서히 증가하는 동작을 반복한다.

2) ADC 결과에 의한 DC 모터의 속도 제어

Analog 입력을 digital 값으로 변환하여 그 결과에 따라 DC 모터의 회전 속도를 제어한다. Analog 입력에 GAS 센서 또는 smoke 센서를 연결하여 GAS 또는 연기의 농도에 따라 팬의 회전 속도를 달리하는 시스템을 구성할 수 있다. 예제에서는 1)의 PWM으로 DC 모터의 회전 속도를 증가시키는 프로그램에서 OCR3A 레지스터에 기록되는 PWM 신호의 high 구간을 설정하는 부분에 ADC 결과를 기록하여 디지털로 변환된 아날로그 값에 따라 회전 속도가 변하도록 구성한다.

```
01  #include <avr/io.h>
02  #define F_CPU 14745600UL
03  #include <util/delay.h>
04
05  int main(void)     {
06          DDRE = 0x08;
07          DDRA = 0xFF;
08
09          ADMUX = 0x60;
10          //bit 7,6  REFS1~REFS0 : 01(AVCC w/External cap.at AREF pin)
11                  //bit 5     ADLAR          : 1
12                  //bit4~0    MUX4~MUX0  :    00000(ADC ch# 0.)
13          ADCSRA = 0xE7;     //0xEF = 11100111
14                  //bit7      ADEN      :   1(ADC enable)
15                  //bit6      ADSC      :   1(start conversion)
16                  //bit5      ADFR      :   1(free running mode)
17                  //bit4      ADIF      :   0(interrupt flag)
18                  //bit3      ADIE      :   1(interrupt enable)
19                  //bit2,1,0 ADPS2~0   :   111(128prescaler)
20                  //ADC CLOCK = system clock / 128 = 115.2KHz
```

```
21
22          TCCR3A = 0xAB;    // COM3A1,COM3A0 = 10,
23          // COM3B1,COM1B0 = 10, COM3C1,COM3C0 = 10,
24          // WGM31, WGM30 = 11
25          TCCR3B = 0x0C;
26          // WGM33, WGM32 = 01, CS32, CS31, CS30 = 100
27          TCCR3C = 0x80;    // FOC1A, FOC1B, FOC1C = 100
28
29          while(1) {
30                  while(!(ADCSRA & 0x10));
31                  PORTA = ~ADCH;
32                  OCR3A = ADC >> 6;
33                  _delay_ms(20);
34          }
35          return 0;
36  }
```

프로그램 설명

09 ADMUX = 0x60;

ADC 변환에 사용될 reference 전압을 지정한다. 여기서는 IC 외부에서
공급되는 Vref 단자를 사용한다. AVR의 ADC는 10-bit의 크기를 가지
므로 변환에 사용되는 데이터의 정렬 방식을 ADLAR 비트로 설정한다.
이 값이 1로 지정된 경우 오른쪽으로 데이터가 정렬되어 ADC 레지스터
의 15..8번 비트까지 ADC의 9..2번째 비트가 할당되고 이 값은 ADCH
로 8-bit로 읽을 수 있다. 하위 2비트는 ADC 레지스터 또는 ADCL 레
지스터의 7, 6번째 비트에 위치한다. AD 변환에 사용될 채널을 지정하
며 예제에서는 ch. 0에 연결된 가변 저항의 입력을 받는다.

13 ADCSRA = 0xE7;

ADC를 활성화 시키고, 변환을 시작하며 연속 변환 모드로 지정한다.
인터럽트는 사용하지 않으며, ADC에는 시스템 클록을 1/128 분주한
115.2kHz가 공급되도록 설정한다.

30 while(!(ADCSRA & 0x10));

AD 변환이 완료되면 ADCSRA 레지스터의 ADIF 플래그가 1로 세트된
다. 데이터를 읽을 때는 이 비트가 1로 설정되었는지 확인한 후 ADC 레
지스터에 저장된 결과를 읽어야 정상적인 값이 된다.

31 PORTA = ~ADCH;

10-bit로 변환된 결과 값 중에서 상위 8비트만을 읽어 PORTA에 연결된 LED에 출력한다. LED는 active low로 구동되므로 비트 반전하려 출력한다.

32 OCR3A = ADC >> 6;

ADC 레지스터는 16-bit이며 변환된 결과는 10-bit의 데이터만 유효하다. 따라서 16-bit 레지스터에 저장되는 방식을 오른쪽 정렬 또는 왼쪽 정렬 중 하나를 선택할 수 있으며 이 경우에는 왼쪽 정렬로 되어 있으므로(왼쪽 정렬의 경우 ADC의 상위 8-bit 레지스터인 ADCH의 값을 읽으면 하위 2-bit를 버린 값이 되므로 8-bit 변환 크기를 가지며 하위 비트에 포함된 노이즈를 제거할 수 있는 효과적인 방법이므로 많이 사용한다.) 16-bit 레지스터인 ADC의 값을 OCR3A에 그대로 대입할 경우 PWM 제어에 유효하지 않은 값이 되므로 하위 6-bit를 버리기 위해 오른쪽 6비트 쉬프트한 후 그 값을 사용한다.

PWM 제어와 관련된 레지스터 설정은 1) 예제의 설명을 참조한다.

3) Stepper 모터의 구동

Stepper 모터를 앞에서 설명한 2상 여자 방식으로 동작시킨다. 예제 프로그램에서는 __delay_ms() 함수를 사용하여 상 제어 신호의 발생 주기를 조절하여 5ms 간격으로 상 신호가 변하도록 구성한다. 스텝 각이 1.8°인 모터의 경우 200개의 상 신호에 1회전을 하므로 5ms × 200 = 1,000으로 1초에 1회전한다. 예제에서는 단순히 PORT의 출력 신호와 __delay_ms() 함수로 제어 신호의 발생 주기를 제어한다.

```
01   #include <avr/io.h>
02   #define F_CPU 14745600UL
03   #include <util/delay.h>
04
05   int main(void)
06   {
07           DDRC = 0x3C;
08
09           while(1)  {
10                   PORTC = 0x14;
```

```
11                          _delay_ms(5);
12                          PORTC = 0x18;
13                          _delay_ms(5);
14                          PORTC = 0x28;
15                          _delay_ms(5);
16                          PORTC = 0x24;
17                          _delay_ms(5);
18                  }
19          return 0;
20  }
```

프로그램 설명

07 DDRC = 0x3C;

　　PORTC의 2, 3, 4, 5번 핀에 stepper 모터 드라이버의 상 제어 신호가 연결되어 있으므로 이들 핀을 출력으로 지정한다. 0x3C는 0b00111100 이므로 AVR의 경우 1로 지정한 비트는 출력, 0으로 지정한 비트는 입력 이다.

10 PORTC = 0x14;

　　[그림 11-38]과 같이 2상 여자 방식으로 구동하기 위해 상 신호에 맞는 값을 각각의 포트 핀 레지스터에 기록한다. A상은 PORTC2, $\overline{A}$상은 PORTC3, B상은 PORTC4, $\overline{B}$상은 PORTC5 핀에 각각 연결되어 있다.

4) Stepper 모터의 정/역 회전 제어

Stepper 모터는 회전 방향을 제어하기 위해 상 제어 신호의 발생 순서를 사용한다. 2상 여자 방식의 경우 [그림 11-38]의 시퀀스에서 오른쪽에서 왼쪽으로 또는 왼쪽에서 오른쪽으로 상 신호를 모터 드라이버에 출력할 경우 회전 방향이 변경된다. Stepper 모터는 하나의 상 신호에 대해 정해진 스텝 각 단위로 회전하므로 모터의 1회전(360° 회전)을 스텝 각으로 계산하여 출력하는 상 제어 신호의 수를 조절하는 방식으로 회전수를 제어할 수 있다. 예제에서는 1회전마다 회전 방향이 변하도록 구성한다.

```
01  #include <avr/io.h>
02  #define F_CPU 14745600UL
```

```
03   #include <util/delay.h>
04   #define motor_delay 20
05   int main(void)
06   {
07           unsigned char dir = 0, count = 0;
08           DDRC = 0x3C;
09
10           while(1)  {
11                   if(dir == 0)          {
12                           PORTC = 0x14;
13                           _delay_ms(motor_delay);
14                           PORTC = 0x18;
15                           _delay_ms(motor_delay);
16                           PORTC = 0x28;
17                           _delay_ms(motor_delay);
18                           PORTC = 0x24;
19                           _delay_ms(motor_delay);
20                           count++;
21                           if(count > 50)      {
22                                   count = 0;
23                                   dir = 1;
24                           }
25                   } else {
26                           PORTC = 0x24;
27                           _delay_ms(motor_delay);
28                           PORTC = 0x28;
29                           _delay_ms(motor_delay);
30                           PORTC = 0x18;
31                           _delay_ms(motor_delay);
32                           PORTC = 0x14;
33                           _delay_ms(motor_delay);
34                           count++;
35                           if(count > 50)      {
36                                   count = 0;
37                                   dir = 0;
38                           }
39                   }
40           }
41           return 0;
42   }
```

예제 프로그램의 동작은 앞의 3)의 내용과 6장 GPIO에 설명한 내용을 참고한다.

5) DC 모터와 Stepper 모터의 제어

앞의 1)과 4)의 예제를 하나의 프로그램으로 구성한다. DC 모터의 경우 PWM을 사용하여 회전 속도를 제어하고, stepper 모터의 경우 정/역 회전을 1회전마다 반복하도록 구성한다.

```
01   #include <avr/io.h>
02   #define F_CPU 14745600UL
03   #include <util/delay.h>
04   #define motor_delay 20
05
06   int main(void)
07   {
08           unsigned char dir = 0, count = 0;
09           unsigned int i = 0;
10           DDRC = 0x3C;
11           DDRE = 0x08;
12
13           TCCR3A = 0xAB;    // COM3A1,COM3A0 = 10,
14           // COM3B1,COM1B0 = 10, COM3C1,COM3C0 = 10,
15           // WGM31, WGM30 = 11
16           TCCR3B = 0x0C;
17           // WGM33, WGM32 = 01, CS32, CS31, CS30 = 100
18           TCCR3C = 0x80;    // FOC1A, FOC1B, FOC1C = 100
19
20           while(1)  {
21                   i++;
22                   if(i > 1023)
23                           i = 0;
24                   OCR3A = i;
25
26                   if(dir == 0)        {
27                           PORTC = 0x14;
28                           _delay_ms(motor_delay);
29                           PORTC = 0x18;
30                           _delay_ms(motor_delay);
31                           PORTC = 0x28;
32                           _delay_ms(motor_delay);
```

```
33                              PORTC = 0x24;
34                              _delay_ms(motor_delay);
35                              count++;
36                              if(count > 50)      {
37                                      count = 0;
38                                      dir = 1;
39                              }
40                      } else {
41                              PORTC = 0x24;
42                              _delay_ms(motor_delay);
43                              PORTC = 0x28;
44                              _delay_ms(motor_delay);
45                              PORTC = 0x18;
46                              _delay_ms(motor_delay);
47                              PORTC = 0x14;
48                              _delay_ms(motor_delay);
49                              count++;
50                              if(count > 50)      {
51                                      count = 0;
52                                      dir = 0;
53                              }
54                      }
55              }
56          return 0;
57  }
```

예제 프로그램의 동작은 1)과 4)의 내용을 참고한다.

6) ADC를 사용한 DC 모터의 속도 제어 및 stepper 모터의 정/역 회전

예제에서는 ADC 결과에 따라 DC 모터와 stepper 모터의 회전 속도를 제어한다. 앞의 2)와 4)의 예제를 하나의 프로그램으로 구현한다.

```
01  #include <avr/io.h>
02  #define F_CPU 14745600UL
03  #include <util/delay.h>
04
05  void my_delay(unsigned char d)      {
06          unsigned char i;
```

```
07          for(i = 0; i < d; i++)          {
08                  _delay_ms(1);
09          }
10  }
11
12  int main(void)
13  {
14          unsigned char dir = 0, count = 0, motor_delay = 0;
15          DDRC = 0x3C;
16          DDRE = 0x08;
17          DDRA = 0xFF;
18
19          ADMUX = 0x60;
20          //bit 7,6  REFS1~REFS0 : 01(AVCC w/External cap.at AREF pin)
21                  //bit 5     ADLAR        :  1
22                  //bit4~0    MUX4~MUX0   :    00000(ADC ch# 0.)
23          ADCSRA = 0xE7;   //0xEF = 11100111
24                  //bit7     ADEN    :    1(ADC enable)
25                  //bit6     ADSC    :    1(start conversion)
26                  //bit5     ADFR    :    1(free running mode)
27                  //bit4     ADIF    :    0(interrupt flag)
28                  //bit3     ADIE    :    1(interrupt enable)
29                  //bit2,1,0 ADPS2~0 :    111(128prescaler)
30                  //ADC CLOCK = system clock / 128 = 115.2KHz
31
32          TCCR3A = 0xAB;   // COM3A1,COM3A0 = 10,
33          // COM3B1,COM1B0 = 10, COM3C1,COM3C0 = 10,
34          // WGM31, WGM30 = 11
35          TCCR3B = 0x0C;
36          // WGM33, WGM32 = 01, CS32, CS31, CS30 = 100
37          TCCR3C = 0x80;   // FOC1A, FOC1B, FOC1C = 100
38
39          while(1)  {
40                  while(!(ADCSRA & 0x10));
41                  PORTA = ~ADCH;
42                  OCR3A = ADC >> 6;
43                  motor_delay = (unsigned char)(100. - (float)(ADC>>6) / 10.24) + 5;
44
45                  if(dir == 0)          {
46                          PORTC = 0x14;
47                          my_delay(motor_delay);
48                          PORTC = 0x18;
```

```
49                        my_delay(motor_delay);
50                        PORTC = 0x28;
51                        my_delay(motor_delay);
52                        PORTC = 0x24;
53                        my_delay(motor_delay);
54                        count++;
55                        if(count > 50)      {
56                                count = 0;
57                                dir = 1;
58                        }
59              } else {
60                        PORTC = 0x24;
61                        my_delay(motor_delay);
62                        PORTC = 0x28;
63                        my_delay(motor_delay);
64                        PORTC = 0x18;
65                        my_delay(motor_delay);
66                        PORTC = 0x14;
67                        my_delay(motor_delay);
68                        count++;
69                        if(count > 50)      {
70                                count = 0;
71                                dir = 0;
72                        }
73              }
74        }
75        return 0;
76  }
```

프로그램 설명

05 void my_delay(unsigned char d)

　　시간 지연 동작을 수행하는 함수를 별도로 구성한다. 컴파일러의 제약 사항으로 내장된 _delay_ms() 함수의 매개 변수는 상수 또는 상수와 동등한 값으로 제한되므로 구현한 시간 지연 함수에서는 내부에서 _delay_ms(1);로 1ms의 시간 지연을 호출하며 매개 변수에 따라 반복 동작을 수행한다.

06 unsigned char i;

　　구현한 delay 함수에서 사용할 지역 변수를 정의한다.

07 for(i = 0; i < d ; i++)

　　반복 동작을 위한 루프 제어 구문을 구현한다. 매개변수 d보다 작은 값
　　을 가지는 동안 반복한다.

08 _delay_ms(1);

　　1ms의 시간 지연 동작을 하는 내부 함수를 호출한다.

43~44 motor_delay = (unsigned char)(100. - (float)(ADC>>6) / 10.24) + 5;

　　AD 변환한 값은 0 ~ 1023 사이의 값으로 ADC 레지스터에 저장되며 그
　　값을 0 ~ 100 사이의 값으로 변환하기 위해 비례식을 사용하여 변환한
　　다. Stepper 모터의 경우 시간 지연이 길수록 속도가 느리므로 최댓값
　　100에서 변환한 값을 빼도록 구성한다. ADC 레지스터의 값은 정수이므
　　로 부동소수점 연산에 사용되도록 명시적인 형변환을 위해 캐스트 연산
　　자(float)를 사용한다. ADC 레지스터의 상위 10-bit에 유효한 변환 값
　　이 저장되어있고, 하위 6-bit의 값은 의미 없으므로 변환 비례식에는
　　ADC 레지스터의 값을 오른쪽으로 6비트 시프트 한 값을 사용한다.
　　Stepper 모터의 경우 정지 및 회전이 가능한 자기동 영역이 존재하므로
　　지나치게 빠른 값으로 시간 지연 값이 구성될 경우 모터가 응답하지 못
　　하는 탈조 상태가 되므로 최소 5ms의 시간 지연을 가지도록 변환된 값
　　에 5를 더한 후 그 결과를 시간 지연 변수에 할당한다.

나머지 구문은 예제 2)와 예제 4)의 내용을 참고한다.

PWM을 사용한 DC 모터의 속도 제어 및 stepper motor의 속도, 회전수 등을 제어하는 프로그램을 작성한다.

1) PWM을 사용한 DC 모터의 속도 제어

실습 장치에는 [그림 11-12]와 같은 제어 회로를 가지며 PWM을 사용한 회전 속도를 제어할 수 있다. PWM 제어 회로는 PORTC의 1번 핀에 연결되어 있다. 예제 프로그램은 timer2를 사용하여 PWM 제어 신호를 발생한다. PWM 제어 신호의 high 구간은 CCPR2L 레지스터에 기록된 값에 의해 조절 되며 예제에서는 20ms 간격으로 1씩 증가한다. 실습 회로의 동작을 확인하기 위해서 J7 단자에 DC 모터를 연결한다.

```
01  #include <htc.h>
02  #define _XTAL_FREQ 20000000
03
04  int main(void)      {
05         unsigned char i = 0;
06         TRISC = 0b11111101;
07         T2CON = 0b00000111;
08         CCP2CON = 0b00001111;
09         CCPR2L = 0x00;
10         CCPR2H = 0x00;
11
12         while(1) {
13                 CCPR2L = i++;
14                 __delay_ms(20);
15         }
16         return 0;
17  }
```

프로그램 설명

06 TRISC = 0b11111101;
사용하려는 CCP2의 핀이 PORTC의 1번 핀에 연결되어 있으므로 출력으로 사용하기 위해 PORTC의 1번 핀을 output으로 지정한다. PWM 동

작을 제어할 때는 CCP1, CCP2의 기능을 가지는 핀에 대해 반드시 출력
모드로 설정해야 정상 동작 한다.

07 T2CON = 0b00000111;

Timer2를 PWM에 사용하기 위해 제어 명령을 지정한다. Timer2를 On
시키기 위해 2번째 bit를 1로 지정하고 클록을 분주하기 위해 1, 0번째
비트를 사용한다. 여기서는 1/16으로 지정한다.

08 CCP2CON = 0b00001111;

PWM 동작을 수행하도록 CCP2M3, CCP2M2, CCP2M1, CCP2M0 비트
에 대해 11xx를 지정할 수 있으므로 여기서는 1111로 설정한다.

09 CCPR2L = 0x00;

Timer2의 Period register와 비교하여 PWM의 출력값을 high가 되도
록 설정하는 구간의 값이다.

10 CCPR2H = 0x00;

Timer2의 Period register와 비교하여 PWM의 출력값을 low가 되도록
설정하는 구간의 값이다.

예제에서는 20ms마다 CCPR2L의 값을 1씩 증가시켜 스위칭 소자에 연결된 DC
motor의 회전 속도를 증가시킨다. CCPR2L 레지스터의 최댓값은 255이며 대입하도
록 지정한 변수 i는 unsigned char로 지정했으므로 0 ~ 255 사이의 값을 가진다. 최
대 255가 되면 최솟값 0으로 초기화되어 서서히 회전 속도가 증가하여 최대 속도가
되면 다시 정지한 후 서서히 속도가 증가하는 동작을 반복한다.

2) ADC 결과에 의한 DC 모터의 속도 제어

Analog 입력을 digital 값으로 변환하여 그 결과에 따라 DC 모터의 회전 속도를
제어한다. Analog 입력에 GAS 센서 또는 smoke 센서를 연결하여 GAS 또는 연기의
농도에 따라 팬의 회전 속도를 달리하는 시스템을 구성할 수 있다. 예제에서는 1)의
PWM으로 DC 모터의 회전 속도를 증가시키는 프로그램에서 CCPR2L 레지스터에
기록되는 PWM 신호의 high 구간을 설정하는 부분에 ADC 결과를 기록하여 디지털
로 변환된 아날로그 값에 따라 회전 속도가 변하도록 구성한다.

```
01    #include <htc.h>
02    #define _XTAL_FREQ 20000000
03
04    int main(void)      {
05            TRISD = 0x00;
06            ADCON0 = 0b10000101;
07            ADCON1 = 0b01001110;
08            TRISC = 0b11111101;
09            T2CON = 0b00000111;
10            CCP2CON = 0b00001111;
11            CCPR2L = 0x00;
12            CCPR2H = 0x00;
13
14            while(1) {
15                    while((ADCON0 & 0b00000100)==0b00000100);
16                    PORTD = ~ADRESH;
17                    CCPR2L = ADRESH;
18                    ADCON0 |= 0b00000100;
19            }
20            return 0;
21    }
```

프로그램 설명

06 ADCON0 = 0b10000101;

ADC를 설정하기 위한 내용으로 7, 6번째 비트는 ADC에 공급되는 클록을 설정한다. 이 값은 시스템에 공급되는 클록을 분주하여 사용하며 10으로 설정된 경우 ADCON1의 6번 비트와 함께 참조되어(여기서는 '1'로 설정되어 클록 설정 값은 "110"이 된다.) $F_{osc}/64$가 된다. 5, 4, 3번째 비트는 입력 채널을 설정하며 000은 AIN0 채널을 의미하고 111은 AIN7번 채널을 의미한다. 2번째 비트는 AD 변환의 시작을 지시할 때 1을 기록하고 변환이 완료되면 이 값이 0으로 설정된다. 만약 변환 시작을 설정하고 이 비트의 값을 읽었을 때 1로 읽히면 아직 변환이 진행 중을 뜻한다. 결과를 읽을 때는 반드시 이 비트가 0으로 설정된 상태에서 읽어야 정상적인 값이 된다. 1번째 비트는 구현되어 있지 않고 읽으면 항상 0으로 읽힌다. 0번째 비트는 ADC를 활성화시키는 비트이다. 1로 지정되어야 ADC가 동작한다.

07 ADCON1 = 0b01001110;

10-bit의 변환 결과는 ADRESH, ADRESL 두 개의 레지스터에 저장된

다. 이때 결과 값을 저장하는 정렬 방식을 지정하기 위해 7번째 비트가 사용된다. 0으로 지정된 경우 왼쪽으로 정렬되어 ADRESL 레지스터의 하위 6비트는 모두 0으로 읽히며 1로 설정된 경우 오른쪽으로 정렬되어 ADRESH 레지스터의 상위 6비트가 0으로 읽힌다. 6번째 비트는 ADCON0 레지스터의 7, 6번째 비트와 함께 사용되며 ADC에 공급되는 클록의 분주 비를 설정한다. 5, 4번째 비트는 구현되어 있지 않으며 항상 0으로 읽힌다. 3, 2, 1, 0번째 비트는 입력 채널에 대해 설정한다. 1110인 경우 AIN0 하나만 analog 입력으로 사용하며 아날로그입력에 대해 변환될 범위의 상한은 VDD, 하한은 VSS로 사용한다.

PWM 제어와 관련된 레지스터 설정은 1) 예제의 설명을 참조한다.

3) Stepper 모터의 구동

Stepper 모터를 앞에서 설명한 2상 여자 방식으로 동작시킨다. 예제 프로그램에서는 __delay_ms() 함수를 사용하여 상 제어 신호의 발생 주기를 조절하여 5ms 간격으로 상 신호가 변하도록 구성한다. 스텝 각이 1.8°인 모터의 경우 200개의 상 신호에 1회전을 하므로 5ms × 200 = 1,000으로 1초에 1회전한다. 예제에서는 단순히 PORT의 출력 신호와 __delay_ms() 함수로 제어 신호의 발생 주기를 제어한다.

```
01   #include <htc.h>
02   #define _XTAL_FREQ 20000000
03
04   int main(void)    {
05           TRISC = ~0x3C;
06           while(1)  {
07                   RC2 = 1; RC3 = 0; RC4 = 1; RC5 = 0;
08                   __delay_ms(5);
09                   RC2 = 0; RC3 = 1; RC4 = 1; RC5 = 0;
10                   __delay_ms(5);
11                   RC2 = 0; RC3 = 1; RC4 = 0; RC5 = 1;
12                   __delay_ms(5);
13                   RC2 = 1; RC3 = 0; RC4 = 0; RC5 = 1;
14                   __delay_ms(5);
15           }
16   }
```

프로그램 설명

```
05 TRISC = ~0x3C;
```
　　PORTC의 2, 3, 4, 5번 핀에 stepper 모터 드라이버의 상 제어 신호가
연결되어 있으므로 이들 핀을 출력으로 지정한다. 0x3C는 0b00111100
이므로 PIC의 경우 0으로 지정한 비트는 출력, 1로 지정한 비트는 입력
이므로 이 값을 비트 반전 연산자 ~를 사용하여 각각의 비트를 반전한
후 포트 입/출력 제어 레지스터에 기록한다.

```
07 RC2 = 1; RC3 = 0;
```
　　PIC은 각 포트의 출력핀 하나씩 제어하기 쉽도록 해당 핀에 대해 RC0,
RC1, RC2, ... RC6, RC7 등으로 비트 단위로 액세스할 수 있는 구조를
지원한다. [그림 11-38]과 같이 2상 여자 방식으로 구동하기 위해 상
신호에 맞는 값을 각각의 포트 핀 레지스터에 기록한다. A상은 RC2, $\overline{A}$
상은 RC3, B상은 RC4, $\overline{B}$상은 RC5 핀에 각각 연결되어 있다.

4) Stepper 모터의 정/역 회전 제어

　　Stepper 모터는 회전 방향을 제어하기 위해 상 제어 신호의 발생 순서를 사용한
다. 2상 여자 방식의 경우 [그림 11-38]의 시퀀스에서 오른쪽에서 왼쪽으로 또는 왼
쪽에서 오른쪽으로 상 신호를 모터 드라이버에 출력할 경우 회전 방향이 변경된다.
Stepper 모터는 하나의 상 신호에 대해 정해진 스텝 각 단위로 회전하므로 모터의
1회전(360° 회전)을 스텝 각으로 계산하여 출력하는 상 제어 신호의 수를 조절하는
방식으로 회전수를 제어할 수 있다. 예제에서는 1회전마다 회전 방향이 변하도록
구성한다.

```
01   #include <htc.h>
02   #define _XTAL_FREQ 20000000
03   #define motor_delay 20
04   int main(void)     {
05          unsigned char dir = 0, count = 0;
06          TRISC = ~0x3C;
07          while(1) {
08                  if(dir == 0)        {
09                          RC2 = 1; RC3 = 0; RC4 = 1; RC5 = 0;
```

```
10                          __delay_ms(motor_delay);
11                          RC2 = 0; RC3 = 1; RC4 = 1; RC5 = 0;
12                          __delay_ms(motor_delay);
13                          RC2 = 0; RC3 = 1; RC4 = 0; RC5 = 1;
14                          __delay_ms(motor_delay);
15                          RC2 = 1; RC3 = 0; RC4 = 0; RC5 = 1;
16                          __delay_ms(motor_delay);
17                          count++;
18                          if(count > 50)        {
19                                  count = 0;
20                                  dir = 1;
21                          }
22                  } else {
23                          RC2 = 1; RC3 = 0; RC4 = 0; RC5 = 1;
24                          __delay_ms(motor_delay);
25                          RC2 = 0; RC3 = 1; RC4 = 0; RC5 = 1;
26                          __delay_ms(motor_delay);
27                          RC2 = 0; RC3 = 1; RC4 = 1; RC5 = 0;
28                          __delay_ms(motor_delay);
29                          RC2 = 1; RC3 = 0; RC4 = 1; RC5 = 0;
30                          __delay_ms(motor_delay);
31                          count++;
32                          if(count > 50)        {
33                                  count = 0;
34                                  dir = 0;
35                          }
36                  }
37          }
38  }
```

5) DC 모터와 Stepper 모터의 제어

앞의 1)과 4)의 예제를 하나의 프로그램으로 구성한다. DC 모터의 경우 PWM을 사용하여 회전 속도를 제어하고, stepper 모터의 경우 정/역 회전을 1회전마다 반복하도록 구성한다.

```
01  #include <htc.h>
02  #define _XTAL_FREQ 20000000
03  #define motor_delay 20
```

```
04
05    int main(void)    {
06          unsigned char dir = 0, count = 0;
07          unsigned char i = 0;
08          TRISC = 0b11000001;
09          T2CON = 0b00000111;
10          CCP2CON = 0b00001111;
11          CCPR2L = 0x00;
12          CCPR2H = 0x00;
13
14          while(1)    {
15                  CCPR2L = i++;
16
17                  if(dir == 0)          {
18                          RC2 = 1; RC3 = 0; RC4 = 1; RC5 = 0;
19                          __delay_ms(motor_delay);
20                          RC2 = 0; RC3 = 1; RC4 = 1; RC5 = 0;
21                          __delay_ms(motor_delay);
22                          RC2 = 0; RC3 = 1; RC4 = 0; RC5 = 1;
23                          __delay_ms(motor_delay);
24                          RC2 = 1; RC3 = 0; RC4 = 0; RC5 = 1;
25                          __delay_ms(motor_delay);
26                          count++;
27                          if(count > 50)        {
28                                  count = 0;
29                                  dir = 1;
30                          }
31                  } else {
32                          RC2 = 1; RC3 = 0; RC4 = 0; RC5 = 1;
33                          __delay_ms(motor_delay);
34                          RC2 = 0; RC3 = 1; RC4 = 0; RC5 = 1;
35                          __delay_ms(motor_delay);
36                          RC2 = 0; RC3 = 1; RC4 = 1; RC5 = 0;
37                          __delay_ms(motor_delay);
38                          RC2 = 1; RC3 = 0; RC4 = 1; RC5 = 0;
39                          __delay_ms(motor_delay);
40                          count++;
41                          if(count > 50)      {
42                                  count = 0;
43                                  dir = 0;
44                          }
```

```
45              }
46          }
47  }
```

6) ADC를 사용한 DC 모터의 속도 제어 및 stepper 모터의 정/역 회전

예제에서는 ADC 결과에 따라 DC 모터와 stepper 모터의 회전 속도를 제어한다.
앞의 2)와 4)의 예제를 하나의 프로그램으로 구현한다.

```
01  #include <htc.h>
02  #define _XTAL_FREQ 20000000
03
04  void my_delay(unsigned char d)     {
05          unsigned char i;
06          for(i = 0; i < d ; i++)
07                  __delay_ms(1);
08  }
09
10  int main(void)     {
11          unsigned char dir = 0, count = 0, motor_delay = 20;
12          float temp;
13          TRISC = 0b11000001;
14          T2CON = 0b00000111;
15          CCP2CON = 0b00001111;
16          CCPR2L = 0x00;
17          CCPR2H = 0x00;
18          TRISD = 0x00;
19          ADCON0 = 0b10000101;
20          ADCON1 = 0b01001110;
21
22          while(1)   {
23                  while((ADCON0 & 0b00000100)==0b00000100);
24                  PORTD = ~ADRESH;
25                  CCPR2L = ADRESH;
26                  temp = (100. - (float)ADRESH*100./255.);
27                  motor_delay = (unsigned char)(temp+5);
28                  ADCON0 |= 0b00000100;
29
30                  if(dir == 0)            {
```

```
31                         RC2 = 1; RC3 = 0; RC4 = 1; RC5 = 0;
32                         my_delay(motor_delay);
33                         RC2 = 0; RC3 = 1; RC4 = 1; RC5 = 0;
34                         my_delay(motor_delay);
35                         RC2 = 0; RC3 = 1; RC4 = 0; RC5 = 1;
36                         my_delay(motor_delay);
37                         RC2 = 1; RC3 = 0; RC4 = 0; RC5 = 1;
38                         my_delay(motor_delay);
39                         count++;
40                         if(count > 50)      {
41                                 count = 0;
42                                 dir = 1;
43                         }
44                 } else {
45                         RC2 = 1; RC3 = 0; RC4 = 0; RC5 = 1;
46                         my_delay(motor_delay);
47                         RC2 = 0; RC3 = 1; RC4 = 0; RC5 = 1;
48                         my_delay(motor_delay);
49                         RC2 = 0; RC3 = 1; RC4 = 1; RC5 = 0;
50                         my_delay(motor_delay);
51                         RC2 = 1; RC3 = 0; RC4 = 1; RC5 = 0;
52                         my_delay(motor_delay);
53                         count++;
54                         if(count > 50)      {
55                                 count = 0;
56                                 dir = 0;
57                         }
58                 }
59         }
60  }
```

프로그램 설명

04 void my_delay(unsigned char d)

시간 지연 동작을 수행하는 함수를 별도로 구성한다. 컴파일러의 제약 사항으로 내장된 __delay_ms() 함수의 매개 변수는 상수 또는 상수와 동등한 값으로 제한되므로 구현한 시간 지연 함수에서는 내부에서 __delay_ms(1);로 1ms의 시간 지연을 호출하며 매개 변수에 따라 반복 동작을 수행한다.

05 unsigned char i;

구현한 delay 함수에서 사용할 지역 변수를 정의한다.

06 for(i = 0; i < d ; i++)

반복 동작을 위한 루프 제어 구문을 구현한다. 매개변수 d보다 작은 값
을 가지는 동안 반복한다.

07 __delay_ms(1);

1ms의 시간 지연 동작을 하는 내부 함수를 호출한다.

26 temp = (100. − (float)ADRESH*100./255.);

AD 변환한 값은 0 ~ 255 사이의 값으로 ADRESH 레지스터에 저장되며
그 값을 0 ~ 100 사이의 값으로 변환하기 위해 비례식을 사용하여 변환
한다. Stepper 모터의 경우 시간 지연이 길수록 속도가 느리므로 최댓
값 100에서 변환한 값을 빼도록 구성한다. ADRESH 레지스터의 값은
정수이므로 부동 소수점 연산에 사용되도록 명시적인 형변환을 위해 캐
스트 연산자(float)를 사용한다.

27 motor_delay = (unsigned char)(temp+5);

시간 지연 함수에 변환된 값을 할당한다. Stepper 모터의 경우 정지 및
회전이 가능한 자기동 영역이 존재하므로 지나치게 빠른 값으로 시간
지연값이 구성될 경우 모터가 응답하지 못하는 탈조 상태가 되므로 최
소 5ms의 시간 지연을 가지도록 변환된 값에 5를 더한 후 그 결과를 시
간 지연 변수에 할당한다.

나머지 구문은 예제 2)와 예제 4)의 내용을 참고한다.

memo

부록

ATmega128과 PIC16F874A의 부트로터를 사용한 개발 환경의 설정 및 예제 프로그램의 실행 방법에 대해 설명한다.

A-1. ATmega128의 부트로더

부트로더(Bootloader)란 운영체제가 시동되기 이전에 미리 실행되면서 커널이 올바르게 시동되기 위해 필요한 모든 관련 작업을 마무리하고 최종적으로 운영체제를 시동시키기 위한 목적을 가지며 전원이 들어왔을 때(혹은 리셋 버튼이 눌러졌을 때) 가장 먼저 시작되는 프로그램이다.

AVR이나 PIC과 같은 8-bit microcontroller는 일반적으로 운영체제를 사용하지 않으나 전원이 공급되었을 때 또는 리셋이 발생한 직후 실행되며 교차 개발 환경의 PC로부터 컴파일된 실행 파일(hex 또는 bin 등)을 전송 받아 내부 플래시 메모리에 기록하는 프로그램을 부트로더라고 부른다.

ATmega128을 사용한 개발 환경에 대해서는 3장에서 설명한 것과 같이 ATMEL사의 AVR Studio와 Win-AVR gcc 컴파일러 등의 프로그램과 생성된 실행 파일을 기록하기 위한 JTAG 또는 ISP 장치가 필요하다. 부트로더는 이와 같은 별도의 장치가 없는 상태에서 개발된 실행 코드를 ATmega128로 전송하여 플래시 메모리에 기록하는 동작을 한다.

ATmega128에 부트로더를 사용하기 위해서는 다음과 같은 작업을 수행한다.

가. ATmega128 부트로더 코드의 기록

칩을 구입한 직후 또는 정상적으로 동작하던 부트로더 코드가 손상된 경우 1회 기록한다. 부트로더를 기록할 때는 JTAG 또는 ISP와 같은 장치를 사용해야한다. 그러나 정상적으로 부트로더가 기록된 후에는 별도의 조작을 하지 않은 경우 기록된 내용이 유지되므로 다시 기록할 필요는 없다. 부트로더를 기록하기 위해 AVR Studio 또는 PonyProg, CodeVision compiler 등의 AVR 프로그램 개발 환경을 실행한다. 여기서는 AVR Studio를 사용한 방법을 설명한다.

[그림 A-1]과 같이 AVR Studio를 실행하고 프로젝트 구성하는 부분은 "cancel"을 선택하여 취소한다.

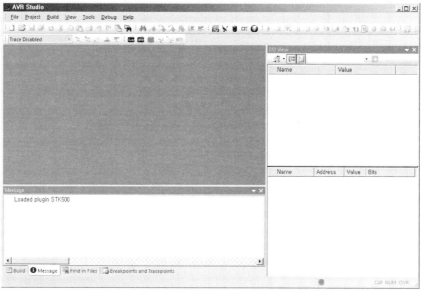

[그림 A-1] AVR Studio 실행

[그림 A-2]와 같이 툴바의 "connect" 버튼을 눌러 programmer를 선택하는 대화상자를 연다.

[그림 A-2] Connect 버튼

[그림 A-3]은 Programmer를 선택하는 화면으로 사용하는 장치에 따라 왼쪽의 platform에서 선택하며 여기서는 "STK500"을 사용한다. 통신 장치는 오른쪽의 Port 목록에서 선택할 수 있으며 COM1 ~ COM9 중 하나를 선택할 수 있고 또는 자동으로 선택하도록 지정할 수 있다. Programmer 장치와 port를 선택하고 "Connect..." 버튼을 누른다.

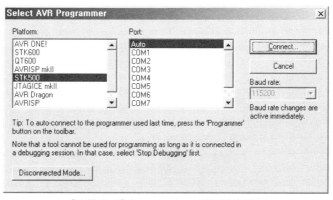

[그림 A-3] Programmer 선택 대화상자

Programmer와 정상적으로 연결되면 [그림 A-4]와 같이 AVRISP 대화상자가 나타나며 만약 연결이 되지 않는다면 [그림 A-3]의 화면이 다시 나타난다.

STK500은 직렬 통신 장치를 사용하도록 설계되었으며 AVR Studio에서는 직렬 통신 장치 1 ~ 9번까지만 지원한다. 시중에 판매되는 STK500과 호환되는 AVR ISP 장치는 USB에 연결하여 직렬 통신 장치로 변환하는 USB to Serial IC를 가지고 있다. PC에 연결했을 때 PC에 따라 통신 포트가 COM10 또는 그 이상으로 인식될 수 있으며 이러한 경우에는 STK500이 인식되지 않는다. 제어판의 장치 관리자를 열어 STK500이 연결된 포트를 확인하고 이 번호가 COM10 이상인 경우 해당 장치를 열어 포트 설정 탭의 "고급"을 선택하여 포트 번호를 변경한다.

포트 설정을 변경하는 방법은 아래의 그림을 참고하여 다음과 같이 진행한다.

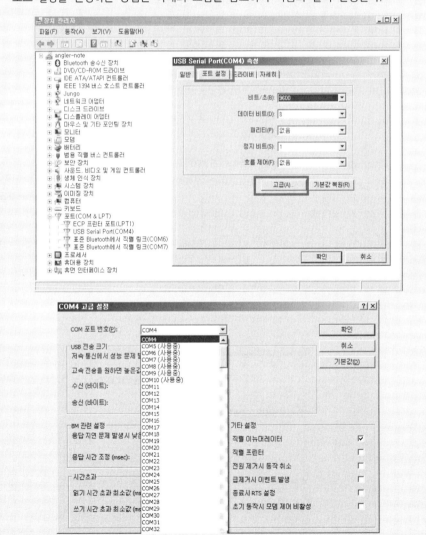

① 윈도우즈의 "시작 ➔ 제어판 ➔ 장치관리자"를 실행한다.

② 포트를 확장하여 USB Serial Port(COMx) 부분을 확인한다.
   COMx의 x 값이 1 ~ 9인 경우 변경 없이 사용한다.
   COMx의 x 값이 10 이상인 경우 해당 포트를 더블 클릭하거나 마우스 오른쪽 버튼을 눌러 "속성"을 실행한다.

③ 포트의 속성 변경 대화상자에서 "포트 설정" 탭의 "고급" 항목을 선택한다.

④ 고급 설정 대화상자에서 "COM 포트 번호" 부분의 설정을 COM1~COM9 사이로 변경한다.

   COM9인 경우 AVR Studio의 "Auto" 선택으로는 인식되지 않고 직접 포트를 지정해야 한다. 그 외의 경우에는 "Auto"를 선택하면 자동으로 인식된다.

AVRISP 대화상자가 실행되면 [그림 A-4]와 같이 "Main" 탭에서 사용할 장치의 종류를 지정한다. ATmega128을 사용하는 경우 디바이스 목록에서 ATmega128을 선택하고, ATmega128A인 경우 ATmega128A를 선택한다.

디바이스를 선택한 후 "Read Signature"를 선택하여 선택한 장치와 AVR Studio에서 읽은 장치가 일치하는지 확인한다. 정상적인 경우 [그림 A-4]에 표시한 것과 같이 장치의 signature가 표시된 후 아래에 "Signature matches selected device"가 표시된다.

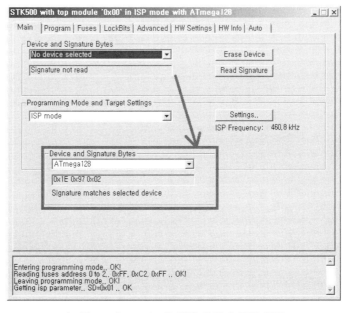

[그림 A-4] AVRISP의 실행 화면과 장치 설정

만약 정상적인 동작이 되지 않는 경우 보드의 전원을 확인하고 programmer에 대해 설정하는 "Programming Mode and Target Settings" 부분의 설정 사항이 [그림 A-4]와 같은지 확인한다. ISP Frequency는 ISP의 동작 속도를 지정하는 것으로 일반적으로 460.8㎑를 사용한다.

장치 설정을 마친 후 디바이스의 내부 fuse 비트를 설정한다. Fuse 탭을 선택하고 [그림 A-5]와 같이 EESAE, BOOTRST, CKOPT를 신택하고 BOOTSZ는 "Boot Flashsize = 2048 words start address=$F800"으로 지정하고, SUT_CKSEL은 "Ext. Crystal/Resonator High Freq.; Start-up time: 16K CK + 64..."으로 선택한 후 대화상자 아래 부분의 "Program" 버튼을 눌러 기록한다. 이때 SUT_CKSEL은 선택을 잘못할 경우 디바이스를 사용할 수 없는 상태가 발생하므로 주의한다.

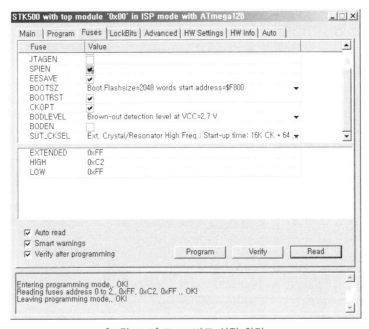

[그림 A-5] Fuse 비트 설정 화면

Fuse bit를 기록한 후 Read 또는 Verify를 사용하여 기록한 내용을 확인한다. 만약 SUT_CKSEL의 설정이 잘못된 경우 정상적으로 확인되지 않으므로 주의한다.

Bootloader 코드를 기록하기 위해 Program 탭에서 Input HEX File 항목을 지정한다. "boot_time_atmega128_uart1.hex" 파일을 선택하고 "Program"으로 기록한다.

나. Downloader 프로그램

ATmega128의 부트로더 프로그램과 함께 사용할 PC의 downloader 프로그램을 설치한다. Downloader 프로그램은 기본 설정으로 설치를 완료하고 PC에 따라 바로 가기 또는 프로그램 그룹에 등록되지 않는 경우도 있으므로 [그림 A-6]과 같이 설치된 위치에서 직접 실행한다. 또는 바탕화면 바로가기로 등록하여 사용한다.

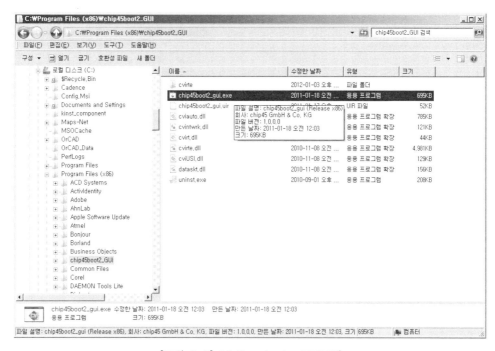

[그림 A-6] PC Downloader 프로그램

Downloader 프로그램을 실행하면 다음 페이지 그림과 같이 나타나며 프로그램의 기록에 사용할 통신 포트와 속도를 지정한다. AVR ISP와 달리 별도의 직렬 통신 포트를 사용하므로 PC의 COM1, COM2 또는 USB to Serial을 사용하는 경우 COM8 과 같이 연결된 장치를 사용한다.(통신 포트 번호는 AVR ISP 설정 부분과 같이 제어판의 장치관리자를 열어 확인한다.) 여기서는 통신 포트 COM8과 Baudrate는 115200으로 설정한다.

ATmega128로 프로그램을 기록하기 위해 "Select Flash Hexfile"로 생성된 프로그램을 지정하고, "Connect to Bootloader"를 눌러 ATmega128의 bootloader와 연결한다. "Connect to Bootloader"를 누른 후 ATmega128의 reset 스위치를 누르면 Status 부분의 색이 녹색으로 변경되면 정상적으로 연결된 것이다.

① Downloder의 "Connect to Bootloader"를 누른다.

② ATmega128의 reset 스위치를 누른다.

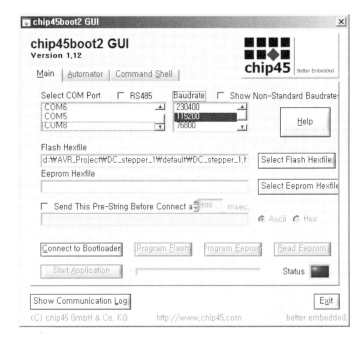

③ Status의 색상이 녹색으로 변한 것을 확인한다.

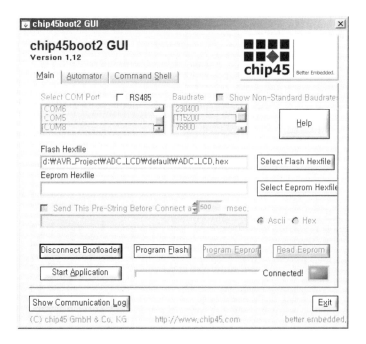

④ "Program Flash"를 눌러 hex 파일을 ATmega128에 기록한다.

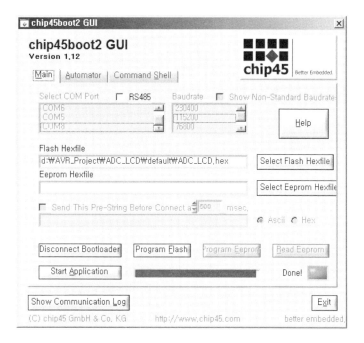

⑤ 기록한 프로그램의 실행을 위해 "Start Application"을 누른다. 또는 reset 스위치를 누르거나 전원을 OFF한 후 다시 ON한 후 일정 시간 기다리면 bootloader는 플래시 기록 모드에서 자동으로 프로그램 실행모드로 전환된다.(bootloader는 reset 후 일정 시간 PC의 downloader와 통신을 위한 코드가 동작하며 정해진 시간이 지날 때까지 downloader와 연결이 되지 않으면 자동으로 플래시 메모리에 기록된 사용자 프로그램을 실행한다.)

A-2. PIC16F874A의 부트로더

부트로더(Bootloader)는 운영체제를 사용하는 경우 운영체제가 시작되기 이전에 실행되면서 운영체제의 커널이 올바르게 시동되기 위해 필요한 초기화 작업을 수행한 후 운영체제를 시작하는 프로그램이다. 운영체제를 사용하지 않는 AVR이나 PIC과 같은 8-bit microcontroller는 전원이 공급되었을 때 또는 리셋이 발생한 직후 실행되는 프로그램으로 교차 개발 환경의 PC로부터 컴파일된 실행 파일(hex 또는 bin 등)을 전송받아 내부 플래시 메모리에 기록한다.

PIC16F874A를 사용하여 프로그램을 개발하고 개발된 프로그램을 내부 flash 메모리에 기록하기 위해서는 PCKIT2, PCKIT3, MPLAB ICD2 등과 같은 장치가 필요하다. 부트로더는 별도의 장치 없이 microcontroller 내부에 기록되어 전원이 공급된 직후 PC의 downloader로부터 hex 파일을 전송 받아 플래시 메모리에 기록한다. 부트로더는 PIC microcontroller를 구입한 직후 최초 1회에 한하여 기록한 후 계속하여 사용할 수 있다. 다만 부트로더가 손상되거나 이 영역에 다른 프로그램이 기록되는 경우에는 부트로더를 다시 기록해야 한다.

가. PIC16F874A 부트로더의 기록

예제에서는 MPLAB ICD2를 사용하여 PIC 실습 장치에 기록하는 과정에 대해 설명한다. 다른 종류의 PIC programmer & debugger를 사용할 경우에는 프로그래머에 대한 설정을 해당 장치의 설명서를 참고하여 적절히 설정한다. MPLAB IDE 메뉴 항목의 Project → Open으로 16F873A_bootloader 폴더의 프로젝트를 선택한다.

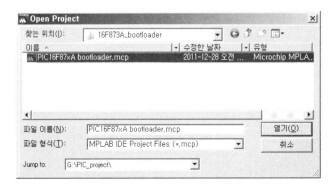

부트로더 프로젝트는 PIC16F873A 용으로 어셈블리어 코드로 만들어졌으나 내부 플래시 메모리의 크기와 기타 주변 장치에 대해서는 PIC16F874A와 동일하며 차이는 ADC 채널 및 I/O 채널의 수이므로 부트로더의 동작은 동일하다.

프로그래머는 [그림 A-7]을 참고하여 설정하며 사용하는 장치와 일치하는 내용을 선택한다. 메뉴 항목의 Programmer → Select Programmer → MPLAB ICD 2의 순서로 선택한다.(다른 종류의 프로그래머를 사용할 경우 해당하는 장치의 설명서를 참고하여 설정한다.)

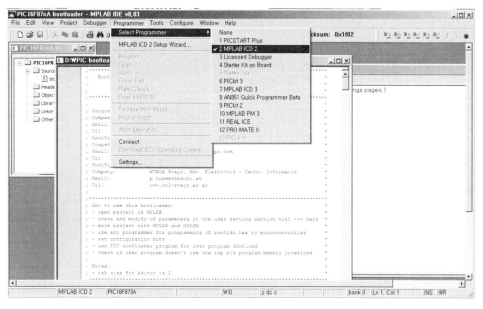

[그림 A-7] 프로그래머 설정

프로그래머를 선택한 후 메뉴 항목의 Programmer의 풀다운 메뉴에서 Connect를 선택하여 프로그래머를 MPLAB IDE에 연결한다. 프로그래머를 연결할 때 실습 장치에 전원을 공급하고 J3 단자에 연결한 후 진행한다. 프로젝트가 PIC16F873A에 대해 구성되었으므로 실습 장치의 PIC16F874A에 연결할 경우 경고 메시지가 나타나지만 기록과는 무관하므로 OK 버튼을 누른 후 계속한다. 다음과 같은 경고 메시지에서는 의도한 디바이스의 ID는 0x72로 예상했으나 실제 연결된 장치는 0x73이라는 경고를 나타낸다.

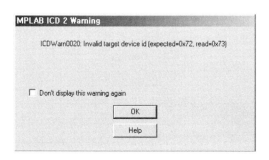

프로그래머의 연결이 완료된 후 MPLAB IDE의 Output 창에 나타난 메시지는 [그림 A-8]과 같다.

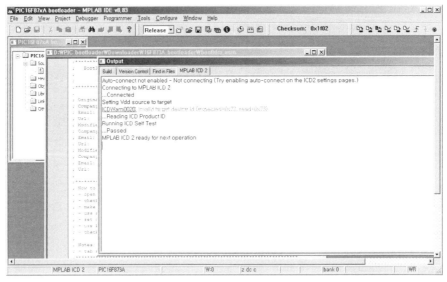

[그림 A-8] Programmer가 연결된 후 MPLAB IDE의 표시 화면

프로젝트 파일에 대해 메뉴의 Configure → Settings를 선택하여 [그림 A-9]와 같이 "Configuration Bits set in code" 항목이 체크되지 않은 상태를 확인하고 FOSC 항목은 HS oscillator로 지정된 것을 확인한다. 부트로더와 downloader 프로그램을 직렬 통신을 사용하므로 microcontroller의 동작 주파수와 관련되어 있으므로 설정 사항을 확인한다.

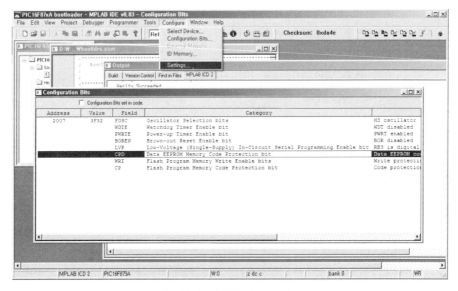

[그림 A-9] 프로젝트 설정

설정이 끝나면 메뉴 항목의 Project → Build All을 선택하여 프로젝트 구성 사항을 다시 생성한다. Output 창에 "BUILD SUCCEEDED" 메시지가 나타나는 것을 확인한다. 메뉴 항목의 Programmer를 선택하여 "Program"을 실행한다.

프로그램이 정상적으로 완료되면 [그림 A-10]과 같이 MPLAB IDE의 Output 창에 프로그램 과정이 나타나며 순서대로 기록된 내용의 삭제, 프로그램, 검증 과정이 표시되며 정상적으로 프로그램이 완료된 경우 "Programming succeeded" 메시지가 출력된다.

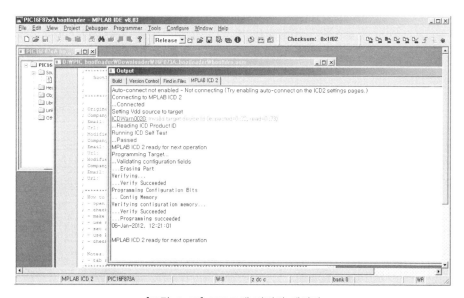

[그림 A-10] 프로그램 과정의 메시지

나. Downloader 프로그램

PIC16F874A의 부트로더와 함께 사용할 PC의 downloader는 [그림 A-11]과 같다.

PIC_downloader.exe를 실행한다. PIC16F874A에 기록할 HEX 파일은 "Search" 버튼을 사용하여 생성된 프로그램 코드를 지정한다. 사용할 port와 속도를 지정하며 통신 속도는 38400으로 설정한다. 통신 port는 컴퓨터에 따라 COM1 ~ COM49 사이로 선택한다. 윈도우즈의 제어판 → 장치 관리자에서 포트 항목을 참고하여 사용하는 컴퓨터의 상황에 따라 적절한 포트를 지정한다.

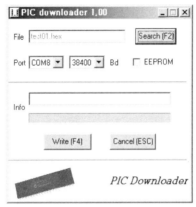

[그림 A-11] PIC downloader

PIC에 프로그램을 다운로드하기 위해 Write 버튼을 누르면 Info란에 "Searching for bootloader" 메시지가 표시된다. 이 상태에서 실습 보드의 resct 버튼을 누르거나 전원을 OFF한 후 다시 on하면 [그림 A-12]의 오른쪽과 같이 Info란에 "Writing please wait!" 메시지와 현재 기록되는 상태가 프로그레스 바로 표시된다.

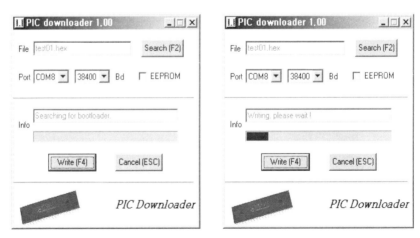

[그림 A-12] PIC 프로그램 다운로드 과정

부트로더는 리셋 또는 전원이 공급된 직후 일정 시간동안 PC와 통신을 시도하며 제한 시간을 경과하면 사용자가 기록한 프로그램을 실행한다.

본문에서 설명한 내용을 실습하기 위해서는 3장에서 설명한 회로를 구성하고 각 장에서 설명한 프로그램을 컴파일하여 생성된 코드로 구동한다. 실습을 위해 구성된 회로는 [그림 B-1]과 같은 PCB(Printed Circuit Borad)로 구현되어 있다.

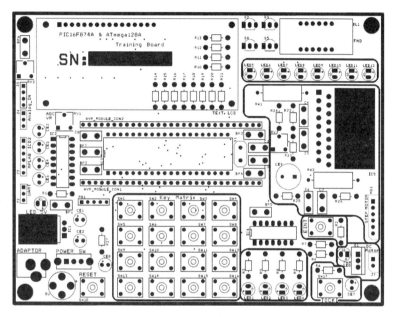

[그림 B-1] 실습 PCB

여기서는 실습 PCB 외에 브레드보드(Bread Board)를 사용하여 본문의 실습 환경에서 설명한 ATmega128과 PIC16F874A의 기본 실습 회로를 구성하고 예제 프로그램을 동작시키는 방법에 대해 설명한다. 브레드보드를 사용하여 회로를 구성하고 제어하는 방법을 설명하여 응용 회로를 구성하고 제어할 수 있도록 한다.

브레드보드는 회로 실습을 쉽게 할 수 있도록 [그림 B-2]와 같이 가로, 세로의 격자 형태로 구성되어 있으며 파란색과 붉은색으로 표시된 부분은 세로로 연결되어 있으며 나머지 핀은 가로 형태로 5개씩 연결된다.

[그림 B-2]와 같이 5개로 묶인 격자는 내부에서 가로 방향으로 5개씩 미리 결선되어 있어 편리하게 회로 소자들 사이의 연결을 구성할 수 있다.

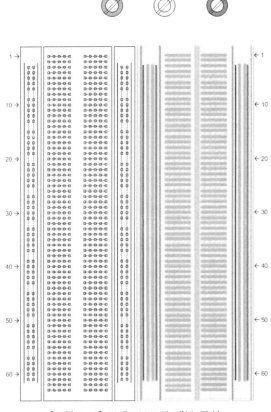

[그림 B-2] 브레드보드의 내부 구성

브레드보드를 사용하여 ATmega128과 PIC16F874A를 사용하기 위해 먼저 전원 회로를 구성한다. [그림 B-3]은 전원 어댑터와 LM7805를 사용하여 +5V의 전원을 얻는 회로이며, [그림 B-4]는 브레드보드에 구현한 것을 보인다. Capacitor, LED 등의 회로 소자는 극성이 있으므로 주의하여 사용한다.

LM7805는 [그림 B-5]와 같이 입력, GND, 출력의 순서로 1, 2, 3번 핀이 구성되어 있으며 입력은 7V 이상 30V 이하의 직류 전원을 사용하며 출력은 5V로 고정된다. 입력 전압과 출력 전압의 차이는 열로 방출되므로 출력에 비해 높은 전압을 연결할 경우 반드시 방열판을 부착한다.

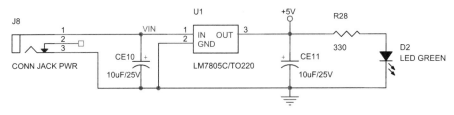

[그림 B-3] 전원 회로의 구성

[그림 B-4] 브레드보드를 사용한 전원 회로의 구현

[그림 B-5] LM7805의 핀

[그림 B-6] 커패시터 외형

LM7805에 연결할 커패시터는 [그림 B-6]과 같으며 lead 선이 긴 쪽이 +극이며, 전해 커패시터는 포장 부분에 흰색의 띠로 표시된 부분의 lead 선이 −단자이므로 [그림 B-3]의 회로를 참조하여 극성에 주의하여 연결한다.

LED는 [그림 B-7]과 같이 anode와 cathode로 구성되며 각각 +, -에 연결한다. 저항은 극성 구분이 없는 소자이므로 [그림 B-3]의 회로도를 참고하여 전원 회로를 구성한 후 어댑터를 연결하여 LED가 정상적으로 켜지는지 확인하거나 전압계를 사용하여 출력 전압이 +5V가 되는지 확인한 후 실습 회로를 구성한다.

ATmega128 또는 PIC16F874A를 사용하여 실습 회로를 구성하고 실험하기에 앞서 부록 A의 설명을 참고하여 부트로더를 미리 기록한 후 사용한다.

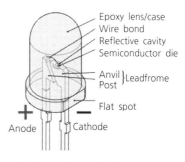

[그림 B-7] LED의 구조

　전원 회로 구성을 완료한 후 ATmega128 모듈을 연결한다. ATmega128은 SMD 형태로 만들어졌으므로 브레드보드에 직접 사용할 수 없으나 모듈 형태로 제작된 제품들은 브레드보드에 사용 가능하다.

　[그림 B-8]은 브레드보드에 사용할 수 있도록 만든 ATmega128 모듈이며, 모듈의 핀 배치가 함께 표시되어 있다.

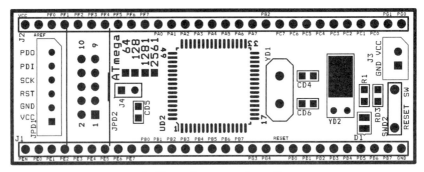

[그림 B-8] ATmega128 모듈

1) 최소 회로 구성

　ATmega128 모듈을 사용하기 위해 최소한의 구성은 VCC와 GND에 +5V와 GND 를 연결한다. [그림 B-4]와 같이 구성된 전원 회로에 ATmega128 모듈을 추가하여 [그림 B-9]와 같이 연결한다. ATmega128 모듈에 전원이 정상적으로 연결되면 모듈에 있는 전원 LED가 켜진 것을 확인할 수 있다.

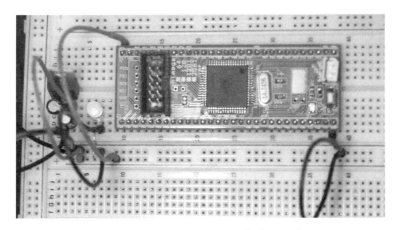

[그림 B-9] ATmega128 모듈의 최소 구성

ATmega128 모듈은 ISP 단자가 별도로 있으므로 AVR 전용 ISP가 있을 경우 이를 사용하여 프로그램을 기록하고 동작을 검증할 수 있으나 여기서는 ISP를 사용하지 않고 시리얼 부트로더로 프로그램의 기록 및 동작을 확인한다.

2) 시리얼 부트로더를 위한 회로 구성

시리얼 부트로더를 사용하기 위해 직렬 통신 인터페이스를 구성해야 하며 [그림 B-10]의 회로와 같이 RS-232 통신 규격에 대한 전기 신호를 변환하기 위한 인터페이스 회로를 구성한다. [그림 B-10]의 회로도를 참고하여 IC에 연결되는 커패시터의 극성에 유의하여 연결한다.

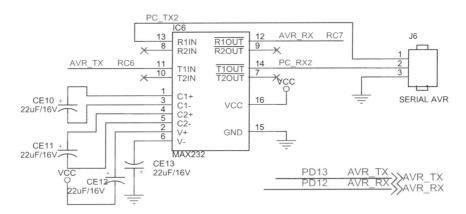

[그림 B-10] 직렬 통신 인터페이스 회로

[그림 B-10]의 회로에서 AVR_TX로 이름 붙은 신호는 ATmega128 모듈의 PORTD 의 3번 핀에 연결하고, AVR_RX는 PORTD의 2번 핀에 연결한다. 연결된 회로는 [그림 B-11]과 같이 구성한다.

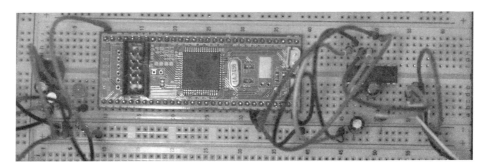

[그림 B-11] 부트로더 사용을 위한 최소한의 구성

PC와 직렬 통신 포트를 연결한 후 부록 A에 설명한 [그림 B-12]의 다운로드 프로그램을 사용하여 ATmega128 모듈과 통신 연결을 확인한다.

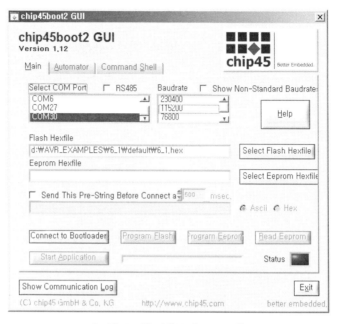

[그림 B-12] 다운로더 프로그램

[그림 B-12]의 프로그램의 사용법은 부록 A 부분을 참고하며, [그림 B-12]의 Connect to Bootloader를 클릭하여 ATmega128 모듈과 통신을 시작할 때 모듈에 있는 reset 버튼을 사용하여 부트로더의 초기 동작모드로 진입한다.

3) LED 점등

LED 구동을 위해 [그림 B-13]의 회로를 참조하여 LED와 저항을 연결한다. LED는 극성이 있으므로 주의하여 연결한다.

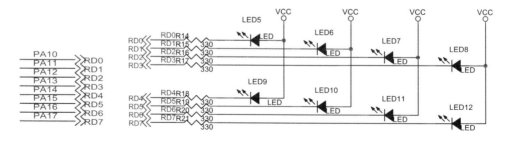

[그림 B-13] LED 회로

브레드보드에 LED와 저항을 연결하여 [그림 B-14]와 같이 연결한다. ATmega128 의 PORTA에 8개의 LED를 연결한다.

[그림 B-14] LED 실험을 위한 회로 구성

8개의 LED 전체를 켜고 끄는 동작을 테스트하기 위해 아래의 프로그램을 사용하여 AVR Studio에서 컴파일하고 생성된 hex 파일을 기록한다.

```
01  #include <avr/io.h>
02  #define F_CPU 14745600UL
03  #include <util/delay.h>
04
05  int main(void)
06  {
07          DDRA=0xFF;
08
09          while(1)  {
10                  PORTA=0x00;
11                  _delay_ms(500);
12                  PORTA=0xFF;
13                  _delay_ms(500);
14          }
15          return 0;
16  }
```

예제 프로그램은 0.5초 간격으로 LED를 켜고 끄는 동작을 반복한다. 실습용으로 제작된 PCB에는 PORTB의 상위 4-bit인 PORTB4 .. PORTB7 핀에 LED가 연결되어 있으므로 동일한 실습을 진행하기 위해서는 [그림 B-15]의 회로를 참고하여 LED를 연결한다.

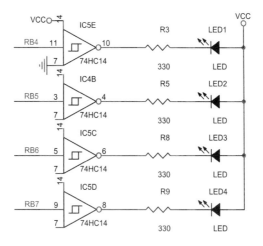

[그림 B-15] LED 회로2

4) FND 구동

FND는 Flexible Numeric Display로 7개의 LED를 사용하여 숫자 0에서 9를 표시할 수 있도록 배열된 것으로 dot를 포함하여 모두 8개의 핀을 사용하여 표시되는 숫자를 제어한다.

실습에 사용되는 FND는 4자리이며 각각의 자리마다 선택적으로 ON/OFF 할 수 있도록 트랜지스터를 사용하여 전원을 공급할 수 있도록 구성되며, FND 각 자리에 대해 8개의 LED를 제어한다. 숫자를 표시하기 위한 데이터는 LED와 같이 PORTA를 사용하며 각 자리에 대한 ON/OFF를 제어하는 핀은 AVR의 경우 PORTE의 4, 5, 6, 7을 사용한다. FND의 회로는 [그림 B-16]과 같이 구성한다.

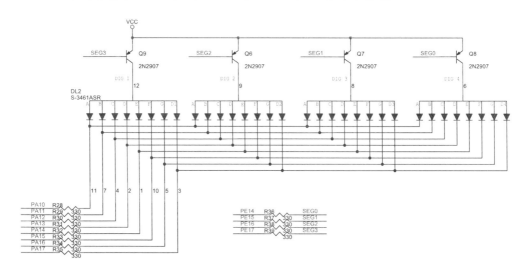

[그림 B-16] FND 회로

[그림 B-17]은 브레드보드를 사용하여 LED가 연결된 회로에 FND를 추가로 구성하여 구동하는 모습을 보인다.

[그림 B-17] FND 실습 회로의 구성

FND의 동작을 테스트하기 위해 사용할 프로그램은 다음과 같다. 4자리의 FND에 0.5초 간격으로 0 ~ 9 사이의 숫자를 동시에 표시한다.

```
01   #include <avr/io.h>
02   #define F_CPU 14745600UL
03   #include <util/delay.h>
04
05   int main(void) {
06
07           DDRE = 0xF0;
08           DDRA = 0xFF;
09
10           PORTE = 0x0F;
11           while(1) {
12                   PORTA = 0xC0;
13                   _delay_ms(500);
14                   PORTA = 0xF9;
15                   _delay_ms(500);
16                   PORTA = 0xA4;
17                   _delay_ms(500);
18                   PORTA = 0xB0;
```

```
19              _delay_ms(500);
20              PORTA = 0x99;
21              _delay_ms(500);
22              PORTA = 0x92;
23              _delay_ms(500);
24              PORTA = 0x82;
25              _delay_ms(500);
26              PORTA = 0xD8;
27              _delay_ms(500);
28              PORTA = 0x80;
29              _delay_ms(500);
30              PORTA = 0x90;
31              _delay_ms(500);
32          }
33      return 0;
34  }
```

FND를 구동하기 위한 두 번째 예제는 4자리에 대해 각각 다른 숫자를 표시하도록 구성한 프로그램이다. 프로그램 동작의 자세한 설명은 6장을 참고한다.

```
01  #include <avr/io.h>
02  #define F_CPU 14745600UL
03  #include <util/delay.h>
04
05  int main(void) {
06
07      DDRE = 0xF0;
08      DDRA = 0xFF;
09
10      while(1) {
11              PORTE = 0xEF;
12              PORTA = 0xF9;
13              _delay_ms(1);
14              PORTE = 0xDF;
15              PORTA = 0xA4;
16              _delay_ms(1);
17              PORTE = 0xBF;
18              PORTA = 0xB0;
19              _delay_ms(1);
```

```
20                      PORTE = 0x7F;
21                      PORTA = 0x99;
22                      _delay_ms(1);
23          }
24          return 0;
25   }
```

5) 타이머의 외부 클록

타이머의 외부 클록 입력으로 사용하기 위해 스위치를 연결하여 사용한다. Tact switch를 클록 발생 장치로 연결하며 프로그래머가 스위치를 누를 때마다 펄스가 발생하여 ATmega128에서 클록 펄스로 인식하도록 구성한다. 스위치는 [그림 B-18]과 같이 구성되어 있으며 접점 구성을 위해 1, 4번 핀 또는 2, 3번 핀과 같이 대각선으로 연결하여 사용하면 회로 결선이 편리하다. [그림 B-18]에는 외부 인터럽트 신호의 처리에 사용되는 스위치 회로도 함께 표시되어 있다. ATmega128의 타이머는 4개가 있으며 여기서는 [그림 B-18]의 오른쪽 TnCK 신호는 Timer1의 T1으로 표시된 외부 클록 입력 핀으로 사용되는 PORTD의 6번 핀에 연결한다.

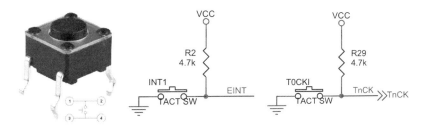

[그림 B-18] Timer 외부 클록 및 외부 인터럽트 회로

[그림 B-19]는 스위치를 사용하여 타이머의 외부 클록 입력 회로와 외부 인터럽트 회로를 구성한 모습을 보인다.

타이머 1에 연결된 외부 클록을 스위치로 구성하였으며 스위치를 누른 횟수에 대응하여 동작하도록 구성한 예제 프로그램이다. 프로그램의 동작을 확인하기 위해 PORTB의 5번 핀에 LED를 추가로 연결한다. PORTB의 5번 핀은 Timer1에 연결된 output capture 핀으로 프로그램 코드에서는 초기 설정 이후 아무 동작도 하지 않고 무한 반복 구문만 실행하고 있어도 ATmeag128에 내장된 하드웨어로 구성된 부분에서 자동으로 클록 펄스를 체크하여 지정된 수에 도달하면 자동으로 지정한 핀의 상

태를 0에서 1로 또는 1에서 0으로 변경한다. 예제 프로그램의 자세한 동작은 8장의
설명을 참고한다.

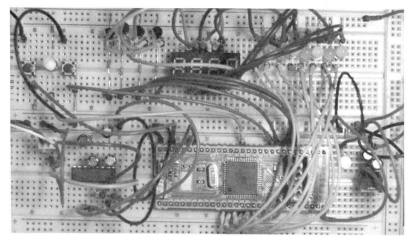

[그림 B-19] Timer의 외부 클록 회로와 외부 인터럽트

```
01   #include <avr/io.h>
02   #define F_CPU 14745600UL
03
04   int main(void)     {
05          DDRB = 0x20;
06
07          TCCR1A = 0x40;    // COM1A1,COM1A0 = 01,
08          // COM1B1,COM1B0 = 00, COM1C1,COM1C0 = 00,
09          // WGM11, WGM10 = 00
10          TCCR1B = 0x0F;              // WGM13, WGM12 = 01,
11          // CS12, CS11, CS10 = 111
12          TCCR1C = 0x80;    // FOC1A, FOC1B, FOC1C = 100
13
14          TCNT1 = 0x00;
15          OCR1A = 0x03;
16
17          while(1) {
18          }
19          return 0;
20   }
```

다음 예제 프로그램은 Timer에 연결된 클록의 변화된 수를 계수하여 그 값을 LED에 ON/OFF를 2진수에 대응하여 표시한다.

```
01  #include <avr/io.h>
02  #define F_CPU 14745600UL
03
04  int main(void)    {
05          DDRB = 0x20;
06          DDRA = 0xFF;
07
08          TCCR1A = 0x40;    // COM1A1,COM1A0 = 01,
09          // COM1B1,COM1B0 = 00, COM1C1,COM1C0 = 00,
10          // WGM11, WGM10 = 00
11          TCCR1B = 0x0F;
12          // WGM13, WGM12 = 01, CS12, CS11, CS10 = 111
13          TCCR1C = 0x80;    // FOC1A, FOC1B, FOC1C = 100
14
15          TCNT1 = 0x00;
16          OCR1A = 10;
17
18          while(1) {
19                  PORTA = ~TCNT1L;
20          }
21          return 0;
22  }
```

6) 외부 인터럽트

외부 인터럽트를 사용하기 위해서는 [그림 B-18]의 EINT 신호를 ATmega128의 PORTD의 0번 핀에 연결한다.

외부 인터럽트 동작을 확인하기 위해서는 다음의 예제 프로그램을 사용하며 자세한 설명은 10장을 참고한다.

```
01  #include <avr/io.h>
02  #define F_CPU 14745600UL
03  #include <avr/interrupt.h>
04
05  volatile unsigned char interrupt_count=0;
```

```
06
07    void initialize(void);
08
09    SIGNAL(SIG_INTERRUPT0)    {    //External Interrupt0
10            interrupt_count++;
11    }
12
13    int main(void)    {
14            initialize();
15            DDRA = 0xFF;
16            while(1) {
17                    PORTA = ~interrupt_count;
18            }
19    }
20
21    void initialize(void)            {
22            EIMSK = 0x01;  //외부 인터럽트 0(INT0) 사용
23            EICRA = 0x02;  //falling edge interrupt request
24            sei();    //SREG의 최상의 비트 I를 1로 설정 - enable all interrupt
25    }
```

7) PWM 동작

PWM 동작을 테스트하기 위해 [그림 B-20]의 그림과 같이 회로를 구성한다. 단순히 LED만 연결하여 PWM 동작에 대해 LED의 밝기를 변경하는 실습을 할 수 있으며 FET를 연결할 경우 보다 모터와 같이 큰 전류를 사용하는 소자를 PWM으로 제어할 수 있다. ATmega128은 PORTE의 3번 핀에서 PWM 출력을 사용할 수 있다.

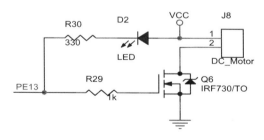

[그림 B-20] PWM 회로

FET는 IRF730을 사용하며 이 소자는 [그림 B-21]과 같은 핀 구성과 내부 블록을 가진다. 이를 참조하여 [그림 B-20]의 회로를 브레드보드에 구성한다.

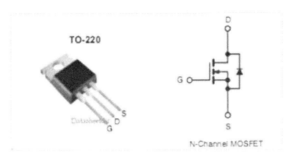

[그림 B-21] FET의 핀 배치

PWM 동작을 테스트하기 위해서 다음의 코드를 사용한다. PORTE의 3번 핀으로 PWM 출력이 발생한다. 자세한 설명은 8장을 참고한다.

```
01   #include <avr/io.h>
02   #define F_CPU 14745600UL
03
04   int main(void)    {
05           DDRE = 0x08;
06           DDRA = 0xFF;
07
08           TCCR3A = 0xAB;    // COM3A1,COM3A0 = 10,
09           // COM3B1,COM1B0 = 10, COM3C1,COM3C0 = 10,
10           // WGM31, WGM30 = 11
11           TCCR3B = 0x0C;
12           // WGM33, WGM32 = 01, CS32, CS31, CS30 = 100
13           TCCR3C = 0x80;    // FOC1A, FOC1B, FOC1C = 100
14
15           OCR3A = 0x0FF;
16
17           while(1) {
18           }
19           return 0;
20   }
```

8) ADC 동작

ADC 동작을 테스트하기 위한 회로는 가변 저항을 사용하여 구성한다. ADC는 일반적으로 센서 신호 또는 물리량의 변화를 검출하여 디지털 데이터로 변환하기 위한 목적으로 사용된다. 센서 신호는 검출대상의 양에 따라 센서 내부의 저항이 변화되어 고정 저항과 센서로 구성된 회로의 경우 가변 저항을 사용하여 분압 전압을 만드는 회로와 동일하므로 가변 저항은 아날로그 타입의 센서를 테스트하기 위한 용도로 사용된다. 또한 모터의 회전 속도와 같은 특정한 동작을 변경하기 위해 가변 저항으로 사용자가 조절할 수 있도록 한다.

가변 저항은 [그림 B-22]는 가변 저항과 이를 사용한 회로 구성을 보인 것으로 가변 저항의 한쪽 끝은 VCC에 연결하고 반대쪽 끝은 GND에 연결하며 ATmega128의 PORTF의 0번 핀에 가변 저항의 중간 단자를 연결한다.

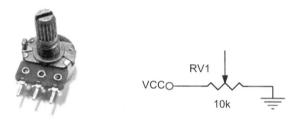

[그림 B-22] 가변 저항

예제에서는 ADC로 변환된 10-bit의 디지털 값에 대해 상위 8-bit의 값을 8개의 LED에 표시한다.

```
01   #include <avr/io.h>
02   #define F_CPU 14745600UL
03
04   int main(void)      {
05          DDRA  = 0xFF;
06
07          ADMUX = 0x60;
08          //bit 7,6   REFS1~REFS0 : 01(AVCC w/External cap.at AREF pin)
09                  //bit 5     ADLAR           : 1
10                  //bit4~0    MUX4~MUX0   :   00000(ADC ch# 0.)
11          ADCSRA = 0xE7;   //0xEF = 11100111
12                  //bit7      ADEN        :   1(ADC enable)
```

```
13              //bit6     ADSC     :    1(start conversion)
14              //bit5     ADFR     :    1(free running mode)
15              //bit4     ADIF     :    0(interrupt flag)
16              //bit3     ADIE     :    1(interrupt enable)
17              //bit2,1,0 ADPS2~0 :   111(128prescaler)
18              //ADC CLOCK = system clock / 128 = 115.2KHz
19
20      while(1) {
21              while(!(ADCSRA & 0x10));
22              PORTA = ~ADCH;
23      }
24      return 0;
25 }
```

다음의 예제 프로그램에서는 ADC로 변환된 10-bit의 데이터를 FND 4자리에 각각 1,000의 자리, 100의 자리, 10의 자리, 1의 자리 순서로 표시한다. ADC는 10-bit의 디지털로 변환되므로 그 결과의 최솟값은 0이며 최댓값은 1,023이다.

```
01 #include <avr/io.h>
02 #define F_CPU 14745600UL
03 #include <util/delay.h>
04
05 int main(void)    {
06      unsigned char fnd_data[] = {0xC0, 0xF9, 0xA4, 0xB0, 0x99, \
07                                  0x92, 0x82, 0xD8, 0x80, 0x90};
08      unsigned char a, b, c, d;
09      unsigned int adc_result;
10
11      DDRA = 0xFF;
12      DDRE = 0xF0;
13
14      ADMUX = 0x40;
15      //bit 7,6  REFS1~REFS0 : 01(AVCC w/External cap.at AREF pin)
16              //bit 5    ADLAR        :  0
17              //bit4~0   MUX4~MUX0  :   00000(ADC ch# 0.)
18      ADCSRA = 0xE7;    //0xEF = 11100111
19              //bit7     ADEN     :    1(ADC enable)
20              //bit6     ADSC     :    1(start conversion)
```

```
21              //bit5      ADFR    :    1(free running mode)
22              //bit4      ADIF    :    0(interrupt flag)
23              //bit3      ADIE    :    1(interrupt enable)
24              //bit2,1,0 ADPS2~0 :   111(128prescaler)
25              //ADC CLOCK = system clock / 128 = 115.2KHz
26
27      while(1) {
28              while(!(ADCSRA & 0x10));
29              adc_result = ADC;
30
31              a = adc_result / 1000;
32              b = (adc_result - a * 1000) / 100;
33              c = (adc_result - a * 1000 - b * 100) / 10;
34              d = adc_result % 10;
35              PORTE = 0xE0;
36              PORTA = fnd_data[d];
37              _delay_ms(1);
38              PORTE = 0xD0;
39              PORTA = fnd_data[c];
40              _delay_ms(1);
41              PORTE = 0xB0;
42              PORTA = fnd_data[b];
43              _delay_ms(1);
44              PORTE = 0x70;
45              PORTA = fnd_data[a];
46              _delay_us(700);
47      }
48      return 0;
49 }
```

B-2. PIC16F874A의 실습 회로 구성

브레드보드에서 PIC16F874A를 사용하기 위해서 부록 A를 참고하여 부트로더 프로그램을 미리 기록한다. PIC16F874A는 DIP type이므로 별도의 변환 모듈을 사용하지 않고 브레드보드에 바로 사용할 수 있다.

1) 최소 하드웨어 구성

PIC16F874A를 사용하기 위한 최소한의 하드웨어는 전원과 클록, 리셋으로 구성된다. 전원은 +5V의 단일 전원을 사용하며 클록은 내부 클록을 사용하거나 외부에 연결된 RC, Crystal 등을 사용할 수 있다. [그림 B-23]은 PIC16F874A 사용을 위한 최소 하드웨어로 외부 Crystal은 20MHz로 사용한다.

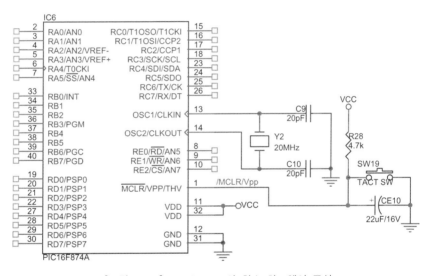

[그림 B-23] PIC16F874A의 최소 하드웨어 구성

부트로더를 기록하기 위해 ICD2와 같은 Debugger/Programmer를 사용하기 위해서는 PGC, PGD로 표시된 PORTB의 6번과 7번 핀, MCLR핀으로 표시된 1번 핀과 전원을 연결한다.

2) 시리얼 부트로더를 위한 회로 구성

시리얼 부트로더를 사용하기 위해 최소 하드웨어와 RS-232 통신 인터페이스를 구성하여 [그림 B-24]와 같이 구성한다.

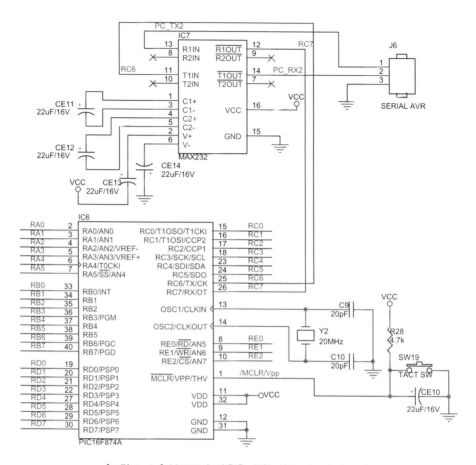

[그림 B-24] 부트로더 사용을 위한 최소 하드웨어 구성

브레드보드에 [그림 B-25]와 같이 회로를 구성한 후 [그림 B-26]의 PIC Downloader 를 실행하여 부트로더를 통해 PIC16F874A의 내부 플래시에 프로그램 코드를 기록하 고 실행한다.

[그림 B-25] 브레드보드에 구성한 부트로더 사용을 위한 PIC16F874A의 최소 하드웨어

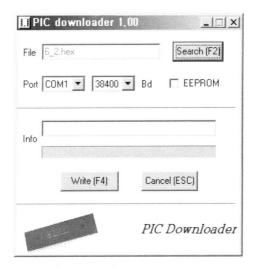

[그림 B-26] PIC Downloader

ICD2 또는 PCKit3와 같은 PIC 전용 debugger/programmer를 사용할 경우에는 전원, Clock, Reset과 programmer용 커넥터만으로 하드웨어가 구성되며, 부트로더를 사용할 경우 RS-232 인터페이스 회로를 추가한다. 부트로더를 사용할 경우 최초 1회만 전용 debugger/programmer가 필요하며 그 이후에는 직렬 통신 인터페이스만으로 PC에서 개발한 프로그램을 다운로드하여 기록할 수 있다.

3) LED 점등

LED는 PORTD의 RD0번 핀에서 RD7번 핀까지 모두 8개를 연결한다. LED의 동작은 active low로 동작하도록 회로를 [그림 B-27]과 같이 구성한다.

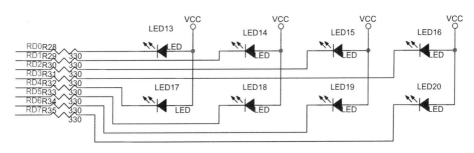

[그림 B-27] LED 회로

[그림 B-28]은 브레드보드에 [그림 B-27]의 LED 회로를 구현한 것으로 PIC16F874A의 PORTD의 RD0에서 RD7의 8개의 LED를 연결한다.

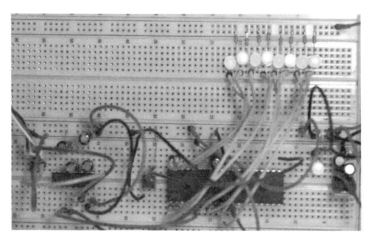

[그림 B-28] 브레드보드에 구성한 LED 회로

브레드보드에 저항과 LED를 연결하고 다음의 예제 프로그램으로 LED의 점멸을 확인한다. 생성된 프로그램 코드는 PIC Downloader를 사용하여 PIC16F874A에 기록한다.

```
01  #include <htc.h>
02  #define _XTAL_FREQ 20000000
03
04  int main(void)    {
05          TRISD = 0x00;
06
07          while(1) {
08                  PORTD = 0x00;
09                  __delay_ms(500);
10                  PORTD = 0xFF;
11                  __delay_ms(500);
12          }
13          return 0;
14  }
```

예제 프로그램은 0.5초 간격으로 8개의 LED가 모두 켜지고 꺼지는 동작을 반복한다.

실습용으로 제작된 PCB에는 PORTB의 상위 4-bit인 RB4 .. RB7 핀에 LED가 연결되어 있으므로 동일한 실습을 진행하기 위해서는 [그림 B-29]의 회로를 참고하여 LED를 연결한다.

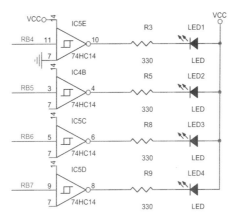

[그림 B-29] LED 회로2

4) FND 구동

FND는 Flexible Numeric Display로 7개의 LED를 사용하여 숫자 0에서 9를 표시할 수 있도록 배열된 것으로 dot를 포함하여 모두 8개의 핀을 사용하여 표시되는 숫자를 제어한다.

실습에 사용되는 FND는 4자리이며 각각의 자리마다 선택적으로 ON/OFF 할 수 있도록 트랜지스터를 사용하여 전원을 공급할 수 있도록 구성되며, FND 각 자리에 대해 8개의 LED를 제어한다. FND에 출력되는 자리를 지정하기 위해 PORTE의 RE0에서 RE2번 핀과 PORTC의 RC0핀을 사용한다. [그림 B-30]은 FND 구동을 위한 회로이다.

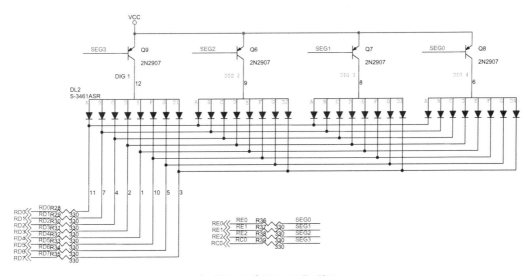

[그림 B-30] FND 구동 회로

[그림 B-31]은 브레드보드에 FND 구동을 위한 회로를 구성한 것이며 FND에 표시되는 data는 8개의 LED와 동일한 포트를 사용하고 있으므로 FND에 데이터가 표시됨과 동시에 LED에도 동일하게 켜지는 것을 확인할 수 있다. FND의 a ~ g까지가 각각 LED0 ~ LED6에 대응하므로 숫자 5가 표시될 경우 a, c, d, f, g의 LED0, LED2, LED3, LED5, LED6이 켜진 것을 볼 수 있다.

[그림 B-31] 브레드보드에 구성한 FND 구동 회로

다음의 예제는 0.5초 간격으로 4자리의 FND에 0 ~ 9 사이의 숫자가 변하며 표시된다.

```
01   #include <htc.h>
02   #define _XTAL_FREQ 20000000
03
04   int main(void)      {
05           TRISE &= 0xF8;
06           TRISC = 0xFE;
07           TRISD = 0x00;
08
09           PORTE &= 0xF8;
10           PORTC = 0xFE;
11           while(1) {
12                   PORTD = 0xC0;
13                   __delay_ms(500);
14                   PORTD = 0xF9;
15                   __delay_ms(500);
```

```
16              PORTD = 0xA4;
17              __delay_ms(500);
18              PORTD = 0xB0;
19              __delay_ms(500);
20              PORTD = 0x99;
21              __delay_ms(500);
22              PORTD = 0x92;
23              __delay_ms(500);
24              PORTD = 0x82;
25              __delay_ms(500);
26              PORTD = 0xD8;
27              __delay_ms(500);
28              PORTD = 0x80;
29              __delay_ms(500);
30              PORTD = 0x90;
31              __delay_ms(500);
32          }
33          return 0;
34  }
```

다음의 예제는 FND의 각 자리에 표시되는 숫자를 달리하여 4, 3, 2, 1의 숫자가 표시되도록 한다. 자세한 설명은 6장의 내용을 참고한다.

```
01  #include <htc.h>
02  #define _XTAL_FREQ 20000000
03
04  int main(void)    {
05      TRISE &= 0xF8;
06      TRISC = 0xFE;
07      TRISD = 0x00;
08
09      PORTE &= 0xF8;
10      PORTC = 0xFE;
11      while(1) {
12              PORTE = 0xFE;    PORTC = 0xFF;
13              PORTD = 0xF9;
14              __delay_ms(1);
15              PORTE = 0xFD;    PORTC = 0xFF;
16              PORTD = 0xA4;
```

```
17                        __delay_ms(1);
18                        PORTE = 0xFB;        PORTC = 0xFF;
19                        PORTD = 0xB0;
20                        __delay_ms(1);
21                        PORTE |= 0x07;                    PORTC = 0xFE;
22                        PORTD = 0x99;
23                        __delay_ms(1);
24            }
25            return 0;
26    }
```

5) 타이머의 외부 클록

타이머의 외부 클록 입력으로
사용하기 위해 스위치를 연결하
여 사용한다. Tact switch를 클록
발생 장치로 연결하며 프로그래
머가 스위치를 누를 때 마다 펄스

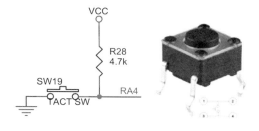

[그림 B-32] Timer 외부 클록 회로와 스위치

가 발생하여 PIC16F874A에서 클록 펄스로 인식하도록 구성한다. 스위치는 [그림
B-32]의 오른쪽과 같이 구성되며 접점은 1, 4번 핀 또는 2, 3번 핀과 같이 대각선으
로 연결할 경우 구성된다.

[그림 B-33]에는 Timer의 외부 클록과 외부 인터럽트에 사용되는 스위치를 브레드
보드에 구성한 것을 보인다.

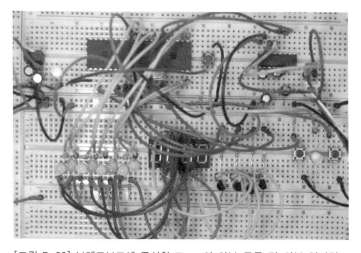

[그림 B-33] 브레드보드에 구성한 Timer의 외부 클록 및 외부 인터럽트

예제 프로그램에서는 T0CKI에서 입력된 값을 Timer 0 레지스터에 계수하여 그 값을 PORTD에 연결된 LED에 표시한다. PORTD의 RD0에서 RD7에 연결된 LED는 active low로 동작하므로 출력되는 Timer0 레지스터 TMR0의 값을 반전하여 출력한다.

```
01   #include <htc.h>
02   #define _XTAL_FREQ 20000000
03
04   int main(void)     {
05          TRISD = 0x00;
06          OPTION_REG = 0b00111000;
07          while(1) {
08                  PORTD = ~TMR0;
09                  __delay_us(10);
10          }
11          return 0;
12   }
```

6) 외부 인터럽트

외부 인터럽트를 사용하기 위한 회로는 [그림 B-34]와 같이 구성한다. 브레드보드에 Tact switch를 사용하여 pull-up 저항과 함께 회로를 구성한다.

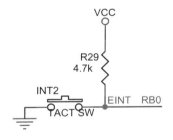

[그림 B-34] 외부 인터럽트

[그림 B-33]을 참고하여 외부 인터럽트에 대한 스위치 회로를 구성한다.

PORTB의 0번 핀에 연결된 외부 인터럽트는 OPTION_REG의 bit 6번의 INTEDG에 따라 상승 또는 하강 에지에서 인터럽트가 발생한다. 예제는 하강 에지에서 동작한다.

```
01  #include <htc.h>
02  #define _XTAL_FREQ 20000000
03
04  volatile unsigned char eint_count = 0;
05
06  void interrupt ISR()            {
07          if(INTF == 1)           {
08                  INTF = 0;
09                  eint_count++;
10          }
11  }
12
13  int main(void)     {
14          TRISD = 0x00;
15          INTEDG = 0;
16          INTE = 1;
17          ei();
18          while(1)   {
19                  PORTD = ~eint_count;
20                  __delay_us(10);
21          }
22          return 0;
23  }
```

7) PWM 동작

PIC-PIC16F874A는 CCP1, CCP2 핀을 사용하여 PWM 제어를 할 수 있다. CCP2를 사용하여 [그림 B-35]와 같이 구성한 회로에서 PORTC의 1번 핀에 연결된 LED의 밝기 또는 이와 함께 스위칭 소자로 연결된 DC Motor의 회전 속도를 제어할 수 있다.

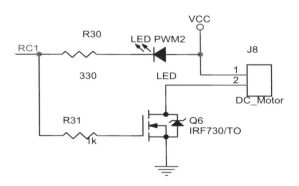

[그림 B-35] PWM 회로

[그림 B-36]은 브레드보드에 PWM 동작을 실험하기 위해 PORTC의 RC1 핀에 LED를 연결한 것으로 PWM 동작에 따라 LED의 밝기가 변하는 것을 확인할 수 있다.

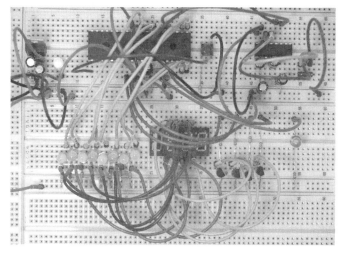

[그림 B-36] 브레드보드에 구성한 PWM 회로

PWM 제어를 수행하기 위해 PIC에서는 Timer/Counter2를 사용하므로 Timer2의 동작에 대해서 설정해야 한다. Timer2의 설정은 T2CON 레지스터를 통해 지정할 수 있다.

```
01  #include <htc.h>
02  #define _XTAL_FREQ 20000000
03
04  int main(void)    {
05          unsigned char i = 0;
06          TRISC = 0b11111101;
07          T2CON = 0b00000111;
08          CCP2CON = 0b00001111;
09          CCPR2L = 0x00;
10          CCPR2H = 0x00;
11
12          while(1) {
13                  CCPR2L = i++;
14                  __delay_ms(20);
15          }
16          return 0;
17  }
```

8) ADC 동작

ADC는 아날로그 양을 디지털 값으로 변환하는 것으로 대부분의 센서가 가변저항 구조를 가진다. [그림 B-37]과 같이 가변 저항의 한쪽 끝은 VCC에 연결하고 반대쪽 끝은 GND에 연결하며 PIC16F874A의 PORTA의 0번 핀에 가변 저항의 중간 단자를 연결한다.

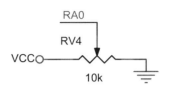

[그림 B-37] ADC 회로

AIN0에 해당하는 PORTA의 0번 핀에 가변 저항을 사용한 분압 저항 회로를 가지고 있으며 예제에서는 이 값을 디지털로 변환하여 PORTD에 연결된 LED에 표시한다.

```
01    #include <htc.h>
02    #define _XTAL_FREQ 20000000
03
04    int main(void)     {
05            TRISD = 0x00;
06            ADCON0 = 0b10000101;
07            ADCON1 = 0b01001110;
08            while(1) {
09                    while((ADCON0 & 0b00000100)==0b00000100);
10                    PORTD = ~ADRESH;
11                    ADCON0 |= 0b00000100;
12            }
13            return 0;
14    }
```

예제 프로그램에서는 ADC로 변환된 10-bit의 데이터를 FND 4자리에 각각 1,000의 자리, 100의 자리, 10의 자리, 1의 자리 순서로 표시한다. ADC는 10-bit의 디지털로 변환되므로 그 결과의 최솟값은 0이며 최댓값은 1,023이다.

```
01    #include <htc.h>
02    #define _XTAL_FREQ 20000000
03
04    int main(void)     {
05            unsigned char fnd_data[] = {0xC0, 0xF9, 0xA4, 0xB0, 0x99,₩
06                                       0x92, 0x82, 0xD8, 0x80, 0x90};
07            unsigned char a, b, c, d;
```

```
08        unsigned int adc_result;
09        TRISE &= 0xF8;
10        TRISC = 0xFE;
11        TRISD = 0x00;
12        ADCON0 = 0b10000101;
13        ADCON1 = 0b01001110;
14        while(1)  {
15                while((ADCON0 & 0b00000100)==0b00000100);
16
17                adc_result = (ADRESH << 2) | (ADRESL & 0x03);
18                a = adc_result / 1000;
19                b = (adc_result - a * 1000) / 100;
20                c = (adc_result - a * 1000 - b * 100) / 10;
21                d = adc_result % 10;
22                ADCON0 |= 0b00000100;
23                PORTD = fnd_data[d];
24                PORTE = 0xFE;    PORTC = 0xFF;
25                __delay_ms(1);
26                PORTD = fnd_data[c];
27                PORTE = 0xFD;    PORTC = 0xFF;
28                __delay_ms(1);
29                PORTD = fnd_data[b];
30                PORTE = 0xFB;    PORTC = 0xFF;
31                __delay_ms(1);
32                PORTD = fnd_data[a];
33                PORTE |= 0x07;                PORTC = 0xFE;
34                __delay_us(500);
35        }
36        return 0;
37  }
```

실습에 사용되는 전체 회로도와 사용되는 부품의 목록을 보인다.

Item	수량	Reference	품 명	규 격
1	1	ADAPTOR1	DC ADAPTOR JACK	DC ADAPTOR JACK 내경 Φ2.0mm
2	1	AVR_Module	ATmega128 Module	ATmega128 Module 600mil
3	8	BP1,BP2,BP3,BP4,BP5, BP6,BP7,C8	Ceramic Capacitor 100nF	100nF/50V
4	3	CE1,CE2,CE8	Electric Capacitor 10uF/25V	10uF/25V
5	4	CE3,CE4,CE5,CE6	Electric Capacitor 22uF/25V	22uF/16V
6	1	CE7	Electric Capacitor 47uF/16V	47uF/16V
7	1	CE9	Electric Capacitor 100uF/25V	100uF/25V
8	2	C2,C3	Ceramic Capacitor 20pF	20pF/50V
9	2	C4,C5	Ceramic Capacitor 2200pF	2200pF/50V
10	2	C6,C7	Ceramic Capacitor 470pF	470pF/50V
11	1	DL1	FND S-3461ASR	FND S-3461ASR common anode
12	1	D1	Bridge Diode W04	W04 Bridge Diode
13	1	IC1	LM7805C/TO220	LM7805 TO-220
14	1	IC	MAX232	MAX232 DIP 300mil
15	1	IC2	DIP 16-pin Socket 300mil	DIP 16-pin Socket 300mil
16	1	IC	PIC16F874A with bootloader	PIC16F874A 600mil with bootloader
17	1	IC3	DIP 40-pin Socket 600mil	DIP 40-pin Socket 600mil
18	1	IC	74HC14	74HC14 300mil
19	1	IC4	DIP 14-pin Socket 300mil	DIP 14-pin Socket 300mil
20	1	IC5	SLA7026M	SLA7026M
21	19	SW1,SW2,SW3,SW4,SW 5,SW6,SW7,SW8,SW9, SW10,SW11,SW12,SW13 ,SW14,SW15,SW16,SW1 7,SW18,INT1	TACT SW	TACT SW
22	3	J1, J2, J4	Pin Header 3pin	Pin Header 3 pin 2.54mm 1열
23	1	J3	Pin Header 6pin	Pin Header 6 pin 2.54mm 1열
24	1	J5	Pin Header 4pin	Pin Header 4 pin 2.54mm 1열
25	1	J7	MOLEX 5267-02	MOLEX 5267-02

26	1	LCD1	Pin Header Socket 16pin	Pin Header Socket 16pin 2.54mm 1열
27	1	Text LCD 16 character x2line with backlight	Text LCD 16 x 2 w/backlight	Text LCD 16 character x 2line with backlight
28	8	LED5,LED6,LED7,LED8, LED9,LED10,LED11, LED12	LED Yellow Φ5.0mm	LED Yellow Φ5.0mm
29	4	LED1,LED2,LED3,LED4	LED RED Φ5.0mm	LED RED Φ5.0mm
30	2	LED_5V1,LED PWM1	LED GREEN Φ5.0mm	LED GREEN Φ5.0mm
31	1	MG1	MOLEX 5267-06	MOLEX 5267-06
32	1	POWER1	Slide Switch(3pin)-YSS1202(9)	slide(3pin)-YSS1202(9)
33	1	Q1	IRF730	IRF730 TO-220
34	4	Q2,Q3,Q4,Q5	2N2907	2N2907 TO-92
35	1	RA1	Array Resistor 4.7k(472) 5-pin	Bourns 4705 Series 5x472J(4.7KΩ)
36	2	RV1,RV2	Semi Volume 10k	6mm Semi Volume Top adjustment 10k
37	1	RV3	Semi Volume 200-ohm	6mm Semi Volume Top adjustment 200-ohm
38	2	RW1,RW2	Watt Resistor 2W 1-ohm	Watt Resistor 2W 1-ohm
39	18	R1,R3,R4,R5,R8,R9,R10, R11,R12,R13,R14,R15, R16,R17,R18,R19,R20, R21	330-ohm	330-ohm 5% 1/8W axial resistor
40	3	R2,R6,R27	4.7k-ohm	4.7k-ohm 5% 1/8W axial resistor
41	1	R7	1k-ohm	1k-ohm 5% 1/8W axial resistor
42	2	R22,R23	2.4k-ohm	2.4k-ohm 5% 1/8W axial resistor
43	1	R24	510-ohm	510-ohm 5% 1/8W axial resistor
44	2	R25,R26	47K-ohm	47k-ohm 5% 1/8W axial resistor
45	1	Y1	Crystal 20MHz ATS type	Crystal 20MHz ATS type
46	1	DC Adaptor 12V 500mA	DC Adaptor 12V 500mA	DC Adaptor 12V 500mA Jack 내경 Φ 2.0mm
47	1	UART Cable	DSUB9pin to 3pin UART Cable	DSUB9pin to 3pin(MOLEX5051-03) UART Cable
48	1	Main PCB	Main PCB	Main PCB

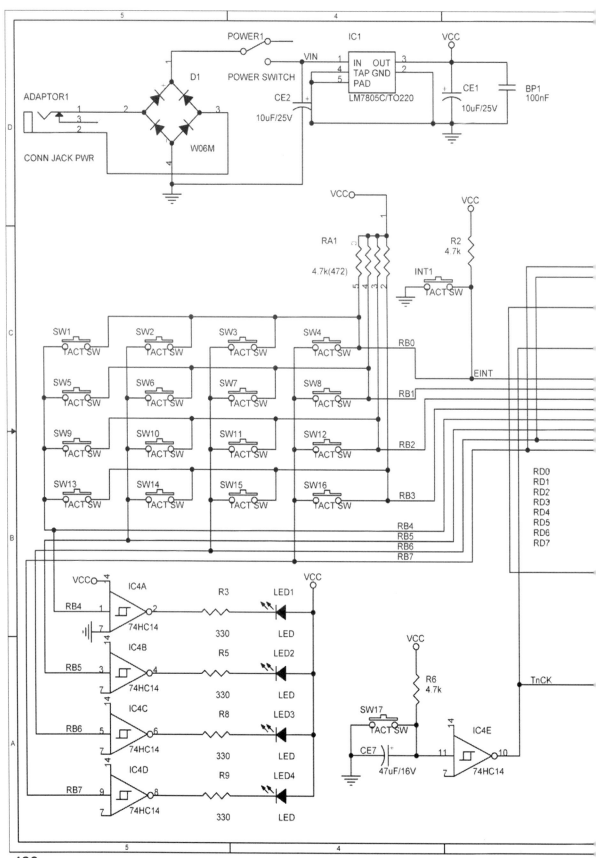

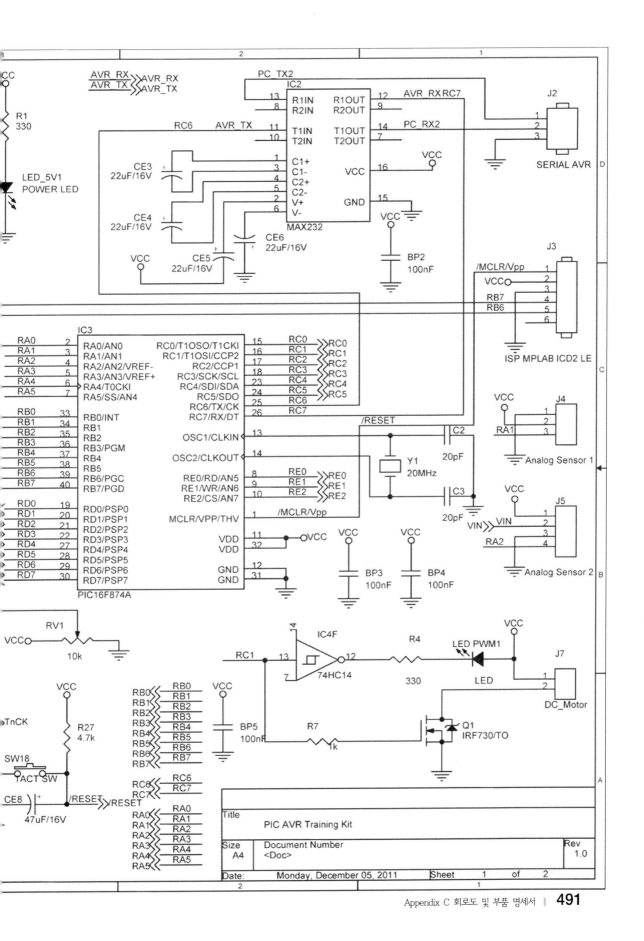

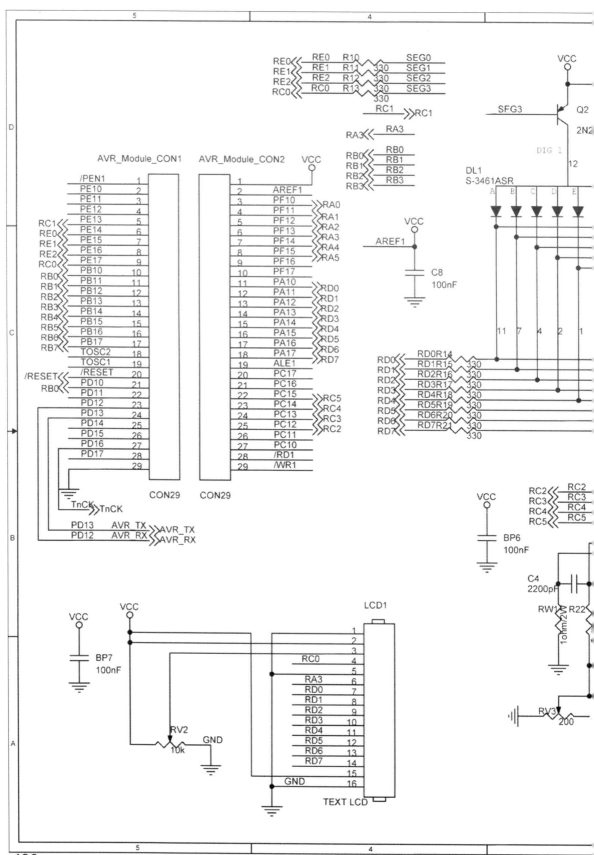

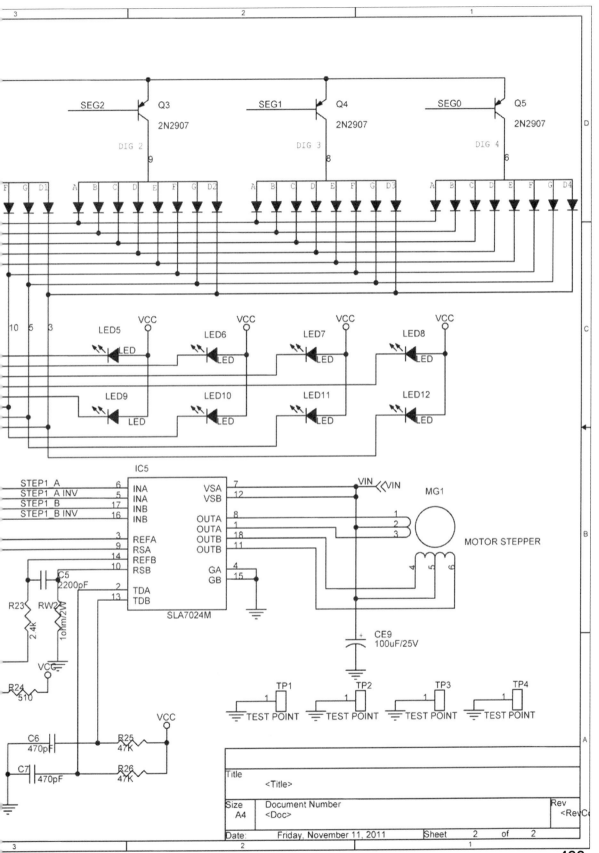

✦ 찾아보기 ✦

참고문헌 및 사이트

[1] ATmega128A datasheet(http://www.atmel.com/Images/doc8151.pdf)

[2] PIC16F874A datasheet(http://ww1.microchip.com/downloads/en/DeviceDoc/39582b.pdf)

[3] AVR과 FPGA를 이용한 지능형 로봇 설계 실습, 서종완, 리버트론 연구소, 2009.11, 홍릉과학출판사, ISBN-13 : 9788972838050

[4] ATMEGA 128 이론 및 실험, 김종부·서종완·안비오, 2009.9, 복두출판사, ISBN-13 : 9788980005529

[5] PXA272와 FPGA 기반의 임베디드 시스템 설계, 서종완·박능수·최영호·김재훈, 2007.5, 홍릉과학출판사, ISBN-13 : 9788972836223

[6] PIC 컨트롤러 응용 및 실습, 전춘기·차태호, 2004.8, 웅보출판사, ISBN-13 : 9788984621466

AVR과 PIC를 이용한 마이크로컨트롤러 제어

인 쇄	2012년 3월 5일	정가 23,000원
발 행	2012년 3월 10일	

지 은 이 전춘기 · 차태호 · 서종완 · 송대건
펴 낸 이 정병국

펴 낸 데 웅보출판사
주 소 서울시 마포구 성산동 260-34
전 화 (02) 326-1497
팩 스 (02) 326-1843

등록번호 2-1033호
등 록 일 1991년 5월 30일

홈페이지 www.woongbo.co.kr
I S B N 978-89-8462-359-0   93560

KIT관련 문의 : dl_system@naver.com